“十三五”江苏省高等学校重

智能制造装备创新设计

主　编　刘树青

副主编　吴金娇

参　编　付肖燕　李　耀

机 械 工 业 出 版 社

本书以“工业4.0”和智能制造为背景，以数控机床为主要对象，围绕智能制造装备的设计、调试、运行，将“理论知识+项目实践”有机结合，介绍了数字孪生驱动的新技术、新流程、新工艺，以“理实融合、专创融合”为主要特色，融入创新设计理念与方法、产品质量观念、工程意识等，培养能够胜任数字化、智能化设计与制造的创新型工程师。

本书得到西门子公司资深技术人员和教育专家的支持，可以作为高等学校机械类及自动化类相关专业本科生的教材，也可供在研究设计单位、企业中从事制造装备开发与应用的工程技术人员参考。

图书在版编目（CIP）数据

智能制造装备创新设计/刘树青主编. —北京：机械工业出版社，2023.5（2024.9重印）

“十三五”江苏省高等学校重点教材

ISBN 978-7-111-72862-7

Ⅰ.①智… Ⅱ.①刘… Ⅲ.①智能制造系统-装备-设计-高等学校-教材 Ⅳ.①TH166

中国国家版本馆CIP数据核字（2023）第051264号

机械工业出版社（北京市百万庄大街22号 邮政编码100037）

策划编辑：王雅新　　责任编辑：王雅新　王　良

责任校对：肖　琳　梁　静　　封面设计：王　旭

责任印制：邓　博

北京盛通数码印刷有限公司印刷

2024年9月第1版第2次印刷

184mm×260mm · 15.75印张 · 387千字

标准书号：ISBN 978-7-111-72862-7

定价：49.80元

电话服务　　网络服务

客服电话：010-88361066　　机 工 官 网：www.cmpbook.com

010-88379833　　机 工 官 博：weibo.com/cmp1952

010-68326294　　金 书 网：www.golden-book.com

封底无防伪标均为盗版　　机工教育服务网：www.cmpedu.com

前　言

制造业是国民经济的主体，是立国之本、兴国之器、强国之基，传统制造业面临着智能化改造和数字化转型的迫切需要。国防安全、航空航天、汽车等重点制造领域对高端制造装备的需求不断增加，产品、装备和过程是智能制造落地实施的三个支点，其中装备是难点。因为装备设计与制造需要机械、电气、自动控制等多领域协同，研发风险大，开发周期长，生产成本高。

以高档数控机床为代表的智能制造装备，是复杂的机电一体化系统，必须以新的观点来规划和设计，才能降低研发风险和成本，在实际生产中快速形成生产力并创造价值，提高生产率和经济效益。这就不仅要聚焦于装备的技术性能，还要关注人、生态环境、全生命周期效益、人机协调和可持续发展等各个方面。数字孪生技术以其在高保真建模与仿真、物理与虚拟数据融合、全生命周期数据集成、网络物理交互、数据学习与分析等方面的独特能力，成为智能制造装备设计领域的核心技术和发展方向。

本书以数控机床为主要对象，面向智能制造装备设计面临的挑战，参考了大量国内外相关资料，结合编写组多年的教学实践经验和教学改革成果，采用“理论知识+项目实践”的编写方式，既介绍先进的设计理念和知识，又着重于实践应用，将创新思想、创新方法、创新工具与专业理论和技术应用相融合。各章首先介绍创新设计理念、方法、平台工具，然后均精选对应的“项目任务”，所选案例在选题上具有开放性，在应用上具有典型性，在技术上体现先进性。

本书共分七章。第 1 章简要介绍制造业的发展，阐明智能制造装备的重要地位和面临的挑战，介绍在新一代信息技术应用背景下，数控机床的数字化设计、制造与管理；第 2 章介绍数字孪生技术及其在制造、医疗、智慧城市领域的典型应用，对工业互联网、数据采集及应用做了概括；第 3 章以数控机床为例，介绍制造装备设计的基本理论以及数字孪生驱动的创新设计，介绍 TRIZ 理论及其在设计制造领域的应用；第 4 章介绍数控机床主要的设计要求和总体结构设计的原则和方法，介绍机床的总体结构和运动配置设计，主运动系统和进给运动系统设计方法；第 5 章介绍电气控制系统设计的相关技术标准、设计原则和设计内容，并结合实例，给出电气控制系统图的设计；第 6 章介绍数字孪生驱动的机电一体化协同设计，介绍机械创新设计的要求和建模要点，控制系统的建模方法以及机电耦合模型，给出数控机床的机电一体化设计及虚拟调试案例；第 7 章从使用制造装备进行零部件生产的维度，介绍数字孪生驱动的数字化生产过程。

西门子数控（南京）有限公司高级工程师陈勇、西门子创新与发展部专家杨轶峰为本书的编写提供了切实的建议和最新的技术资料，使本书的内容真正联系行业技术发展和工程实践。本书由汪木兰教授主审，并提出了许多宝贵的修改意见和建议，在此表示衷心的感谢。本书的编写工作得到了南京工程学院领导、老师的关心和支持，李耀老师为本书的编写提供了有价值的参考资料。编写过程中参阅了国内外相关教材和其他资料，在此对相关作者谨致谢意。

由于编者的学识水平和实践经验有限，书中难免存在不妥之处，恳请读者不吝指正。

编　者

目　录

第1章 绪　论

本章简介

本章简要介绍数控机床及制造业的发展，阐明高端数控机床在智能制造中的基础地位，智能制造装备是推动制造业由大到强的关键。近年来，我国深入实施创新驱动发展战略，增强制造业核心竞争力，高端数控机床的设计、制造和运维面临着增强技术创新能力、缩短开发周期、降低开发及运维成本等挑战。随着产品数字化开发技术日益成熟，数字化设计与制造成为提升制造企业竞争力的有效工具，也是实现产品全生命周期数字化的基础。产品数字化开发水平也成为衡量一个国家工业化和信息化水平的重要标志。本章将介绍在新一代信息技术应用背景下，数控机床的数字化设计、制造与管理。

1.1　数控机床及制造业的发展

1.1.1　数控机床的产生和发展

机床是将零件毛坯加工成零件的机器，它是制造机器的机器，所以又称为“工作母机”或“工具机”，简称机床。我国明朝出版的《天工开物》中记载有磨床的结构，用脚踏的方法使铁盘（扎砣）旋转，加上沙子和水来剖切玉石。其中的“掏堂”类似于现代加工中的镗削，用特别的“砣”一点一点地把内部的玉磨掉。图 1-1 给出了《天工开物》中记载的玉石加工图。

利用机器制造机器是工业化的起点。1797 年，英国工程师亨利·莫兹利（Henry Maudslay，1771—1831）以蒸汽机为动力，通过丝杠和导轨带动刀架移动，研制出刀具自动进给、可以车削出不同螺距螺纹的车床（见图 1-2），实现了机床结构的重大变革，极大地提高了机床的切削速度和加工精度，被称为“机床之父”。1818 年，美国人伊莱·惠特尼（Eli Whitney，1765—1825）与约瑟夫·W. 罗伊（Joseph W. Roe）等人共同研制成功第一台卧式铣床（见图 1-3）。到 19 世纪 40 年代，机械制造业中的设备，如车床、钻床、铣床、刨床等相继出现并不断得到改进，促进了近代制造业体系的初步形成。

（1）传统制造业的加工方式　传统的机械制造行业，有三种典型的加工方式：

采用通用普通机床加工的单件小批量生产。由操作人员手动操作机床，工艺参数基本上由操作人员确定，生产率低、产品质量不稳定，特别是一些较复杂的零件，需依靠靠模或借

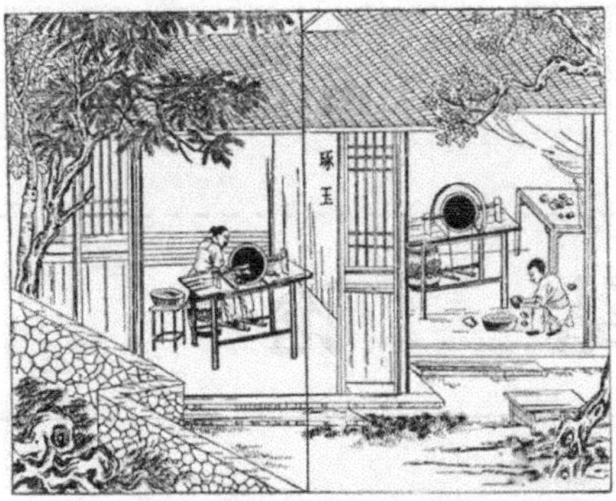

a)《天工开物》中的磙玉磨床

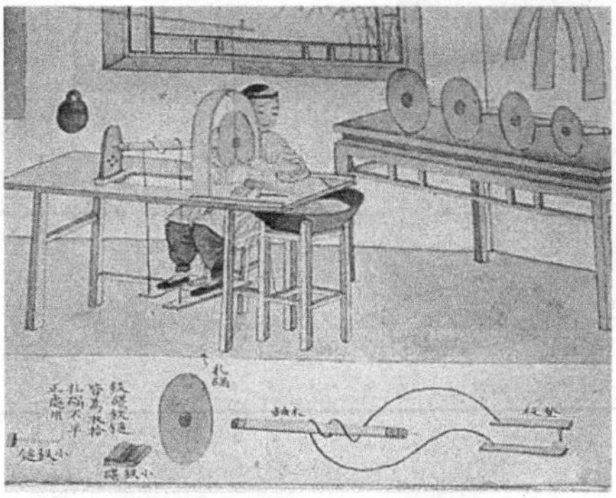

b)《天工开物》中的“扎砣图”

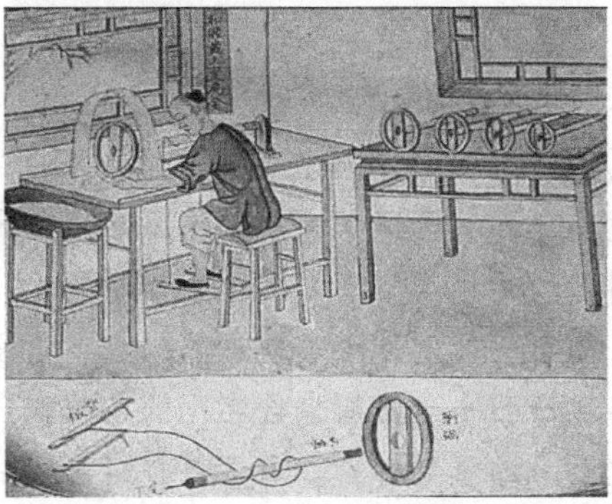

c)《天工开物》中的“冲砣图”

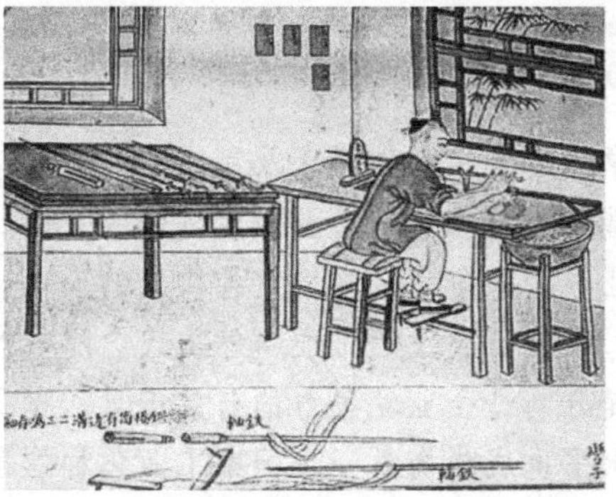

d)《天工开物》中的“掏堂图”

图 1-1 《天工开物》中记载的玉石加工图

助划线和样板等，用手工操作的方法进行加工，加工效率与精度受到很大的限制。

图 1-2 莫兹利 1797 年研制的车床

图 1-3 惠特尼 1818 年与他人共同研制的卧式铣床

采用通用的自动化机床的大批量生产。如仿形机床，以专用凸轮、靠模等实体零件作为加工工艺和控制信息的载体，控制机床自动运行。当更换加工零件时，需重新设计、更换或调整信息载体零件，需要长时间的停工准备。这种方式仅适用于标准件类、大批量简单零件的加工。

采用组合专用机床及自动化生产线的大批量生产。一般以系列化的通用部件与专用化的夹具、多轴箱等组成主机本体，采用继电器—接触器控制系统实现自动或半自动控制，其加工工艺内容及参数在设备设计时就严格规定，使用中很难也很少更改。这种“刚性”的专用自动化设备需要较大的初期投资和较长的生产准备周期，只有在大批量生产条件下才会有好的经济效益，具有一定的投资风险。

（2）数控机床的产生和发展　第二次世界大战以后，随着技术的发展，国防军工、航空航天、汽车行业所需要的机械产品日益复杂和精密，传统的普通机床无法满足生产要求，随着计算机技术的兴起和发展，人们开始探索新的机床控制方法。数控系统的发展历史如图 1-4 所示。1949 年，帕森斯（John Parsons）和麻省理工学院受美国空军委托开发一套用于机床的控制系统。1952 年，在麻省理工学院运行了第一台由辛辛那提（Cincinnati Hydrotel）公司提供的带有立式主轴的数控机床，其控制部分由电子管实现，可以实现三轴线性插补运动，并且可以利用二进制编码磁带保存数据。1959 年，采用晶体管技术的数控（Numerical Control，NC）系统替代了使用继电器和电子管的数控系统。1968 年，集成电路（IC）技术使得控制器更小更可靠。这三代数控系统的电子功能单元由电子管、晶体管和小规模集成电路硬接线搭建起来，称为 NC 数控。1972 年，出现了拥有内置标准小型计算机的数控系统，开启了机床的计算机数字控制（Computer Numerial Control，CNC）新时代，但其很快被以微处理器为控制核心的 CNC 系统取代。1976 年，微处理器的发展对数控技术产生了革命性的影响，至此，高性价比、高可靠性和高加工效率的 CNC 数控系统才真正得以实现，并广泛应用于工业生产，打开了现代制造业的大门。

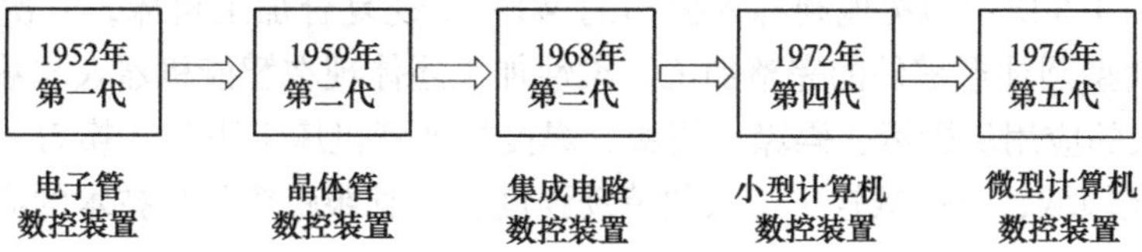

图 1-4　数控系统的发展历史

在第二次世界大战之后的 10~15 年时间里，很多工业化国家主要还是生产传统的非数控机床，主要有两个原因：一是传统机床还能够满足当时除国防、航空航天之外的大多数行业的生产要求；二是新兴的 NC 数控系统结构复杂、价格昂贵、可靠性不高，限制了早期数控机床的使用。1960—1975 年，美国逐步开始机床设备的更新换代，在车辆和航空航天等领域中使用数控机床。这一阶段美国数控机床的发展要比欧洲快很多。然而此后，美国却没能持续深入地发展数控机床设备。

从 20 世纪 70 年代开始，产品的更新换代越来越频繁，刚性的大批量生产开始转向小批量或者单件生产，市场需要自动化、柔性化的数控机床和生产线。根据市场需求的改变以及同时期数控技术的迅速发展，日本针对全球市场对机床结构开展创新性的设计和调整，发展与数控技术相适应的新型数控机床结构，大力发展根据当时最新理念和最新数控技术设计的通用型数控机床，率先实现了通用数控机床的批量化生产，迅速占领了全球通用数控系统和机床的市场份额。日本发那科（FANUC）、三菱（MITSUBISHI）等数控系统得到了全球市场的极大认可。

同时期，美国的卡特彼勒、康明斯柴油机、通用电气等大型制造公司开始设计和安装柔性制造系统（FMS）。柔性制造系统通常包括几台相同类型的可替换的或者不同类型的互补的数控机床、控制系统、工件自动运输系统，如托盘型流转系统以及安装在每个机床上的托盘中转站，可以经济地实现单件或小批量产品生产。1978 年，日本成功完成世界上第一台柔性制造系统的安装。

20世纪80年代，航空航天和汽车工业的发展实质性地推动了德国机床工业的发展，高度自动化的大型铣床和加工中心、三轴和五轴联动铣床、多平行主轴的大型龙门铣床、电子束焊接机、柔性制造单元和高度自动化的工件运输系统和自动换刀装置、用于模具加工的高速切削机床等被研发和制造出来，使德国成为这一时期最大的机床出口国。随着加工产品越来越复杂，20世纪90年代，数控系统中的可交互式图形编程技术得到发展和应用，高动态性能驱动技术提高了机床的速度和精度，新工艺机床得到了发展，如高速铣床、快速成型系统、硬质材料切削机床、多任务加工的万能机床等。

从20世纪末开始，高速、高精、多轴联动和复合加工成为数控机床的发展方向。五轴联动的数控机床可实现一次装夹完成复杂零件五面内（除装夹面外）的多工步完整加工，降低了多次装夹产生的非加工时间，消除了二次装夹带来的误差，提高了加工效率和质量。除五轴联动机床外，复合加工机床，如车铣复合、复合铣削、复合磨削等机床得到快速发展。

近年来，大型、复合、柔性、多轴、重载、高速高精、智能控制已成为高档数控机床的发展趋势。图1-5所示为2010年芝加哥国际制造技术展会上展出的多主轴、多刀塔刀架结构数控机床；图1-6所示为奥地利林茨公司的WFL车铣复合加工机床，一次装夹可以完成飞机起落架等大型圆柱形零件的完整加工。柔性加工还体现在智能机器人与数控机床的融合上，工业机器人的应用从搬运、码垛、喷漆、焊接扩展到机床上下料、换刀、测量、切削加工、装配及抛光领域，不但减轻了工人的劳动强度，视觉跟踪等先进技术的应用还进一步提高了生产率。

图1-5 多主轴、多刀塔刀架结构数控机床

图1-6 奥地利林茨公司的WFL车铣复合加工机床

当前，面对“工业4.0”以及全球能源和环境危机的挑战，数控机床的智能化、绿色化越来越受到重视。数控机床智能化主要体现在感知、互联、学习、决策和自适应等方面，数字孪生技术是构建智能机床，实现智能制造的有力工具。据联合国经济及社会理事会公布的数据，2050年世界人口将达到89亿，应在产品全生命周期中应用绿色设计与制造技术，如先进传感、仪器、监测、控制和过程优化技术，使能量、生产率和成本在生产过程中达到性能效果最佳，实现降能节材、清洁生产、减少排放和可持续发展。

1.1.2　我国数控机床及制造业的发展

我国数控机床行业的发展，经历了从无到有、艰难而又卓有成效的发展。1958 年，北京第一机床厂与清华大学合作，研制出我国第一台数控铣床，但技术及产业发展缓慢。

1978 年后，随着国家的改革开放，我国数控机床行业进入一个新的发展时期。20 世纪 80 年代初期，通过引进数控系统、机床主机技术，与国外公司联合设计，我国开始系统研制和生产数控机床，例如青海第一机床厂根据机械工业部安排与日本 FANUC 合作，研制成功国内第一台卧式数控加工中心。此后，经过多年的扶持与发展，我国的工业体系和相关产业链逐步完善，制造业从低端向中高端拓展，在规模和水平上都有了长足的进步。

随着 2001 年我国正式加入 WTO，我国的数控机床行业进入高速发展时期。“十五”期间（2001—2005 年），国产数控机床产量以超过 30%的幅度逐年增长，国产五轴联动加工中心和 5 面体龙门式加工中心为能源、汽车、航空航天等领域的国家重点建设工程提供了关键装备。“十一五”期间（2006—2010 年），金属切削机床中的数控机床产量达 72.8 万台，比“十五”期间增长了 281%，产量数控化率从 2006 年的 15%提高到 2010 年的 30%。“十二五”以来，总体来说国产数控机床的市场竞争力不断增强，在国内中低端数控机床市场已占有明显优势。从 2009 年开始，我国在金属加工机床的生产、消费和进口三个方面均位列世界第一，并保持到 2018 年。2019 年，根据《2019 年数控机床产业数据》（赛迪顾问）：日本数控机床产业规模占全球比例约为 32.1%，中国约为 31.5%，德国约为 17.2%。

目前，全球高端数控机床的龙头企业主要集中在日本、德国和美国，如日本山崎马扎克株式会社、德国通快集团以及德日合资的德马吉森精机公司（DMG MORI）。我国高端数控产品的市场占有率低，在很大程度上依赖进口。

高端装备制造业关乎国家安全和国计民生，代表着国家的综合国力，决定着在国际综合竞争中的地位。历史的经验告诉我们，没有强大的制造业，就没有强大的国防保障。高端智能数控机床和装备是高端装备制造业的核心设备，它的发展对战略性尖端领域和产业具有非常强的带动作用，是我国由制造大国向制造强国转变的必由之路。

对此，我国采用依托国家重点工程和重大项目来促进重大装备技术提高的战略路线。2006 年国务院发布了《国家中长期科学和技术发展规划纲要（2006—2020）》，将制造业列为国家科技发展的重点领域之一，将先进制造技术，包括极端制造技术、智能服务机器人、重大产品和重大设施寿命预测技术列为前沿技术，确定“高档数控机床与基础制造技术”为国家科技重大专项之一。2009 年，工业和信息化部牵头组织实施“高档数控机床与基础制造装备”科技重大专项，围绕航空航天、船舶、汽车、发电设备等领域的高档数控机床与基础制造装备进行了全面部署，推进国产高档数控机床在重点领域典型用户中的应用，推广国产高档数控系统和功能部件在主机上的应用。2010 年 9 月，国务院将高端装备制造业确定为战略性新兴产业之一，重点发展和积极推进航空航天、轨道交通、海洋工程、智能制造装备。

2020 年 1 月，世界经济论坛公布新增 18 家“灯塔工厂”，其中我国有 10 家。截至 2020 年 12 月，全球“灯塔工厂”已扩展至 54 家，主要分布如图 1-7 所示，其中中国 16 家，是拥有最多“灯塔工厂”的国家。“灯塔工厂”被视为第四次工业革命的领导者，由世界经济论坛及麦肯锡咨询公司从全球上千家制造企业中考察遴选而来。“灯塔工厂”是“数字化制造”和“全球化 4.0”的示范者。入选“灯塔工厂”意味着企业在大规模采用新技术方面走在世界前沿，并在业务流程、管理系统、工业互联网、数据系统等方面都有着卓越而深入的创新，能形成快速响应市场需求、创新运营模式、绿色可持续发展的全新形态。

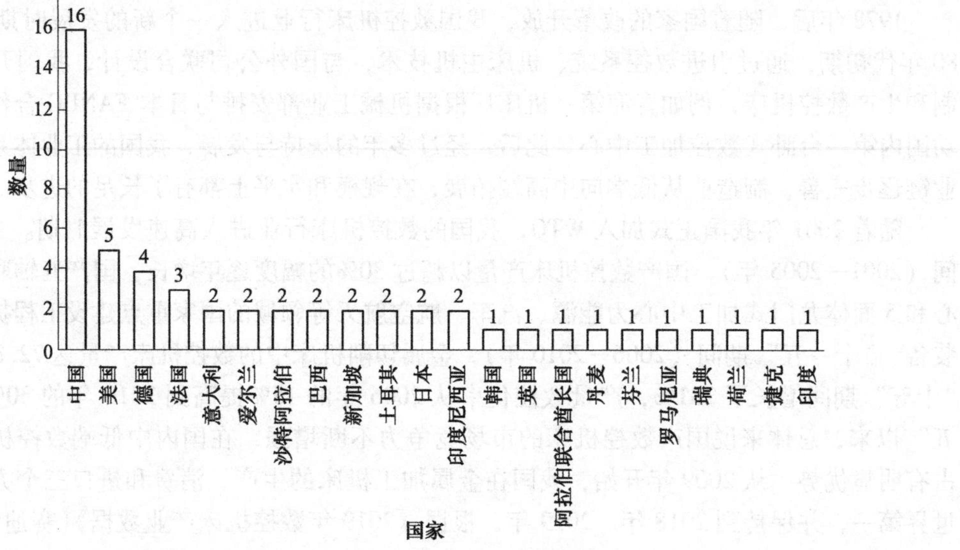

图 1-7　全球“灯塔工厂”分布

1.1.3　智能制造及其背景

21 世纪以来，新一代信息技术（如云计算、物联网、大数据等）呈现爆发式增长，数字化、网络化、智能化技术在制造业中广泛应用，制造系统集成式创新不断发展，形成了新一轮工业革命的主要驱动力。面对新一轮工业革命，如何促进新一代信息技术、人工智能技术与制造业深度融合，推动实体经济转型升级，世界各国都在积极采取行动，将发展智能制造作为本国构建制造业竞争优势的关键举措。

1）美国提出“先进制造业伙伴计划”，重塑工业竞争力。美国“先进制造业伙伴计划”重新规划了本国的制造业发展战略，其智能制造现阶段的重点研究领域及内容包括：

智能机器人：结合互联网技术，增加机器人的交互能力。

物联网：将传感器和通信设备嵌入到机器和生产线中。

大数据和数据分析：开发可解读并分析大量数据的软件和系统。

信息物理系统和系统集成：开发大规模生产系统，实现高效灵活的实时控制和定制。

可持续制造：通过绿色设计，使用环保材料，优化生产工艺，开发可提高资源利用率、减少环境有害物质排放的生产体系。

增材制造：将 3D 打印技术应用于部件和产品制造，减少产品开发和制造的时间与成本。

2）欧盟提出“数字化欧洲工业计划”，推进工业数字化进程。计划主要通过物联网（Internet of Things，IoT）、大数据（Big Data）和人工智能（Artificial Intelligence，AI）三大技术来增强欧洲工业的智能化程度；将 5G、云计算、物联网、数据技术和网络安全五个方面的标准化作为发展重点之一，以增强各国战略计划之间的协同性；同时，投资5亿欧元打造数字化区域网络，大力发展区域性的数字创新中心，实施大型物联网和先进制造试点项目，期望利用云计算和大数据技术把高性能计算和量子计算有效结合起来，提升大数据在工业智能化方面的竞争力。

3）德国提出“工业4.0”战略，构建智能生产系统。2013年，德国正式发布《保障德国制造业的未来：关于实施“工业4.0”战略的建议》，并将“工业4.0”上升为国家级战略。该计划是一项全新的制造业提升计划，其模式是通过工业网络、多功能传感器以及信息集成技术，将分布式、组合式的工业制造单元模块构建成多功能、智能化的高柔性工业制造系统；在生产设备、零部件、原材料上装载可交互智能终端，借助物联网实现信息交互，实时互动，使机器能够自决策，并对生产进行个性化控制；同时，新型智能工厂可利用智能物流管理系统和社交网络，整合物流资源信息，实现物料信息快速匹配，改变传统生产制造中人、机、料之间的被动控制关系，提高生产率。

4）日本提出“创新工业计划”，大力发展网络信息技术，以信息技术推动制造业发展。通过加快发展协同机器人、多功能电子设备、嵌入式系统、智能机床和物联网等技术，打造先进的无人化智能工厂，提升国际竞争力，巩固自动化生产强国位置。制造业工厂十分注重自动化、信息化与传统制造业的融合发展，已经广泛普及了工业机器人，通过信息技术与智能设备的结合、机器设备之间的信息高效交互，形成新型智能控制系统，大大提高生产率和稳定性。2016年，日本发布工业价值链计划，提出“互联工厂”的概念，联合100多家企业共同建设日本智能制造联合体。同时，以中小型工业企业为突破口，探索企业相互合作的方式，并将物联网引入实验室，加大工业与其他各领域的融合创新。

5）我国加快建设制造强国，以新一代信息技术与制造业深度融合为主线，以推进智能制造为主攻方向。党的十九大报告中明确提出“加快建设制造强国，加快发展先进制造业，推动互联网、大数据、人工智能和实体经济深度融合”。

智能制造可分为三个层次：一是智能制造装备，智能制造离不开智能装备的支撑，包括高档数控机床、智能机器人、智能化成套生产线等，以实现生产过程的自动化、智能化、高效化；二是智能制造系统，是一种由智能设备和人类专家结合物理信息技术共同构建的智能生产系统，可以不断进行自我学习和优化，并随着技术进步和产业实践动态发展；三是智能制造服务，与物联网相结合的智能制造过程涵盖产品设计、生产、管理、服务的全生命周期，可以根据用户需求对产品进行定制化生产，最终形成全生产服务生态链。

智能制造是一个不断演进发展的大概念，数十年来，智能制造在实践演化中形成了许多不同的相关范式，包括精益生产、柔性制造、并行工程、敏捷制造、数字化制造、计算机集成制造、网络化制造、云制造、智能化制造等。智能制造的发展伴随着信息化的进步，全球信息化发展可分为三个阶段：从20世纪中叶到90年代中期，信息化表现为以计算、通信和控制应用为主要特征的数字化阶段；从20世纪90年代中期开始，互联网大规模普及应用，信息化进入了以万物互联为主要特征的网络化阶段；当前，在大数据、云计算、移动互联网、工业互联网集群突破、融合应用的基础上，人工智能实现战略性突破，信息化进入了以新一代人工智能技术为主要特征的智能化阶段。

新一代人工智能技术与先进制造技术的深度融合，贯穿于产品设计、制造、服务全生命周期的各个环节及相应系统的优化集成，不断提升企业的产品质量、效益、服务水平，减少资源能耗，推动制造业创新、绿色、协调、开放、共享发展，是新一轮工业革命的核心驱动力，是今后数十年制造业转型升级的主要路径。

1.2 数控机床设计面临的挑战

进入21世纪后，我国数控机床行业进入了快速普及、产量迅猛增长的飞速发展时期，特别是近十年来，其整体水平和市场竞争能力明显提高。近年来，我国制造业对低精度、工艺简单的数控机床需求量下滑，而中高端机床的需求量不断增长。高端数控机床是支撑航空航天、船舶、汽车、发电设备等制造领域发展的核心装备，已被列入国家重大科技专项，体现了其在国家需求、国家发展战略中的重要位置。相对于普通数控机床，高端数控机床生命周期长，设计、制造更加复杂，运行和维护更加困难。

1.2.1 高端数控机床的关键技术

高端数控装备首先指的是其知识、技术密集，表现为多学科和多领域高、精、尖技术的集成，同时具有高附加值，处于价值链的高端和产业链的核心部位，其发展水平决定产业链的整体竞争力。具体包括超大型多轴复合机床、高速高精度制造装备、巨型重载制造装备、超精密制造装备等，其技术指标往往接近装备的物理极限。

航空航天、船舶、交通、发电设备等重点制造领域的需求是高端数控机床发展的主要推动力。这些领域的加工工况渐趋于超高温、超高压、超高速等极端条件，所用零件的材料向超高强度、耐高温和超低温、耐腐蚀、轻量化方向发展，几何形状越来越复杂，生产中要求自动化程度高、多种工艺复合，对数控机床提出了极大的挑战。如飞机起落架和发动机整体叶轮的加工，材料去除率高达90%以上，具有型面复杂、材料难加工、加工周期长且对加工品质一致性要求高等一系列加工特点，要求多轴复合数控机床具有适应强冲击、时变工况的能力。

大型、复合、多轴、重载、高速高精、智能控制已成为高档数控机床的发展趋势，只有掌握核心技术，提高高端数控机床与基础制造成套装备的自主开发能力，才能满足国内主要行业对制造装备的基本需求。高端数控机床关键技术主要有：

1. 高刚性、高精密的主机

为满足高精度、高刚度、良好热稳定性、长寿命和高精度保持性、绿色化和宜人性等对机床结构的要求，提出了重心驱动（Drive at Center of Gravity，DCG）设计、箱中箱（Box-in-Box，BIB）、直接驱动（Direct Drive Technology，DDT）、热平衡设计与补偿、全对称结构设计等设计原则和技术；在机床结构设计和优化中应用了零部件整体结构有限元分析优化、轻量化设计、结构拓扑优化、仿生结构优化等方法。

数控机床床身结构材料从以铸铁、铸钢为主，发展到越来越多地采用树脂混凝土、人造花岗岩等材料。此外，钢纤维混凝土、碳纤维复合材料、泡沫金属等新型结构材料也已有应用。未来，新型材料、新型优化结构和新型制造工艺方法将使数控机床结构更加轻量化，并具有更好的静、动态刚度和稳定性。

2. 高档数控装置

高档数控装置技术的研究主要包括三个方面：多轴精细数控插补、柔性复合加工技术、加工过程闭环控制等智能控制技术。微小细分线段的高速高精度加工、五轴刀心点高速平滑插补、精细样条插补功能是高档数控系统技术的重要指标。数控装置多主轴、多刀架功能可一次装夹完成复杂零件加工，以及具有与机器人、视觉技术等协同的柔性复合加工技术。同时，智能化防干涉、振动防止与控制、主轴监控、车削工作台平衡失调检测等功能，将加工状态控制引入数控系统，通过加工过程闭环控制提高了复杂工况的适应性。

随着“工业 4.0”的发展，融合智能传感、物联网/工业互联网、大数据、云计算、人工智能、数字孪生和赛博物理系统的智能数控装置及智能机床正在向我们走来。

3. 机床动态特性

数控机床动态特性的研究主要包含三个方面：数控装备状态辨识与动态行为仿真、数控装备与加工工艺的交互作用，以及基于动态特性的装备可靠性评估。

复合、多轴、重载、高速高精数控加工装备的动态行为分析和仿真是目前的研究趋势，它是保证动态加工精度的关键。针对机床本体结构和运动部件的动力学特性，研究以机床整机及部件动力学特性驱动的机床设计建模方法，用于指导高档数控机床的设计。

数控机床与加工工艺的动态交互作用对加工品质有很大影响，包括机床和工艺交互作用机理、动态测量、数字仿真预测等技术。由于许多关键零件具有加工工序复杂、制造周期长的特点，要求数控装备具有钻、镗、车、铣等一体的复合加工能力，因而机床与工艺交互作用的影响更加明显。

针对机床长期连续工作可靠性的问题，德国从工况信息的度量、工艺系统运行状态特征的提取和辨识对保证零件加工品质的作用研究了装备的可靠性评估方法。国内现有机床的可靠性不足，导致加工工艺能力指数低于国际先进水平的能力指标，亟须开展高档数控装备动态行为演变规律和服役可靠性评估方面的研究。

4. 高速高精驱动系统

直接驱动就是将直接驱动旋转电动机（DDR）或直接驱动直线电动机（DDL）直接耦合或连接到从动负载上，从而实现了与负载的直接耦合。相对于传统的旋转电动机加机械传动方式，直驱方式消除了机械传动带来的间隙、柔性及与之相关的系列问题，可以实现高速、高加速度、高刚性，提高驱动系统的动态性能，降低运行成本，而且具有紧凑的结构。

1.2.2 数控机床设计面临的挑战

1. 增强技术创新能力

2013 年以来，我国深入实施创新驱动发展战略，增强工业核心竞争力，推动中国制造向中国创造转变、中国速度向中国质量转变、中国产品向中国品牌转变。创新是制造业发展的灵魂，是转型升级的不竭动力，是制造业发展全局的核心。

目前，我国制造业存在的突出问题是自主创新能力不强，核心技术对外依存度较高，产业发展需要的高端设备、关键零部件和元器件、关键材料等大多依赖进口。推动制造业由大到强的关键在于高端装备，由于许多技术和专利都为外国公司所掌握，如果单纯仿制产品，必须支付高额的专利费，因此要坚持走创新驱动的发展道路，实现从要素驱动向创新驱动的根本转变。

2. 缩短开发周期、降低开发成本

面对全球化的市场竞争和不断改变的消费需求，企业面临着新机型、新系列产品上市周期大大缩短的巨大挑战。高端定制化数控机床的需求增多，柔性（灵活性）、工作性能及可靠性等方面的要求越来越高。数控机床是多学科融合的复杂机电一体化产品，其开发周期和投资都远比一般消费品高。如何加快企业产品规划、设计、生产、上市的速度，提高产品品质，是企业在竞争中保持优势必须要解决的问题。

传统的先研发设计、再生产制造的串行隔断模式将被产品需求、设计、制造和服务全生命周期管理（PLM）的并行模式取代，从而大大缩短设计周期。数字化三维产品模型或者数字孪生（Digital Twin）模型提供了模拟仿真、可视化、生产规划、测试、生产、物流、备件管理和服务等多方面的应用，产品数据管理（PDM）软件系统进行无间隙的管理、分配和使用模型信息，在产品全生命周期管理的概念下保存企业的知识和数据财富并向企业所有部门开放。采用数字化设计制造方法和技术、先进的数字孪生等创新技术是企业不断地改善生产流程，提高自动化和信息化水平，降低产品研发和生产成本的必由之路。

3. 减少维护服务成本

传统机床的维护服务需要亲临现场进行故障的诊断和排除，机床故障不仅造成了用户的经济损失，同时使得机床生产商的维护成本居高不下。数字孪生体不仅可以用于产品的设计、制造，还可以用于产品运行、维护、服务阶段。机床制造商在产品交付时，同时将数字孪生体交付给客户，数字孪生体在机床实际使用期间接受实际工况的反馈信息，形成具有自我优化能力的闭环过程，可以降低机床故障率，甚至可以对运行维护做出预测。

1.3 数字化设计与制造

在机械制造业，以计算机和数字化信息为基础，产品数字化开发技术日益成熟，成为提升制造企业竞争力的有效工具。数字化开发技术极大地解放了人的体力劳动，有效地减轻了人的脑力劳动，逐渐取代了以直觉、经验、图样、手工计算、手工生产等为特征的产品传统开发模式，加快了产品更新换代速度，提高了开发质量，降低了生产成本，产品数字化开发水平也成为衡量一个国家工业化和信息化水平的重要标志。

产品数字化开发从市场需求到最终产品，其主要内容包括数字化设计技术、数字化制造技术和数字化管理技术。

1.3.1 数字化设计技术

数字化设计过程包括分析和综合两个阶段，如图 1-8 所示。分析是早期的产品设计活动，主要任务是确定产品的工作原理、结构组成和基本配置，包括调研市场需求、收集产品的设计信息、完成产品的概念化设计等。分析阶段的重要结果是产品的概念化设计方案，概念化设计是设计人员对产品各种方案进行评估、分析、对比和综合评价的结果，据此勾勒出产品的初步布局和结构草图，定义各功能部件之间内在的联系和约束关系。当设计者完成产品构思后，就可以利用概念化设计软件和相关建模工具将设计思想表达出来。综合建立在分析的基础上，它完成产品的详细设计、性能评价和结构参数优化，并形成完整的设计文档。其中数字化建模是产品数字化设计的基本和核心内容，数字化模型是产品性能分析、评价和优化的基础，可以采用优化算法、有限元方法（Finite Elements Method，FEM）和其他分析工具，完成产品形状、结构和性能的分析、预测、评价和优化，并根据分析结果进一步修改和优化产品的数字化设计模型。

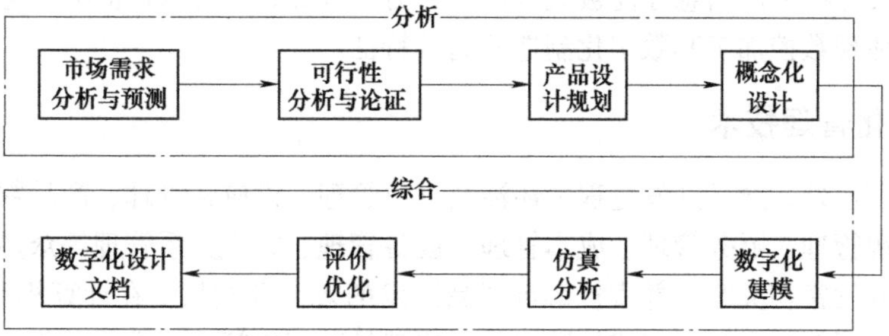

图 1-8　数字化设计基本流程

在计算机辅助设计系统的帮助下，广义的数字化设计技术可以完成以下任务：

1）产品的概念化设计、几何造型、数字化装配，生成工程图及相关设计文档。

2）产品拓扑结构、形状尺寸、材料材质、颜色配置等的分析与优化，实现最佳的产品设计效果。

3）产品静力学、动力学、运动学、工艺参数、动态性能、流体力学、振动、噪声、电磁性能等性能的分析与优化。

其中，第 1 项是数字化设计的基本内容，第 2 项、第 3 项属于计算机辅助工程分析技术涵盖的范围，即数字化仿真技术。数字化仿真技术是以产品数字化模型为基础，以力学、材料学、运动学、动力学、流体力学、声学、电磁学等学科理论为依据，利用计算机对产品生产出来以后的性能进行模拟、评估、预测与优化的技术。其中有限元方法是应用最为广泛的数字化仿真技术，它可以用于应力应变、强度、寿命、可靠性、电磁场、流体、噪声、振动和其他连续场等参数的分析与优化。

综上所述，数字化设计就是以新产品设计为目标，以计算机软、硬件技术为基础，以产品的数字化信息为载体，支持产品建模、分析、性能预测、优化和设计文档生成的相关技术。因此，任何以计算机图形学和优化算法为理论基础支持产品设计的计算机软硬件系统都可归结为数字化设计技术的范畴。数字化设计技术群包括计算机图形学、计算机辅助设计、计算机辅助工程分析、逆向工程和虚拟样机等技术。

1.3.2　数字化制造技术

数字化制造技术以产品制造中的工艺规划、过程控制为核心，以数字化模型为基础，制定工艺规划和作业计划，采购原材料、准备工装夹具，编制数控加工程序，完成零部件的数字化加工，再经过质量检测、装配和包装等环节，实现产品的数字化制造。除数控减材制造技术外，随着快速原型增材制造技术的发展，可以由产品的数字化模型直接驱动快速原型制造设备，增材制造出产品原型，并通过快速原型评估产品的结构形状和性能参数。

从产品开发的角度，设计过程与制造过程之间存在着紧密的双向联系，设计产品时需要考虑产品的制造问题，如零部件的制造工艺、加工的可行性与难易程度、生产成本等。同样的，在产品制造过程中，也可能发现设计中存在的问题和不合理之处，需要返回给设计人员以便改进、优化设计方案。显然，只有将设计与制造有机地结合起来，才能获得最佳的开发效率和经济效益。数字化技术为两者的结合和融合提供了良好条件，只有与数字化制造技术结合，数字化设计模型的信息才能被充分利用，另一方面，只有以产品数字化设计模型为基础，才能充分体现数控加工和数字化制造的高效特征。

1.3.3 数字化管理技术

除设计和制造外，产品开发过程中还涉及订单管理、供应链管理、产品数据管理、库存管理、人力资源管理、财务管理、成本管理、设备管理、客户关系管理等众多管理环节，这些环节与产品开发密切关联，并直接影响产品开发的效率和质量。在计算机和网络环境下，可以实现上述管理信息和管理方式的数字化，这就是数字化管理技术数字化。数字化管理不仅有利于提高制造业企业的管理效率和质量，也有利于降低管理成本和生产成本。

数字化设计、数字化制造和数字化管理分别关注产品生命周期的不同阶段或环节。在数字化技术发展的早期，各单元技术都是独立发展的，并形成了各自的理论方法体系和软件模块。单独的应用某项数字化技术会在产品开发过程中形成一个个信息孤岛，使各种软件或模块在功能上缺少关联和互动，数据化信息无法共享互换，致使企业的业务流程相互脱节，严重影响数字化技术的应用效果和使用效率。20 世纪 80 年代以后，随着计算机技术、网络技术，数据库技术的成熟和产品数据交换标准的完善，各种数字化开发技术开始交叉融合和集成，构成了功能更加完整，信息更加通畅，效率更加显著，使用更加便捷的产品数字化开发集成环境。最近落地应用的数字孪生技术，是在传统的数字化设计制造基础上，借助新一代信息技术、传感器技术和智能控制技术，实现了全息仿真模型，动态数据驱动和通用互联接口，使得设计阶段形成的数字模型及其关联数据可以很方便地延伸到产品运行、维护、服务等领域，在产品全生命周期内使用，并接受各阶段的反馈信息，形成具有自我优化能力的闭环过程，能够在产品的全生命周期实现完全的虚实映射。

本章习题

1. 结合自己感兴趣的具体行业或领域，简述制造装备的现状和发展趋势。
2. 简述制造装备的智能化在智能制造中的作用。
3. 随着信息化技术的发展，智能制造是如何不断演进发展的？
4. 作为典型的智能制造装备，高档数控机床包含哪些关键技术？
5. 智能制造背景下，高档数控机床的设计面临哪些挑战？
6. 简要说明产品数字化设计的意义和主要流程。
7. 产品的数字化制造过程包含哪些主要工作内容？
8. 如何有效促进产品制造、设计和管理阶段的信息共享？
9. 简述工业软件在推进数字化设计、制造与管理中的作用。

第 2 章 数字孪生技术

本章简介

本章主要介绍数字孪生技术及其发展，简要阐述数字孪生与云端、工业物联网、PLM及智能制造的关系，总结了数字孪生在制造、医疗、智慧城市领域的典型应用及带来的变化。数字孪生的核心是模型和数据，工业互联网使数字孪生应用于产品全生命周期成为可能，本章对工业互联网、基于工业互联网的数据采集及其在智能制造领域的应用做了概括与总结。

数字孪生技术的应用，使数控机床的设计开发流程从串行到并行，缩短了研发周期；使机床的调试从物理到虚拟，降低了开发风险和成本；使数控机床的建模从几何模型到行为模型。基于数字孪生模型的虚拟调试，可以提前测试运动部件，以发现机械干涉；提前验证自动化软件，使现场调试速度更快，风险更低。数字孪生和数控机床的应用相结合，通过在虚拟环境中仿真优化加工工艺，提高加工效率，优化生产制造过程，降低制造成本，实现零件制造过程的数字孪生。

2.1 数字孪生概述

2.1.1 数字孪生及其发展

2002 年，Michael Grieves 在密歇根大学的演讲中首次提出了 PLM（Product Lifecycle Management，产品生命周期管理）概念模型，模型中出现了现实空间、虚拟（赛博，Cyber）空间、两者之间的数据和信息流动、以及虚拟子空间的表述，该模型已经具备数字孪生的所有要素。但是由于当时技术和人们认识水平的限制，数字孪生并没有得到普遍接受。期间新IT 技术的出现和发展，为数字孪生的应用奠定了基础。2010 年，NASA（美国国家航空航天局）在其太空技术路线图（Modelling Simulation Information Technology & Processing Roadmap: Technology Area 11）中，首次引入了数字孪生的概念，阐述了航天器数字孪生技术的定义和功能：数字孪生是一种面向飞行器或系统的高度集成多学科、多物理量、多尺度、多概率的仿真模型，能够充分利用物理模型、传感器更新、运行历史等数据，在虚拟空间中完成映射，从而反映实体装备全生命周期过程。此后，数字孪生技术在航空航天领域的研究和应用逐步增多，并被认为是未来飞行器领域的关键技术。2014 年，数字孪生白皮书发表，随后被引入到汽车、医疗设备、石油天然气等领域。2017 年和 2018 年，全球最具权威的 IT 研究与顾问咨询公司 Gartner 将数字孪生列为未来十年最具前景的十大技术趋势之一。

在我国制造业领域，数字孪生也引起了广泛的关注，中国科协智能制造学会联合体表示，数字孪生是全球智能制造十大科技进步之一。国内一些学者对数字孪生进行了深入研究，北京航空航天大学陶飞教授团队较早开展了数字孪生研究，在国际上首次提出了“数字孪生车间”概念，并在 *Nature* 杂志在线发表了题为 *Make More Digital Twins* 的评述文章。《三体智能革命》《机·智：从数字化车间走向智能制造》等多篇著作中对数字孪生进行了研究与解读。西门子公司的梁乃明等出版了有关数字孪生的专著《数字孪生实战：基于模型的数字化企业》，这些研究成果对数字孪生的理论研究与工程实践起到了很大的推动作用。

数字孪生是一种经过长期发展形成的数字化通用技术，其概念尚在不断发展与演变，目前业界较流行的定义是：数字孪生是充分利用物理模型、传感器更新、运行历史数据，集成多学科、多物理量、多尺度、多概率的仿真过程，在虚拟空间中完成映射，建立现实世界中物理实体的虚拟体，并能够反映相应实体的全生命周期过程。

通常所说的“数字孪生”有两层意思：一是指物理实体与其数字虚体之间的精确映射的孪生关系；二是将具有孪生关系的物理实体、数字虚体分别称作物理孪生体、数字孪生体，数字孪生也指数字孪生体。物理实体可以是一个设备或产品、生产线、流程、物理系统，也可以是一个组织。这种映射通常是一个多维动态的数字映射，它通过安装在物理实体上的传感器或模拟数据来呈现物体的实时状态，实现了现实物理系统向虚拟空间数字化模型的反馈，同时也将指令等信息发送到物理实体，使其状态发生变化。物理实体的运行数据就像是数字孪生的营养输送线，反过来，模拟调试等指令信息也可以从数字孪生体输送到物理实体，达到诊断或者预防的目的。因此，这是一个双向进化的过程。

如图 2-1 所示，制造过程的数字孪生模型包含三个组成部分：物理空间中的物理实体、虚拟空间中的虚拟体、连接物理实体和虚拟体的数据及信息。物理实体，如飞机、汽车、数控机床等，具有真实的功能和用途，可以在物理空间完成特定的任务，产生实际输出。虚拟体包含一系列模型，从不同的角度对物理实体进行描述，如几何维度、物理性能等，是能够反映物理实体在全生命周期中性能的数字镜像，具有实时同步、可靠映射和高保真的特点。两者之间的连接是双向的，从物理实体获取的实时数据传递到虚拟空间，对虚拟体进行实时更新和校正，虚拟体仿真得到的信息反馈到物理空间，便于对物理实体的行为进行管理和优化。数字孪生构成了从物理空间到虚拟空间，再从虚拟空间到物理空间的闭环系统。

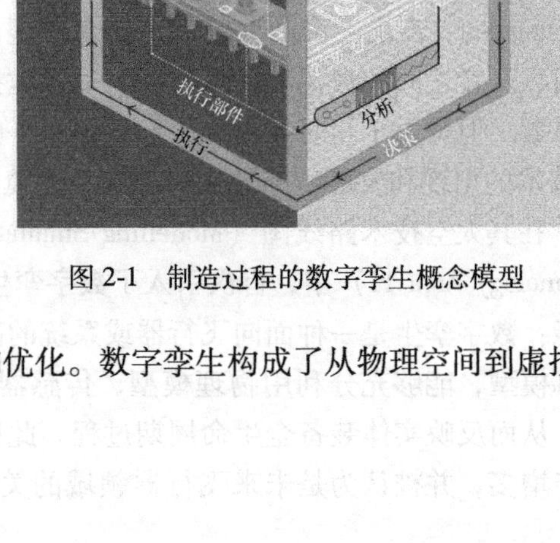

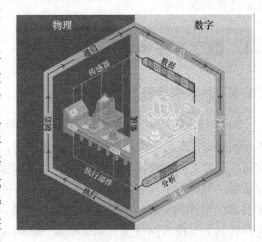

图 2-1　制造过程的数字孪生概念模型

2.1.2　几个重要的关系

为了更好地理解并应用数字孪生技术，需要了解它与相关技术之间的关系，比如它与PLM 软件、CAD 模型之间的联系，它与物理实体、生产过程之间的映射关系，它对智能制造、工业互联网的支撑等。

（1）数字孪生和云端　实现智能制造离不开无缝集成的信息系统，以保障指令和数据的自由流通。大量的供应链信息、生产信息、设备信息、质量信息、物流信息、用户信息等存储在云端，形成企业数据云和工业大数据云。通过云计算功能，实现智能设计、智能采购、智能生产、智能质检、智能仓储、智能销售、智能服务、智能设备维护等功能。数字孪生是在上述大量数据的基础上运行的，且数字孪生系统的运行需要大规模的计算，因此，数字孪生离不开云端。

也有的公司，如 GE、Ansys 认为数字孪生是一个云计算和边缘计算共存的混合模型，例如孪生系统是根据实时接收的数据，然后经过机器学习逐渐建立运行规律，整个分析在边缘端完成，不需要上传到网络端。对于数字孪生而言，无论是云端，还是线下部署，都同等重要。

（2）数字孪生和工业物联网　数字孪生受益于工业物联网（IIoT，Industrial Internet of Things）和“工业 4.0”的出现。设备及相关基础设施通过工业物联网接入到数字孪生系统，并将物理实体的数据传递、存储到边缘或者云端，物理实体的各种数据收集、交换，都离不开工业物联网。可以说，工业物联网激活了数字孪生的生命，使得数字孪生真正成为一个有生命力的模型。数字孪生还受益于制造业其他相关技术的成熟，主要包括：智能自动化、产品全生命周期管理（PLM）、三维计算机辅助设计（CAD）、数字仿真、制造过程管理（MPM）、制造运营管理（MOM）、虚拟现实和增强现实（VR/AR）。

（3）数字孪生和 CAD 模型　数字孪生要创建高度保真的“虚拟体”，首先是用三维图形软件构建出物理实体的三维 CAD 模型，并赋予它材料、装配关系、运动属性和功能定义。数字孪生体是物理实体的一个“数字替身”，可以演化到万物互联的复杂系统，它不仅是三维的 CAD 模型，而且是一个动态的、有生命周期的“活”的孪生体，数字孪生可以说是 CAD 模型的点睛重生。

（4）数字孪生和 PLM　PLM 是在约束条件之下，更加有效地管理产品从最初构想到最终消亡的全过程。在此过程中，利用生命周期的概念划分管理流程与生产活动，更好地管理产品，降低成本，实现利润最大化。从技术角度，PLM 是一种对所有与产品相关的数据，在其整个生命周期内进行管理的技术。

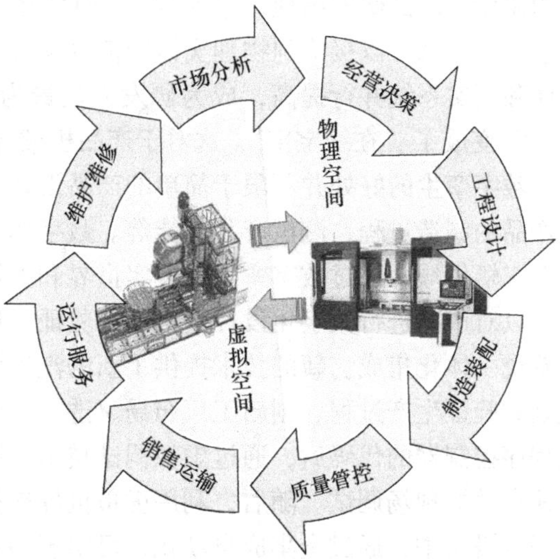

图 2-2　产品全生命周期的数据交换

如图 2-2 所示，数字孪生与 PLM 紧密相关，一方面，数字孪生可以用PLM来管理产品或设备的生命周期，另一方面，数字孪生也可以从全生命周期中获得数据和文件。但目前PLM的作用往往体现在产品的设计阶段和产品制造的规划阶段，到了产品制造的后期以及产品的运行服务阶段，PLM并没有发挥它的作用，以至于大量在制造中发生的工程状态更改，无法返回给研发设计师，产品出厂之后的运行数据，更是无法通过PLM进行跟踪。因此，PLM并没有实现产品全生命周期的管理。

数字孪生技术，对产品生命周期的全程（包括损耗和报废）进行数字化呈现，因此，PLM借助于数字孪生、工业互联网等众多技术和商业模式才能真正成为现实。例如，波音公司为F-15C型飞机创建了数字孪生体，不同工况条件、不同场景的模型都可以在数字孪生体上加载，每个阶段、每个环节都可以衍生出一个或多个不同的数字孪生体，从而对飞机进行全生命周期各项活动的仿真分析、评估和决策，让物理产品获得更好的可制造性、装配性、检测性和保障性。

（5）数字孪生和智能制造　数字孪生是智能制造的重要载体。这里包含三类数字孪生：一类是功能型数字孪生：指一个物体的基本状态，例如开关或者接通或者断开；一类是静态数字孪生，用来收集原始数据，以便用来做后续分析，但尚没有建立分析模型。最重要的一类是第三种，就是高保真数字孪生，它可以对一个实体做深入的分析，检查关键因素，包括环境，用于预测和指示如何操作。

智能制造作为制造业的重要发展方向，实现这一转型升级所要做的工作千头万绪。智能生产、智能产品和智能服务，涉及智能的地方，都会用到数字孪生。数字孪生技术充分利用模型、数据、智能，并集成多学科技术，面向产品全生命周期，发挥连接物理世界和信息世界的桥梁和纽带作用，提供更加实时、高效、智能的服务。因此，有专家认为智能制造应从数字孪生入手。

随着智能制造的推进，数字孪生已成为智能制造的核心和通用技术，在航空航天、军工制造、高端装备等很多行业得到重视和应用。智能制造包含的设计、制造和最终的产品服务，都离不开数字孪生。在过去，产品一旦交付给用户，产品研发阶段建立的模型就完成了它的使命，产品研发出现“断头路”。而现在通过数字孪生，在产品生命周期的每个阶段，数字孪生体都可以接收到物理实体的信息反馈，虚拟模型可以从物理实体获取营养，数字孪生体和真实系统并行提高，成为研发人员最为宝贵的信息来源。数字模型由原来的“产品孤儿”变成了“在线宝宝”。这对于产品机械部件的优化设计，有明显的促进作用。

数字孪生的好处并不限于简单的产品设计，还包括：模拟产品在不同环境中的使用、模拟产品的制造过程、测试产品性能等。数字孪生在制造领域的应用已经有很多成功的案例，如在车辆领域，通过数字孪生将现实世界和虚拟世界无缝融合，通过产品的数字孪生，制造商可以对产品进行数字化设计、仿真和验证，包括机械以及其他物理特性，并且将电气和电子系统一体化集成。新的技术提供了新的汽车设计与制造模式，基于数字孪生，制造商能够规划和验证生产过程、创新工厂布局、选择生产设备，仿真与预测制造过程。在自动生成可编程序控制器的代码后，通过虚拟调试技术，即可在虚拟环境中验证自动化系统，从而实现快速高效的现场调试。随后，利用虚拟世界来控制物理世界，将可编程序控制器代码下载到车间的设备中，通过全集成自动化，可实现高效可靠生产；通过制造运营管理系统，可实现生产排程和生产执行及质量检测；通过云平台可随时监控所有机器设备，构建生产和产品及性能的数字孪生，实现对实际生产的分析与评估。此外，通过物理世界可持续反馈至产品和生产的数字孪生，可实现现实世界中生产和产品的不断改进，缩短产品设计优化的周期。

例如，在风力涡轮机方面也开展了数字孪生的应用。当风力涡轮机或风力发电场开始运行时，对产生的运行数据进行记录与分析，并返回与操作性能相关的数据，作为反馈支持风力涡轮机产品的改进、风力发电场运行过程的优化等。数字孪生技术能够提高工程效率、缩短产品上市时间、简化调试、优化流程并改善服务，其优势具体包含以下 3 个方面：

1）数字孪生模型支持开始批量生产之前进行数字化设计并测试风能设备。风力涡轮机的数字孪生还可以在调试之前对关键阶段进行仿真，从而确保调试安全实施。此外，维修人员还可以在实际调试之前进行虚拟培训。

2）数字孪生指导风力涡轮机的运行。因数字孪生能够连续记录运行和性能数据，并对该数据进行全面分析，从而可支持以可持续的方式优化风力发电机的生产和性能。

3）数字孪生辅助设备维护和保养。为了确保最大限度地利用维护间隔，即维护时间不能过早，但同时也不能过晚，从而以避免任何计划外的停机时间，这样可以将停机时间降至最低。维护后或由于更换组件而对风力发电厂所做的更改直接记录在系统中，所有有关系统状况的文档始终保持最新的状态。

空中客车公司（以下简称空客）在飞机组装过程中使用数字孪生技术以提高自动化程度并减少交货时间。在碳纤维增强基复合材料（Carbon Fibre-Reinforced Polymer，CFRP）机身结构的组装过程中，因为 CFRP 组件的存在，在组装过程中要求剩余应力不得超过特定值。为达到减小剩余应力的目的，空客开发了应用数字孪生技术的大型配件装配系统，对装配过程进行自动控制以减少剩余应力。该系统的数字孪生模型具有以下几方面的特点：

1）建立数字孪生体的行为模型。在该装配系统中创建的数字孪生模型不仅是相应实际零部件的三维 CAD 模型，同时基于装备的传感器，也对各组件的行为模型进行建模，包括组件的力学行为模型及形变行为模型。

2）建立不同层级的数字孪生体。在该装配系统中，不仅对各组件建立相应的数字孪生体模型，同时对系统本身也建立了相应的数字孪生模型。系统本身的数字孪生体用于系统设计，为每个装配过程提供预测性仿真。

3）虚实交互与孪生体的协调工作。在装配过程中，多个定位单元均配有传感器、驱动器与控制器，各个定位单元在收集传感器数据的同时，还需与相邻的定位单元相配合。传感器将获得的待装配体的形变数据与位置数据传输到定位单元的数字孪生体，数字孪生体通过对数据的处理以计算相应的校正位置，在有关剩余应力值的限制范围内引导组件的装配过程。

2.1.3　数字孪生的应用领域

近年来，数字孪生已得到了越来越多行业的关注和应用，如图 2-3 所示，除制造领域外，数字孪生还被应用于电力、医疗健康、城市管理、铁路运输、环境保护、汽车、船舶、建筑等领域，并展现出广阔的应用前景。

（1）数字化设计与制造　数字孪生贯穿于一个产品的全生命周期，然而，产品设计、工艺设计、产品制造是产品生命周期中三个最重要的阶段，数字化设计与制造是数字孪生技术得以推广应用的基础，同时，数字孪生技术又促进了数字化设计与制造的应用。数字孪生并不是全新技术，而是建模仿真技术在制造领域的新发展。数字孪生技术打造产品设计的数字孪生体，在虚拟空间进行体系化仿真，实现反馈式设计、迭代式创新和持续性优化。

图 2-3 数字孪生的应用

目前，在汽车、轮船、航空航天、精密装备制造等领域，已普遍开展数字化设计与制造实践。针对复杂产品创新设计，法国达索公司利用其 CAD 和 CAE 平台 3D Experience，准确进行空气动力学、流体声学等方面的分析和仿真，为宝马、特斯拉、丰田等汽车公司优化其产品设计，大幅度提高产品流线性，减少空气阻力。在生产制造领域，西门子基于数字孪生理念构建了整合制造流程的生产系统模型，形成了基于模型的虚拟企业和基于自动化技术的企业镜像，支持企业进行涵盖其整个价值链的整合及数字化转型。

数字化设计与制造技术可以帮助企业用结构化的方式，使设计人员和工艺人员在一个统一的虚拟平台上，对产品及工艺进行设计和验证。设计人员在虚拟的环境中构建一个三维可视化的产品和制造工厂，将产品的公差、加工过程、装配过程用可视化的方式展现在设计人员面前，如图 2-4 所示，让设计人员在产品正式生产之前，就可以对产品的制造性进行调整，模拟出产品的运行状态，以及不同产品、不同参数、不同外部条件下的生产过程，实现对产能、效率以及可能出现的生产瓶颈等问题的提前预判，有助于优化产品设计、工厂布局和工艺路线，提高设计制造的质量、水平和效率。

图 2-4 虚拟加工场景

（2）虚拟调试 虚拟调试是指通过产品或系统的数字孪生模型，对设计的合理性、有效性进行测试和验证。

例如，虚拟调试技术在数字化环境中建立生产线的三维布局，包括工业机器人、自动化设备、PLC（可编程序控制器）和传感器等设备。在现场调试之前，可以直接在虚拟环境下，对生产线的数字孪生模型进行机械运动、工艺仿真和电气调试，让设备在未安装之前已经完成调试。通过模拟运行整个或部分生产流程，实现工时统计分析，设备产能及负荷预测，并在生产线投产前对重要功能和性能进行测试。

面对日益加剧的市场竞争，虚拟调试可以在不需要物理样机的前提下，进行仿真、测试，及时发现并消除设计缺陷，实现高效快速调试，降低新产品开发风险，缩短开发周期，降低开发成本，提高竞争力。

如图 2-5 所示，由于先进的制造装备、生产线乃至数字化工厂都是集机械、电气、计算机等多个子系统于一体的复杂系统，要实现整个系统的联合虚拟调试，在执行阶段的关键要求是实现各子系统之间的通信，例如数控机床的机械模型、PLC 控制逻辑和数控系统之间的通信。

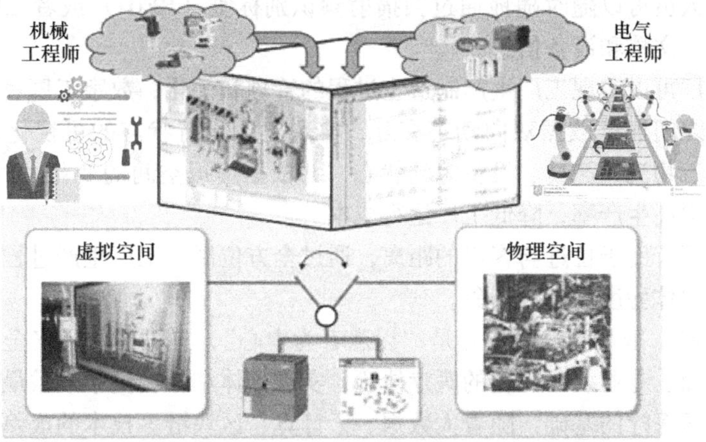

图 2-5　机械模型和 PLC 控制模块联合实现虚拟调试

（3）设备的预测性维护　预测性维护是指基于数理统计模型，根据设备的历史故障数据、运行状态数据、环境数据等，从统计学角度展现故障与某些状态信息的关联关系，对设备故障进行预测，用于指导设备维护工作，降低运维成本。

美国国家航空航天局将物理系统与其等效的虚拟系统相结合，研究了基于数字孪生的复杂系统故障预测与消除方法，并应用在飞机、飞行器、运载火箭等飞行系统的健康管理中。美国空军研究实验室结构科学中心通过将超高保真的飞机虚拟模型与影响飞行的结构偏差和温度计算模型相结合，开展了基于数字孪生的飞机结构寿命预测。

将实时采集的装备运行过程中的传感器数据传递到其数字孪生模型进行仿真分析，可以对装备的健康状态和故障征兆进行诊断，并进行故障预测，预测性维护已成为工业界的大势所趋。建立准确可靠的数理统计模型并对故障做出预测，需要大量来自工业现场的历史数据和实时数据，如设备的计划外停机数据、运行时的电压和电流数据等。设备故障数据需要在长期运行过程中逐步积累，收集数据需要很长时间，此外工业现场如果没有完善的数据采集系统，也很难获得设备的运行状态数据，因此，实施预测性维护最大的困难是数据的缺乏。

随着数字孪生技术的推广，设备的数字孪生体与物理实体同步交付使用，可以实现设备全生命周期的数字化管理，同时依托数字孪生完备的现场数据采集系统与高度保真的虚拟模型，可以方便地实现健康管理、预测性维护、故障预测，避免非计划性停机，实现预测性维护和运行控制与优化，从而降低运维成本，并反馈运行信息用于优化设计，改善产品性能。

（4）数字孪生工厂

1）工厂的设计和建造。工厂中的建筑、车间、设备等的合理布局，厂内物流的合理规划，是保证工厂高效运行的基础。数字孪生在工厂的布局、建造和运行管理上可以发挥巨大作用。通过建筑信息模型和仿真手段，工厂的水、电、气、网以及各种设施，也都可以建立数字孪生体，实现虚拟工厂的建造。

2）工厂运行状态的实时模拟和远程监控。在真实工厂建造完成并投入使用后，工厂运行过程中的数据将实时传递给孪生模型，实现设备及资产的可视化，包括生产设备目前的状态，在加工什么订单，设备和生产线的 OEE、产量、质量与能耗等，还可以定位每一台物流装备的位置和状态。对于出现故障的设备，可以显示出具体的故障类型。及时发现并定位异常设备，维修人员可以随时随地通过扫描射频识别标签（RFID）或者二维码，分析维修状况，了解备件、文档和设备信息。

数字孪生工厂可以实现工厂生产制造全过程的管理和优化，数字工厂、虚拟车间、虚拟设备与物理实体之间保持数据双向动态交互，实现工厂运行状态的可视化，包括工厂的人员、订单、能耗、物流、产量、设备等的状态，并根据虚拟空间的变化及时调整生产工艺、优化生产参数，提高生产率，降低工厂运行成本。

数字孪生工厂有助于拉近与客户的距离，通过全方位展示工厂生产过程信息，实现透明化生产、提升客户体验度和企业形象。

（5）智慧医疗　智慧医疗的核心是“以患者为中心”，提供有效、安全、经济的医疗服务，给予患者全面、专业、个性化的医疗体验，实现个体和社会健康效益最大化。信息和数据共享是实现智慧医疗的基础，随着大数据、云计算、区块链等技术的成熟，在保障病人隐私和医生权限的前提下，大量的医疗数据逐渐云端化，为实现智慧医疗提供了条件。

数字孪生为智慧医疗提供了新的视角和手段，通过对身体器官、血液循环、神经系统、肌体骨骼、心率脉搏等进行“镜像映射”，建立人体的数字孪生体，进而通过人体标准数据库，记录人体每个细节特征，进行人体健康的实时动态管理。通过引进小型化的穿戴式设备，实时对人体进行数据收集。孪生数据还可来源于 CT、核磁、心电图、彩超等医疗检测和扫描仪器检测的数据，以及血常规、尿检、生物酶等生化数据，医疗机构基于人体数字孪生综合数据，可对患者提供健康状况预测和及时干预，同时人体的数字孪生还将大大提高诊断的准确性和手术的成功率。

将数字孪生与医疗服务相结合，通过数字化手段和互联网，实现人体运行机理和医疗设备的动态监测、模拟和仿真，加快医学科研创新向临床实践的转化速度，提高医疗诊断效率，优化医疗质量及医疗管控，例如，手术方案制定、远程诊断、远程手术等。基于病人的数字孪生模型、检查影像图、心电图等数据，医生就可以模拟手术现场可能遇到的情况，虚拟模型会相应给出仿真反馈，对实际手术情况做出预测，从而帮助医生更准确地制定治疗措施。2018 年，武汉某医疗机构实施了一场全球首例混合现实（MR）技术引导下的骨折修复手术。患者通过 VR 能够 360°全方位浏览自己骨折部位的 3D 数字模型，了解骨折的具体情况和手术方案。医生通过 MR 技术将虚拟的 3D 数字模型与患者病灶重叠在一起，在外科医生不充分开刀的情况下直观掌握病人的内部信息，制定精准的手术治疗方案。图 2-6 是基于数字孪生的远程手术场景以及此过程中的信息传递。

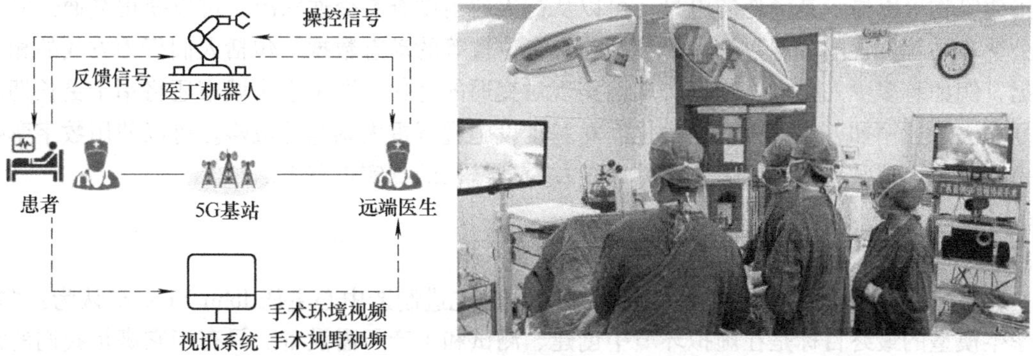

图 2-6　基于数字孪生的远程手术场景以及此过程中的信息传递

（6）数字孪生城市　将数字孪生用于城市的运行管理，以物联网基础设施、云计算基础设施、地理空间基础设施等为基础，融合新一代信息技术以及通信终端等工具和方法，可以在数字世界推演天气环境、基础设施、人口土地、产业交通等要素的交互运行，更好地解决城市能耗、交通等问题，提升城市资源运用的效率，实现精细化和动态管理，为在物理世界实现城市规划的综合效益最优化布局提供支撑。近年来，数字孪生城市已成为新型智慧城市建设的热点，受到各地政府和产业界的关注和重视。2018 年《河北雄安新区规划纲要》中指出：坚持数字城市与现实城市同步规划、同步建设，打造具有深度学习能力、全球领先的数字城市。

数字孪生城市具有全局视野、精准映射、模拟仿真、虚实交互、智能干预等典型特性，将会加速推动城市治理，如城市规划的空间分析和效果仿真，城市建设项目的交互设计与模拟施工，城市常态运行监测下的城市特征呈现等。依托城市发展时空轨迹推演未来的演进趋势，洞察城市发展规律支撑政府精准施策，城市交通流量和信号仿真使道路通行能力最大化，城市应急方案的仿真演练使应急预案更贴近实战等。在公共服务领域，数字孪生具有的模拟仿真和三维交互式体验功能，将重新定义教育、医疗服务的内涵和手段。同时，基于个体在数字空间的孪生体，城市将开启个性化服务新时代。

图 2-7　数字孪生城市

新加坡政府正在以 3D 形式构建城市的数字孪生，以供设计师、规划师和决策者探索未来。如图 2-7 所示，3D 虚拟模型直观呈现真实世界，更容易“解释和交流”。通过 3D 虚拟模型可以鸟瞰城市，也可以选择放大区域的特定特征，在最广泛的层面上显示实际建筑物的地形、形状和位置，这对于洪水分析非常有用。此外，规划人员还可以获取建筑物的详细视图，包括纹理、屋顶和窗户，便于完成诸如规划太阳电池板屋顶或紧急疏散路线等任务。城市数字孪生拥有丰富的数据，单击建筑物可以显示其消耗的电量，可以从行人的角度查看交通状况，可以获得交通信号灯和公交车站等位置的静态数据，以及如公交车位置等的动态数据，包括人们行为方式的相关数据，例如有多少人乘坐公交车，从而实现对交通的优化。数字孪生城市还将用于更长期的计划和决策，例如，应对人口老龄化而对基础设施进行重大调整的策略。可以使用数字孪生城市测试无人驾驶汽车，而无须将其放置在交通繁忙的真实道路上。

2.1.4 数字孪生带来的变化

数字孪生技术最早的倡导者之一，NASA 国家先进制造中心主任 John Vickers 认为："数字孪生模型的最终目标是在虚拟环境中创建、测试和生产所需设备。只有当它满足我们的需求时，才进行实体生产。然后，又将实体生产过程通过传感器传递给数字孪生模型，以确保数字孪生模型包含对实体产品进行检测所能够获得的所有信息。"

数字孪生彻底改变了工程师设计和制造产品的方式，也影响着各行各业的管理和服务理念以及运行方式。从数字孪生诞生以来，众多案例表明数字孪生技术能够帮助企业测试新设计、增强产品功能、提升产品质量、降低制造成本、提高产量、减少计划外停机时间、保证生产安全、促进企业数据共享。

数字孪生技术产生的汽车发动机虚拟装配、NASA 飞行器健康管理系统、通用公司工业互联网平台，都表明数字孪生代表着先进技术的发展方向。基于数字孪生技术，Space X 成功实现了航天器着陆和再利用以及新型运载火箭的开发，并将价格降低了 40%。在西门子安贝格数字化工厂，自动化程度高达 75%，劳动力人数和 2001 年持平，同期产能已经扩大了近 10 倍。

数字孪生也让人们在工作方式上有更多的选择，例如不需要屏幕，就可以使用虚拟现实头戴设备，浏览数据共享和协作平台（如西门子的 Teamcenter）提供的实时互动信息，利用现实和虚拟世界的指令共同指导操作人员，员工们围绕数据和虚拟世界展开协作解决问题，这是一种和传统完全不同的思维方式。

目前我国制造业的数字化程度仍然较为薄弱，数字孪生正处于成长期，缺乏必要的数据基础和技术支撑。数字孪生技术在全球制造业的应用，大部分集中在故障预测和健康管理方面，少部分集中在与制造车间相关的虚拟调试、生产调度、能耗管理等方面，且与真实物理对象仍存在一定的差距。同时，缺少有效评价数字孪生模型的工具。

随着 5G 技术、工业大数据、物联网、人工智能、虚拟现实等技术的不断融合和快速发展，在未来几年，数字孪生技术将飞速发展，以数字孪生为核心的产业、组织和产品将如雨后春笋般诞生、成长和成熟，数字孪生技术在智能制造领域的发展前景必然更加广阔。

2.2 工业互联网及数据采集

2.2.1 工业互联网

"工业互联网"的概念最早由通用电气于 2012 年提出，随后美国五家行业龙头企业联手组建了工业互联网联盟（IIC），将这一概念大力推广开来。除了通用电气，加入该联盟的还有 IBM、思科、英特尔和 AT&T 等 IT 企业。工业互联网联盟致力于发展一个“通用蓝图”，使不同厂商的设备之间可以实现数据共享，其目的在于通过制定通用标准，打破技术壁垒，利用互联网激活传统工业过程，更好地促进物理世界和数字世界的融合。

1. 工业物联网

工业互联网实现工业环境下“人、机、物”的全面互联，其中“物”的连接离不开工业物联网。工业物联网将具有感知、监控能力的各类采集、控制传感器或控制器，以及移动通信、智能分析等技术不断融入工业生产的各个环节，将数以亿计的工业设备连接到网络，全方位采集底层基础数据，并进行数据分析与挖掘，实现决策优化，从而大幅提高制造效率，改善产品质量，降低产品成本和资源消耗，将传统工业提升到智能化的新阶段。

我国物联网发展与全球基本同步，1999 年我国启动物联网核心技术——传感网技术的研究，物联网产业进入了发展壮大期。2009 年提出“感知中国”战略，推动物联网进入高速发展快车道。目前，我国物联网已形成包括芯片和元器件、设备、软件、系统集成、电信运营、物联网服务在内的较为完整的产业链，2014 年产业规模超过 6000 亿元。2022 年我国物联网产业规模接近 3 万亿元，但在融合应用、数据保护、标准引领等方面仍面临瓶颈与挑战。

“全面感知”是物联网区别其他信息系统的特征之一，先进的感知技术是实现“全面感知”的关键。物联网感知技术可分为二维码技术、RFID 技术、传感器技术、多媒体采集技术和地理位置感知技术五大类。目前，物联网发展所需的高灵敏度、智能化、小型化的传感器仍有许多难以克服的技术难题，成为制约我国物联网发展和全面普及的瓶颈。

2. 工业互联网的核心体系

网络、数据平台、安全组成了工业互联网的核心功能体系，其中网络是基础，数据平台是核心，安全是保障。工业企业要进行智能化升级改造，首先要做到网络层的互联互通，实现各个设备的数据互联，消除信息孤岛。其次，利用工业互联网平台的多种服务能力，配置工业资源。最后，从设备安全、网络安全、平台和数据安全等对系统进行安全配置。

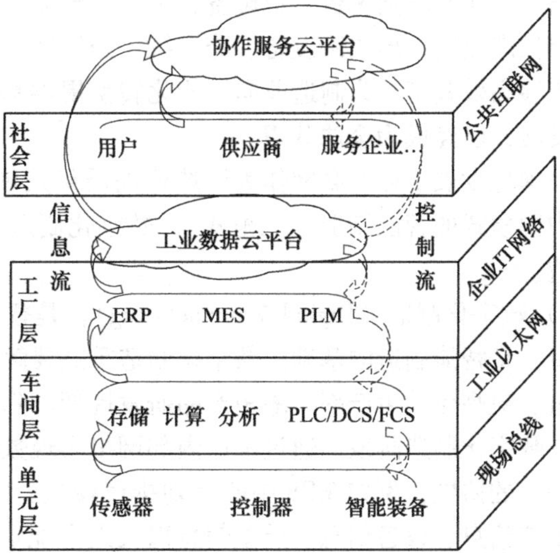

图 2-8　工业互联网的核心体系

如图 2-8 所示，网络层主要围绕设备互联互通，实现现场单元层、车间层、工厂层之间的横向互联和纵向互通，实现设备的集成和接入。对于设备实现互联互通，最重要的是打通不同平台、协议之间的数据壁垒。实施方法一般包括对现有的控制器、机床、机器人和生产线的通信方式进行改造，部署新的传感器、检测设备等。或者基于设备对 OPC-UA 协议的支持，解决底层设备和系统层直接的信息交互和集成。工厂内部网络采用如工业以太网、工业无线网、5G 等，工厂外部则主要是基于协同服务云平台的数据集成。

工业数据平台向下连接设备层，向上支撑工业优化应用，融合了工业经验与知识模型，是实现工业全要素连接的枢纽。单元层、车间层的信息，包括设备类型、加工能力、设备运行状态、温湿度环境信息等。工厂内部不同系统之间的数据集成，包括 MES、ERP、DNC、SCADA 等主要系统的数据集成。由于工业企业及行业的复杂特性，建设工厂外的跨行业平台具有较大难度，因此可以引入云平台和大数据存储及分析技术，促进企业中各类生产设备、产品等的信息向云平台迁移，通过云平台实现企业和用户之间的信息交互，以及跨企业、跨领域和跨产业各类主体之间的互联。

工业互联网安全保障在工业互联网发展过程中具有非常重要的作用。随着计算机和网络技术的发展，特别是信息化与工业化深度融合以及物联网的快速发展，工业控制系统产品越来越多地采用通用协议、通用硬件和通用软件，以各种方式与互联网等公共网络连接，导致暴露在外网的工业设备和安全漏洞越来越多。从实施角度看，工业互联网安全分为设备安全、网络安全、平台安全和数据安全等部分。首先，自主可控是保障工业互联网安全的关键切入点，如攻击防护、漏洞挖掘、态势感知、入侵发现、可信芯片等技术成果的应用。其次，建立健全的安全管理制度和机制，形成国家、行业、企业三方协调联动，建设全生命周期的安全保障体系。最后，建立基于设备边界、策略、特征的安全防护和统一的安全运营平台，通过规则分析、机器学习、智能分析、可视化等技术，为企业的安全运营分析平台提供技术与数据保障。

2.2.2 工业互联网在制造业的应用

通过工业互联网平台，把设备、工厂、产品、供应商、客户等紧密地连接起来，帮助制造业拉长产业链，形成跨设备、跨系统、跨厂区、跨地区的互联互通，使工业经济各种要素资源能够高效共享，为制造业向智能化转型提供基础保障。以工业互联网方式推动制造业高质量发展，已经成为全球共识。

我国把发展工业互联网作为制造业高质量发展的一个重要抓手。2017 年中国工程院提出了中国模式的智能制造“三范式”：数字化制造、数字化网络化制造、数字化网络化智能化制造。

1）数字化制造（Digital Manufacturing），是智能制造第一种基本范式，也称作第一代智能制造，是智能制造的基础。数字化制造重点要解决的问题是提升企业内部竞争力，包括提高质量、提高劳动生产率、缩短产品研发周期、降低制造成本等。

在数字化制造阶段，通过工厂内部网络实现数据的互联互通，利用这些数据实现制造过程各环节的协同，例如 MES 中的计划排产模块，需要输入交货信息、库存信息、在制品信息、工艺信息、设备信息、质量信息以及人力配置信息等，通过算法对这些信息进行集成，实现各环节的协同，从而输出一个可执行的生产计划。

2）数字化网络化制造（Smart Manufacturing），是智能制造第二种基本范式，或称作“互联网+制造”或第二代智能制造。数字化网络化制造要解决的问题是把企业看作是整个产业链的一环，追求产业链整体的优化。

在数字化网络化制造阶段，基于工业互联网和云平台，实现企业与用户的充分沟通，更好地了解用户的需求，从以产品为中心的生产向以用户为中心转型；实现全产业链上不同企业之间的协同，包括企业间数据协同、资源协同、流程协同。从而使社会资源得到优化配置；实现企业产品链从产品向服务延伸，通过对产品的远程运维，为用户提供更多的增值服务，使企业从生产型企业向生产服务型企业转型。

3）数字化网络化智能化制造（Intelligent Manufacturing），也叫做新一代智能制造。数字化网络化智能化制造使制造业具有了“学习”的能力，极大地释放人类智慧的潜能，显著提高创新和服务能力。数字化网络化智能化制造阶段，在数字技术、网络技术、物联网技术、大数据技术、云计算技术的基础上，融入了新一代人工智能技术，成为真正意义上的智能制造。

当前，随着消费升级和消费者个性化诉求的提升，市场需要的不再是高度标准化的一致的产品，消费者对制造业提出了“小批量、多样化”的要求。传统的基于大规模生产降低成本的制造模式，正在被基于工业互联网的高效的行业生态多边平台取代。制造业从数字化到智能化，工业互联网发挥着重要的纽带和支撑作用。工业互联网技术日新月异的发展，为我国制造业赶超发达国家带来了难得的机遇。

2.2.3　工业互联网为数字孪生技术使能

数字孪生的核心是模型和数据，数据采集、虚拟模型创建、数据分析离不开广泛连接的网络平台和专业的理论知识。在工业互联网出现之前，数字孪生还只是停留在软件环境中，比如用于几何建模的 CAD 系统，软件环境中的虚拟模型是孤立的，无法在全生命周期中实现与物理模型的共生共长。

工业互联网恰恰可以解决上述问题，通过网络平台实现数据采集、分析外包、模型共享等工作。具体来说，物理实体的各种数据收集、交换，都要借助工业互联网来实现，利用平台具有的资源聚合、动态配置、供需对接等优势，整合并利用各类资源，赋能数字孪生。例如，利用工业互联网平台向下将边缘侧基础设施同数字孪生体关联，向上将数据传递、存储在云端，其他用户也可以根据自身需要通过平台的服务来建立数字孪生体，因此，可以说工业互联网平台激活了数字孪生的生命。

随着工业互联网的应用推进，数字孪生被赋予了新的生命力，工业互联网延伸了数字孪生的价值链条和生命周期，使数字孪生在产品制造流程、运行维护等全生命周期管理中的作用得以发挥，突显出数字孪生基于模型、数据、服务方面的优势和能力，打通了数字孪生应用和迭代优化的现实路径，正成为数字孪生的孵化床。例如，西门子公司利用其工业互联网云平台 Mindsphere，实现了数字孪生不同应用场景数据的互通，构成数字孪生的闭环。数字孪生的应用将在智能制造中孕育出大量新技术和新模式，这些新技术和新模式又将进一步推动工业互联网的应用与发展。

2.2.4　数据采集和传输

工业互联网通过广泛地连接各种机器设备和工业系统，实现“连接-管控-优化-效益”的基本逻辑：由连接而实现数据采集，由数据采集而实现数据实时传输、设备实时监测和设备行为的实时洞察，由此而有凭有据、精细化地进行制造资源的优化配置。因此，数据是整个工业互联网系统的根本驱动力，也是数字孪生的基础。

在数控机床设计与制造领域，机床厂家为了完善售后服务，安装机床联网系统，就是工业互联网的一个典型例子，通过网络将各机床的运行数据传递到服务器或云平台，机床厂的工程师在办公室中就能了解分布在不同客户处的机床设备的运行情况。

工业互联网中的数据采集主要是将工业设备传感器上采集到的数据信息传输到云平台，如图 2-9 所示。大部分工业设备，例如数控机床、机器人、工业车辆等，集成了众多传感器，并提供标准的数据接口。为了经济、准确地采集更多的数据，对传感器技术提出了新的要求，而越来越多传统工业设备开始向智能设备升级，自身集成了数据采集及传输模块，支持远程数据的采集和传输。这些终端设备的数据通过车间内的网络连接到集中的数据处理装置上，再传送到云平台。目前，面对大量不同种类品牌的工业设备时，数据采集的难点在于数据协议的适配和兼容。

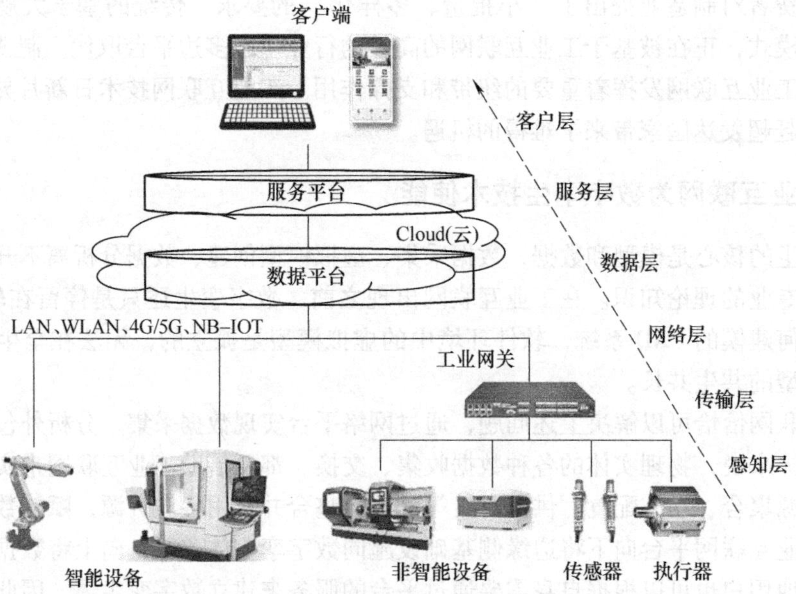

图 2-9　工业互联网中的数据采集和传输

（1）设备端　产生数据的设备可以简要分为几类：普通设备、传感器和执行器，以及智能设备和传统的过程控制系统。对于自身缺乏网络传输能力的设备，一般需要先将数据以某种相对传统的电气和协议方式传给一个传输层设备，即工业网关，由工业网关来帮助实现信号和协议的转换，从而实现联网。而智能设备，可以理解为内置了工业网关的设备，具有联网能力。构建工业物联网设备端所面临的核心问题是如何解决数据的异构性，如电气信号的异构性、通信协议的异构性，以及数据的数量和质量的异构性。

（2）网络层　网络层是各类联网信号和协议，包括有线和无线局域网，3G/4G/5G 等移动通信网，以及 NB-IOT（Narrow Band Internet of Things，窄带物联网）等专门为物联网开发的技术。在工业现场，有线和无线经常综合使用。一般是一组邻近的设备采用有线方式连接，将信号汇总到一个网关后再采用 WiFi 连接到互联网的路由器。

（3）服务端　服务端主要包括数据层和服务层，这两个层次一开始并没有明显区分，但是随着人们发现不断变化的业务逻辑和相对稳定的数据之间的差异后，越来越多的平台将二者明显区分开来，甚至有些物联网服务商所提供的服务，主要就集中在数据层，不直接提供业务逻辑。

（4）客户端　也就是物联网的用户用来获取物联网系统提供的服务的设备或应用。客户端是物联网系统用户和系统交互的场所。PC 端和手机端的各种 APP 是较常见的形式，如一些手机、个人计算机上运行的可以接受物联网服务端数据的应用。

2.3　数字孪生与数控机床设计

数字孪生技术在数控机床领域的应用，覆盖数控机床从产品设计、生产规划、生产实施以及产品服务、维护维修的全价值链，典型应用场景如图 2-10 所示。本节主要介绍数字孪生技术在数控机床设计阶段的应用。

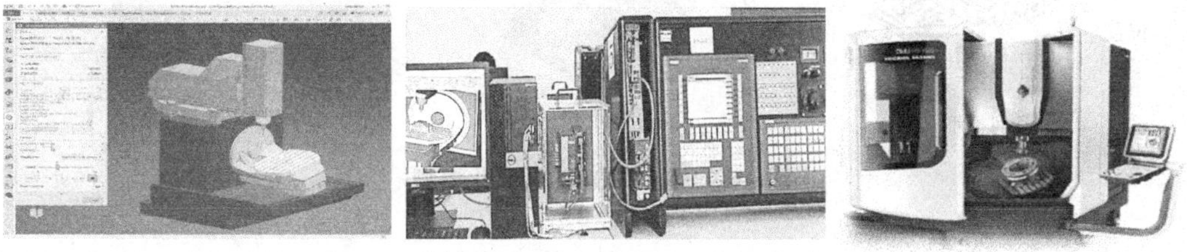

a) 数控机床设计　　b) 数控机床调试　　c) 数控机床应用

图 2-10　数字孪生技术在数控机床领域的应用

2.3.1　数控机床的数字化设计

数控机床设计过程可以分为产品规划、方案设计、技术设计、施工设计，设计内容包括机械设计、电气设计、控制程序设计等，数控机床的设计需要满足功能、精度、刚度、抗振性、经济性、可靠性等要求。由于数控机床设计的内容复杂、性能要求高，需要不同的团队分工合作，采用传统的设计方法，设计数据和信息难以共享，设计结果难以预测，新产品开发过程往往需要经过多轮测试和返工，导致开发周期长、风险大、成本高。在数控机床设计研发环节引入数字孪生技术，给数控机床新产品开发带来了革命性的改变。

1. 数字孪生驱动的数字化设计

（1）从串行设计到并行设计，缩短开发周期　传统的设计过程中，设计团队内部或不同团队之间的工作任务往往需要串联进行，分步实施，因此开发周期长。而数字孪生驱动的设计，使得设计过程中不同模块之间的协调更加便捷，设计过程由串行转变为并行，从而缩短设计周期。而且设计阶段形成的数字模型及其关联数据可以很方便地延伸到产品运行、维护、服务等领域，在产品全生命周期内使用，并接受各阶段的反馈信息，形成具有自我优化能力的闭环过程。

（2）从物理测试到虚拟测试，降低开发风险和成本　数字孪生驱动的数字化设计，可以在产品交付的同时，将数字孪生体交付给客户，所有零部件的设计、生产、测试、物流过程都有数字孪生体，且是可追溯的。在产品的使用维护阶段，如果遇到疑难复杂问题必须做实验或验证的话，可以不必在物理产品上进行，而在其数字孪生体上以数字体验的方式进行，可以设置任何极限条件做不限次数的虚拟测试，直到取得满意的成果，再在物理产品上做验证，从而保证“验证即成功”，降低新产品开发的风险和成本。

（3）从几何模型到行为模型，提高预测的可靠性　如图 2-11 所示，数控机床的数字化建模，可以分为几何建模、物理建模、行为建模。传统意义上的数字建模基本上都是基于几何的，主要是用数学意义上的曲线、曲面等数学模型定义数控机床各零部件的几何轮廓，如位置、尺寸、形状等，并表示数控机床各零部件之间的装配关系。

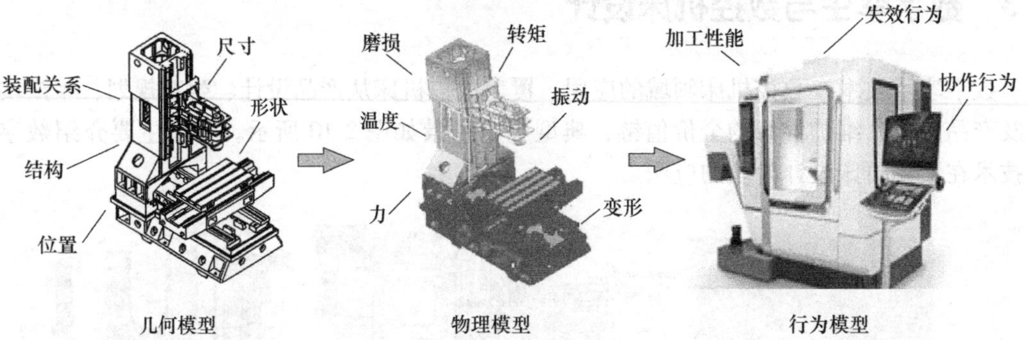

图 2-11　数控机床的数字化模型

数字孪生驱动的数控机床数字化设计所建立的机床模型，不仅通过尺寸、位置、结构、装配等参数建立几何模型，还集成了机床的物理性能参数，也就是在建模时考虑对象的物理属性，如轴承的温度、各部件承受的力和转矩、机床振动等，以精确描述数控机床的物理性能。物理建模方法主要有运动学方法与动力学方法。运动学方法通过几何变换，如平移和旋转等来描述运动。动力学仿真运用物理定律描述物体的行为，在该方法中，运动是通过物体的质量和惯性、力和力矩以及其他的物理作用计算出来的。

行为建模主要研究的是物体运动属性的处理和对其行为的描述。行为建模就是在创建模型的同时，不仅赋予模型几何特征，同时也赋予模型物理属性和“与生俱来”的行为与反应能力，并且服从一定的客观规律，例如数控机床的加工性能、失效行为、协作行为等，同时考虑机床运行期间的驱动和干扰因素，建立机床的行为模型。

综合上述各种因素，形成数控机床的数字孪生体。因此数字孪生驱动的数控机床数字化设计，比传统设计包含的信息更加全面，能够虚拟仿真实际机床的功能和性能，甚至对运行维护做出预测。

2. 数控机床数字化设计软件

机床产品的个性化需求及功能的复合化，使机床相关产品的设计变得越来越复杂，建立数控机床的数字孪生模型，离不开专业的数字化设计软件平台，通过软件平台，可以高效地协调参与设计的多个团队、部门以及供应商之间的工作。

在数字化设计软件平台上，还可以使设计人员为子装配体和组件建立关联环境，及时进行交互式的验证，比如间隙和干涉检查、配合是否存在问题，优化产品装配、产品结构的分解、维护和服务等。

数控机床是典型的机电一体化产品，设计过程中需要将多个机械、电气、电子和控制系统组件集成到一起。借助于机电一体化概念设计（MCD）平台，使 MCAD（机械计算机辅助设计）和 ECAD（电气计算机辅助设计）领域的双向数据交换变得更加方便，并协调和加快多部门的机电设计，包括钣金设计、工业设计、印制电路板设计等。

通过数字化软件平台，将性能仿真集成到设计开发流程中，例如基于 CAD 的有限元仿真，强度、振动、热力学分析，及时发现问题，评估备选方案，实现性能、质量目标。在产品仿真时，需要协同各部分的功能进行机电联合仿真，了解并及时调整电子控制系统与机械系统间的交互和协调。

数字化软件平台还具有设计流程的管理功能，便于加强各部门之间的协作和模型、数据共享。使用不同 CAD、CAM 和 CAE 技术的不同团队，即使分散在全球各地，也能通过工程流程管理作为同一个实体开展工作，并最大限度提高设计的质量、效率和及时性。

在产品联合仿真阶段，工程师能够访问产品设计开发过程中的最新数据，如果需要调整修改，相关部门和工程师就会收到相应的变更通知，使整个开发团队协调高效地工作。

目前常用的数控机床数字化设计软件，如西门子的 NX PLM 软件，集成了 CAD、CAM、CAE、PDM 应用程序，可以为机床产品全生命周期的设计开发与管理提供更具创新性的开发环境，节约开发成本，缩短开发周期，使数控机床的数字化设计与开发流程发生了质的变革。

2.3.2　数控机床的虚拟调试

传统的数控机床调试是在机床设计完成后，制造出样机，在现场对机床进行机电联调，验证机床功能和性能，如图 2-12 所示。工程技术人员去现场调试时间长，调试成本高，需要工艺、机械、电气等部门协调工作，调试效率低，工程成本增加，调试进度不能严格控制。

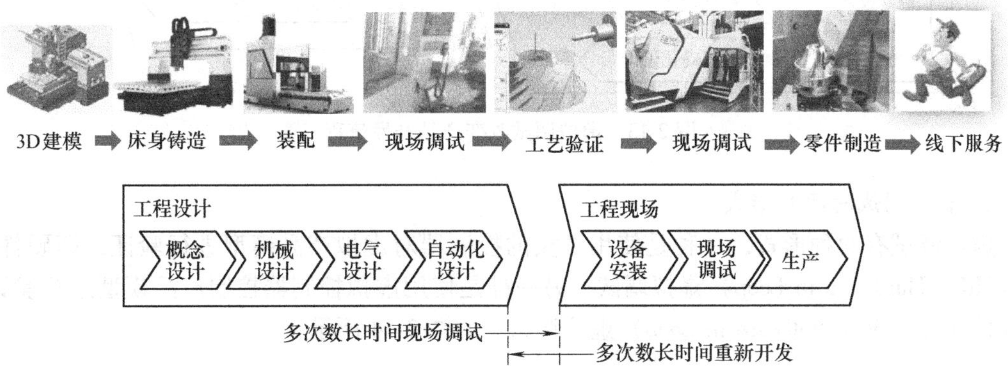

图 2-12　传统的数控机床开发流程

通常的设计过程由于脱离了现场运行环境，机械、电气、自动化软件得不到充分的调试，设备设计的正确性和有效性等得不到有效的保障，如果在设计过程的任何环节出现了没有被发现的错误，就可能会在调试期间造成设备重大的损坏，调试阶段更改设计错误的成本往往很高，甚至无法更改。

1. *虚拟调试改变产品开发过程*

虚拟调试（Virtual Commission）需要构建设备的数字孪生模型，基于数字孪生驱动的机床数字化设计模型，机械设计、电气设计和自动化工程可以并行进行，如图 2-13 所示。机械设计、电气设计和控制程序设计完成后，不用等设备到现场安装，就可以开始虚拟的机电联调，从数控系统端出发，在不需要物理样机的前提下，进行仿真、测试和优化，包括前期的方案验证、节拍验证、可达性、工艺过程等，随时可以对设计成果进行虚拟调试，便于在早期发现问题，及时改进，确保设计的正确性和可行性。

在虚拟调试时，如果发现问题需要对设计进行优化，则可以在计算机上对数字模型进行更改。虚拟调试允许重新改变机械和电气设计，如重新编写机床的控制程序，或更改变频器、伺服驱动器、PLC 的设定等。更改完成后，系统会再次进行测试，等虚拟调试验证通过后，再开始实际机床的制造和安装，只需要将验证过的程序写入到现场设备。由于提前测试了设备运动部件是否存在机械干涉，提前验证了自动化编程和软件，可以使现场的调试速度更快，风险更低，缩短从设计到物理实现的时间。

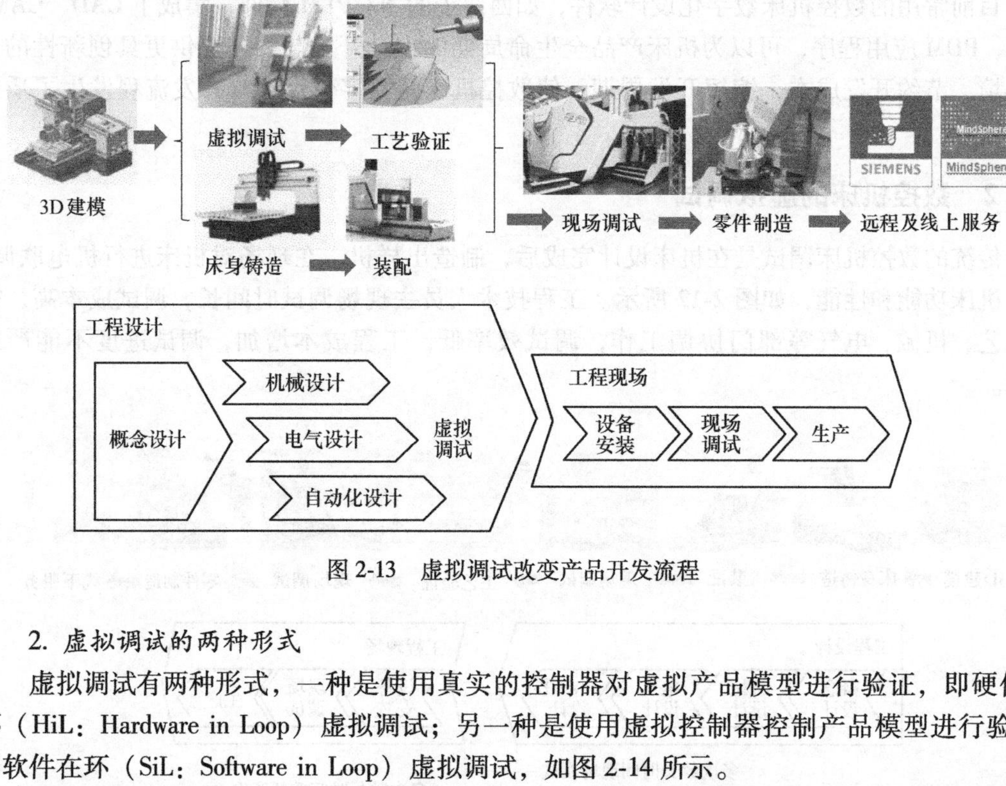

图 2-13　虚拟调试改变产品开发流程

2. *虚拟调试的两种形式*

虚拟调试有两种形式，一种是使用真实的控制器对虚拟产品模型进行验证，即硬件在环（HiL：Hardware in Loop）虚拟调试；另一种是使用虚拟控制器控制产品模型进行验证，即软件在环（SiL：Software in Loop）虚拟调试，如图 2-14 所示。

a) 传统的现场调试　　b) 硬件在环的虚拟调试　　c) 软件在环的虚拟调试

图 2-14　数控机床的调试方式

（1）硬件在环　硬件在环技术将设备主要的硬件，如真实的数控系统、HMI（人机界面）、现场 I/O 设备等直接放入仿真环境中，基本消除由控制器产生的误差。在硬件在环的仿真环境下，通过共享内存或采用标准化的通信协议 OPC UA，使 3D 机床模型与 NC、PLC、HMI 和现场信号设备之间交换数据，实现设备的虚拟调试，极大缩短了设计与调试时间，提升了调试的安全可靠性。

硬件在环虚拟调试能够在产品设计的初期修正和排除设计的漏洞和错误，并保证了虚拟调试的现场还原度，提高了调试的可靠性及产品设计效率，降低了生产成本。

（2）软件在环　软件在环是把整体设备完全虚拟化，即由虚拟控制器、虚拟 HMI、虚拟信号及模型算法、虚拟机械模型组成仿真设备。在软件在环的仿真环境下，将三维 CAD 软件、数控系统内核、PLC 仿真软件、HMI 仿真器等软件集成到虚拟调试平台，对包含多物理场的机械系统以及机电一体化产品中的自动化相关行为进行 3D 建模和仿真，使机械设计、电气设计和自动化设计能够同时工作，并行协同设计一个项目。机械工程师可以根据三维形状和运动学创建数字模型；电气工程师可以选择并设计传感器和驱动器等行为模型；自动化编程人员可以设计设备的控制逻辑和 HMI 程序，然后与机械模型、电气模型连接，实现基于事件或命令的控制和运动模型。西门子数控机床的软件在环虚拟调试如图 2-15 所示。

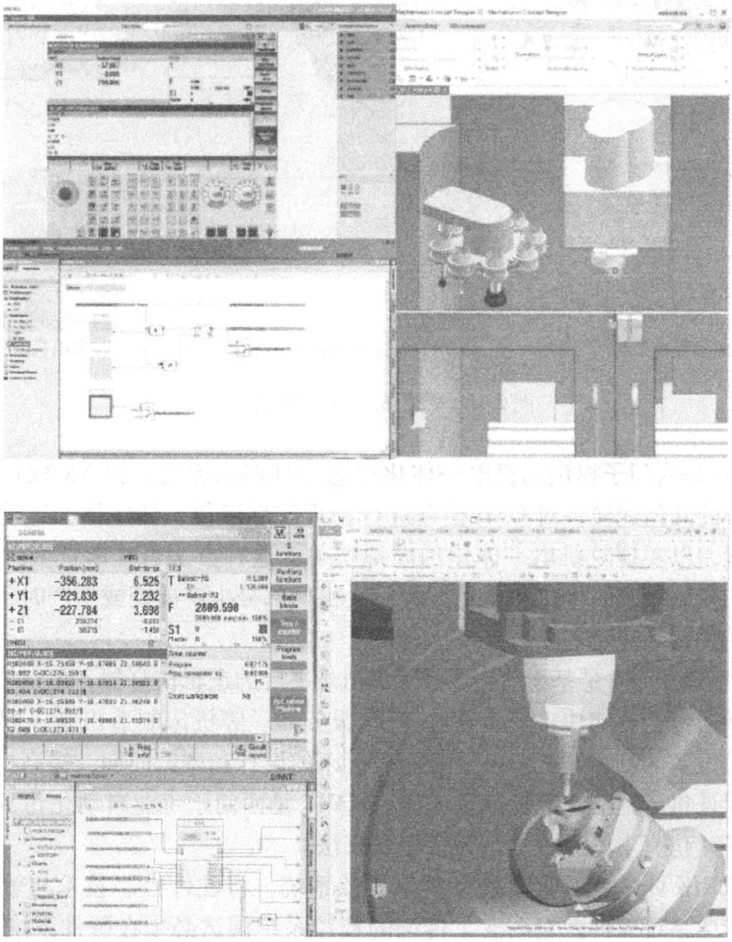

图 2-15　西门子数控机床的软件在环虚拟调试

3. 虚拟调试平台

图 2-16 所示是西门子公司的数控机床虚拟调试平台的组成。在 NX MCD 软件环境下建立机床的数字模型，将实际机床转化为虚拟机床模型。基于 PLC SIM 或 SIMIT 软硬件平台建立数控机床的 PLC 逻辑控制虚拟模型。SINUMERIK one 数控系统便于实现真实数控系统的虚拟孪生模型，在此基础上，根据物理系统硬件配置的不同，可以实现硬件在环虚拟调试或软件在环虚拟调试。

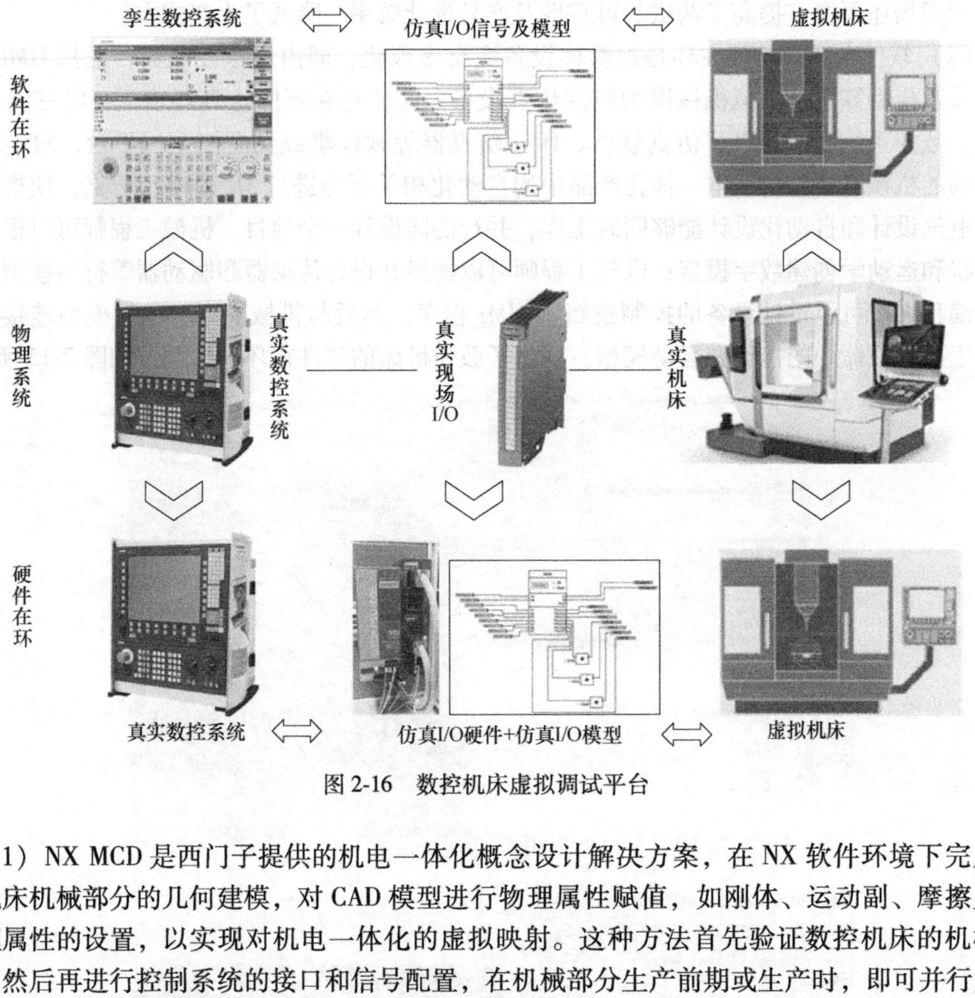

图 2-16　数控机床虚拟调试平台

1）NX MCD 是西门子提供的机电一体化概念设计解决方案，在 NX 软件环境下完成数控机床机械部分的几何建模，对 CAD 模型进行物理属性赋值，如刚体、运动副、摩擦力等物理属性的设置，以实现对机电一体化的虚拟映射。这种方法首先验证数控机床的机械结构，然后再进行控制系统的接口和信号配置，在机械部分生产前期或生产时，即可并行完成机床控制程序的调试和优化。

2）PLCSIM Advanced 是基于西门子 TIA Portal 平台的逻辑仿真器，可以模拟和验证 PLC 代码，仿真包括通信、功能块、安全性和 Web 服务器。等机床制造出来，即可直接将控制程序写入，完成设备的真实调试。可显著缩短机床的设计和调试周期，提高机床研发项目的一次成功率，保证机床性能，降低开发成本。SIMIT 是西门子工业自动化仿真软件，可以代替现场 I/O 设备，仿真电气部件的行为模型和算法。

3）SINUMERIK One 是工业级数字孪生数控系统，将硬件控制技术与软件仿真技术集成，自带数字孪生系统软件。它改变了传统的数控系统调试必须在硬件系统和 PLC 上完成的历史，所有的 NC 系统和 PLC 调试、制造程序仿真，可以在不需要硬件的纯软件环境下实现，它不是简单的仿真软件，是具备物理设备运动、电气和制造性能近乎 1：1 的孪生软件系统，所模拟的运动、故障、电气性能与真实设备近乎一致，可以不需要真实的数控系统即可完成相关调试，实现了在同一个软件环境下进行设计、装配、电气调试、加工仿真、远程故障诊断。

4. 虚拟调试的层级

在数字化工厂中，数控机床的虚拟调试属于设备级的虚拟调试，除此之外，还可以实现单元级、产线级、工厂级的虚拟调试。以西门子的虚拟调试环境为例，数控机床等设备级的虚拟调试可以基于 NX 的 MCD 平台完成；生产单元的虚拟调试可以基于 Process Simulate 软件完成；产线和工厂级的虚拟调试则可以基于 Plant Simulation 软件实现，如图 2-17 所示。

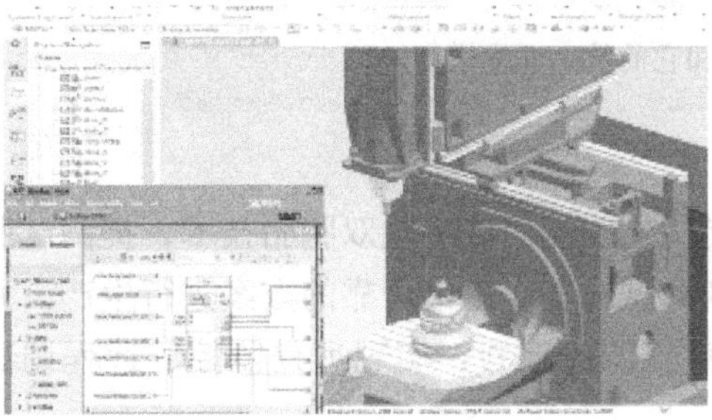

a) 设备的虚拟调试

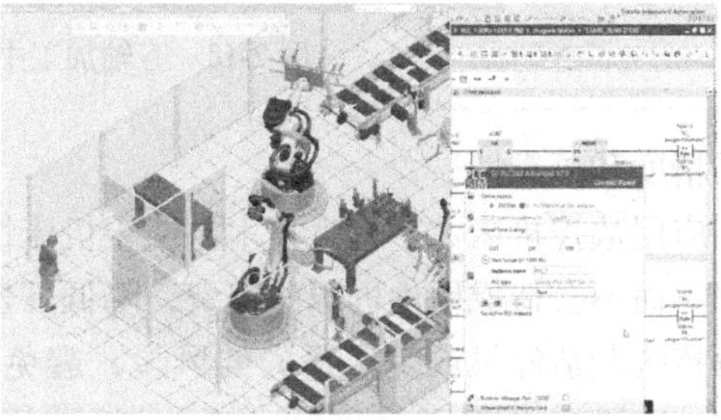

b) 生产单元的虚拟调试

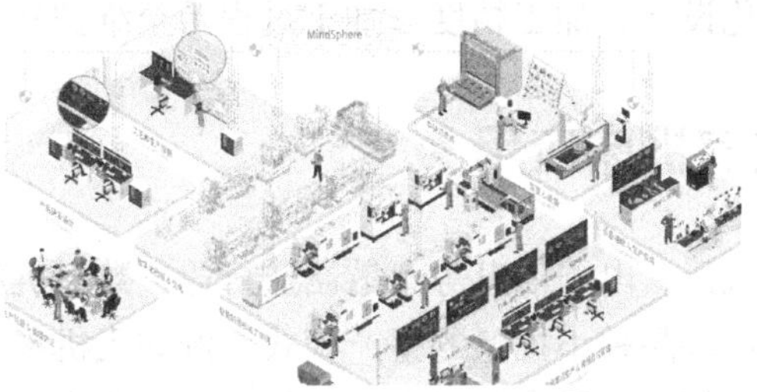

c) 产线和工厂级虚拟调试

图 2-17　虚拟调试的不同层级

2.3.3　数控机床数字孪生技术的优势

如前所述，基于数字孪生技术，可以有效缩短数控机床新产品的开发上市时间，降低研发风险和成本。虚拟机床是实体机床的数字化映射，在机床设计和虚拟调试阶段，可以方便地进行机床性能的测试和优化。

应用数控机床数字孪生技术，通过建立高保真的三维模型，并且和真实机床实时保持数据联通，使机床的运行状况和性能直观地呈现在设计和操作人员面前，使得机床的可视化程度增加。如图 2-18 所示，是一台五轴加工中心和它的数字孪生模型。

应用数控机床数字孪生技术，易于实现机床功能的验证。机床的进给轴控制功能、主轴功能、刀具管理功能、各种辅助功能，均可以借助虚拟 NC 内核，提前对程序和复杂运动序列进行虚拟测试，识别序列和程序错误以及机床与刀具的碰撞，评估运动行为，提高实体机

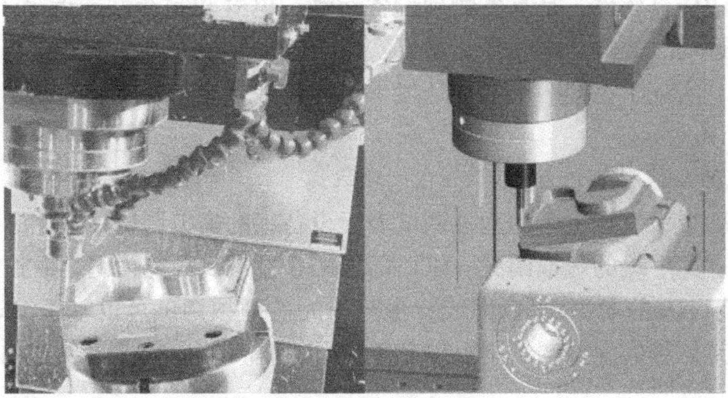

图 2-18　五轴加工中心和它的数字孪生模型

床的精度和可靠性。

应用数控机床数字孪生技术，便于机床性能优化。使用数字化双胞胎技术，提高试制成功率，而不会造成硬件资源的浪费，降低开发和调试成本，以最可靠的方案进行生产，并能缓解传统制造停机或生产损失的风险，避免硬件资源的浪费，实现远程监控、远程调试及维护。

全过程数字化集成，使智能的、自优化的调试和生产流程成为可能，从而提高生产力、可用性和过程可靠性，优化设计、加工精度、加工过程乃至维护和服务。

2.4　数字孪生与数控机床应用

在机械、汽车、航空航天、电子信息等离散制造行业，数控机床是主要的生产设备。这些行业面向订单生产，采用多品种小批量的生产模式，例如飞机零部件的制造，涉及的零部件多达上千种，但每一种零部件的需求量又非常有限，而且这些零部件往往加工工艺复杂、质量要求高。为了保证产品质量和可靠性，提高生产加工的效率，这些行业对数控机床等生产设备的性能依赖性强，对设计、生产、操作人员的专业素养要求高，新产品设计和首件加工的风险难以提前预测，造成生产周期及制造成本的增加，甚至给生产者带来难以弥补的损失。

将数字孪生技术和数控机床的应用相结合，实现零部件制造过程的数字孪生，是解决上述问题，实现制造业转型升级的有效方式。零件从提出需求到制造出合格的产品，需要经过产品设计、生产规划、生产执行、产品服务等环节。数字孪生技术可以使这些环节基于统一的数据管理平台，共享数据，互相支持和校验，实现设计产品和实际产品的高度一致。基于数字孪生的虚拟制造具有以下特征：

1）模型的可修改性。设计人员可以实时在虚拟制造环境中检验并改进产品的设计、加工、装配和操作过程，根据用户需求或市场变化快速改变设计、工艺和生产过程。

2）制造过程的分布式。虚拟制造过程中的人和设备、人和人可以分布在不同地点，通过网络在同一个产品模型上同时工作，信息共享。

3）生产过程的并行性。可以同时进行产品设计、制造、装配过程的仿真，缩短新产品试制时间。

本节以叶轮生产为例，对数字孪生技术在零件生产各阶段的应用进行介绍。叶轮机械包括燃气轮机、蒸汽轮机、风力机、水轮机等原动机和鼓风机、水泵等工作机。叶轮机械在国民经济尤其是整个重工业体系中占有十分重要的地位。原动机中的叶轮通常称为螺旋桨，如船用螺旋桨，螺旋桨的桨叶叶面呈螺旋面形状，其尺寸主要由一系列柱形切面的型值确定，属于空间复杂曲面，结构比较复杂，并且加工精度要求高，所以它的数控加工一直是一个难点。加工船用螺旋桨叶片现在多采用五轴精密加工机床和七轴五联动机床，具有运动自由度多、性能要求高、结构复杂的特点，如图 2-19 所示。

鼓风机、水泵等工作机的叶轮一般由轮盘、轮盖和叶片等组成。流体在叶轮叶片的作用下，随叶轮做高速旋转运动，气体受旋转离心力的作用，以及在叶轮里的扩压流动，使它通过叶轮后的压力得到提高。叶轮叶片是复杂的空间曲面，叶片数量多、厚度薄，如图 2-20 所示。叶片形状和加工质量的优劣直接影响设备的工作性能。

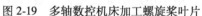

图 2-19　多轴数控机床加工螺旋桨叶片

图 2-20　叶轮

叶轮加工的难点是叶片，因为叶片外形曲面复杂，铸造毛坯的加工余量不均匀。最初采用手工打磨的方法加工，由于工人技能水平高低不同，以及现场检测条件的限制，很难保证叶片加工质量，且劳动强度大。

2.4.1　产品设计阶段

当工件叶轮的需求明确后，首先需要进行产品设计。零件的数字化设计是虚拟机床技术应用的重要基础，也是在数控机床应用领域实现数字孪生的重要环节。零件的数字化设计主要包括计算机辅助设计（CAD)、仿真及相应文档的建立。数字化设计对产品开发全过程、产品创新设计、产品相关数据管理、产品开发流程优化等提供支持。通过二维 CAD、三维 CAD、性能分析，实现数字化设计的智能化和虚拟化，大大减少了机械产品设计中的试错成本，缩短了产品开发周期，让数字化技术和机械产品的实际生产联系得更加紧密，更能够直接有效地创新和指导机械产品的设计工作。图 2-21 所示为基于 NX 平台的叶轮的三维数字化设计，数字化设计软件已在生产实际中得到广泛应用，协助设计人员高效地完成零件的 3D 设计。

2.4.2　生产规划阶段

当产品设计完成之后，需要对后续的生产流程进行规划以确保产品质量，包括虚拟环境下的工艺规划、切削策略、测量策略，以及机床设备、工装夹具、切削刀具等生产资源的规

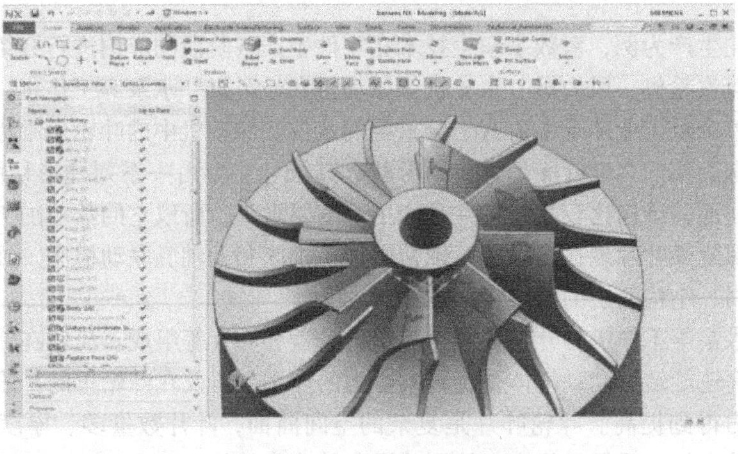

图 2-21　叶轮的数字化设计

划，物理世界的生产资源的准备，工件在机床设备的实际切削和成品的质量检测和质量控制，以及全过程的数据管理，保证数据共享和数据的一致性。例如，西门子的 Teamcenter 工件工艺规划模块 Part Planner 可以协助技术人员进行科学、透明、可追溯的生产规划。

在这个阶段可以通过软件的帮助，在物理世界进行实际产品生产之前，在软件虚拟世界进行产品仿真验证，以支持保障后续实际生产。图 2-22 所示为基于 NX 平台的叶轮生产规划及仿真。叶轮使用 CAD 进行 3D 设计之后，使用 CAM 结合制造资源库中的刀具数据制定加工策略，之后可以生成 NC 程序、刀具清单和作业指导书，用于后续的实际生产。NC 程序有没有语法错误，叶轮工件在机床的加工过程中有没有机械干涉和碰撞，加工节拍的时长等问题，可以在工件实际生产之前得到验证。虚拟机床可集成于 CAM 环境中，使用和实际物

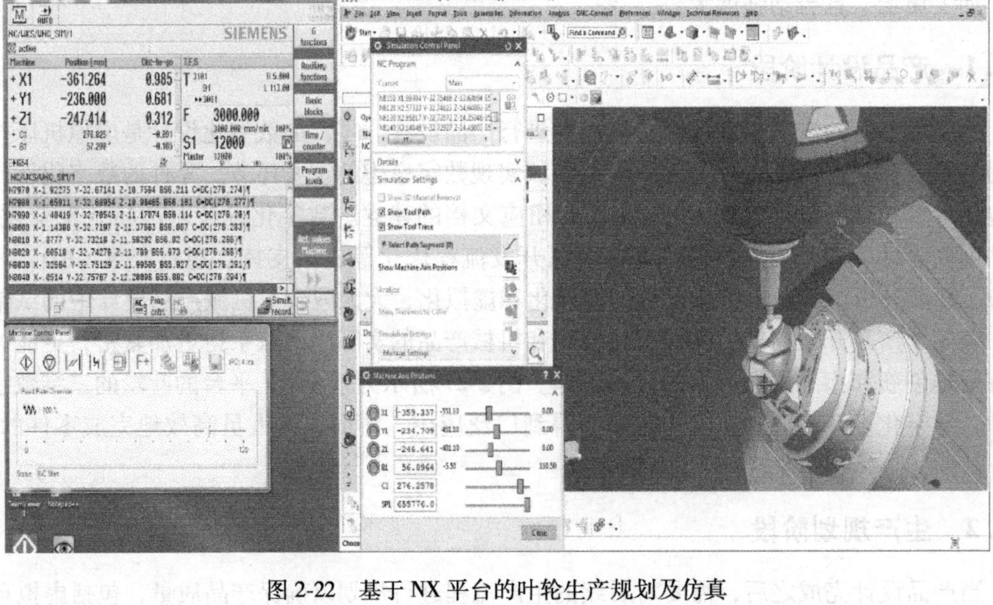

图 2-22　基于 NX 平台的叶轮生产规划及仿真

理机床相同的 CNC 数据，实现和物理机床近乎相同的测试环境，为后续生产执行阶段的实际工件在物理机床的加工提供了安全保障，缩短试制时间。

2.4.3　生产执行阶段

在生产执行阶段，工件从软件世界进入现实物理世界的生产车间，生产管理非常复杂，涉及资源管理、生产安排等。

（1）机床管理　生产安排需要机床设备的实时状态和设备效率，如图 2-23 所示，通过机床状态监控及绩效分析软件，如西门子的 AMP（Analyze My Performance），实时采集机床状态，分析机床的设备综合效率（OEE）、可用性、生产力等，并且可以将这些数据上传到制造执行系统（MES）用于生产安排。

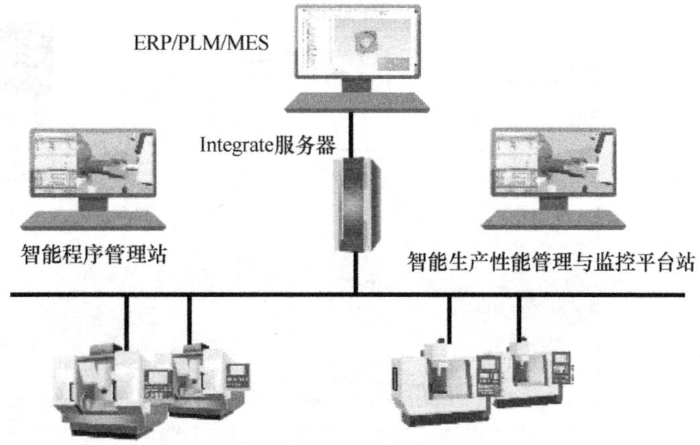

图 2-23　生产过程中的机床设备管理

图 2-24 所示为通过 AMP 软件采集到的车间制造装备的运行状态监控画面，可以对不同设备的工作状态、故障状态、停机状态等，以横道图的形式进行实时显示。可以自动分析并显示设备综合效率（OEE）等性能指标，如图 2-25 所示，不同颜色柱状区域，代表设备不同状态的持续时间和占比，为车间设备的优化管理提供依据。

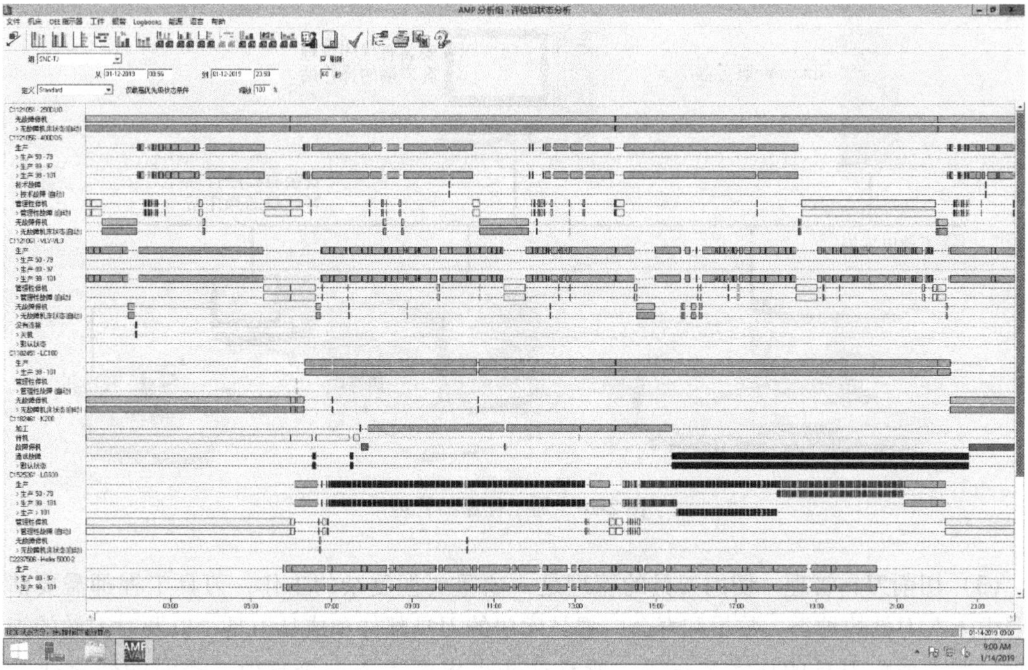

图 2-24　数控机床的运行状态监控

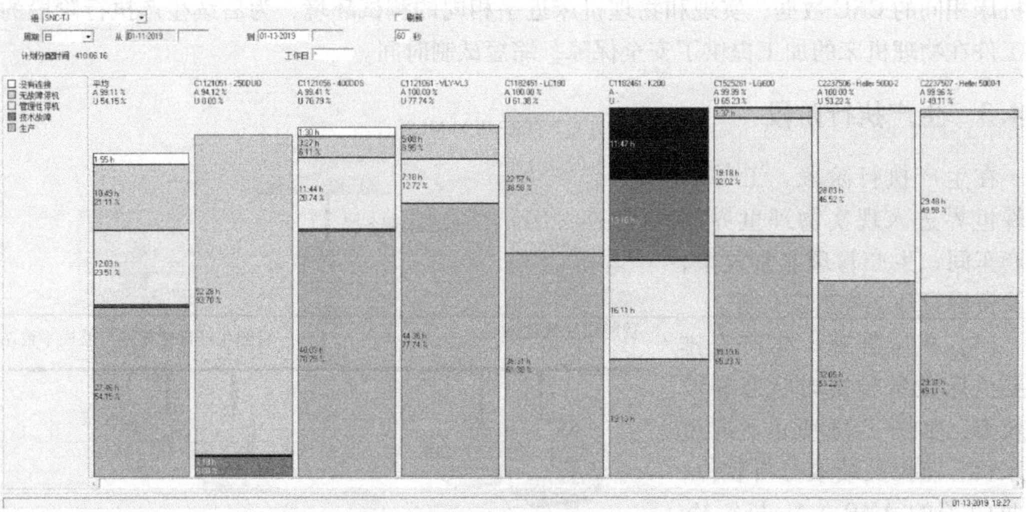

图 2-25　生产过程中设备的利用率统计

（2）NC 程序管理　在生产工程阶段经过虚拟机床仿真验证的 NC 程序由 CAM 软件上传至数据共享及管理平台，然后根据生产安排把 NC 程序通过程序管理软件，如西门子的 MMP（Manage My Programs），释放到目标机床，如图 2-26 所示，便于在不同类型的 NC 控制器之间实行 NC 程序的集中管理，使之易于接入 PLM 系统。NC 程序管理软件还可以标注程序版本和属性，集中、有效、透明地管理 NC 程序，实现无纸化制造信息管理，同时还可以提高分布式制造过程中加工工艺的可靠性。

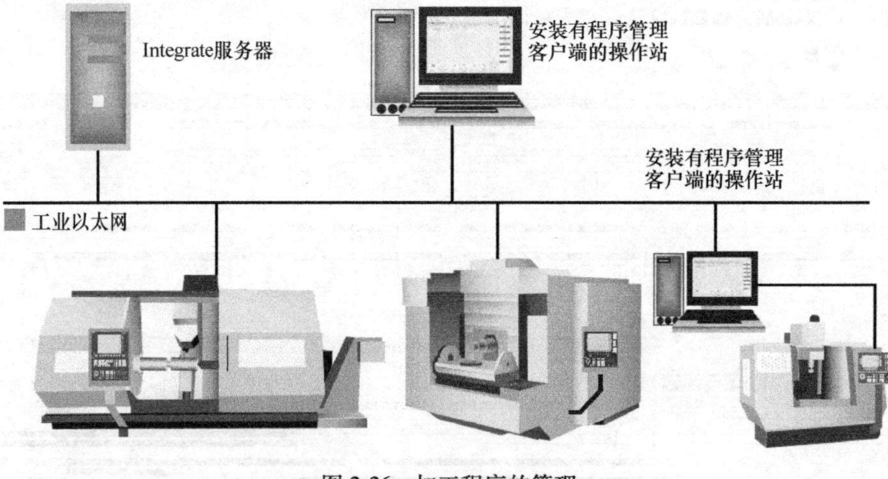

图 2-26　加工程序的管理

（3）切削刀具管理　切削刀具的管理是一项重要但复杂的工作，刀具工程师需要清楚每台机床上刀具的种类、数量和寿命，刀具库房的刀具部件和成品刀具，以及对刀站的刀具数据，所需采购刀具的技术数据等，所有这些需求都需要一个高效、透明的数字化管理平台。

例如，车间资源管理软件 SFI RM（Shop Floor Integrate Resource Management）和刀具管

理软件 MMT（Manage My Tools）就是这样的平台。和 NC 程序一样，在生产工程阶段经过虚拟机床仿真验证的刀具清单由 CAM 上传至数据共享及管理平台，如 Teamcenter，然后释放到 SFI RM 和 MMT。刀具清单中的刀具是否都存在于目标机床？缺失刀具是否在刀具成品库？缺失刀具是否需要组装？组装需要的刀具部件存放于刀具部件库的什么位置？如何组装？哪些刀具需要在对刀站进行测量？测量之后数据如何传输到目标机床？新刀具如何安装到目标机床？SFI RM 和 MMT 可以透明地管理、指导操作人员准备好需要的刀具和数据，并且在目标机床上安装好所需要的刀具，全程数据基于网络进行，实现透明、可追溯的管理，如图 2-27 所示。

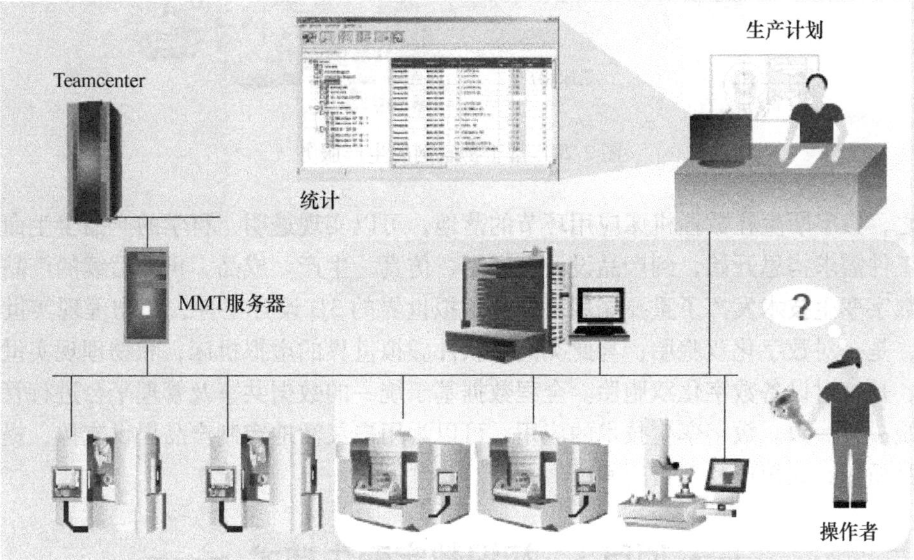

图 2-27　刀具的管理

（4）工件生产和产品检验　生产资源就绪后，操作人员按照来自生产工程阶段的作业指导书进行工件准备、试切，之后进入质量检测，质量检测的数据可用于产品设计、生产规划和生产工程阶段必要的改进，所有这些工作都通过数据共享及管理平台 Teamcenter 统一管理，确保数据的一致性。

2.4.4　生产服务阶段

如何减少机床停机时间，提高设备使用效率，设备的维护是重要服务内容之一。机床状态分析软件 AMC（Analyze My Condition）可以协助用户掌握透明的机床状态，定期进行设备的性能测试，提供维护建议，进行有效的预防性设备维护。如图 2-28 所示，基于开放物联网 IoT 操作系统的工业云 Mind Sphere 的机床管理软件 MMM（Manage My Machines），可以实时采集设备状态和用户定制的设备数据，生成设备看板和设备状态透明度，协助用户科学地规划设备的使用和维护。

机床制造商具有中央管理服务和维护能力，全天候对机床进行基于状态的监控和管理：对机床状态进行永久性监控；预先存储于服务器上的状态触发器发出机床的维护信号；分析机床状态和性能。

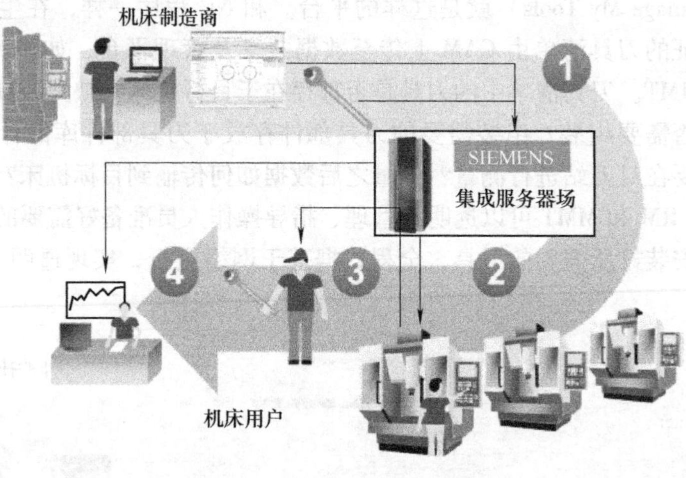

图 2-28　基于物联网的生产服务

总之，数字孪生在数控机床应用环节的落地，可以实现透明、科学的产品全生命周期管理，从工件需求构思开始，到产品设计、规划、仿真、生产、成品，再到后续的产品改进和服务，数字孪生技术发挥了重要作用。软件虚拟世界的 3D 设计工件，和物理现实世界的实际工件，是一对数字化双胞胎；与此类同，软件虚拟世界的虚拟机床，和物理现实世界的实际机床，是一对设备数字化双胞胎。全程数据基于统一的数据共享及管理平台进行管理，确保数据统一并一致。数字孪生技术的应用，可以为用户灵活地定制产品提供支撑，提高生产率和产品质量，缩短产品上市时间。

项目 1　初识数字孪生技术

项目简介

在产品全生命周期数字化的理念下，理想的状态是建立一个数字孪生模型，能够在产品从需求分析、设计、制造、交付、维护及回收的各个阶段与物理实体进行双向数据交换，但目前这样的应用案例还集中在一些特殊的重要领域，远没有得到广泛应用和普及。但是数字孪生在产品生命周期不同阶段的典型应用场景有很多，如产品的机电一体化设计与仿真、基于虚拟机床的产品数字化制造、设备的运行监控与预测性维护等。

本项目旨在通过上述一个或若干个典型应用案例，达到以下目标：

1）对数字孪生在制造领域的应用有直观的认识和了解。

2）基于特定的案例，熟悉数字孪生在制造领域，特别是在数控机床的设计开发及应用领域常用的开发环境、工具软件的使用。

3）通过案例的运行，了解数字孪生开发应用的流程和一般方法。

4）体会数字孪生在提高效率、可靠性等方面给制造业带来的变化。

5）培养自主学习、沟通表达、工程素质、创新思维等非技术能力。

下面以基于虚拟机床的产品数字化制造作为项目案例，给出相关内容。如前所述，在教学过程中，可以根据实验室条件及教学资源的实际情况，选择可以达到上述目标的其他应用案例。

项目的内容和要求

1. 项目名称

基于虚拟机床的产品数字化制造。

2. 项目内容和要求

使用虚拟机床软件（如 Create My Viture Machine 或 sinutrain 软件），如图 2-29 所示，完成典型零件的制造，并对制造过程进行验证、调试，对制造仿真中出现的问题，如碰撞、刀具选择、加工效率等进行调整优化，对虚拟制造的结果进行评价和验收。主要内容和要求如下：

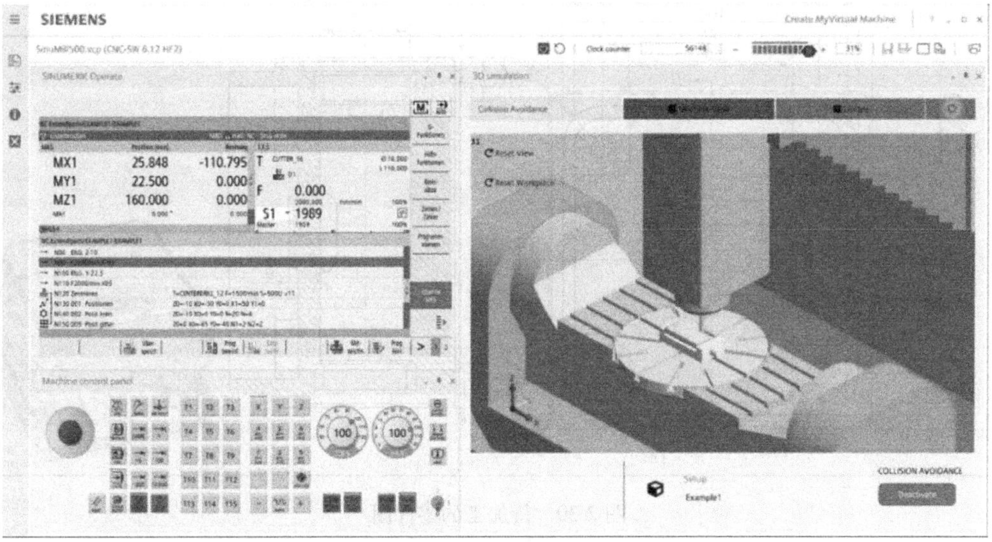

图 2-29　虚拟机床软件平台

1）完成虚拟机床软件安装，熟悉软件的使用。

2）分析图 2-30 所示的零件，确定工艺方案，如机床的类型、夹具的选择、刀具清单、工艺步骤。

3）根据选择确定的机床类型，启动相应的虚拟机床控制器及机床的 3D 模型。

4）完成零件加工程序的编制；毛坯、夹具、刀具的装载。

5）在虚拟机床上运行零件加工程序，观察加工过程中虚拟机床控制器主轴及各坐标轴位置、速度的变化，并与机床的三维数字模型进行对照，检查机床的运行及换刀过程是否正确。

6）验证加工过程，解决加工过程中出现的问题，如碰撞、过切、刀具错误等，并及时调整优化。

7）零件加工结果与图样进行比较，验证加工中各项因素及指标的正确性。

8）将验证过的零件程序、刀具等下载到真实机床，完成真实零件的加工，并对虚拟和实际两种结果进行比较。

9）撰写项目报告。

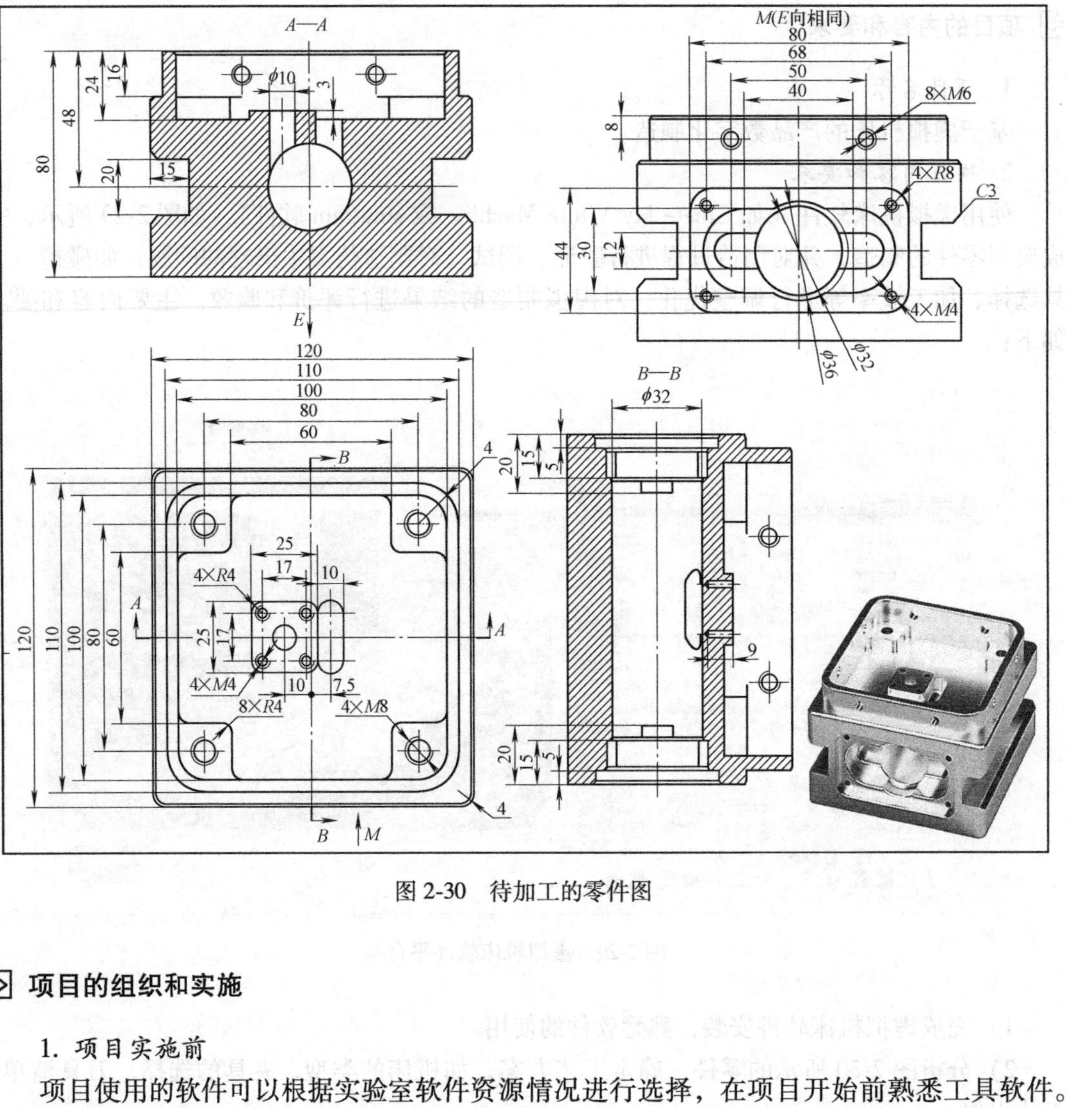

图 2-30　待加工的零件图

项目的组织和实施

1. 项目实施前

项目使用的软件可以根据实验室软件资源情况进行选择，在项目开始前熟悉工具软件。本项目重点在于了解数字孪生在零件制造过程中的应用，具体零件图样的难度和复杂程度，可以根据学生的基础知识水平等进行调整。

2. 项目实施中

项目实施过程中，根据学生情况及完成项目的时间要求，所使用的虚拟机床及夹具的3D模型，可以选择使用软件自带的机床和夹具模板，或者使用教师提供的机床和夹具模型，也可以导入学生自行设计的机床和夹具。项目内容可以分组实施，也可以独立完成。完成项目的过程中，注重自主学习、沟通交流和问题研讨。

3. 项目完成后

该项目完成后，可以将验证过的零件程序、刀具等下载到真实机床，完成真实零件的加工，并对虚拟和实际两种结果进行比较。撰写项目报告，记录项目的过程和结果，对数字孪生在项目中的初步应用进行概括和总结，并对数字孪生在虚拟机床及零件制造领域进一步的应用提出自己的看法。

项目的验收和评价

1. 项目验收

项目完成后，主要从以下几个方面对项目进行验收：

（1）基于虚拟机床的零件制造前的准备工作　主要包括机床模型、夹具、刀具、毛坯的准备，是否满足项目要求。

（2）零件制造过程　主要考察零件制造的工艺是否合理，是否存在干涉、碰撞等错误。

（3）基于虚拟机床的零件加工结果　重点考察加工结果与零件图样要求的加工要素是否一致。

（4）项目总结汇报　学生对项目进行简要总结汇报，通过汇报考察总结能力、表现能力，考察主动思考和创新思维意识。

（5）项目报告　撰写项目报告，阐述项目在准备及实施过程中的主要技术难点和存在的问题，思考并总结数字孪生在虚拟机床和零件制造领域的应用，结合项目实践并进一步阅读文献资料，针对数字孪生在数控机床设计制造和应用领域的进一步应用，提出自己的思路和看法。

2. 项目评价

对学生在整个项目过程中表现出的工作态度、学习能力和结果进行客观评定，目的在于引导学生进行项目学习，实现项目简介中列出的本项目的 5 个预定目标。同时，通过项目评价，帮助学生客观认识自己在学习过程中取得的成果及存在的不足，引导并激发学生进一步的学习兴趣和动力。

本项目采用过程评价和结果评价相结合的方式，注重学生在项目实施过程中各项能力和素质的考察，项目结束后，根据项目验收要求，进行结果评价。

为了提高学生的自主管理和自我认识，评价主体多元化，采用学生自评、学生互评与教师评价结合的方式。

项目评价在注重知识能力考察的同时，重视工程素质，如成本意识、效率意识、安全环保意识等的培养与评价。鼓励学生在项目学习过程中的创新意识和创新成果。

在此基础上，可以参照表 2-1 给出的工作内容和学习目标的对应关系，对每一项工作内容分别进行评价，最终形成该项目的评价结果。

表 2-1　工作内容和学习目标的对应关系

序号	工作内容	学习目标				
		认识和了解数字孪生在制造领域的应用	熟悉制造领域数字孪生常用开发环境和软件	了解数字孪生开发应用的流程和一般方法	体会数字孪生在提高效率、可靠性等方面带来的变化	培养自主学习、沟通表达、创新思维等非技术能力
1	虚拟机床软件安装，熟悉软件的使用	L	H	L	L	M
2	分析零件图，确定工艺方案	L	L	M	L	M

（续）

序号	工作内容	学习目标				
		认识和了解数字孪生在制造领域的应用	熟悉制造领域数字孪生常用开发环境和软件	了解数字孪生开发应用的流程和一般方法	体会数字孪生在提高效率、可靠性等方面带来的变化	培养自主学习、沟通表达、创新思维等非技术能力
3	虚拟机床控制器及机床3D模型	M	H	M	L	M
4	零件加工程序的编制、毛坯、夹具、刀具的装载	M	H	M	M	M
5	完成虚拟加工，观察虚拟机床主轴及各坐标轴位置、速度的变化，检查机床运行及换刀过程是否正确	H	H	M	H	M
6	解决加工过程中的问题，如碰撞、过切、刀具错误等，并及时调整和优化	H	H	M	H	M
7	加工结果与图样进行比较，验证加工的正确性	M	L	L	H	L
8	将验证过的程序、数据等下载到真实机床，完成真实零件加工，并对结果进行比较	H	M	M	H	L
9	项目汇报 撰写项目报告	L	L	M	M	H

注：L—Low 低；M—Medium 中等；H—High 高。

本章习题

1. 结合目前较流行的数字孪生的定义，简述你的理解。
2. 为什么说数字孪生的物理实体和数字虚体之间是双向进化的？
3. 如何理解工业物联网激活了数字孪生的生命？
4. 数字孪生和产品的全生命周期管理（PLM）如何相互促进？
5. 简述数字孪生在制造领域的典型应用及带来的变化。
6. 简述制造物联网中数据的采集和传输过程。
7. 基于数字孪生的数控机床的数字化设计有哪些优势？
8. 基于数字孪生的数控机床的虚拟调试有哪些优势？
9. 基于数字孪生的数控机床预测性维护有哪些优势？
10. 现场调试、硬件在环虚拟调试、软件在环虚拟调试是如何实现的？各有什么特点？

11. 数字孪生在零件加工制造过程中如何发挥作用？
12. 数控机床在使用过程中，如何实现 NC 程序管理？
13. 数控机床在使用过程中，如何实现刀具的管理？
14. 基于数字孪生和物联网的生产服务，包括哪些内容？
15. 在数控机床的全生命周期中，目前数字孪生技术的应用存在哪些困难？

第3章 数控机床设计理论与方法

本章简介

本章首先介绍数控机床设计的基本理论与方法，数控机床的设计首先要满足所要求的加工功能，其次要考虑机床的使用性能，高性能是传统设计观点中最重要的要求；数控机床的设计从经验设计到以试验研究及理论计算相结合，再到数字孪生驱动的创新设计，不仅缩短了开发周期，实现产品本身的最佳化，还实现了从设计、制造、试验、检验全过程以至整个系统的最优化。

产品创新的核心是解决设计中的冲突或矛盾，这通常依赖于设计人员的知识和经验，通过不断探索和试错找到解决方案，耗时长、风险大。TRIZ（发明问题解决理论）通过一系列的普适性工具，实现了创新的流程化和可预见性，是产品概念设计阶段最著名的问题解决方法之一。本章介绍TRIZ理论的组成以及使用该理论解决工程问题的流程和方法，并介绍其在设计制造领域的应用。

数字孪生技术以其所具有的产品建模与仿真、物理与虚拟数据融合、全生命周期数据集成、网络与物理交互、数据学习与分析等功能，成为智能设计领域的核心技术。本章介绍数字孪生技术驱动的产品创新设计过程，分析相关的典型技术，如TRIZ与数字孪生、虚拟设计与虚拟调试等。最后以业内近几年出现的共享机床为应用案例，介绍数字孪生驱动的机床创新设计主要步骤。

3.1 数控机床设计的基本理论与方法

数控机床集成了精密机械制造技术、计算机技术、自动控制技术、光电子技术和管理技术，是机械制造的基础装备，在加工中必须保证加工对象的精度和表面质量。数控机床的设计是设计人员根据市场、社会及用户对机床产品的需要所进行的构思、计算、试验、选择方案、确定尺寸、绘制图样、编制设计文件等一系列创造性活动的总称，是产品开发过程中至关重要的环节，产品性能的差距首先表现在设计的差距，机床产品的设计，直接影响其成本、质量、研制周期、市场竞争力，产品的成本约60%取决于设计。

3.1.1 数控机床的设计要求

机床的设计首先要满足所要求的加工功能，即机床的工艺范围，包括机床能完成的加工方法、适应的工件类型、可加工表面形状、尺寸范围、材料及毛坯种类等。机床的功能越多，适应范围就越广，技术难度就越大。其次要考虑机床的主要使用性能，高性能是传统设计观点中最重要的内容，主要表现在以下 3 个方面：

1）高效率。机床是生产装备，单位时间的产出能力，即加工效率是最主要的指标。对金属切削加工机床而言，就是材料切除率或加工特定零件的循环时间。它在很大程度上取决于机床的动静态性能，特别是其结构件尺寸和形状所决定的静态刚度。

2）高精度。机床的精度可以定义为刀具在加工零件表面时所到达的位置与程序设定值的偏离度。这个误差取决于加工系统，特别是机床结构在切削力和惯性力以及热效应作用下所产生的变形。精度最终表现为工件的尺寸精度、工件形状要素间的相互位置精度和微观的表面粗糙度。

3）智能化。数控机床不仅延伸了人的体力和脑力，还将能够进一步采集生产数据、处理信息，具有自行做出判断和采取行动的能力，不断“进化”，变得越来越“聪明”。换句话说，机床不仅是技术含量高的物质产品，也是软件和硬件结合的知识产品。软硬结合是高端数控机床的重要特征。

除了上述使用性能外，还要求机床具有宜人性、可靠性、经济性、维修性以及良好的技术服务。

3.1.2　数控机床的设计方法

机床设计方法也随着社会生产的发展和科学技术的进步，不断改进、发展和完善，主要经历了以下几个阶段：

1）经验设计阶段：20 世纪 40 年代中期之前，机床设计的主要任务是解决加工与强度问题，即刀具与工件之间需要某种相对运动，以加工出一定形状的工件，同时机床零部件还应具有足够的强度，不受破坏。

2）试验设计阶段：在 20 世纪 40 年代中期到 20 世纪 60 代初期，随着科学技术的发展及工艺水平的提高，机床设计的任务不仅要解决加工与强度的问题，还要解决机床的精度及各种性能问题。如机床的运动精度、刚度、抗振性、低速运动平稳性、热变形、噪声和磨损等。

3）计算机辅助设计阶段：20 世纪 60 年代中期以来，科学技术的新成就为机床设计提供了大量测试数据，理论研究也取得了更大发展，特别是电子计算机的应用，使机床设计进入了一个崭新的阶段。机床设计思想主要是，把实际问题简化为模型，根据提供的数据和选定的目标函数，用计算机进行分析、计算并选定最佳方案。

目前，机床设计主要采用数字化设计方法和手段，从传统经验设计方法向定量设计与实验研究相结合、从静态设计向动态设计、从几何实体设计和静态分析向动态分析仿真、从可行性设计向最优化设计方向发展。

3.1.3　数控机床的设计思想

进入 21 世纪以来，随着科学技术的飞速发展，对机床产品的质量要求越来越高，国内外出现了许多新型设计理论和方法，这些都使得现代机床设计思想进入了一个以试验研究及理论计算为基础的较高级阶段。设计时要研究设计程序、规律及设计思维和工作方法，不仅寻求产品本身的最佳化，还要实现从产品设计到制造、试验、检验的全过程以至整个系统的最佳化。现代机床设计思想是与现代科技发展相适应的一种先进的设计思想，其主要内容包括：

（1）设计对象系统化　把设计对象即机床产品视为一个系统，不仅关注其组成单元要素，还要考虑边界、环境和输入输出等特征，避免传统设计的那种局部、孤立地处理问题，而是整体、系统地对待设计对象，这还有助于引入系统论、信息论和控制论等现代科学理论，用系统观点进行全方位设计。

（2）设计内容完善化　现代机床设计思想已超出常规的运动设计、动力设计和结构设计范畴，扩展到概念设计、可靠性设计和宜人性设计等更加完善的内容，使机床产品实用、经济、美观及舒适，具有更强的竞争力。

（3）设计目标最优化　现代机床设计思想追求的是目标最优化，不仅是对某项设计参数的单一目标优化，而且要对系统的诸多参数进行多目标的整体优化，利用计算机求得理论上的精确解即最佳方案，使产品设计在各项技术性能、可靠性及经济性等方面，实现最优效果。

（4）设计问题模型化　模型是对设计问题的高度概括和抽象，数学模型是最适于分析和研究的一种形式。通过数学模型就可把工程问题与数学理论紧密结合起来，借助计算机对设计问题进行定量运算和优化处理，并可应用动态设计和动态仿真等现代设计技术。

（5）设计过程动态化　现代机床设计思想更加注重产品的动态性能，在设计阶段就要对产品动态性能进行预测和优化。动态设计首先要建立系统的动力学数学模型，并通过验算或实际测试加以验证。然后用计算机对模型进行动态分析，修改某项参数，比较相应结果。直至达到满意的动态性能，最后获得最优动态设计方案。

（6）设计手段计算机化　计算机辅助设计（CAD）已成为现代设计方法中必不可少的设计手段和强大支柱。在初步设计阶段，可进行方案的分析、选择、评价和决策。在技术设计阶段，可进行结构和参数确定，运动、动力或其他特性分析，材料选择，成本计算，参数优化和绘图等工作。在工作图设计阶段，可绘制零件图、标注尺寸及公差配合，编制、存储和管理各种技术文件。

3.1.4　数控机床设计的新视角

高性能数控机床是复杂的、造价昂贵的机电一体化系统，必须以新的观点来规划和设计，才能保证一次试制成功，并在实际生产中迅速获得应用，形成生产力并创造价值，提高生产率和经济效益。设计视角的“新”表现在产品设计中，不仅聚焦于机床的技术性能、效率和可靠性，而且还关注人、生态环境、全生命周期效益、人机协调和可持续发展。

（1）重视生态和环境　机床是消耗能量的产品。机床不仅要具有高的加工效率，还应该具有高的生态效益。生态效益也称为资源效益，是指机床在加工过程中有效使用能源和物料的能力。它体现节能减排的水平和绿色化的程度，是新一代机床的重要标志。机床存在于车间环境中，离不开周围的机群和人群。机床既要保证操作者的安全又不造成车间环境的污染或影响其他设备的正常工作，还要构建一个和谐、协调和愉快的工作环境。因此，基于宜人学和艺术造型的结合，赏心悦目的外观和操作的方便性将构成机床产品竞争力的新要素。

（2）关注全生命周期　机床产品的生命周期长，机床的使用年限一般为 10 年，甚至更长一些。机床在整个生命周期内应该保证其可用性和创造价值的能力。在设计阶段不仅应该考虑机床的维修周期、便捷性和成本，还要关注能源和其他材料的消耗。典型案例分析表明，机床使用期间的碳排放量占整个生命周期碳排放总量的 90% 以上。如果采用轻量化设计方案，虽有可能会增加机床的制造成本或售价较高，但却能明显降低全生命周期的能耗和使用费用，无论是对机床制造商还是对最终用户，如何取舍，大有讲究。应该认识到，发展节能产品的大趋势不可阻挡。欧盟有关机床的能效标准已经陆续出台，能耗必将成为进入国际市场的一项重要参考指标。为了制造业的可持续发展，应该将生态效益和全生命周期评价作为数控机床设计的新目标，以减少在其整个生命周期内对环境的负面影响。

3.1.5　数控机床设计的新方法

1. 新流程

传统的机床开发过程分为两个阶段，第一个阶段是设计，第二个阶段是试制。如图 3-1 所示，传统的设计主要是借助 CAD 建立三维实体模型，经过主观评价后，加以分解，绘制零件图。这种设计方法主要是基于以往的经验，即使采用有限元分析，也大多局限于结构件的应力和变形分析，既没有对机床整机的静态和动态性能进行仔细深入的分析，更没有考虑加工过程和控制回路对机床结构的影响。样机制造出来以后，经过调试和试切，必然出现各种问题，于是再想办法修改设计，消除缺陷，重新制造物理样机。通过试运行、调整和验收，才能投入批量生产。因此，在产品开发阶段对物理样机一再修改，往往耗费大量的人力、物力和时间，使新机床的开发一再拖延，有的甚至长达 12 年。

图 3-1　传统的机床开发过程

新设计方法的目标是物理样机试制一次成功，缩短开发周期。这就要在 CAD 实体模型的基础上，建立机床和加工过程相互作用的模型，借助有关分析软件求解机床整机在静态、动态和热载荷下的响应。设计阶段的输出不仅是图样，而且是对机床性能反复优化的结果，即在物理样机试制出来以前，在计算机上“试运行”所设计的机床，对其性能进行评价和优化，把可能出现的缺陷消灭在计算机里。

新的机床设计流程与传统的机床开发流程的区别主要是，在设计阶段引入建模、仿真和虚拟机床，在计算机上反复优化，从而减少机床试制阶段的人力物力的浪费，缩短新机床的开发周期，加快推出新产品，如图 3-2 所示。

2. 集成化设计

数控机床是复杂的机电一体化系统。机床的性能和效率主要取决于其运动组合、结构动力学、控制系统和加工过程的相互作用，并非只是机床结构本身。此外，作用在机床上的载荷，无论是切削力、惯性力和热量都是动态的，仅考虑静态的应力和变形是不够的。因此，新设计方法的另一特点是将机床动力学、切削动力学和控制回路响应作为一个动态大系统来考量，将零件加工的要求作为系统的输入，谋求在上述子系统的相互作用下获得最佳综合性

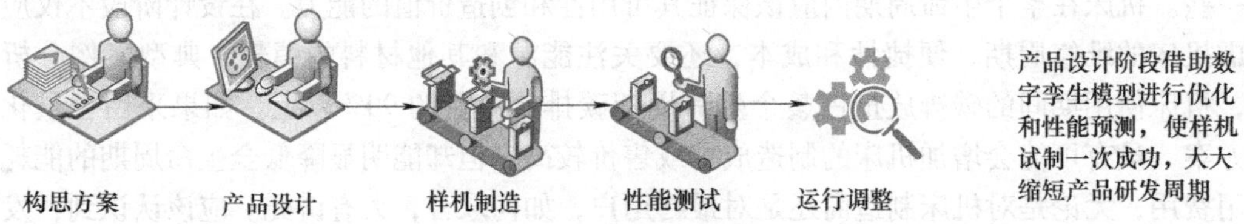

图 3-2　机床设计的新流程

能，如图 3-3 所示。

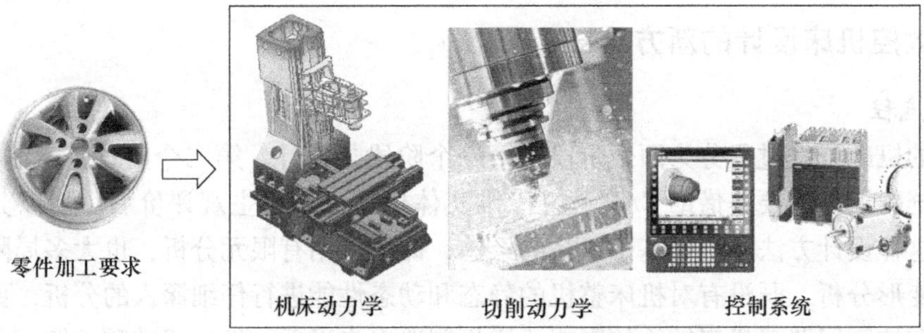

图 3-3　数控机床的集成化设计

机床设计过程可以分为 6 个阶段：实体建模和运动分析、部件设计与计算、有限元分析和优化、机电耦合柔性多体系统、物理样机试制、仿真结果验证。在不同的设计阶段采用不同的方法、工具和软件来优化。整个设计过程是集成化的、反复拟合的、从简单到复杂的仿真优化过程。

在概念设计阶段，可以在三维实体模型基础上借助简单的刚性多体仿真模型来确定机床的配置和运动特性。假设机床的所有部件只有质量、惯性和运动约束且不会变形，以检验运动拓扑是否合理、几何尺寸是否正确、部件运动时是否干涉。

借助有限元分析软件可以进一步设计、优化机床的主要部件和整机在各种载荷下表现的性能，此时机床及其部件是有柔度的，在载荷作用下会变形，与实际工作状态接近。因此，有限元分析和仿真的结果可以预测机床的静态和动态性能，用于改进机床的设计。载荷的形式是多种多样的，包括重力、切削力、加减速度的惯性力和热量，是给定的边界条件和分析软件的输入。载荷导致的结果为变形、应力、振动、温升等。借助有限元分析还可以求得机床在约束条件下的优化方案，例如，在保证机床结构刚度前提下的移动部件质量轻量化。

高端数控机床的特征是高速、高精度和多轴控制，机床的控制必须能够在可接受的精度范围内迅速改变刀具和工件的位置、方向和姿态。因此，在设计阶段就必须借助机电耦合和柔性多体动力学仿真来分析机床结构动力学和控制回路的相互作用，以高刚度、轻量化的机床结构配合高动态性能的驱动装置来保证复杂零件的加工精度。

新方法的难点在于输入参数的正确性和边界条件的合理性，特别是导轨接合面和轴承的阻尼以及刚度，输入参数有偏差或失真时，输出结果就不可信。因此，仿真的结果，特别是机电耦合柔性多体仿真的结果还需要通过实验加以验证，只有通过不断验证，积累经验，才能逐步实现在虚拟机床上“加工”零件。

3.2 TRIZ 理论与创新方法

TRIZ 是拉丁文“Teoriya Resheniya Izobreatatelskikh Zadatch”的缩写，英文译文为“Theory of Inventive Problem Solving”，中文称作“发明问题解决理论”。它是由苏联发明家 Genrich Altshuller 与一批研究人员在 1946—1985 年，通过分析世界各国近 250 万份专利，并综合多学科领域的原理和法则而建立起来的，是专门研究创新设计的理论，它建立了一系列的普适性工具帮助设计者尽快获得满意的解，实现了创新的流程化和创新过程的可预见性。该理论以其良好的可操作性、系统性和实用性在全球的创新、创造学研究领域中占据着重要的位置，已被认为是一种世界级的创新方法。

TRIZ 并不是针对某个具体的机构、机械或过程，TRIZ 的原理、算法也不局限于任何特定的应用领域，而是建立解决问题的模型及指明问题解决对策的探索方向，指导人们创造性解决问题并提供科学的方法、法则。因此，TRIZ 可以广泛应用于各个领域。2005 年 ETRIA（欧洲 TRIZ 协会）年会上发布了一个调查结果，两组具有同等经验的工程师，在有限的时间内尝试解决同样的问题，没有学习过 TRIZ 理论的一组，成功解决问题的比例是 2%，而经过一周 TRIZ 培训学习的一组工程师，成功解决问题的比例是 68%。

3.2.1 TRIZ 理论的组成

TRIZ 是一种建立在技术系统演变规律基础上的问题解决系统，经过几十年的不断发展，已经形成一套成熟的理论体系，主要包括：TRIZ 技术系统 8 大进化法则、最终理想解 IFR、40 个发明原理、39 个工程参数和矛盾矩阵、物理矛盾和 4 大分离原理、物-场模型分析、发明问题标准解法、发明问题解决算法 ARIZ、科学效应和现象知识库。

TRIZ 的内容按照作用可以分成基本原理、问题分析体系、问题求解体系，如图 3-4 所示。

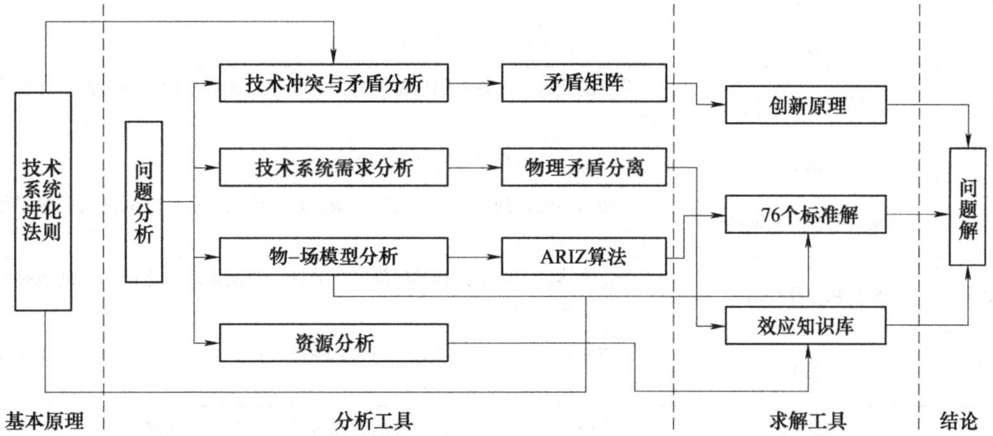

图 3-4 TRIZ 主要内容和理论框架

（1）基本原理 TRIZ 理论认为技术系统处于不断演化的过程中，技术进步受客观规律的支配，解决矛盾就是解决阻碍技术系统进化的问题，实现系统从低级到高级演进的过程。

技术系统进化法则是 TRIZ 的理论基础。

（2）问题分析体系 TRIZ 主要提供了四种分析工具，一是技术冲突与矛盾分析，运用 39 个通用工程参数，将待解决的具体问题转化为矛盾矩阵，利用 40 条发明原理找到相应的解决办法。二是技术系统需求分析，运用 4 种分离方法（空间分离、时间分离、部分与整体分离、条件分离）将矛盾进行分离，使用分离法则解决技术系统的功能需求。三是物-场模型分析，将待解决的具体问题转化为利用“物质和场”描述的“标准物-场模型”，分析物-场模型中的不足、过度、有害的作用，从 76 种标准解法中找到解决方案模型。四是资源分析，通过分析待解决问题系统中组件之间的相互作用关系，建立功能模型，运用知识效应库，找到解决方案模型。39 个通用工程参数及其含义见表 3-1。

表 3-1 39 个通用工程参数及其含义

序号	通用工程参数	含义
1	运动物体的重量	在重力场中运动物体受到的重力，如运动物体作用于其支撑或悬挂装置上的力
2	静止物体的重量	在重力场中静止物体所受到的重力，如静止物体作用于其支撑或悬挂装置上的力
3	运动物体的长度	运动物体的任意线性尺寸，不一定是最长的，都认为是其长度
4	静止物体的长度	静止物体的任意线性尺寸，不一定是最长的，都认为是其长度
5	运动物体的面积	运动物体内部或外部所具有的表面或部分表面的面积
6	静止物体的面积	静止物体内部或外部所具有的表面或部分表面的面积
7	运动物体的体积	运动物体所占有的空间体积
8	静止物体的体积	静止物体所占有的空间体积
9	速度	物体的运动速度、过程或活动与时间之比
10	力	两个系统之间的相互作用。对于牛顿力学，力等于质量与加速度之积。在 TRIZ 中，力是试图改变物体状态的任何作用
11	应力或压力	单位面积上的力
12	形状	物体外部轮廓或系统的外貌
13	结构的稳定性	系统的完整性及系统组成部分之间的关系。磨损、化学分解及拆卸都降低稳定性
14	强度	物体抵抗外力作用使之变化的能力
15	运动物体作用时间	运动物体完成规定动作的时间、服务期。两次误动作之间的时间也是作用时间的一种度量
16	静止物体作用时间	静止物体完成规定动作的时间、服务期。两次误动作之间的时间也是作用时间的一种度量
17	温度	物体或系统所处的热状态，包括其他热参数，如影响改变温度变化速度的热容
18	光照度	单位面积上的光通量，系统的光照特性，如亮度、光线质量
19	运动物体的能量	能量是物体做功的一种度量。在经典力学中，能量等于力与距离的乘积。能量也包括电能、热能及核能等
20	静止物体的能量	
21	功率	单位时间内所做的功，即利用能量的速度

（续）

序号	通用工程参数	含义
22	能量损失	为了减少能量损失，需要不同的技术来改善能量的利用
23	物质损失	部分或全部、永久或临时的材料、部件或子系统等物质的损失
24	信息损失	部分或全部、永久或临时的数据损失
25	时间损失	一项活动所延续的时间间隔，改进时间的损失指减少一项活动所花费的时间
26	物质或事物的数量	材料、部件及子系统等的数量，它们可以被部分或全部、临时或永久地改变
27	可靠性	系统在规定的方法及状态下完成规定功能的能力
28	测试精度	系统特征的实测值与实际值之间的误差，减少误差将提高测试精度
29	制造精度	系统或物体的实际性能与所需性能之间的误差
30	物体外部有害因素作用的敏感性	物体对受外部或环境中的有害因素作用的敏感程度
31	物体产生的有害因素	有害因素将降低物体或系统的效率，或完成功能的质量。这些有害因素是由物体或系统操作的一部分而产生的
32	可制造性	物体或系统制造过程中简单、方便的程度
33	可操作性	要完成的操作应需要较少的操作者、较少的步骤以及使用尽可能简单的工具。一个操作的产出要尽可能多
34	可维修性	对于系统可能出现失误所进行的维修要时间短、方便和简单
35	适应性及多用性	物体或系统响应外部变化的能力，或应用于不同条件下的能力
36	装置的复杂性	系统中元件数目及多样性，如果用户也是系统中的元素，将增加系统的复杂性。掌握系统的难易程度是其复杂性的一种度量
37	监控与测试的困难程度	如果一个系统复杂、成本高、需要较长的时间建造及使用，或部件与部件之间关系复杂，都使得系统的监控与测试困难。测试精度高，增加了测试的成本，也是测试困难的一种标志
38	自动化程度	系统或物体在无人操作的情况下完成任务的能力。自动化程度的最低级别是完全人工操作，最高级别是机器能自动感知所需的操作、自动编程和对操作自动监控，中等级别的需要人工编程、人工观察正在进行的操作、改变正在进行的操作及重新编程
39	生产率	单位时间内所完成的功能或操作数

为了应用方便，上述 39 个通用工程参数可分为如下 3 类：

物理及几何参数：1~12，17~18，21。

技术负向参数：15~16，19~20，22~26，30~31。

技术正向参数：13~14，27~29，32~39。

负向参数（Negative parameters）指这些参数变大时，使系统或子系统的性能变差。如子系统为完成特定的功能所消耗的能量（第 19、20 条）越大，则设计越不合理。

正向参数（Positive parameters）指这些参数变大时，使系统或子系统的性能变好。如子系统可制造性（第 32 条）指标越高，子系统制造成本就越低。

（3）问题求解体系　TRIZ 问题求解方法主要有：创新原理、标准解、效应知识库。TRIZ 解决问题的主要步骤包括：首先将要解决的具体问题转换为 TRIZ 问题，得出解决工程问题的根本原因。通过对已有技术、专利所使用的创新方法的研究，建立可供创新工作借鉴的知识库。即使遇到尚未出现过的创新问题，仍然可以从知识库中寻找到可以借鉴的创新原则、模式和方法。转换为 TRIZ 问题后，运用 TRIZ 工具，建立问题的模型，运用相关 TRIZ 工具，获得解决创新问题的综合行动方案。

3.2.2　TRIZ 解决问题的流程

在产品的设计过程中，存在着各种冲突矛盾。产品进化及更新换代的实质就是不断地发现并不断合理有效地解决产品中存在的各种冲突的过程。因此，产品创新的核心是解决设计中的冲突或矛盾。通常解决这些矛盾和冲突问题依赖于发明和设计人员的知识、经验，通过不断探索和试错，找到解决方案，这种方式耗时长、风险大。TRIZ 理论通过一系列的普适性工具，实现了创新的流程化和可预见性。

TRIZ 将发明问题分为两大类：标准问题和非标准问题。TRIZ 解决问题流程是首先将待解决的问题转化为通用问题，提取实际问题中的技术矛盾或物理矛盾并转化为 TRIZ 标准问题。TRIZ 提出了 39 个通用化参数，在问题解决过程中，把实际工程设计中的冲突或矛盾转化为 TRIZ 理论中的通用化参数。同时利用 TRIZ 理论中的矛盾冲突矩阵，得出对应的发明解决原理，结合实际问题，选择符合产品设计的发明原理，得出最佳产品设计方案。其解决问题的一般流程如图 3-5 所示。

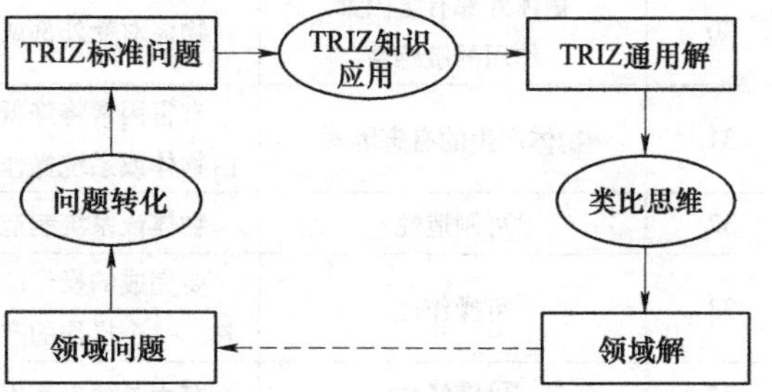

图 3-5　TRIZ 解决问题的一般流程

（1）问题的提出　通过问卷调查、座谈会、头脑风暴等手段，用自然语言的方式，提出当前待解决的问题，形成问题列表，为后续问题分析做准备。

（2）问题重构与分析　将问题描述为用各类技术参数表示的形式。从功能结构、资源以及理想解 3 个方面对系统进行问题分析。从功能结构方面分析时，将问题转化为各种传统的物理参数、几何参数等表示形式，为后续技术冲突参数或物理冲突参数的抽取做准备。资源分析是针对问题对象和周围环境中的可用资源进行分析，主要从时间、空间、操作和操作对象 4 个方面考虑。理想解 IFR（Ideal Final Result）是基于理想系统而得到的针对特定技术问题的理想化解决方案，理想解分析主要应用 TRIZ 中的理想解理论对问题进行分析。

（3）冲突的确定　在问题分析的基础上，先确定待改善的参数，再确定恶化的参数。在确定了两种类型的参数后，分析参数的相关性：①是否为同一系统中的两个不同的技术参数；②是否为同一系统中同一个技术参数。若为第一种情况，使用 TRIZ 中的 39 个技术参数，将问题转换为 TRIZ 中的技术冲突问题。若为第二种情况，系统中的物理参数可以用技术系统的宏观参数，如长度、温度、传热系数等表示，也可以用微观系统的参数，如电荷、粒子浓度等表示。

对于第一种情况，阿奇舒勒通过对大量专利的研究、分析、比较、统计，归纳出了当 39 个工程参数中的任意 2 个参数产生冲突时，化解该冲突所使用的发明原理，这就是著名的 40 个发明原理。阿奇舒勒还将工程参数的冲突与发明原理建立了对应关系，整理成一个 39×39 的矩阵，以便使用者查找，这个矩阵称为阿奇舒勒冲突矩阵（见附录）。冲突矩阵是浓缩了对大量专利研究所取得的成果，矩阵的构成非常紧密而且自成体系。阿奇舒勒冲突矩阵使问题解决者可以根据系统中产生冲突的 2 个工程参数，从矩阵表中直接查找化解该冲突的发明原理，并使用这些原理来解决问题。

（4）冲突求解　对于技术冲突，利用技术冲突矩阵，将改善的参数对应到行上，恶化的参数对应到列上，在行列的交叉处查找发明原理，可以得到推荐的若干个发明原理。这些原理就是问题的通用解，具有高度的抽象性。对于物理冲突求解，逐一对照 4 条分离原理求解。

如图 3-6 所示，冲突矩阵的第 1、2 列和第 2、1 行分别为 39 个通用工程参数的序号和名称。第 2 列是欲改善的参数，第 1 行是恶化的参数。39×39 的工程参数从行、列 2 个维度构成矩阵的方格共 1521 个，其中 1263 个方格中，每个方格中有几个数字，这几个数字就是 TRIZ 所推荐的解决对应工程矛盾的发明原理的序号。

	恶化的参数→ 改善的参数↓	运动物体的重量	静止物体的重量	运动物体的长度	静止物体的长度
		1	2	3	4
1	运动物体的重量	+	–	15，8，29，34	–
2	静止物体的重量	–	+	–	10，1，29，35

图 3-6　冲突矩阵的组成

（5）方案生成　按照序号查找发明原理汇总表，得到发明原理的名称。按照发明原理的名称，对应查找 40 个发明原理的详解。将所推荐的发明原理逐个应用到具体的问题上，探讨每个原理在具体问题上如何应用和实现。如果所查找到的发明原理都不适用于具体的问题，需要重新定义工程参数和矛盾，再次应用和查找矛盾矩阵。筛选出最理想的解决方案，进入产品的方案设计阶段。

方案的生成是一个由抽象到具体的过程，也是 TRIZ 冲突解决过程中的关键一步，它需要借助于个人的经验知识，也可能要借助于各种创新知识库。

3.2.3　TRIZ 在设计制造领域的应用

TRIZ 在设计制造领域的应用主要体现在利用 TRIZ 理论进行产品和技术预测，通过 TRIZ 理论解决新产品开发和设计中的问题，如 TRIZ 的产品绿色创新设计、协同设计以及

TRIZ 与其他方法集成的设计等，具体表现在以下几个方面：

1）解决工程实际中的关键技术问题，特别是新产品开发、机械设计制造等。

2）从一般性上探索 TRIZ 理论在产品创新中的作用。例如，将 TRIZ 技术系统演化规律与产品设计的应用程序框架结合起来，并分析其在设计过程中的影响。

3）利用参数矩阵，对 39 个工程参数赋以一定权值构建评价矩阵，解决协同产品开发过程中矛盾的消除问题。

4）基于 TRIZ 理论设计以消费者需求为中心的产品。

运用 TRIZ 攻克工程问题，解决新产品开发、机械设计制造中的难题是 TRIZ 运用的集中点，TRIZ 在制造领域的运用主要集中在生产率的提高、技术工艺改进、产品品质提升、专利规避等方面。

TRIZ 不仅在苏联得到广泛应用，在国际上很多企业，如波音、通用、克莱斯勒、摩托罗拉等的新产品开发中得到了应用，创造了可观的经济效益。国内也有很多学者和技术人员运用 TRIZ 理论和方法解决工程实际中的问题，实现技术和产品创新。

黄兆飞等针对往复式线切割机床储丝筒存在的问题提出了一种基于 TRIZ 的产品冲突解决流程，应用该流程对储丝筒设计中存在的问题进行了求解，最终利用冲突矩阵和 40 条发明原理设计出了一种新型的往复式线切割机床储丝筒。新方案在满足储丝筒往复运动要求的同时，有效地降低了换向过程中带来的噪声、振动以及断丝等问题。

夏文涵等针对管道检测机器人系统的检测模块在检测过程中无法自适应检测不同直径的管道这一问题，采用 TRIZ 标准解以及分离原理和发明原理，提出一种创新设计方法，建立基于 TRIZ 物-场模型和冲突解决理论的管道检测模块创新设计过程模型，解决了管道检测机器人的检测模块在检测过程中无法自适应检测不同直径管道的问题，成功地设计出了满足要求的产品。

李平平等针对注射机能耗大、效率低、有污染、以及控制精度及产品精度低，模具加热慢及控制难、熔融塑料的注射速度不够大、产品生产率低等问题，运用 TRIZ 的冲突矩阵和发明原理，确定了技术冲突，应用冲突矩阵表得到解决问题的发明原理，并运用 TRIZ 理论的发明原理所提供的思路与线索，对注射机的注射机构、液压系统及模具加热工艺进行了创新设计。对注射机注射机构及模具的温度控制工艺进行创新设计。

王欢等采用 TRIZ 理论对粮食收集与晾晒过程中所存在的问题进行分析，研究了粮食收集机的功能模式并对其进行创新设计。通过转化通用参数寻找设计中存在的技术矛盾。根据冲突解决原理分析，解决了系统中矛盾冲突，对收集模块、行走模块及存储晾晒模块进行创新设计，并研究了粮食收集晾晒过程的“物-场模型”，确定了集粮毛刷与晾晒挡板的具体设计方式，使粮食收集机实现收集与晾晒一体，效率与收净率并存的强大功能。

以上应用案例的具体实现过程，可查阅相应的参考文献。

TRIZ 理论具有系统的创新方法和工具，这些方法和工具具有一定的普遍适用性。但是 TRIZ 理论体系存在一定的局限，如对问题的准确描述没有合适的方式，更多依靠的是对经验的总结；不能有效解决创新领域中更加专业化的复杂矛盾问题，因此 TRIZ 也正在与其他学科方法结合，如与六西格玛（6σ）、质量屋（QFD）、精益生产以及其他创新方法的集成。

3.3　数字孪生驱动的创新设计

产品设计的步骤包括明确设计任务、概念设计、详细设计、虚拟验证。其中概念设计是产品设计过程中最重要和最具创造性的阶段，3.2 节介绍的 TRIZ 理论是概念设计阶段最著名的问题解决方法之一。另外，产品设计也会影响到生产规划、工艺设计等环节。本节主要介绍数字孪生技术驱动的产品创新设计过程。

3.3.1　数字孪生与创新设计

如本章第 1 节所述，设计者可以通过虚拟模型发现设计缺陷，从而反复进行改进，而不需要像传统的方式，只有等物理样机出来之后才能验证，大大缩短了新产品的开发周期。另一方面，随着物联网和大数据分析技术的发展和应用，人们可以从物理环境中产品全生命周期的各个阶段，如制造、使用、维护和回收阶段，获取不断增长的数据。但是虚拟环境下的设计数据和物理环境下的运行数据往往是割裂的。这就造成大量数据无法用于产品的优化设计，无法对现实应用中的问题及时做出响应，无法对产品的运行做出有效预测。因此，产品的创新设计迫切需要一种新的载体，将虚拟和现实中的数据集成、统一起来，并实现数据之间的双向流动。

数字孪生技术以其在高保真建模与仿真、物理与虚拟数据融合、产品生命周期数据集成、网络物理交互、数据学习与分析等方面的独特能力，成为智能设计领域的核心技术，并具有广泛的适用性。数字孪生技术为产品设计带来了以下好处：①数字孪生能以逼真的三维立体感实时呈现产品的状态，通过虚拟产品的仿真，使物理产品更加智能化，能够实时主动地调整其行为；②因为可以实现产品全生命周期中的数据采集、存储和处理，可以使虚拟产品更真实地反映物理产品的真实状态；③基于长期积累的大量数据，数字孪生可以从中提取出有用信息，方便地预测产品未来的趋势，包括产品使用、故障、服务等。

3.3.2　数字孪生驱动的创新设计流程

1. 数字孪生的五个维度

产品数字孪生系统包括物理实体、虚拟体、数字孪生数据、服务及相互之间的连接 5 个组成维度，各组成维度及相互关系如图 3-7 所示。

（1）物理实体　物理实体是用户可以使用的真实产品，通过传感器和物联网，可以收集产品的运行数据、使用数据、维护维修数据等，也可以通过产品网页收集用户的浏览、下载、评价信息，这些数据上传到云端平台，可实现数据共享。

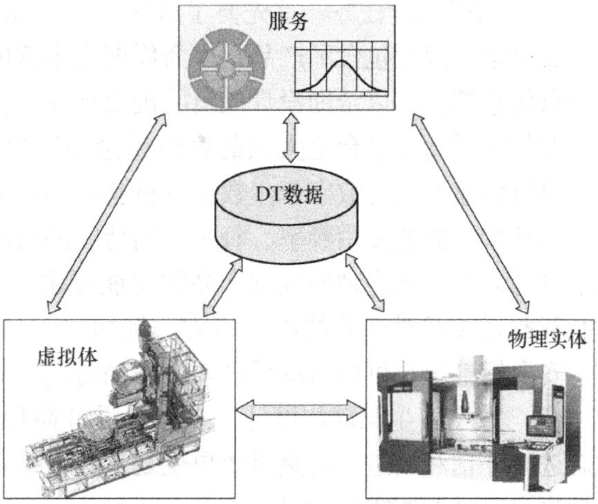

图 3-7　数字孪生的 5 个组成维度

DT—Digital Twin 数字孪生

（2）虚拟体　数字孪生系统中的虚

拟体是物理实体的镜像，也称为数字孪生体、数字镜像、数字映射、数字双胞胎等。虚拟体包含丰富的产品信息，具体有以下几种类型：

几何模型：包括产品的形状、位置、装配关系等几何信息。

物理模型：包括产品及材料的硬度、强度、耐磨性等物理信息。

行为模型：包括产品的行为模型、使用者的行为模型、环境的行为模型，及三者之间的相互关系。

规则模型：遵循产品操作和维护规则而建立的评价、优化和预测模型。

虚拟体可以通过传感器随时获取真实物体的数据，并随之一起演变、成熟甚至衰老。借助虚拟现实 VR（Virtual Reality）和增强现实 AR（Augmented Reality）技术，设计人员可以在虚拟环境中与虚拟体进行具有高保真性的实时交互。可以对物理对象进行分析、预测、诊断或者训练，从而优化和决策。

（3）数字孪生数据　来自物理实体和虚拟体的数据，覆盖产品全生命周期及多个领域，这些数据集成以后，基于人工智能和大数据分析，可以得到从单一数据无法获得的结果，自动为产品的设计和优化提供建议，并且通过数据可视化技术，使数据分析的结果更直观生动。

（4）服务　服务包括产品的功能服务和商业服务。产品功能服务是指将各种数据、算法进行封装，服务于数字孪生数据的分析、集成、挖掘。商业服务包括故障预测、风险评估、能耗分析、员工培训、用户体验等。

（5）相互之间的连接　通过网络通信、物联网以及网络安全等多种技术，实现以上 4 个部分之间的相互联系。网络技术，例如蓝牙、二维码、条形码、WiFi、Z-Wave 等使产品能够将数据实时发送到包含各种虚拟模型、服务和数字孪生数据的云平台。

2. 数字孪生驱动的创新设计流程

数字孪生驱动的创新设计可以划分为明确设计任务、概念设计、详细设计、虚拟验证几个阶段。为了实现数字孪生驱动的创新设计，还需要了解数字孪生驱动的 TRIZ、数字孪生驱动的虚拟样机、数字孪生驱动的产品设计评估、数字孪生驱动的工厂设计等。

（1）明确设计任务　首先要了解用户的需求，并转化为设计条件约束下的具体设计任务。数字孪生因为包含了产品全生命周期内丰富的数据，如产品市场竞争和销售数据、用户的需求信息等，可以帮助设计人员明确设计任务。

例如电子商务平台上大量的客户评论和客户意见及建议，有助于设计人员了解客户需求；通过传感器或者数字孪生数据分析获得的产品能耗、运行性能数据，数字孪生还可以提供产品某个功能的使用频率、每次使用持续的时间、使用的客户数量等关键信息，这些都有助于设计人员更加合理地规划产品的功能需求。因为数字孪生是面向 PLM 的，因此汇聚了所有利益相关者对产品的需求约束。例如，产品的重量、尺寸、预算、生产日程、环境标准、安全标准等，可以帮助设计人员明确特定产品的设计约束条件。

（2）数字孪生驱动的设计　在概念设计阶段，设计人员需要提出设计概念，并对设计概念进行评估和改进。这是最重要也是最具有挑战性的设计阶段。概念设计是否合理有效，直接决定产品的成本和质量。

数字孪生可以给设计人员提供丰富的信息和可视化的仿真环境，使设计人员可以通过虚拟体了解产品的行为和性能，基于更多的信息进行产品的概念设计和评估，减少仅依靠设计人员的主观经验进行设计而带来的不确定性和不可靠性因素。此外，数字孪生可以使设计人员以数字化的形式了解产品制造、销售、使用、维护等全生命周期的信息，因此，设计人员在概念设计阶段就可以对后期的使用情况进行预测和评估，使设计具有更好的可制造性、可用性以及更低的能耗。

(3) 数字孪生驱动的虚拟验证　设计人员可以基于数字孪生创建逼真的仿真场景，有效地对原型进行仿真测试，并准确预测产品的实际性能。基于数字孪生的虚拟验证与其他仿真模拟相比，具有更高的可靠性和实时性，可以使设计人员在虚拟验证的基础上及时对设计进行优化和改进，缩短产品开发周期，降低成本。基于丰富的信息和数据，设计人员可以迅速发现设计缺陷并进行修正，避免烦琐的测试和验证。在传统设计中，只有等样机试制完成后才能对产品的有效性进行验证，不仅设计周期长，而且成本高。数字孪生驱动的虚拟产品验证还可以充分利用上一代产品在设备、环境、材料方面的历史数据，检测设计缺陷并找出原因，简单快速地进行重新设计。

3.3.3 主要的相关技术

在数字孪生驱动的创新设计的不同阶段，都有一些相关联的重要技术，以保证各种数据和模型信息的准确性和可靠性。

1. 数字孪生驱动的TRIZ

如3.2节所述，技术系统进化法则是TRIZ的理论基础，任何一种产品或技术系统的开发都受客观规律的支配。TRIZ理论认为产品创新的核心是解决设计中存在的冲突和矛盾，冲突和矛盾的不断解决是推动技术进化的动力。TRIZ解决冲突和矛盾问题是以理想解为目标，力求得到特定技术问题的最优解决方案。借助数字孪生可以使设计人员更好地理解和贯彻TRIZ理论的上述思想。

数字孪生可以对从不同用户收集的大量数据，如满意度、偏好、习惯等进行大数据分析，获得产品需求的演化趋势。数字孪生收集产品整个生命周期的数据，例如部件的老化状态、能耗数据、故障率等，可以反映技术的水平和发展趋势。

新产品的设计往往会存在很多矛盾，从不同的角度考虑，对产品的同一性能会有不同甚至截然相反的要求，如产品的尺寸、外观等性能。从技术角度也存在设计矛盾，例如产品的运行速度和平稳性及安全性，往往是矛盾的。数字孪生可以实时获得产品运行的数据和用户反馈的数据，设计人员可以此为基础，对产品的主要性能按重要性进行排序，并权衡设计中存在的矛盾。

由于上述矛盾以及成本等方面的限制，新产品设计很难达到理想状态，但是理想状态依然是设计优化和改进的目标方向。数字孪生作为一种工具可以直观地展示出产品的理想模型，并且可以方便地和真实产品进行对比，找出其中的差距。

2. 数字孪生驱动的虚拟样机

虚拟样机可以代替真实样机对产品的性能进行仿真、测试和评价，可以大大缩短产品的开发周期。将数字孪生与虚拟样机相结合，可以进一步提高虚拟样机的准确性、交互性和智能性。

数字孪生结合了传感器的动态数据、历史数据，可获得最佳模型，使虚拟样机更加具体和准确。可以在结构、机械、热力、电气等方面，以及时间尺度、空间尺度上反映更多细节，同时考虑存在于产品生命周期中的更多不确定因素，如生产干扰、运输延迟以及不同的使用条件等。另一方面，来自物理世界的实时数据可以使虚拟样机不断得到更新，使其性能更接近真实产品。

借助虚拟现实和增强现实技术，基于数字孪生的虚拟样机可以使设计者获得视觉、听觉、触觉等实时反馈，便于对设计方案进行评估并修改设计。用户则可以获得真实的产品体验，了解产品详细的属性和功能。在数字孪生的帮助下，虚拟样机可以实现智能化，如分析客户偏好、评估产品性能、预测进一步的用户需求等，从而使虚拟样机可以主动地提供设计建议，优化设计进程。

3. 数字孪生驱动的产品设计评估

对产品设计方案进行评估需要对产品的功能、外观、精度以及成本等指标进行综合评价，从多个方案中选出最合适的设计方案。由于产品在设计阶段，特别是在概念设计阶段，产品细节设计尚未开始，仍有很多不确定性，很难对其进行准确评价。

数字孪生可以从上一代产品中收集数据。由于上一代产品往往与正在设计的新产品具有相当多的共同特性，这些数据可以存储在云端并提供给设计者，通过对前代产品相似功能模块的数据分析，可以推断出新产品的一些性能，如能耗、运行速度、修复率、稳定性等，使对新产品的评估更具针对性。

此外，由于数字孪生可以从生产、交付、使用和维护等多个产品阶段收集能耗和成本等指标，因此可以实现从产品全生命周期的角度进行评价。

其次，数字孪生有助于通过仿真减少评估中的不确定性。例如，产品的实际性能会受到许多不确定因素的影响，数字孪生可以模拟这些不确定因素，例如温度、湿度、使用时间、负载等，从而可以全面分析不同条件组合下的产品性能。

4. 数字孪生驱动的虚拟调试

虚拟调试可用于测试单台设备、生产线甚至整个系统的控制逻辑。将一个真实的或仿真的控制器与虚拟模型连接，实现虚拟调试，可以缩短实际调试的时间。这就要求虚拟模型和真实产品之间有良好的一致性，以保证调试结果的可靠性。

基于数字孪生技术建立的调试虚拟模型，可以包含更丰富真实的信息，如动力学和运动学特性；可以在虚拟空间和物理空间之间建立双向连接，从物理设备收集实时数据传输到虚拟模型，使之更新并达到最新状态。如果物理设备和虚拟模型仿真的性能差异较大，说明虚拟模型和物理设备不一致，这时需要反复调整模型的参数，对虚拟模型进行检验和校准，使其与真实对象保持一致。

5. 数字孪生驱动的绿色设计

绿色设计着眼于人与自然的生态平衡关系，在设计过程中充分考虑环境效益，尽量减少对环境的破坏和影响。绿色设计体现了人们对现代技术引起的环境及生态破坏的反思，体现了设计者的社会责任心的回归。

数字孪生基于丰富的数据支持和可靠的虚拟验证，帮助设计人员在材料选择、零部件拆解、产品回收等方面实现绿色设计。例如在选择材料时，需要综合考虑在材料的制造、运输、装配、使用、回收和再利用过程中所产生的能耗，而这些数据分散在不同的环节，相互孤立，设计人员很难获得并使用它们。使用数字孪生技术，不同阶段产生的相关数据就可以直接收集并统一存储在云端，根据需要呈现在虚拟场景中，设计人员可以方便地访问和使用这些数据。

产品零部件的拆解是在产品维修或产品报废时移除特定零部件的过程，拆解后的零部件可再利用、再循环或再制造。然而，由于许多产品很难拆解，尽管有些零部件仍然有用，却不得不丢弃，造成浪费。数字孪生可以提供一些有效的解决方案，首先，借助虚拟现实技术，设计人员可以参考相似设计案例的拆解方案，激发设计灵感；其次，通过学习以往积累的设计样本，考虑产品模块化设计、结构优化、紧固件选择、拆卸顺序等因素，自动生成新的设计方案。

在回收过程中，数字孪生可以通过计算气体排放量、运营成本、社会消耗等难以直接测量的指标，并进行模拟，综合评估回收的可行性。

6. 数字孪生驱动的精益设计

精益设计以精益理念为指导，旨在简化产品设计，缩减工艺流程，避免因设计缺陷引发的产品质量问题，提高产品可靠度，降低产品总成本，同时，提升设计效率，缩短产品开发周期。

通过分析数字孪生技术所包含的产品全生命周期数据，可以发现产品设计、制造、维护等环节中存在的浪费。例如，分析产品某个功能的使用频率、每次使用的持续时间等关键信息，可以识别非必要的功能；检查生产流程相关的数据，可以发现因设计而带来的制造工艺上的浪费；根据产品的维护记录，可以发现由于设计或制造原因而造成的维护环节的浪费。

基于产品的数字孪生模型，可以验证设计是否满足精益要求。由于数字孪生模型和物理实体之间有丰富的数据交换，例如工作负载、外部条件等，因此可以进行可靠的验证。

7. 数字孪生驱动的工厂设计

与单个产品的设计相比，工厂设计需要考虑更多相互关联的对象，如设备、物料、劳动力、环境以及信息流、物料流和资金流。在工厂的概念设计、实施方案设计和详细设计等阶段，数字孪生都可以发挥重要的作用。

在概念设计阶段，数字孪生可以与 VR 技术相结合，为设计人员营造一个身临其境的协作平台，直观地展示设计，有利于消除设计团队和用户的认知差异。其次，设计团队可以通过共享平台方便地交换想法并激发创造力。同时，便于收集和分析类似工厂的设计，从中了解诸如水电的供给、材料的储存和运输、设施的布局等，从而减少重复劳动，提高设计效率。

在实施方案设计中，需要解决更具体的问题，如生产线布局、设备配置、工艺规划、物料搬运等。在这一阶段，基于数字孪生技术，可以实现不同学科和领域间协作的综合模拟，例如动力学、热力学、流体、结构和机械等。

在详细设计阶段，数字孪生可以与企业资源规划（ERP）、制造执行系统（MES）等相连接，还可以与可编程序逻辑控制器（PLC）连接，对工厂的控制策略进行模拟和调试。此阶段的数字孪生工厂与实际工厂几乎完全一致，它可以呈现给各层级的管理者和工人，便于根据用户体验发现潜在的问题。

8. 数字孪生驱动的工艺设计

为了保证产品的成本、质量和生产率达到预期的要求，需要对产品进行合理的工艺设计。然而，由于生产设备、材料、订单等都可能发生非预期的变化，最初的工艺设计需要根据实际情况及时做出相应的调整。

数字孪生可以综合分析来自生产环节的实时数据，例如，设备运行状况、材料储存情况、夹具状态等，和来自计算机辅助系统的过程信息，例如，加工特征、精度要求、加工类型等，从而自动生成可行的工艺方案，并进行评估，从中选择最优工艺过程。数字孪生还能够预测生产过程中的意外事件，如设备故障、刀具损坏等，以降低这些意外事件对加工过程的影响，使工艺设计对外界干扰具有较强的鲁棒性。此外，数字孪生还可以通过碰撞检测、工艺参数验证、质量评估等，在实际执行加工制造前对设计进行验证。

3.3.4 应用案例

数控系统技术、机床联网技术以及互联网云数据存储技术的逐渐成熟，让机床共享成为现实。如图3-8所示，机床数据上“云”，实现机床的大数据管理模式，是实现机床共享及企业转型的切实需要，也是社会趋势推动的结果。机床上“云”可以使机床行业利用云计算弹性好、灵活、成本低等特点，实现机床的资源合理分配，达到机床高效生产、避免闲置、机床共享等目的。某制造设备共享公司，通过“5G+ 工业互联网”的全面解决方案改造，客户在家里发来图样下单，分布在不同工厂的共享机床立即开始定制生产，而远在千里之外的设备生产商总部，可实时掌握生产过程中的情况与数据，通过云端操作，实现生产的足不出户。

图3-8 机床数据上“云”

设备上云是对数控机床本身进行大数据管理，实时掌握机床的状态：机床是在工作状态还是闲置状态、机床地理位置、机床参数等，对于机床的使用和维护都起到了关键作用。管理上云即是对机床的管理，为机床本身的维护以及数控部分的操作都提供了极大的便捷。通过云计算实时对机床进行作业调整，设备维护、维修。在云端共享零件加工程序、控制机床生产、控制机床进行自我修复，极大地节约了人力成本，提高了生产率。服务上云即通过大数据云计算，可以实现中小型加工企业迅速共享到周边的闲置机床以投入生产，达到机床共享的目的。

如上所述，通过工业物联网和移动互联网可以实现共享机床。在机床使用过程中，可通过物联网采集机床的实时数据，如能耗、速度、负载、加工信息等，然后将这些数据存储在共享云中，互联网将用户、机床制造商、设备拥有者、设备、共享云连接在一起。例如，用户将零件图样发送到共享云，共享云将零件加工过程、需支付费用等信息反馈给用户，并收集用户评价。

基于“共享机床”这种新范式，数字孪生可用于机床的优化和创新设计。因为基于工业物联网和移动互联网，可以获取机床的大量数据，如实时运行状态数据，包含速度、位置、加速度、负载等；维护数据，如停机率、维修率、部件更换率、剩余使用寿命等；以及用户评价，并传递到虚拟空间。利用这些数据可以建立真实机床的虚拟映射。在机床的全生命周期中，虚拟机床可以跟随真实机床的状态变化，预测不同工况下机床的使用性能，一旦发现缺陷，将返回给设计人员进行改进。同时，还可以不断收集、积累和分析来自物理空间的数据，为设计者提供智能化的建议。基于数字孪生的机床设计关键步骤如图 3-9 所示。包括：

数字孪生驱动的任务分析和设计，基于销售数据、维护数据、用户评价数据、性能数据以及再制造和再利用数据。

物理空间和虚拟空间两者之间通过双向的数据交换相联系。

基于数字孪生的虚拟验证，包括机床的性能预测、工艺过程验证、功能验证。

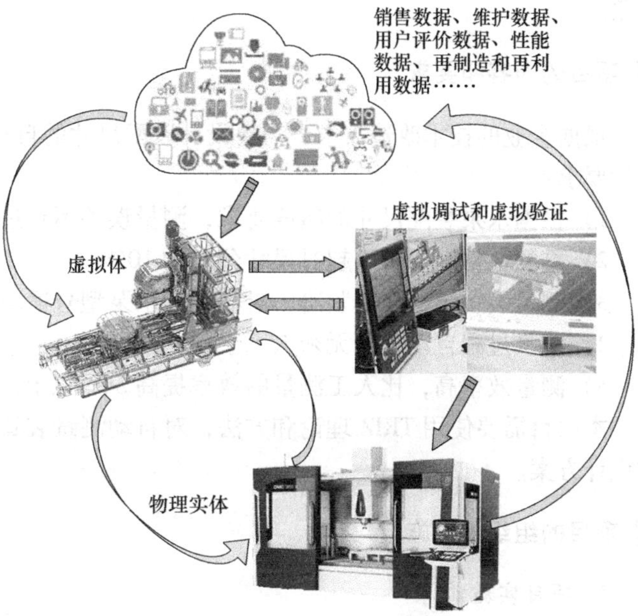

图 3-9 基于 DTPD（数字孪生驱动的产品设计）的数控机床设计关键步骤

近十年来，虽然物理产品的数据采集和虚拟产品的创建都取得了长足的进步，但两者的衔接与融合却远远落后于各自的发展。因此，信息不完整等问题阻碍了产品设计的创新。本节给出了由数字孪生驱动的综合设计框架和设计过程，将物理空间和虚拟空间无缝地融合在一起，进一步促进了产品的创新设计。

项目 2 基于 TRIZ 理论的创新方案设计

项目简介

本项目基于 TRIZ 理论和方法，以一种尺寸自动测量装置为对象，开展创新方案设计。

汽车水泵较为常见的都采用离心式水泵，一般由壳体、带轮轴、叶轮、轴承及水封等零部件组成。水泵的装配尺寸直接影响水泵的冷却能力，当前水泵生产企业较多的仍采用人工测量的方式来判断水泵的装配尺寸合格与否，但人工检测效率较低，费时费力，且人工测量时较易出现误测的情况，导致残次品的产生。因此，需要研制自动化程度高、成本低、测量高效、适合现场应用且易于集成到自动装配线的尺寸测量装置，从而减少人工的参与，降低人工成本，提升测量效率和精度。

本项目旨在通过上述应用案例，达到以下目标：

1）了解创新设计方案的重要性，熟悉方案设计的前提和设计流程。

2）通过特定案例的应用，对 TRIZ 理论有更直观的认识和理解。

3）TRIZ 理论应用于创新设计的流程和方法。

4）培养自主学习、沟通表达、工程素质、创新思维等非技术能力。

本项目重点在于通过实际案例，掌握使用 TRIZ 理论分析解决创新设计问题的方法，本项目可以围绕水泵装配尺寸自动测量装置的设计开展，也可以根据教学实际情况调整设计对象。

项目的内容和要求

根据企业的技术改造需求，需要设计装配尺寸的自动测量装置，测量装置需要满足以下设计要求：

1）根据水泵装配尺寸的精度要求，测量误差不超过±0. 05mm。

2）重复性精度要求不超过尺寸公差的10%。

3）测量装置结构简单紧凑，对不同的水泵型号适应性强。

4）测量过程自动化，无须人工干预。

5）测量效率高，比人工测量的效率提高50%以上。

本项目需要使用TRIZ理论和方法，对自动测量装置进行创新设计，给出满足上述要求的设计方案。

项目的组织和实施

1. 项目实施前

项目实施前，学生应充分了解TRIZ理论，掌握使用该理论解决实际问题的工具、方法及流程。充分阅读相关文献资料，了解水泵装配工艺、装配精度要求，了解尺寸自动测量的常用方法和相关技术，为开展设计做好准备。

2. 项目实施中

项目实施过程中，需要按照TRIZ理论应用的一般流程，围绕自动测量装置的技术需求，分析技术矛盾，列出冲突矩阵，找出适用的发明原理并进行具体分析，运用这些发明原理给出尺寸测量装置的设计方案。以上工作内容可以分组实施，也可以独立完成。完成项目的过程中，注重自主学习、沟通交流和问题研讨。具体可参照以下内容：

（1）技术矛盾　在TRIZ理论中，解决发明中实际问题的根本核心是克服冲突，确定技术冲突是运用TRIZ理论进行创新设计的首要前提。分析现有水泵测量装置的研究现状，找出现有设备的不足之处，使用TRIZ理论技术冲突中的39个通用工程参数描述其设计冲突，希望改善的参数描述，见表3-2。

表3-2　设计冲突参数转化

现有设备不足之处	技术改进	通用工程参数
测量自动化程度低	全自动测量，无须人工干预	自动化程度（38）
测量效率低	测量效率高	生产率（39）
测量误差大	测量精度高	测试精度（28）
不能集成到自动装配线	便于集成到自动装配线	适应性及多用性（35）

上述参数的改变可能带来的恶化参数有：

装置的复杂性（36），可维修性（34）、可制造性（32）、监控与测试的困难程度（37）。

（2）冲突矩阵　在自动测量装置进行了技术冲突分析，并且确定了描述冲突的通用工程参数后，可以利用阿奇舒勒冲突矩阵从40个发明原理中选取适合的方法，结合实际问题选定最终使用的发明原理应用到设计中，从而解决冲突。阿奇舒勒冲突矩阵见表3-3。

表 3-3　阿奇舒勒冲突矩阵

希望改善的参数	恶化的参数			
	装置的复杂性（36）	可维修性（34）	可制造性（32）	监控与测试的困难程度（37）
自动化程度（38）	15，24，10	1，35，13	1，26，13	11，27，32
生产率（39）	12，17，28，24	1，32，10，25	35，28，2，24	1，35，10，38
测试精度（28）	27，35，10，34	1，32，13，11	6，35，25，18	5，11，1，23
适应性及多用性（35）	15，29，37，28	1，16，7，4	1，13，31	35，13，8，24

（3）发明原理　在表 3-3 所示的阿奇舒勒冲突矩阵中，改善参数与恶化参数分别对应的列与行交叉处是解决矛盾的发明原理的对应序号。在矩阵中，一个方格内有多个序号，同时对应多个发明原理。对发明原理进行筛选，得出用于实际设计的发明原理和方法，见表 3-4。

表 3-4　适用的发明原理

原理的序号	原理的名称	原理的解释
1	分割	（1）将物体分成独立的部分 （2）使物体成为可拆卸的 （3）增加物体的分割程度
10	预操作	（1）预先完成要求的作用（整个的或部分的） （2）预先将物体安放妥当，使它们能在现场和最方便地点立即完成所起的作用
11	预补偿	以事先准备好的应急手段补偿物体的低可靠性
13	反向	（1）不用常规的解决方法，反其道而行之 （2）使物体或外部介质的活动部分变成不动的，而使不动的成为可动的 （3）将物体运动部分颠倒
23	反馈	（1）进行反向联系 （2）如果已有反向联系，则改变它
24	中介物	（1）利用中介物质传递某一物体或中间过程 （2）在原物体上附加一个易拆装的物体
25	自服务	（1）物体应具有自补充、自恢复等自我服务的功能 （2）灵活利用废弃的材料、能量与物质
26	复制	用简单而便宜的复制品代替难以得到的、复杂的、昂贵的、不方便的或已损坏的物品
27	替代	用便宜的物品替代贵重的物品，对性能稍作让步。即低成本、不耐用的物体代替昂贵、耐用的物体
28	机械系统的代替	（1）用光学、声学、味学等设计原理代替力学设计原理 （2）用电场、磁场和电磁场同物体相互作用 （3）由恒定场转向不定场，由时间固定的场转向时间变化的场，由无结构的场转向有一定结构的场 （4）利用铁磁颗粒组成的场

（续）

原理的序号	原理的名称	原理的解释
32	改变颜色	（1）改变物体或外部介质的颜色 （2）改变物体或外部介质的透明度 （3）为了观察难以看到的物体或过程，利用染色添加剂 （4）如果已采用了添加剂，则用荧光粉
34	抛弃与修复	（1）已完成自己的使命或已无用的物体部分应剔除（溶解、蒸发等）或在工作过程中直接变化 （2）消除的部分应当在工作过程中直接再利用
35	参数变化	（1）改变系统的物理状态 （2）改变浓度或密度 （3）改变灵活程度 （4）改变温度或体积

表3-4中各发明原理在自动测量装置方案设计中的应用阐述如下：

1）分割原理的应用。由于希望所设计的测量装置能够提高自动化程度、效率、精度、适应性及多用性，因此装置的结构可能会较原有产品复杂，从而使维修、制造、监控与测试变得复杂。

为了解决上述矛盾，可以将测量装置的结构做模块上的划分，如 *X* 轴、*Z* 轴运动模块，测量模块，控制模块等。各模块之间相对独立，有机连接，提高可维修性、制造性、可测试性。

2）预操作原理的应用。将水泵测量时所需要的夹具提前安装到测量装置上。如果测量装置用于自动装配线上的一个单元，设置夹具自动定位机构，便于随行夹具快速定位，提高测量效率和可靠性。

3）预补偿原理的应用。由于测量装置自动运行，需要增加其安全性和可靠性。在各运动轴的极限位置设置限位开关，限定安全工作范围，防止工作过程中产生碰撞。

4）反向原理的应用。采用模组化的运动装置、模块化的测量传感器，根据需要进行选型，不对其内部结构做专门设计，使本来复杂的结构可能带来的制造、维护工作变得简单化。

5）反馈原理的应用。控制系统的设计，要能随时监控测量过程，将数据反馈至显示屏显示，将测量是否合格的状态反馈给控制器，并显示出来。提高系统工作的宜人性、可控性、网络化及数据的共享。

6）中介物原理的应用。两个方向的传动装置相叠加，形成十字交叉的结构，减少装置的体积，结构合理、提高运动性能。

7）自服务原理的应用。控制系统具有自诊断功能，并能够实时显示和修正。

8）复制原理的应用。两个方向的运动，在结构上是相同的，在采购安装技术应用上均可以“复制”。

9）替代原理的应用。低成本、不耐用的物体代替昂贵、耐用的物体。使用步进电动机，降低成本，性能可满足要求。采用气动量具，降低成本。

10）机械系统的替代。测量传感器测头的动作用气动代替机械传动，结构简单，且降低成本，操作方便。

11）改变颜色原理的应用。测量结果用不同的颜色显示是否满足精度要求。

测量过程中，设备是否正常工作，用不同颜色的指示灯表示。便于及时发现问题、及时维修。

12）抛弃与修复原理的应用。测头便于安装和更换。当测试精度下降或测头发生故障时，方便拆卸、更换、安装测头。

13）参数变化原理的应用。采用铝合金材质，降低质量，使定位运行更灵活。

（4）创新设计方案　根据测量装置设计要求，分析测量装置需要完成的功能，依据上述筛选后的发明原理，对水泵自动测量装置进行方案创新设计与分析优化，选择合适的测量方式、机械结构、传感器及控制方式，最终得到设计方案。

3. 项目完成后

该项目完成后，撰写项目报告，记录项目的过程和结果，对 TRIZ 理论在项目中的应用进行概括和总结，并对测量装置的创新设计提出自己的看法。后续还可以基于 NX 软件，将设计的方案转化为 3D 模型，并进行运动仿真，对设计方案进行验证。

项目的验收和评价

1. 项目验收

项目完成后，主要从以下几个方面对项目进行验收：

（1）对设计需求的分析　主要包括了解设计对象的工作要求，新技术需求与现有技术的矛盾，冲突矩阵的使用。

（2）对 TRIZ 发明原理的理解和掌握　主要考察对发明原理的理解掌握和应用情况，将通用的发明原理和具体的设计对象及设计需求正确结合，找到解决实际问题的思路。

（3）创新设计方案的合理性　通过分析和归纳，给出测量装置的设计方案，包括机械结构、运动及驱动方式、控制方式等。

重点考察设计方案能否满足设计要求，以及方案的创新性、合理性。

（4）项目总结汇报　学生对项目进行简要的总结汇报，通过汇报考察总结能力、表达能力，考察主动思考和创新思维意识。

（5）项目报告　撰写项目报告，对项目在准备及实施过程中的主要工作进行总结，结合项目实践进一步阅读文献资料，针对 TRIZ 理论在自动测量装置创新设计中的应用，提出自己的思路和看法。

2. 项目评价

对学生在整个项目过程中表现出的工作态度、学习能力和结果进行客观评定，目的在于引导学生进行项目学习，实现本项目的预定目标。同时，通过项目评价，帮助学生客观认识自己在学习过程中取得的成果及存在的不足，引导并激发进一步的学习兴趣和动力。

本项目采用过程评价和结果评价相结合的方式，注重学生在项目实施过程中各项能力和素质的考察，项目结束后，根据项目验收要求，进行结果评价。

为了提高学生的自主管理和自我认识，评价主体多元化，采用学生自评、学生互评与教师评价结合的方式。

项目评价在注重知识能力考察的同时，重视工程素质，如成本意识、效率意识、安全环保意识等的培养与评价。鼓励学生在项目学习过程中的创新意识和创新成果。

在此基础上，可以参照表3-5给出的工作内容和学习目标的对应关系，对每一项工作内容分别进行评价，最终形成该项目的评价结果。

表3-5 工作内容和学习目标的对应关系

序号	工作内容	学习目标			
		了解创新设计的重要性，熟悉方案设计的前提和设计流程	通过案例，对TRIZ理论有更直观的认识和理解	TRIZ理论应用于创新设计的流程和方法	培养自主学习、沟通表达、工程素质、创新思维等非技术能力
1	了解项目背景，分析设计的技术需求	H	L	M	H
2	分析技术的冲突	M	H	H	M
3	找到适用的发明原理	L	H	H	M
4	分析发明原理在该案例中的应用	L	H	H	M
5	给出方案设计	L	H	H	M
6	对设计方案进行分析或验证	L	M	M	M
7	项目汇报 撰写项目报告	L	L	L	H

本章习题

1. 随着社会生产的发展和科学技术的进步，数控机床的设计方法经历了哪些变化？分别说明不同方法的特点。

2. 现代机床设计思想主要包括哪些方面？

3. 在机床设计过程中，应如何贯彻落实生态和环境保护？

4. 简述在机床设计过程中，树立并落实生态意识和全生命周期理念的意义。

5. 简述机床的新设计流程和传统设计流程的主要区别。

6. 什么是TRIZ理论？简述TRIZ解决问题的流程以及各阶段的主要任务。

7. TRIZ在装备设计与制造领域可以有哪些方面的应用？

8. 将TRIZ和数字孪生技术相结合，给制造装备的创新设计带来哪些优势？

9. 在制造装备设计的各个阶段，数字孪生技术如何发挥其创新驱动作用？

10. 数字孪生技术如何促进制造装备的绿色设计？

11. 物理系统信息采集以及和虚拟模型的数据融合，如何促进制造装备的创新设计？

第 4 章 数控机床结构设计

本章简介

在数控机床设计过程中，加工工艺参数是机床设计的最根本依据。不同的加工工艺和机床性能要求决定了机床的类型、规格、结构和配置。加工材料、刀具、工件尺寸、加工精度和效率、加工方法等因素决定了加工过程中的作用力、速度和加速度。数控机床是典型的精密机电一体化设备，机械、电气和软件应统筹考虑、有机集成和创新优化，从而实现机床功能、精度、效率和成本的最优，创造价值的最大化。

与普通机床相比，数控系统对机床配置和结构产生了重要且持续地影响。数控机床在机械传动和结构上有着显著的特点，在性能方面也提出了新的要求。因此本章第 1 节概述数控机床的组成和机械结构特点，介绍数控机床主要的性能要求和总体结构设计的原则和方法。在功能部件已经市场化的今天，数控机床总体方案以及总体布局设计，事关产品的成败，也是机床产品创新的关键，因此第 2 节介绍机床的总体结构和运动配置设计。机床的主运动和进给运动系统在很大程度上决定了机床的规格、生产率和加工质量，第 3、第 4 节详细介绍数控机床主运动系统和进给运动系统的要求、类型、设计方法、主要零部件等，最后介绍数控机床的一些主要辅助装置。

4.1 数控机床结构设计概述

4.1.1 数控机床结构概述

金属切削机床的基本功能是提供切削加工所必需的运动和动力。机床通过控制刀具与工件之间的相对运动，切除加工表面多余的材料，形成工件加工表面的几何形状、尺寸，并达到其精度要求。根据切削加工成形原理，机床的加工表面成形运动分为主运动和进给运动。主运动又称切削运动，顾名思义，它的功能是切除加工表面多余的材料，因此主运动要求运动速度高，能提供机床加工所需的大部分动力。进给运动用于实现刀具与工件之间精确的位置控制，形成加工表面的发生线，所以又称形状创成运动。

（1）数控机床的组成原理　数控机床是数控系统与机床有机结合的精密机电一体化设备，由计算机数字控制装置（CNC）、伺服驱动装置、检测装置和机床本体等几大部分组成，如图 4-1 所示。

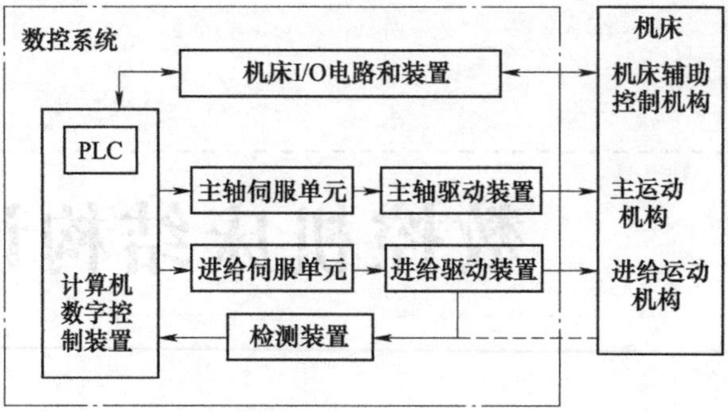

图 4-1　数控机床的组成原理

CNC 装置是数控机床的“大脑”，它接收输入的数控加工程序，进行存储、译码、计算（刀补及插补计算等）、执行等处理，将程序段内容分为位置数据和控制指令，进行各种流程处理，完成数控加工的各项功能。CNC 装置的数据处理速度和精度决定了数控加工可以达到的速度和精度。

伺服驱动装置又称伺服系统，是 CNC 装置和机床本体的联系环节。伺服驱动装置把来自 CNC 装置的指令信号调解、转换、放大后驱动伺服电动机，拖动机械传动机构运动，使工作台精确定位或使刀具与工件按编程的轨迹做相对运动，加工出符合要求的零件。数控机床的伺服系统主要包括主运动驱动系统和进给运动驱动系统，它们是数控机床的核心组件之一，决定了机床能够实现的加工效率和加工质量。检测装置主要用于运动部件速度和位置实际值的检测，实现闭环运动控制。

数控机床本体机械结构的特点是在床身、立柱或框架等基础部件上配置运动部件。数控机床本体由高刚性的床身和立柱、主传动机构（精密主轴及轴承等）、进给传动机构（如滚珠丝杠及轴承、工作台等）及辅助机构等组成。

只有机械和电气的完美配合，才能实现数控加工高速、高精度的要求。优良的机械系统是高品质的数控机床的基础，高质量的数控系统可以将优良的机械功能淋漓尽致地发挥出来，反之，数控机床机械上的不足想要通过数控系统的补偿功能完全消除是不可能的，如果机械结构的设计存在不足和缺陷，那么高品质数控机床也就成了无本之木、无源之水。

（2）对数控机床机械部件的要求　数控机床本体的基本结构与普通机床相似，都包括基础支承件、导轨、主传动机构、进给传动机构、工作台、刀架或刀库等，图 4-2 所示为某斜床身数控车床机械结构。

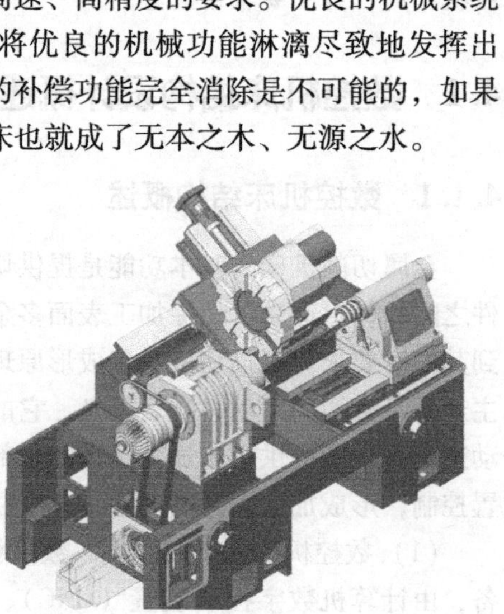

图 4-2　某斜床身数控车床机械结构

不同的是，数控机床是在一个封闭的工作空间中进行自动加工，其过程不需要人工操作、监控和干预，这使得数控机床与普通机床相比，可以工作在更高的切削速度、更大的进给量和背吃刀量下，充分发挥刀具的最佳性能，从而最大程度地改善机床的切削性能。因此，数控机床的结构和配置与普通机床又有很大的不同，数控机床机械部件必须具有高精度、高刚度、低惯量、低摩擦因数以及适当的阻尼比等特性，具体如下：

1）支承件高刚度化。数控机床的高切削性能要求机床有更高的刚度，其床身、立柱等采用静刚度、动刚度、热刚度特性都较好的支承构件。

2）传动机构简约化。数控机床的每个主运动、进给运动都由单独的高性能伺服电动机实现驱动和运动控制，取代了普通机床的多级齿轮传动系统，使得机械传动机构明显简化，传动链大为缩短。

3）传动元件精密化。采用高效率、高刚度和高精度的传动元件，如滚珠丝杠螺母副、静压蜗轮蜗杆副及带有塑料层的滑动导轨、静压导轨等，并采取一些消除间隙的措施来提高机械传动的精度和刚度。

4）辅助操作自动化。辅助装置包括刀具与工件的自动夹紧（液压、气动）装置、自动换刀装置、自动排屑装置、自动润滑/冷却装置、自动测量装置、刀具破损检测装置等，以利于更好地发挥数控机床的功能，提高生产率。

特别是近年来，随着电主轴、直线电动机等新技术、新功能产品在数控机床上的推广应用，现代数控机床的机械结构和配置不断发生着重大的变化，并形成了自己独特的结构。

4.1.2　机床设计的基本概念

机床不同于一般机械，它是生产其他机械的工作母机，因此在精度、刚度及运动性能方面有其特殊要求。

（1）精度　为了保证被加工工件达到要求的精度和表面粗糙度，并能在机床长期使用中保持这些要求，机床本身必须具备的精度称为机床精度。它包括几何精度、传动精度、运动精度、定位精度及精度保持性等几个方面。各类机床按精度可分为普通精度级、精密级和高精度级。在设计阶段主要从机床的精度分配、元件及材料选择等方面来提高机床精度。

几何精度是指在空载条件下，机床不运动（主轴不转或工作台不移动）或运动速度较低时，各主要部件的形状、相互位置和相对运动的精确程度，如导轨的直线度、主轴径向圆跳动及轴向窜动、主轴中心线对滑台移动方向的平行度或垂直度等。几何精度直接影响加工工件的精度，是评价机床质量的基本指标。

机床空载并以工作速度运动时，主要零部件的几何位置精度为运动精度，如高速回转主轴的回转精度。对于高速精密机床，运动精度是评价机床质量的一项重要指标。传动精度指机床传动系统各末端执行件之间运动的协调性和均匀性。上述精度主要取决于相应结构设计、制造和装配质量。

定位精度则是指机床的定位部件运动到达规定位置的精度。定位精度直接影响被加工工件的尺寸精度和几何精度。机床构件以及进给控制系统的精度、刚度及其动态特性、机床测量系统的精度都将影响机床定位精度。机床的工作精度是各种因素综合影响的结果，包括机床自身的精度、刚度、热变形和刀具、工件的刚度及热变形等。通过使用机床加工规定的试切件，用试切件的加工精度来表示机床的工作精度。在规定的工作期间保持机床所要求的精度称为精度保持性。影响精度保持性的主要因素是磨损。磨损的影响因素很多，如结构设计、工艺、材料、热处理、润滑、防护、使用条件等。

机床精度检验应参照国家相关标准，如 GB/T 16462—2007《数控车床和车削中心检验条件》，GB/T 20957—2007《精密加工中心 检验条件》。随着检测技术的进步，测量检验机床精度的新方法越来越多。以往通常仅对机床进行几何精度的验收测试，而今动态性能的测试方法，如圆周测试、自由曲线测试、按 ISO 230-3 进行的热力学测试及对生产用机床验收时进行的“能力测试”和使用过程中的定期检查，得到了越来越广范的应用。基于多样的测试手段，可以区分影响机床精度的不同因素，如切削工艺、几何和热力学精度、静态和动态刚度及进给系统的定位性能等。

（2）刚度 在机械加工过程中，机床承受多种外力的作用，包括机床运动部件和工件的自重、切削力、加减速时的惯性力及摩擦阻力等。在这些力的作用下，机床部件将产生变形，如机床床身和立柱的弯曲和扭转变形、轴承和导轨等构件的局部变形、固定连接面和运动啮合面的接触变形等，这些变形都会直接或间接地影响机床的加工精度。数控机床的刚度就是机床结构抵抗这些变形的能力，通常用下式表示：

$$K = F/y \tag{4-1}$$

式中 K——机床刚度（N/μm）；

F——作用在机床上的载荷（N）；

y——在载荷作用下，机床的或主要零部件的变形（μm）。

根据所受载荷的不同，机床刚度可分为静刚度和动刚度。机床的静刚度是指机床在静载荷（如主轴箱和托板的自重，工件质量等）作用下抵抗变形的能力，它与机床构件的几何参数及材料的弹性模量有关。机床的动刚度是指机床在交变载荷（如周期变化的切削力、旋转运动的动态不平衡力、齿轮啮合传动的冲击力等）作用下防止振动的能力，它与机械系统构件的阻尼率有关。通常所说的刚度一般指静刚度，动刚度是抗振性的一部分。传统的提高机床刚度的方法有合理布局机床结构、优化构件的截面形状和尺寸、合理选择和布置筋板、采用焊接结构等。

机床由众多构件结合而成，在载荷作用下各构件及结合部都要产生变形，这些变形直接或间接地引起刀具和工件之间的相对位移，位移的大小代表了机床的整机刚度。整机刚度不能用某个零部件的刚度评价，而是指整台机床在静载荷作用下，各构件及结合面抵抗变形的综合能力。机床整机刚度不仅影响加工精度，同时对机床抗振性、生产率等均有影响。因此在机床设计中，对如何提高刚度应十分重视，国内外研究人员对机床的结构刚度和接触刚度做了大量的研究工作。在设计中既要考虑提高各部件刚度，同时也要考虑结合部刚度及各部件间的刚度匹配。各个部件和结合部对机床整机刚度的贡献是不同的，设计中应进行刚度的合理分配或优化。

（3）抗振性 机床抗振性是指在交变载荷作用下抵抗变形的能力，它包括两个方面：抵抗受迫振动的能力和抵抗自激振动的能力，前者有时习惯上称为抗振性，后者常称为切削稳定性。

机床受迫振动的振源可能来自机床内部，如高速回转部件或零件的不平衡等，也可能来自机床之外。受迫振动的频率与振源激振力的频率相同，振幅与激振力的大小及机床阻尼比有关。当激振频率与机床的固有频率接近时，机床将呈现“共振”现象，使振幅激增，加工表面的表面粗糙度值也将大大增加。

机床的自激振动是发生在刀具和工件之间的一种相对振动，它在切削过程中出现，由切削过程和机床结构动态特性之间的相互作用而产生，其频率与机床系统的固有频率相接近，自激振动一旦出现，它的振幅由小到大增加很快。在一般情况下，切削用量增加，切削力越大，自激振动就越剧烈，切削过程停止，振动立即消失，故自激振动也称为切削稳定性。

机床振动会降低加工精度、工件表面质量、刀具寿命和生产率，并会产生噪声，加速机床的损坏等。影响机床振动的主要原因有机床的刚度、机床的阻尼特性和机床系统固有频率。提高机床刚度的方法前面已有讲述，提高阻尼也是减少振动的有效方法。机床结构的阻尼包括构件材料的内阻尼和部件结合部的阻尼，结合部阻尼往往占总阻尼的 70%~90%，故在结构设计中提高结合部的刚度和阻尼对抗振性的影响很大。若激振频率远离固有频率将不出现共振，因此在设计阶段，通过分析计算，预测机床的各阶固有频率是很有必要的。

（4）热变形　机床在工作时受到内部热源（如电动机、液压系统、机械摩擦副、切削热等）和外部热源的影响，使机床各部分温度发生变化，因不同材料的线胀系数不同，机床各部分的热变形也就不同，导致机床床身、主轴和刀架等构件发生变形，称为机床热变形。它不仅会破坏机床的原始几何精度，加快运动件的磨损，甚至会影响机床的正常运转。据统计，由于机床热变形而产生的加工误差最大可占全部误差的 70%左右。特别对精密机床、大型机床等，热变形的影响尤其不能忽视。

（5）低速运动平稳性　当机床的运动部件需要低速运行或微小移动时，主动件匀速运动，被动件往往出现明显的速度不均匀的跳跃式运动，即时走时停或时快时慢的现象，这种现象称为爬行。机床运动部件产生爬行会影响机床的定位精度、工件的加工精度和表面粗糙度。在精密、大型机床上，爬行的危害更大，它是评价机床质量的一个重要指标。

爬行主要是因动、静摩擦力变化产生的自激振动现象。为防止爬行，在设计低速运动部件时，应减少静、动摩擦因数之差，如用滚动摩擦代替滑动摩擦、采用静压导轨等；提高传动机构的刚度；提高阻尼比和降低移动部件的质量。

总之，数控机床的机械结构设计应着重从提高构件的刚度、增强结构的抗振性以及减小机床热变形等几个方面入手。

4.1.3　结构设计的原则

数控机床的结构特点是在床身、立柱或框架等基础部件上配置运动部件。机床结构配置的主要目标和功能是支撑运动部件；承受加工过程的切削力或成形力；承受部件运动所产生的惯性力；承担加工过程和运动副摩擦所产生热量的影响。机床结构设计面临的挑战是如何保证机床结构在各种载荷和热的作用下变形最小，同时使材料和能源的消耗也最少。这两个目标往往是相互矛盾的，机床结构设计的任务就是在满足机床性能要求的前提下求得两者之间的平衡，其主要的设计原则如下：

（1）轻量化原则　传统的设计观念是机床刚度越大越好，现代设计观念则提出了轻量化原则，机床移动部件的轻量化是高端机床的重要发展方向。移动部件质量小，不仅可以减小移动时惯性力的负面影响，提高机床的动态性能；更重要的是减小驱动功率，实现节能省材，达到环境友好的目的。例如，将大型工件安装在固定不动的工作台上，所有运动都由刀具完成。

（2）高刚度质量比原则　如何保证机床的刚度，传统的观点是加大结构件的壁厚。壁厚与质量是三次方关系，壁厚与刚度是线性关系，随着壁厚的增加，刚度质量比随之降低，材料的有效利用越差，因此，在结构设计时应强调提高刚度质量比。机床结构件设计的关键在于结构件的形状和筋板的合理布置，在轻量化的同时，实现高刚度和高刚度质量比。箱中箱结构是机床结构配置的重要发展，它的特点是采用框架式的箱形结构，将一个移动部件嵌入另一个部件的封闭框架箱中，从而达到提高刚度、减小移动部件质量的目的。图 4-3 所示为双丝杠驱动全对称的箱中箱结构。

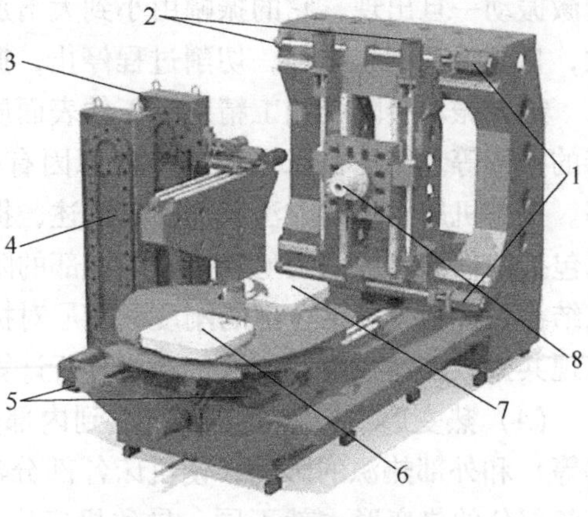

图 4-3　箱中箱对称结构

1—X 轴双丝杠驱动机构　2—Y 轴双丝杠驱动机构　3、4—模块化刀库　5—Z 轴双丝杠驱动机构　6、7—回转工作台　8—主轴

（3）重心驱动原则　移动部件的驱动力尽量在部件的重心轴线上，避免或尽量减小偏转力矩。例如，机床的横梁都是由两侧立柱上方的驱动装置同步驱动，形成的合力在中间位置。

（4）对称原则　机床结构尽量左右对称，以减小热变形的不均匀性，防止形成附加的偏转力矩。图 4-4 所示的卧式加工中心的布局形式中，图 4-4a 方案的主轴箱单面悬挂在立柱侧面，主轴箱的自重将使立柱受到较大的弯矩和扭矩载荷，易产生弯曲和扭曲变形，从而直接影响加工精度。图 4-4b 中主轴箱的主轴中心位于立柱的对称面内，主轴箱的自重产生的弯矩和扭矩就较小，一般不会引起立柱的变形。而且即使在切削力的作用下，立柱的弯曲和扭曲变形也大为减小，机床的刚度得到明显提高。

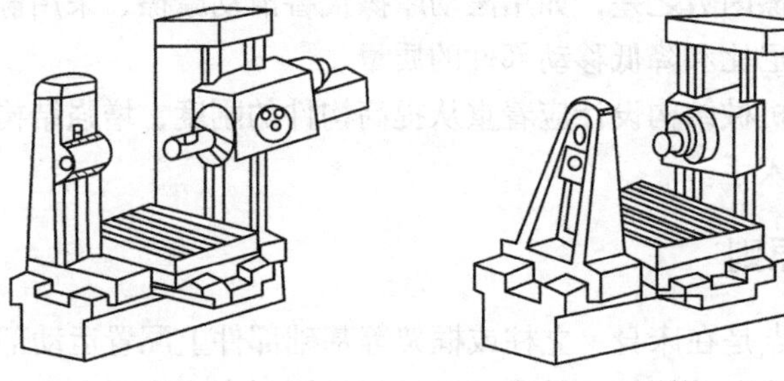
a)　　b)

图 4-4　机床的布局形式

（5）短悬伸原则　尽量缩短机床部件的悬伸量。悬伸所造成的误差对机床的刚度是非常有害的，角度变化往往被放大为可观的线性误差。此外，轴悬伸量往往是变化的，因此其刚度也是变数。

（6）短路径原则　从刀具到工件经过结构件的路程尽可能短，使热传递和结构弹性变形回路最短，因而机床就容易达到稳定状态。

（7）封闭原则　开环的 C 形结构配置的刚度最差，闭环的龙门式结构配置刚度最大。

4.1.4　结构设计的方法

为了达到高速、高精、高效加工的目标，机床机械系统应具有足够的强度、刚度和抗振性，才能满足切削速度越来越高，切削力越来越大的要求。提高强度、刚度和抗振性不能一味地加大零部件的尺寸和质量，应利用新技术、新方法、新工艺、新结构和新材料，对机床主要零件和整体结构进行改进和优化设计。在不增加或少增加质量的前提下，使机床的强度、刚度和抗振性满足规定的要求。

传统的经验、静态、类比的设计方法，很少考虑结构动、静态特性对机床产品性能产生的影响。现代机床结构设计借助有限元、多体动力学仿真等技术对机床机械部分进行仿真优化与验证，取得了良好的效果。例如，在机床设计初期，运用模态分析和有限元等理论，建立机床结构的有限元模型，依据有限元分析计算的结果，对机床结构进行改进，提高机床零件及整机的静刚度和动态特性。

（1）静态几何精度设计　机床静态几何精度是指在无外载荷条件下的几何和位置精度，包括基础结构件的相互平行和垂直，移动部件的直线度、定位精度和回转部件的圆周跳动等。机床静态精度是机床的基础，对机床的动态性能、热性能均有重要影响。它的设计过程是机床所有动、静态特征建模的基本出发点。发展高端数控装备离不开静态几何精度设计理论与实践。

每一个直线进给轴或回转进给轴都会产生 6 个自由度的误差，每一个偏移量（误差）按照矢量叠加的方式合成在一起，形成刀具中心的总的空间位置误差。例如，在一个三轴机床的刀具夹持部分共计有 21 种几何误差，三根直线轴每根有 6 种误差类型，再加上 3 个垂直度误差。机构的各项静态误差是如何反映到刀尖或工件上的呢？简单地说，X 、Y 、Z 3 个直线运动机构和一个主轴回转运动机构，它们都具有自己的原始坐标系，如果将分列坐标系中的各项误差看作矢量，并将它们通过坐标平移和旋转，转移到刀尖的坐标系，4 个坐标系的误差经矢量叠加，就是刀尖的综合误差。在直线运动机构中，坐标系从 X_0，Y_0，Z_0 平移到 X_i，Y_i，Z_i 中时，它的各项误差矢量可以用一个转移矩阵 $\boldsymbol{T}_i$ 来表示，则坐标系综合后可表述为

$$\begin{Bmatrix} X \\ Y \\ Z \\ 1 \end{Bmatrix} = [\boldsymbol{T}_{总}]\begin{Bmatrix} X_4 \\ Y_4 \\ Z_4 \\ 1 \end{Bmatrix},其中[\boldsymbol{T}_{总}] = [\boldsymbol{T}_1]\cdot[\boldsymbol{T}_2]\cdot[\boldsymbol{T}_3]\cdot[\boldsymbol{T}_4] \tag{4-2}$$

在坐标系转移的过程中，有些误差在新坐标系中被保持或扩大，称这些误差为敏感性误差，在机构设计中应加以控制或收缩。而有些误差则反之，称为非敏感性误差，在设计中可适当放宽非敏感性误差，以降低成本。

必须指出，要保证上述转换的正确性就必须保证机床各机构间的关系（平行、垂直或其他角度）是正确的。因此，在机构设计中，应该将两机构的结合部设计成可修整、可测量的调整机构，机床组件的相互结合方式及其调整检测方法是需要加以周密考虑的。

机床静态几何精度的设计过程应先有最终目标，然后分解到基本机构设计，直至零件的精度配合，即先反向推演，再正向设计拟合。其设计的基本原则如下：

1）精度的适用性原则。在确定的加工范围内以满足要求为依据，不必要的缩减精度控制公差，将会增加不必要的制造成本。

2）精度的稳定可靠性原则。保持机床的可靠性和精度长期稳定是对机床产品的基本要求。因此设计中应选用优质可靠的元器件，采取必要的耐磨损措施，适当提高机构的刚性与

强度。尽可能避免与精度有关的构件受到污染，并保持其良好的润滑状态。在有条件的情况下，让移动副或转动副处于重力的平衡状态。

3）易调整与易检测原则。机床使用一定时间之后，精度势必会有所下降。在结构设计中，对一些重要的精度应增加调整机构，调整方法要简洁、方便。经调整后有简单可靠的检测方法。

4）工艺可行性原则。在精度设计中，从零件加工，组件装配到部件组合，要力求工艺性合理，简单，尽可能防止反向调整。

（2）机床的动态优化设计　实践证明，在高端数控机床设计中，只考虑静态精度设计远不能满足要求。尤其是对于难切削金属的加工、亚微米级精密加工，机床的动态性能已上升为影响加工精度的主要因素。近半个世纪以来，国内外对机床的动态优化设计做了大量的基础性研究，形成了一批具有实用价值的理论和方法，也开发研制了许多测试手段和分析软件。这些新技术的研究和应用，对新机床工作性能的改善、加工精度的提高、开发周期的缩短和开发成本的降低无疑是十分重要的。

1）动态优化设计与机床工况。在机床的结构设计之前，应对机床的实际工况做完整的预测，动、静态设计在流程上是相同的，但两者所关心的重点和设计的目标是不一样的，其区别见表4-1。

表4-1　机床动、静态设计目标的区别

项目	静态设计目标	动态设计目标
加工工件型谱或尺寸范围	1. 结构件的大小尺寸 2. 各向的行程范围 3. 确定总体结构	1. 对高效专用机床特别重要 2. 预估关键部件的模态特征 3. 预选可优化的环节 4. 初步建模
加工工件的批量（生产纲领）	1. 测算主轴切削功率 2. 估算构件强度及刚度 3. 选择润滑、冷却、排屑方式，流向 4. 选择控制方式	1. 过滤出可能影响最大的模态 2. 预测调整响应特性的方法及效果
设计刀具材料及形式、换刀方式	1. 确定主轴结构 2. 选定主轴转速范围 3. 选择刀库	1. 调整机床系统频响特性 2. 转移共振点 3. 通过切削参数变换提高切削效率，抑制自激振动
机床未来的工作环境、地点，电源稳定性	1. 设计起吊、运输、包装方式 2. 提出隔振、防护、稳压、屏蔽措施	1. 通过改变主要件结构，主动抑制或适应外部影响 2. 将外部环境与机床结构统一建模，主动优化结构参数
控制方式	1. 电气配置预计 2. 充分考虑各部分间的抗干扰设计与配置	1. 适当提高驱动刚性 2. 通过软件改变响应特性

2）机床的动力学模型。机床的动力学模型是由实体模型经物理模型到动力学模型逐步转化而来的。并且经由动态测试，将动力学模型拟合得到较精密地描述实体模型的真实动态性能。在模型的转化过程中，要略去非主要因素，将复杂的机械结构简化为由质量M、阻尼

器系数 C、弹簧弹性模量 K 及力 F 组成的广义坐标系统，并用式（4-3）的数学方法来描述。

$$[M]\{\ddot{X}\}+[C]\{\dot{X}\}+[K]\{X\}=\{F\} \tag{4-3}$$

这样一个方程的建立和求解的过程是非常复杂的，必须借助诸如 ANSYS 等有限元分析计算软件。要确定各种边界条件和参数，如材料的性能参数，各种形状截面的惯性矩，各种不同结合面的刚度参数和阻尼参数，通常这些参数要经过精确的动态测试，进行参数识别。

图 4-5 所示为某机床的整机外观和有限元模型。

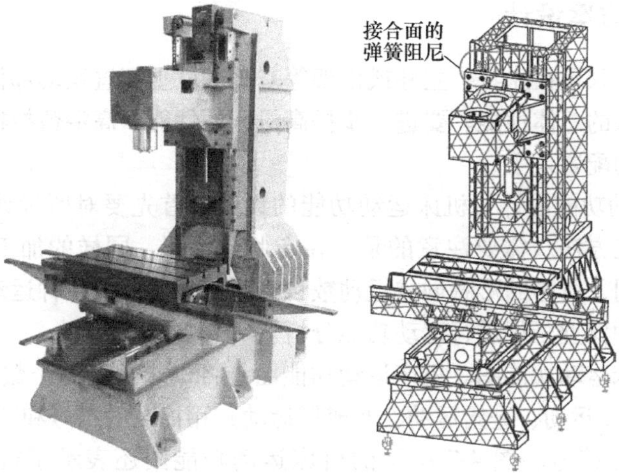

图 4-5　某机床整机的外观和有限元模型

3）机床的动态测试。机床动态特性是机床的固有特性之一，但是由于它的形成机理十分复杂，又不能用类似于静态测试和评价方法直观地描述，在机床的设计和制造阶段更难以准确预知。鉴于机床动态性能往往是工艺系统匹配的结果，许多基本参数，如接触刚度和接触阻尼等，往往是未知的，因此动态测试在动态优化设计中是关键的环节，它具有以下的意义：

① 动态测试可以为优化动力学模型提供实验依据，让动力学模型更接近于实物模型。

② 通过实测模态，可发现机床结构的薄弱环节，为优化结构参数提出方向性措施。这些措施的优劣或效果可以在优化的动力学模型上仿真演示。可以反复多次地拟合，得到最优改进方案，从而有效地缩短产品试制的周期。

③ 动力学测试可对已有机床的正确使用提供方向性指示。如通过选择合适的刀具和主轴转速抑制强迫振动；选择合适的工艺参数避免自激振动等。

④ 只要在动态测试中取得足够的原点响应和跨点响应，则可以通过动力学模型逆向拟合得到各个环节的参数（弹性模量 K 、阻尼系数 C ），对于机床动态结构和参数设计优化具有十分重要的参考价值。

4）整机动态测试原理。机床整机动态测试有两种基本的方法，其一为切削状态下测量动态响应，这种方法需要做大量不同切削参数下的测试；其二为激振测试，即输入一个典型的激励信号，然后在原点（激振点）和跨点分别拾取响应信号，进行分析。

目前，国内对机床动态特性优化设计的实践应用不够，设计研究部门应多配备动态测试的仪器以及软件，将动态测试分析作为设计研究的常态工作。

4.2 数控机床结构的总体设计

从20世纪末开始，数控机床向着高速、高精、多轴联动和复合加工的高端方向发展，在功能部件已经市场化的今天，数控机床总体方案以及总体设计，事关产品的成败，是机床设计的核心工作，也是机床产品创新的关键。

4.2.1 总体结构方案设计

数控机床的结构采用在床身、立柱或框架等基础部件上配置运动部件，机床结构和配置合理与否决定了机床的总体性能。要进一步提高机床的性能，高端数控机床的设计必须从机床的运动组合和结构配置入手。

（1）机床的运动功能设计　机床运动功能的设计，首先要对所设计的机床的工艺范围进行分析，确定加工方法。需要注意的是，在有些情况下，同样的加工表面有多种加工方法，采用的刀具不同，所需的形状创成运动数目也不同，也就有多种运动组合方式。对于普通机床，可选择几种典型工件进行运动功能分析。

其次是画出机床运动功能图。机床运动功能图是将机床运动的个数、形式（直线运动、回转运动）、功能（主运动、进给运动、非成形运动）用简洁的符号和图形表达出来，图4-6所示为运动功能图形符号。图4-7所示的机床运动功能图还表示了机床的两个末端执行器（工件和刀具）和各个运动轴的空间相对方位，是认识、分析和设计机床传动系统的依据。

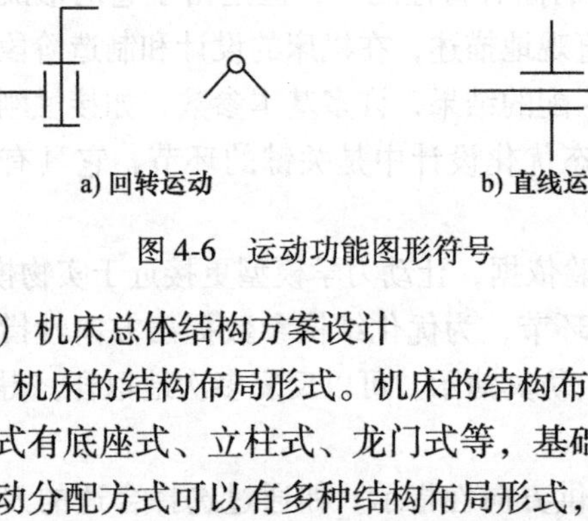

图4-6　运动功能图形符号

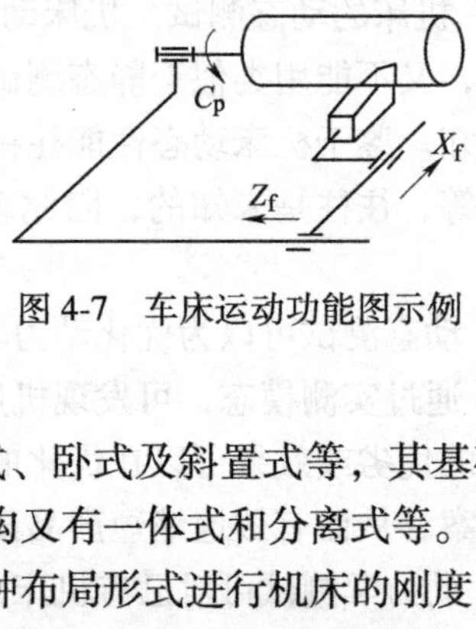

图4-7　车床运动功能图示例

（2）机床总体结构方案设计

1）机床的结构布局形式。机床的结构布局形式有立式、卧式及斜置式等，其基础支承件的形式有底座式、立柱式、龙门式等，基础支承件的结构又有一体式和分离式等。因此同一种运动分配方式可以有多种结构布局形式，需要对这多种布局形式进行机床的刚度、占地面积、与物流系统的相容性等因素的定性分析，得到最优的机床总体结构布局形式。

例如，工件和刀具之间6个自由度的运动组合理论上有许多种方案，但是考虑到结构配置的合理性以及数控联动轴数一般不会超过5个轴，实际获得应用的仅有十余种。例如，从运动链的角度看，五轴加工中心最常见的运动组合和结构配置只有3种，如图4-8所示。L表示直线运动，R表示回转运动。动梁龙门式机床和动柱龙门式机床都属于LLLRR运动组合，双摆头式结构，一般适合于大型机床。而RRLLL运动组合包括AC双转台和BC双转台，结构紧凑，适合于中型或小型机床。车铣复合加工和铣车复合加工都归属于RLLLR运动组合。

与国外机床企业竞相开发崭新的结构相比，国内机床企业倾向采用常规的机床结构和运

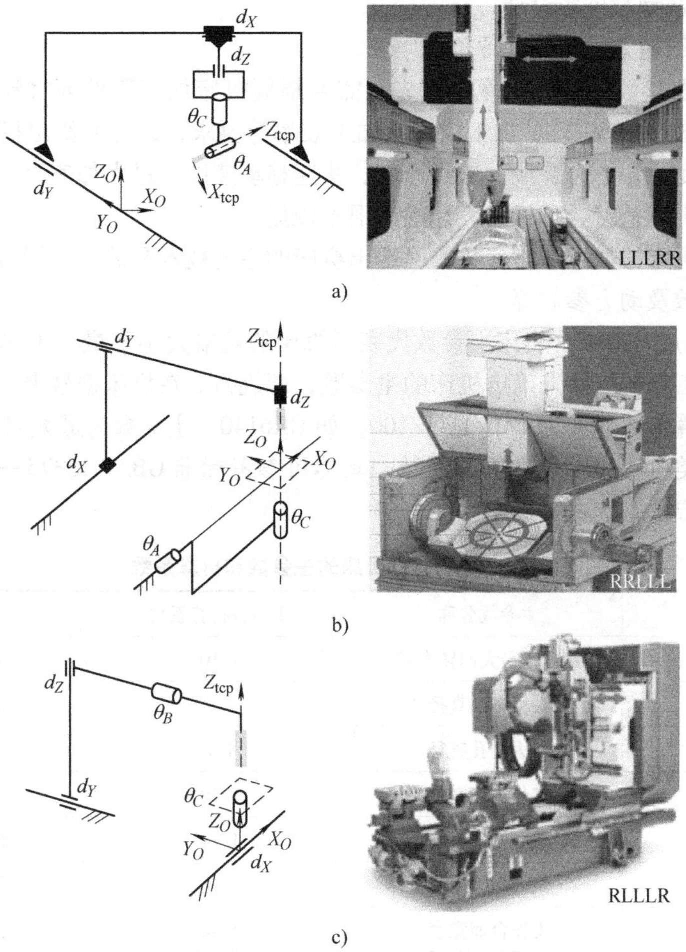

图 4-8　五轴加工中心的运动组合和结构配置

动配置，导致市场竞争力低。一款机床的市场价值，取决于它有无可替代性的特点，能否为客户创造更多更新的价值。如果机床结构和配置没有特色，哪怕是选配了最好的功能部件，都不会给机床的生产商带来更多的利润。

2）机床总体结构的概略形状与尺寸设计。根据确定的机床总体结构布局，进行功能部件（如运动部件和支承部件）的概略形状和尺寸设计，设计过程大致如下：

① 确定末端执行件的概略形状与尺寸。

② 设计末端执行件与其相邻的下一个功能部件的结合部的形式、概略尺寸。若为运动导轨结合部，则执行件一侧为滑台，相邻部件一侧为滑座，考虑导轨结合部的刚度及导向精度，选择并确定导轨的类型及尺寸。

③ 根据导轨结合部的设计结果和该运动的行程尺寸，同时考虑部件的刚度要求，确定下一个功能部件（即滑台侧）的概略形状与尺寸。

④ 重复上述过程，直到基础支承件（底座、立柱、床身等）设计完毕。

⑤ 若要进行机床结构模块设计，则可将功能部件细分成子部件，根据制造厂的产品规划，进行模块提取与设置。

⑥ 初步进行造型与色彩设计。

⑦ 机床总体结构方案的综合评价。

(3) 机床主要参数的设计计算　首先，需要根据机床加工零件的材料、切削刀具、零件轮廓（尺寸、最小曲率等）、加工精度、加工效率等要求，计算并给出机床的加工工艺参数，包括切削速度、切削力、最大进给速度、快速移动速度、最大加速度、加工过程中的最大进给力等。加工工艺参数是机床设计的最根本依据。

根据所设计机床的加工工艺参数，确定出机床的主要技术参数，包括机床的主参数、尺寸参数、运动参数及动力参数等。

1) 主参数和尺寸参数。机床主参数代表了机床的规格大小和最大工作能力。一般根据加工零件或被加工面的尺寸来确定机床的主参数，即规格。在机床型号中，用阿拉伯数字给出的是主参数折算值，通常为 1/10 或 1/100。如 CK6140，主参数为最大回转直径 400mm。

表 4-2 为各类机床主参数和折算系数。具体可参考标准 GB/T 15375—2008《金属切削机床　型号编制方法》。

表 4-2　不同类别机床的主参数和折算系数

机床	主参数名称	主参数折算系数	第二主参数
卧式车床	床身上最大回转直径	1/10	最大工件长度
立式车床	最大车削直径	1/100	最大工件高度
摇臂钻床	最大钻孔直径	1/1	最大跨距
坐标镗床	工作台面宽度	1/10	工作台面长度
外圆磨床	最大磨削直径	1/10	最大磨削长度
内圆磨床	最大磨削孔径	1/10	最大磨削深度
矩台平面磨床	工作台面宽度	1/10	工作台面长度
齿轮加工机床	最大工件直径	1/10	最大模数
龙门铣床	工作台面宽度	1/100	工作台面长度
升降台铣床	工作台面宽度	1/10	工作台面长度
龙门刨床	最大刨削宽度	1/100	最大刨削长度

机床的尺寸参数是指机床的主要结构尺寸参数，通常包括与被加工零件有关的尺寸，如卧式车床的最大回转直径；还包括标准化工具或夹具的安装面尺寸，如卧式车床主轴锥孔即主轴前端尺寸等。

例如，某车床主要尺寸参数：床身上最大回转直径：400mm；刀架上的最大回转直径：200mm；主轴通孔直径：40mm；主轴前锥孔：莫式 6 号；最大加工工件长度：1000mm。

2) 运动和动力参数。运动参数是指机床执行件如主轴、工作台或刀架的运动速度。动力参数包括机床驱动的各种电动机的功率和转矩。

①主轴转速及转速范围。主运动为回转运动的机床，如车、铣、钻、镗等机床，其主运动参数为主轴转速，其公式为

$$n = \frac{1000v}{\pi d} \tag{4-4}$$

式中 n——主轴转速（r/min）；

v——切削速度（m/min）；

d——工件或刀具直径（mm）。

由于数控机床的加工工艺范围广，为了适应不同加工要求，需要主轴具有宽的调速范围，因此需要在分析加工工艺的基础上，确定出机床最低和最高主轴转速。采用分级变速时，还应确定转速的级数。

最低主轴转速：$n_{min}=1000v_{min}/(\pi d_{max})$

最高主轴转速：$n_{max}=1000v_{max}/(\pi d_{min})$

变速范围：$R_m=n_{max}/n_{min}$

有级变速时，应该在 n_{max} 和 n_{min} 确定后，再进行转速分级，确定各中间级转速。

② 进给运动参数。大部分机床，如车床、钻床等，进给运动参数即进给量，用工件或刀具每转的位移（mm/r）表示；直线往复运动机床，如刨床、插床，进给量以每次往复的位移量表示；铣床和磨床的进给量，以每分钟的位移量（mm/min）表示。

③ 主轴电动机的功率。按负载性质，车、铣、镗等机床的主轴负载为恒功率负载，这是因为，在粗加工时，为了达到高的材料去除率，在刚度等条件允许的情况下，尽可能采用大的背吃刀量，即大的切削深度，这样可以减少走刀次数，提高生产率，所以在粗加工时，切削阻力大，主轴运行在相对低的速度。而精加工时，加工余量小且均匀，为了提高表面粗糙度精度，需要尽可能提高切削速度。所以，主轴在不同转速下，需要的切削功率基本不变。主轴电动机在选型时，首先需要考虑的是主轴电动机的功率和恒功率调速范围。

④ 进给电动机的转矩。直线进给运动主要是工作台克服摩擦等因素做直线运动，摩擦性负载与速度无关，基本上是恒转矩负载。所以进给电动机首要要求是在调速范围内能够提供恒定的转矩。

机床各传动件的结构参数，如轴或丝杠直径，齿轮或蜗轮的模数，带的类型及根数等，都是根据动力参数设计计算出来的。如果动力参数取得过大，电动机经常处于低负荷情况，功率因数小，造成电力浪费；同时，传动件及相关零件尺寸设计得过大，不但浪费材料，且使机床显得笨重。如果动力参数取得过小，则机床达不到设计提出的性能要求，或者电动机长期处于过载运行，影响使用寿命。通常动力参数可通过调查类比法或经验公式、相似机床试验法和计算方法来确定。

4.2.2 结构件的材料

为了实现机床的高精度、高生产率和生态友好，在设计和优化机床结构件时必须关注材料的正确选用。材料对机床的移动质量、惯性矩、静态和动态刚度、固有频率和热性能都有很大的影响。

（1）材料的物理性能　对机床的性能有较大影响的材料主要物理性能有：

① 弹性模量 E，弹性模量的数值对机床的静态和动态刚度都有正面的影响。

② 泊松比 ν 和切变模量 G，这两个数值对机床扭转刚度有正面的影响。

③ 密度 ρ，低密度的移动结构件对机床动态性能有利，而高密度的材料适用于诸如床身、底座等固定的结构件。

④ 线胀系数 α，数值越大对机床越不利。

⑤ 热容量 C，结构件的热容量大，使机床对环境温度变化不敏感，但同时意味着机床起动后较长时间才能达到热稳定状态。

⑥ 热导率 κ，热导率高使机床较快达到热均匀状态，避免局部或不对称扭曲，但同时热量也很快传给结构件，造成热变形。

⑦ 材料和结构的阻尼，高阻尼对机床动态性能有正面的影响，可抑制振动产生。

（2）传统的机床结构件材料　目前，机床结构件材料广泛采用铸铁和钢。铸铁和钢相对于其他材料价格便宜，加工性能好，缺点是线胀系数相对较大。铸铁与钢相比，突出优点是阻尼系数高，是应用最广泛的机床结构件材料。钢结构件的刚度质量比较大，通常由钢板焊接而成，它们的主要物理性能见表 4-3。

表 4-3　钢与铸铁的主要物理性能

物理性能	钢	灰铸铁	球墨铸铁
弹性模量/GPa	210	80~148	160~180
密度/kg·m^{-3}	7850	7100~7400	7100~7400
阻尼系数	0.0001	0.001	0.0002~0.0003
线胀系数/μm·℃$^{-1}$·m^{-1}	11	11~12	11~12

（3）机床结构件的新材料　除上述传统材料外，在某些情况下，需要选用新材料才能够进一步满足机床高性能的要求。

① 树脂混凝土。树脂混凝土是用树脂将各种沙砾、碎花岗石等矿物材料凝结在一起，也被称为矿物铸件或人造大理石。其突出优点是热扩散性低、阻尼系数大、稳定性高、耐腐蚀，大多用于精密或高速机床的床身等结构件。矿物铸件的密度和弹性模量均大约是铸铁的 1/3，具有与铸铁相同的比刚度（弹性模量和密度的比值）。因此在同等质量下，矿物铸件的设计壁厚通常是铸铁件的 3 倍，因此实际刚度往往超过铸铁件。矿物铸件适合在承载压力的静态环境下工作，如床身、立柱，不适合作为薄壁和小型机架，如工作台支架、滑座支架等。

矿物铸件的浇铸需要钢模，成本高，但可浇铸出传统砂模无法浇铸的复杂形状，同时它具有较强的整合性能。例如，在制作机床床身时，可以将导轨直接与矿物铸件浇铸在一起，浇铸完后再对导轨进行铣削或磨削加工。在机身的机座中可直接预留腔体以储存切削液；还可以把管道、电线等浇铸入矿物铸件中。此外，矿物铸件能根据具体要求调整配方而获得相应的线胀系数，以保持嵌入矿物铸件中的钢铁、塑料件能够很好地整合在一起。

② 大理石。大理石（花岗石）的性能与树脂混凝土类似，但具有更好的阻尼性能和热稳定性，主要用于超精密机床和微机床的床身和底座。由于受到天然石材加工的限制，结构和形状都不能太复杂，尺寸也有限。大理石与树脂混凝土的物理性能比较见表 4-4。

表 4-4　树脂混凝土与大理石的物理性能

物理性能	树脂混凝土	大理石
弹性模量/GPa	40~50	47
密度/kg·m^{-3}	2300~2600	2850
阻尼系数	0.002~0.03	0.03
线胀系数/μm·℃$^{-1}$·m^{-1}	11.5~19.5	8.0

③ 碳素纤维复合材料。碳素纤维复合材料的最大特点是质量小、强度高，阻尼性能和热稳定性也较好，此外，比刚度高，特别适合用于高速移动的结构件。其缺点是制造工艺复杂，需要经过缠绕或铺设，因而成本较高，目前还没有批量使用。

④ 混合材料。由于钢的弹性模量较高，因此焊接钢结构的静态刚度很好，但钢的阻尼系数很低，容易引起振动，因此在焊接钢结构内充填各种减振材料，以提高其阻尼性能。目前应用的有在焊接钢结构中充填树脂混凝土、充填泡沫铝和充填加强纤维。

4.2.3 数控机床的基础结构件

机床的结构布局有立式、卧式及斜置式等不同形式，不同的机床结构布局会采用不同的机床基础结构件（床身、立柱、横梁等支承件）的构造和形状。机床基础结构件有一体式和分离式等不同的形式，设计基础结构件时应首先考虑机床的类型、布局及常用支承件的形状，在满足机床工作性能的前提下，综合考虑其工艺性。还要根据其使用要求进行受力和变形分析，再根据所受的力和其他要求，如排屑、吊运、安装其他零件等，进行结构设计，初步决定其形状和尺寸；然后，可以利用计算机进行有限元计算，求出其静态刚度和动态特性；再对设计进行修改和完善，选出最佳结构形式，要求既能保证支承件具有良好的性能，又能尽量减轻质量。

1. 机床支承件

（1）支承件的基本功能和要求　支承件是机床的基础和框架，由床身、立柱、横梁、底座等相互固定连接而成。机床上其他零部件可以固定在支承件上，或者在支承件的导轨上运动。切削加工中的切削力最终也是由支承件承受。因此，支承件的主要功能是保证机床各零部件之间的相互位置和相对运动精度，并保证机床有足够的静刚度、抗振性、热稳定性和耐用度。机床支承件应满足以下要求：

1）应具有足够的刚度和较高的刚度质量比。

2）应具有较好的动态特性，包括较大的位移阻抗（动刚度）和阻尼；整机的低阶频率较高，各阶频率不致引起结构共振；不会因薄壁振动而产生噪声。

3）热稳定性好，热变形对机床加工精度的影响较小。

4）排屑畅通、吊运安全，并具有良好的结构工艺性。

（2）支承件及床身的截面形状　机床支承件结构设计合理的前提是在最小质量条件下，具有最大静刚度。静刚度主要包括弯曲刚度和扭转刚度，均与截面惯性矩成正比。支承件截面形状不同，即使同一材料、相等的截面面积，其抗弯和抗扭惯性矩也不同。表 4-5 所列为截面面积皆近似为 100mm^2 的 8 种不同截面形状的抗弯和抗扭惯性矩的比较，结论如下：

1）空心截面结构件的刚度比实心的大。同样断面形状的结构件，截面面积相同，外形尺寸大而壁薄的截面比外形尺寸小而壁厚的截面的抗弯刚度和抗扭刚度都高。所以，为提高支承件刚度，支承件的截面应是中空形状，尽可能加大截面尺寸，在工艺可能的前提下壁厚尽量薄一些。当然壁厚不能太薄，以免出现薄壁振动。

2）圆（环）形截面的抗扭刚度比矩形大，而抗弯刚度比矩形低。因此，以承受弯矩为主的支承件的截面形状应取矩形，并以其高度方向为受弯方向；以承受转矩为主的支承结构的截面形状应取圆（环）形。

3）封闭截面的刚度远远大于开口截面的刚度，特别是抗扭刚度。设计时应尽可能把支承件的截面做成封闭形状。

表 4-5　不同截面的抗弯抗扭惯性矩

序号	截面形状/mm	惯性矩计算值/mm		序号	截面形状/mm	惯性矩计算值/mm	
		抗弯	抗扭			抗弯	抗扭
1	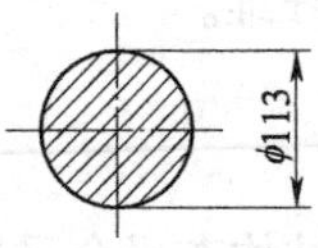	800/1.0	1600/1.0	5	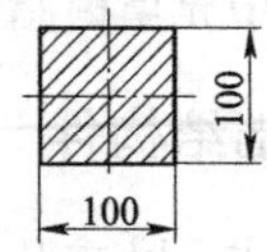	833/1.04	1400/0.88
2	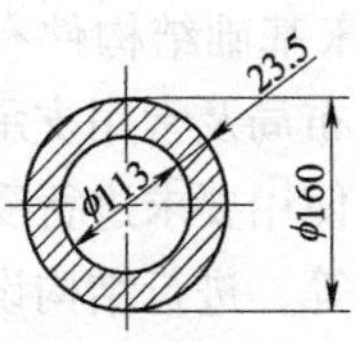	2412/3.02	4824/3.02	6	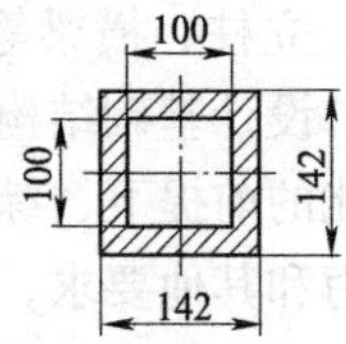	2555/3.19	2040/1.27
3	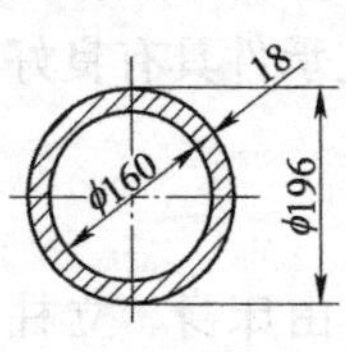	4030/5.04	8060/5.04	7	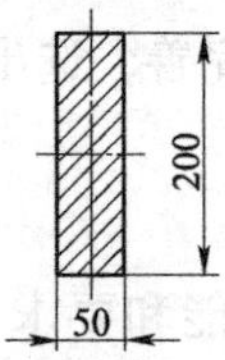	3333/4.17	680/0.43
4	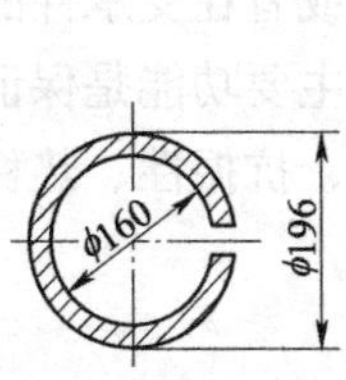		108/0.07	8	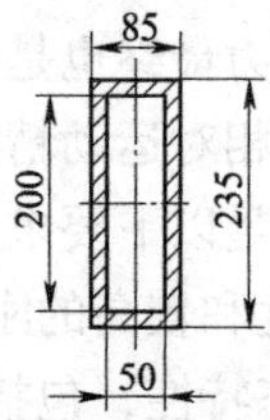	5860/7.325	1316/0.82

图 4-9 所示的机床床身均为空心矩形截面，其中图 4-9a 所示为典型的车床类床身，工作时承受弯曲和扭转载荷，并且床身上需有较大空间排除大量切屑和切削液。图 4-9b 所示为镗床、龙门刨床等机床的床身，主要承受弯曲载荷。由于切屑不需要从床身排除，所以顶面多采用封闭结构，台面较低，以便于工件的安装调整。图 4-9c 所示为大型、重型机床的床身，采用三道墙壁结构。对于重型机床来说，可采用双层壁结构床身，以便进一步提高刚度。

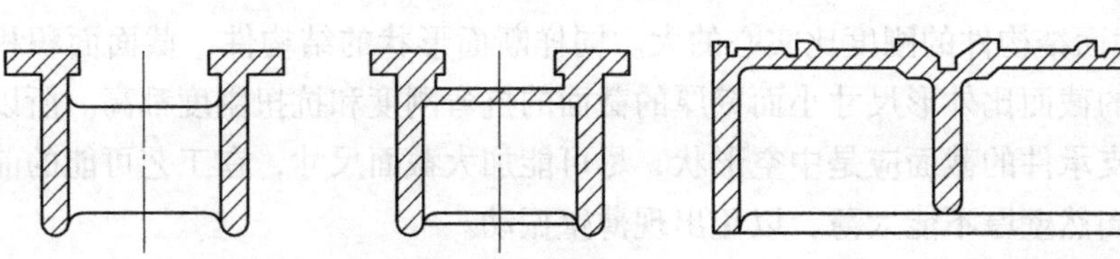

a) 车床类床身　　b) 镗床、龙门刨床类床身　　c) 大型、重型机床床身

图 4-9　机床床身截面图

（3）支承件及床身的肋板、肋条的布置　在支承件及床身的板壁一侧（多在内侧）增加一些肋板，能使板壁的局部载荷传递给其他壁板，使整个结构件承受载荷，减小局部变形和薄壁振动，从而加强结构件自身和整体刚度，如图 4-10 所示。肋板/肋条的布置取决于支承件的受力变形方向，肋板/肋条位于壁板的弯曲平面内，才能有效地减少壁板的弯曲变形。其中，水平布置的肋板/肋条有助于提高支承件水平面内弯曲刚度；垂直布置有助于提高支承件垂直面内的弯曲刚度；而斜向布置能同时提高支承件的抗弯和抗扭刚度。

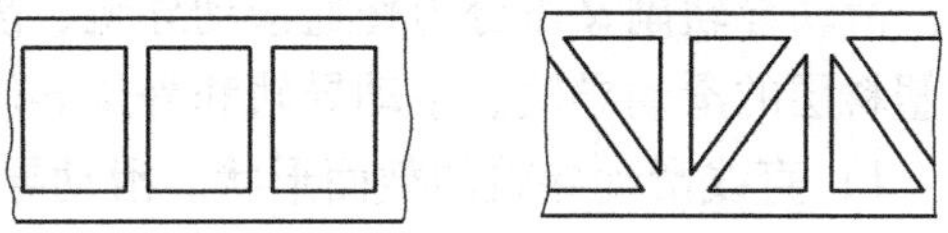

a) 正方形　　b) X形

图 4-10　肋板、肋条布置图

肋板常常布置成交叉排列，如井字形、米字形等，图 4-11a 中立柱加有菱形加强肋，形状近似正方形；图 4-11b 中加有 X 形加强肋，形状也近似为正方形。因此，这两种结构抗弯和抗扭刚度都很高，应用于受复杂的空间载荷作用的机床，如加工中心、镗铣床等。

局部增设肋条，可以提高局部刚度，肋条厚度一般是壁厚的 0.7~0.8 倍。图 4-12a 所示为在支承件的固定螺栓、连接螺栓或地脚螺栓处的加强肋条，图 4-12b 所示为床身导轨处的加强肋条。

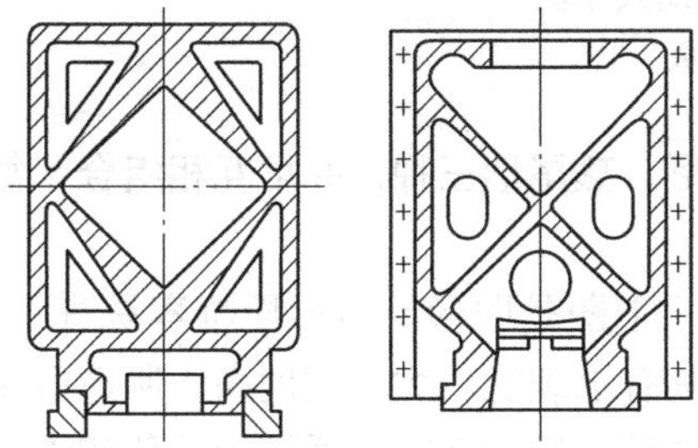

a) 菱形加强肋　　b) X形加强肋

图 4-11　立式加工中心立柱

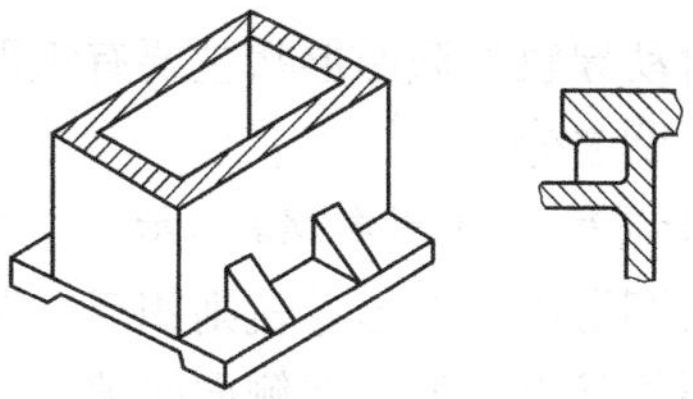

a) 底板加强肋　　b) 导轨加强肋

图 4-12　局部加强肋

2. 导轨

支承和引导运动部件沿着一定的轨迹运动的零件称为导轨副，常简称为导轨。导轨副中设在支承构件上的导轨面称为静导轨，比较长；设在运动构件上的导轨面称为动导轨，比较短。动导轨相对于静导轨可以做直线运动或者回转运动。

（1）数控机床对导轨的要求　导轨的作用是承受载荷和导向，它的质量对机床的刚度、加工精度和使用寿命有很大的影响。数控机床对导轨的具体要求如下：

1）摩擦因数低，静、动摩擦因数差值小。低速进给或微量进给时不出现爬行，低速运动平稳，发热低。

2）承载能力大，刚度好。根据导轨承受载荷的性质、方向和大小，合理地选择导轨的截面形状和尺寸，使导轨具有足够的刚度，保证机床的加工精度。

3）较高的阻尼。在高速进给时不发生振动。

4）耐磨性好，精度保持性好。可在重载荷下长期连续工作，并长时间保持精度。

5）结构简单，工艺性好，较低的成本。

（2）直线运动的滑动导轨　导轨副按导轨面的摩擦性质可分为滑动导轨副和滚动导轨

副。滑动导轨副又可分为普通滑动导轨、静压导轨和卸荷导轨等。现代数控机床中常采用带有塑料层的滑动导轨、滚动导轨和静压导轨。

1）直线滑动导轨的截面形状。滑动导轨按结构形式可以分为开式导轨和闭式导轨。开式导轨是指在部件自重和载荷的作用下，运动导轨和支承导轨的工作面（图 4-13a 中 *c* 面和 *d* 面）始终保持接触、贴合。其特点是结构简单，但不能承受较大的倾覆力矩。闭式导轨借助于压板使导轨能承受较大的倾覆力矩。例如，车床床身和床鞍导轨，如图 4-13b 所示。当倾覆力矩 *M* 作用在导轨上时，仅靠自重已不能使主导轨面 *e*、*f* 始终贴合，需用压板 1 和 2 形成辅助导轨面 *g* 和 *h*，保证支承导轨与动导轨的工作面始终保持可靠的接触。

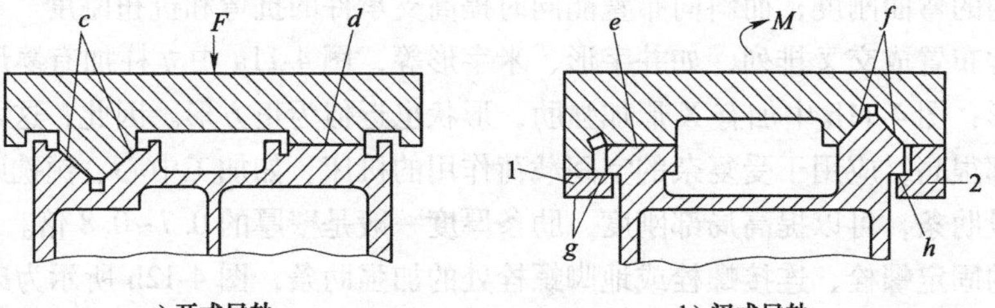

图 4-13　开式和闭式导轨

1、2—压板

直线滑动导轨的截面形状主要有矩形、三角形、燕尾形三种，并可互相组合，每种导轨副还有凸、凹之分。

① 矩形导轨，如图 4-14a 所示，上图是凸形，下图是凹形。凸形导轨容易清除掉切屑，但不易存留润滑油；凹形导轨则相反。矩形导轨具有承载能力大、刚度高，制造简便、检验和维修方便等优点；但存在侧向间隙，需用镶条调整，导向性差。适用于载荷较大而导向性要求略低的机床。

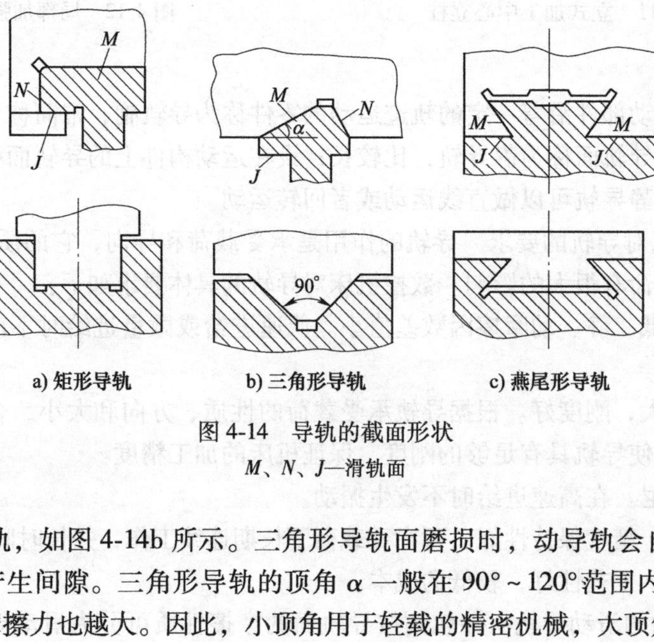

图 4-14　导轨的截面形状

M、*N*、*J*—滑轨面

② 三角形导轨，如图 4-14b 所示。三角形导轨面磨损时，动导轨会自动下沉，自动补偿磨损量，不会产生间隙。三角形导轨的顶角 α 一般在 90°～120°范围内变化，α 角越小，导向性越好，但摩擦力也越大。因此，小顶角用于轻载的精密机械，大顶角用于大型或重型

机床。三角形导轨结构有对称式和不对称式两种。当水平力大于垂直力，两侧压力分布不均时，采用不对称导轨。

③ 燕尾形导轨，如图 4-14c 所示。燕尾形导轨可以承受较大的倾覆力矩，导轨的高度较低，结构紧凑，间隙调整方便，但是刚度较差，加工检验维修都不大方便。适用于受力小、层次多、要求间隙调整方便的部件。

机床的直线运动导轨通常由两条导轨组合而成，根据不同要求，有双三角形导轨组合、双矩形导轨组合、三角形和矩形导轨组合、矩形和燕尾形导轨组合等多种形式。

滑动导轨副导轨面间的间隙对工作性能有直接影响，如果间隙过大，将影响运动精度和平稳性；间隙过小，运动阻力大，导轨的磨损加快。因此必须保证导轨间隙合理，磨损后能方便地调整。导轨间隙常用压板和镶条来调整。

2）带有塑料层的滑动导轨。滑动导轨的优点是结构简单、制造方便和抗振性良好，缺点是磨损快。为了提高耐磨性，国内外广泛采用塑料层导轨和镶钢导轨。塑料层导轨常用做导轨副的活动导轨，与之相配的金属导轨则采用铸铁或钢质材料。数控机床常采用铸铁-塑料滑动导轨和嵌钢-塑料滑动导轨。导轨上的塑料常用环氧树脂耐磨涂料和聚四氟乙烯导轨软带，根据加工工艺不同，可分为注塑导轨和贴塑导轨。

塑料层导轨的特点是摩擦因数小，耗能低；动、静摩擦因数接近，低速运动平稳性好；阻尼特性好，能吸收振动，抗振性好；耐磨性好，有自身润滑作用，没有润滑油也能正常工作，使用寿命长；结构简单，维护修理方便，磨损后容易更换，经济性好，但它刚度较差，受力后产生变形，影响机床的精度。

3）静压导轨。静压导轨同静压轴承的工作原理相似，通常在动导轨面上均匀分布有油腔和封油面，把具有一定压力 p_s 的液体或气体介质经节流器后压力降为 p_b，并送到油腔内，在导轨面间产生压力，与工作台和工件的自重 W 和切削力 F 平衡，将动导轨微微抬起，与支承导轨脱离接触，浮在压力油膜或气膜上，如图 4-15 所示。静压导轨摩擦因数小，在起动和停止时没有磨损，精度保持性好。缺点是结构复杂，需要一套专门的液压或气压设备，维修和调整比较麻烦，多用于精密和高精度机床或低速运动机床中。

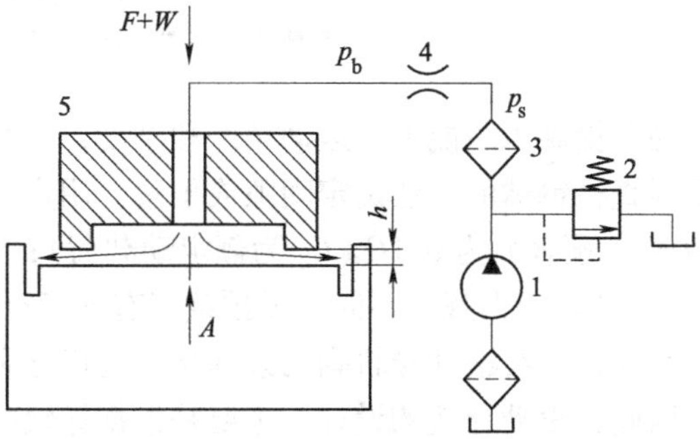

图 4-15　开式静压导轨

1—液压泵　2—溢流阀　3—滤油器　4—节流器　5—工作台

4）滑动导轨的设计步骤。

① 选择滑动导轨的类型和截面形状。

② 根据机床工作条件、使用性能，选择出合适的导轨类型，再依照导向精度和定位精度、加工工艺性、要保证的结构刚度，确定导轨的截面形状。

③ 选择合适的导轨材料、热处理方法，保证导轨耐磨性和使用寿命。

④ 进行滑动导轨的结构设计和计算，主要有导轨受力分析、压强计算、验算磨损量和确定合理的结构尺寸，可查阅有关设计手册。

⑤ 设计导轨调整间隙装置和补偿方法。

⑥ 设计润滑、防护系统装置。

⑦ 制订导轨加工、装配的技术要求。

(3) 直线滚动导轨　在静、动导轨面之间放置滚动体，如滚珠、滚柱、滚针或滚动导轨块，组成滚动导轨。滚动导轨比滑动导轨具有更小的摩擦因数，动、静摩擦因数很接近，起动轻便，不易产生冲击，低速运动稳定性好；定位精度高，运动平稳，微量移动准确；磨损小，精度保持性好，寿命长；可采用油脂润滑，润滑系统简单。但抗振性差（可以通过预紧方式提高），防护要求较高；结构复杂，制造较困难，成本较高。

图 4-16 所示为数控机床中常采用的直线滚动导轨副，由导轨条 1 和滑块 5 组成。滚珠 4 在导轨条与滑块之间的圆弧滚道内滚动，导轨条两侧各一组滚珠，经端面挡板 2 和滑块中的返回轨道孔返回，做连续地循环滚动。为防止灰尘进入，采用了密封垫 3 密封。其摩擦因数可降至传统滑动导轨的 1/50，能轻易地达到 μm 级的定位精度。

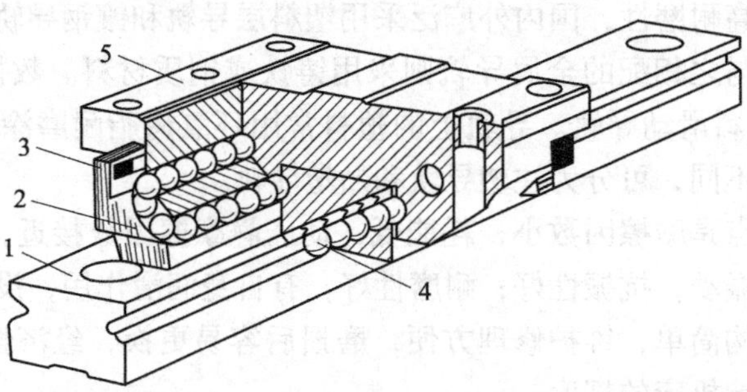

图 4-16　直线滚动导轨副

1—导轨条　2—端面挡板　3—密封垫　4—滚珠　5—滑块

为了提高承载能力、运动精度和刚度，直线滚动导轨可以进行预紧。通常由制造厂用选配不同直径钢球的办法确定间隙或预紧，用户可根据对预紧的要求订货，分为四种情况：重预载 F_0，预载力为 $0.1C_d$（C_d 为额定动载荷）；中预载 $F_1=0.05C_d$；轻预载 $F_2=0.025C_d$；无预载 $F_3=0$。根据规格不同，无预载留有 3~28μm 间隙。

目前，直线滚动导轨副已系列化、规格化和模块化，由专门制造厂生产，可根据需要订购。因此，滚动导轨的设计，主要是根据导轨的工作条件、受力情况、使用寿命等要求，选择直线滚动导轨副的型号、数量，并进行合理的配置。先要计算直线滚动导轨副的受力，再根据导轨的工作条件和寿命要求计算动载荷，然后选择出直线滚动导轨副的型号，再验算寿命是否符合要求，最后进行导轨的结构设计。直线滚动导轨的计算可查阅有关设计手册。

4.3　数控机床主运动系统机械结构

4.3.1　主运动系统概述

机床的主运动系统简称主轴系统，一般由动力源（主轴电动机）、变速传动装置、执行件（主轴组件）、润滑与密封装置、箱体等组成，图 4-17 所示为车削加工主轴系统示意图。机床主轴用于夹持工件或刀具，驱动其高速旋转进行切削。

图 4-18 所示为车削加工切削力的分析示意图，切削力 F_r 的两个分量，与走刀方向相反

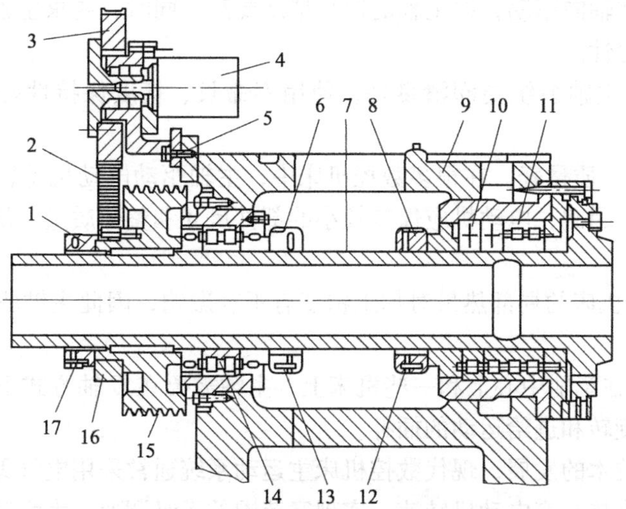

图 4-17　车床主轴系统结构

1、6、8—螺母　2—同步带　3、16—同步带轮　4—脉冲编码器　5、12、13、17—螺钉　7—主轴　9—箱体　10—角接触球轴承　11、14—圆柱滚子轴承　15—带轮

的进给力 F_x(用于计算进给功率）以及吃刀力 F_y(与切削振动有关）是两个比较小的分量，而与过渡表面相切并垂直向下的主切削力 F_z 比较大，由主运动提供，用于确定机床所需功率。主运动消耗了切削功率的绝大部分，要求主轴有足够的输出功率。

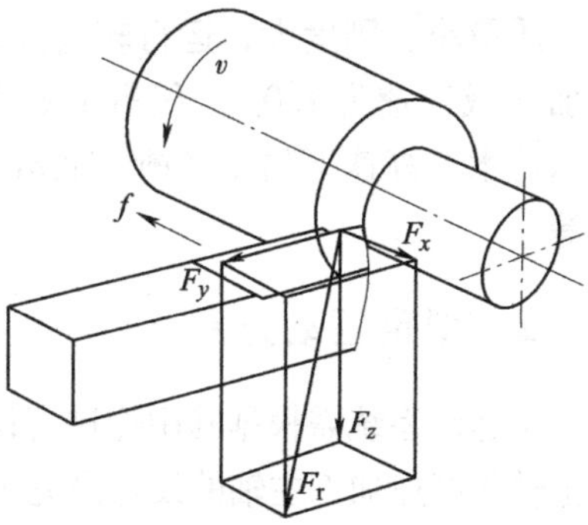

图 4-18　车削加工切削力分析

主轴不仅要在高速旋转的情况下承载切削时传递的主轴电动机的动力，而且还要保持非常高的精度，它的性能和指标决定了机床的生产率和工件的表面质量，也是衡量机床整机性能和机床技术经济指标的重要因素，如何设计和选用高性能的主轴系统是数控机床开发的关键。决定主轴系统性能和技术水平的主要参数包括：转速和调速范围、功率和转矩、驱动方式、轴承、刚度、精度、动平衡和振动、发热和冷却等，要求具体如下：

1）转速高，调速范围宽。调速范围是指额定负载下，主轴最高速度与最低速度的比值。数控机床的加工工艺范围宽，为了适应不同工件材料、刀具及各种切削工艺的要求，获得最佳的生产率、加工精度和表面质量，数控机床主轴要求有宽的无级调速范围。

2）自动无级调速，动态响应快。数控机床自动加工过程中，主轴要求能够依照编程的指令自动进行调速。同时，要求主轴升降速时间短，这在换刀频繁的加工中心上显得尤为重要。调速时可进行自动加减速控制，动态过程要求平稳。

3）驱动功率高，恒定功率范围大。数控机床自动加工过程中不需要人工干预，这使得其可以达到一个合适的高速工作速度，充分利用现有刀具的性能，所以数控机床的驱动功率高于传统机床数倍，并能在整个调速范围内提供切削加工所需的功率，满足机床低转速高转矩强力切削的要求。

4）精度要求高。主要指机床在空载低速时，主轴前端安装刀具（夹具）部位的径向圆跳动、端面圆跳动和轴向窜动，即主轴的回转精度要高。同时，要求主轴有足够的刚度、抗振性及较好的热稳定性。

5）可靠性高。主轴系统要润滑良好，使用寿命长、精度保持性好；运行时噪声、振动小。

6）结构空间小，质量轻。在很多数控机床中，主轴驱动电动机是较大的机械部件，并且处于持续运行中。因此，电动机应保持较小的部件尺寸和整体质量，从而不削弱整体部件的加速性能。

7）发热量低。机床的局部热量对加工精度有不利影响，因此主轴驱动系统应有较低的发热量。

8）*C* 轴功能。在车削中心上和一些机床上，主轴需要在 *C* 轴方式下运行，主轴驱动系统可以实现主轴的旋转和进给运动的插补。

随着电力拖动技术的发展，现代数控机床主运动系统通常采用电气无级调速系统，通过主轴电动机驱动器直接改变电动机转速，实现宽范围的无级调速，大大简化了机床的机械传动机构，具有调速平滑、调速精度高、控制灵活等优点。

高速加工的迅速发展，使得电主轴应用日益广泛，成为高速主轴单元的一种理想结构。其特点是主轴电动机被集成到主轴的机械部件中，实现了“零传动”。电主轴系统结构更紧凑，质量小，刚度大，运行转速高，动态响应特性好。主轴最高转速可达 200000r/min，最高加（减）速为 1.0g，仅需 1.8s 即可从 0 提速到 15000r/min。电主轴的关键技术包括高速轴承技术，高速下的动平衡、润滑、冷却、内置脉冲编码器、自动换刀装置、高速刀具的装夹等。

4.3.2 拟定驱动方案

主运动系统需根据其用途进行设计和选型，具有较大切削力和较低切削速度的低速重载切削主轴与高速加工主轴的设计是完全不同的。例如，在模具行业，主要采用小直径的铣刀铣削复杂的形状表面，主轴的转速高，但切削力不大；在航空工业，主要是将铝合金块在最短时间内切除 90%以上的材料，加工成飞机结构件，需要高转速、大功率的主轴；而钛合金加工需要低速大转矩。可见，不同加工对机床主轴部件的要求不一样，主轴的结构与应用领域、机床类型、加工工艺、刀具、零件的材料和加工精度都有密切的关系，需要仔细加以分析。

数控机床驱动系统的技术参数（规格）应根据工艺参数确定。切削速度是最重要的工艺参数之一，针对不同材料、不同加工方法，要求有不同的切削速度。如图 4-19 所示，在加工铝、镁等轻金属和纤维强化材料时，常采用高的切削速度，而在加工镍基材料的轴承时，由于切削难度大常选择低速切削。图 4-20 所示更是进一步显示了不同材料的典型切削速度。

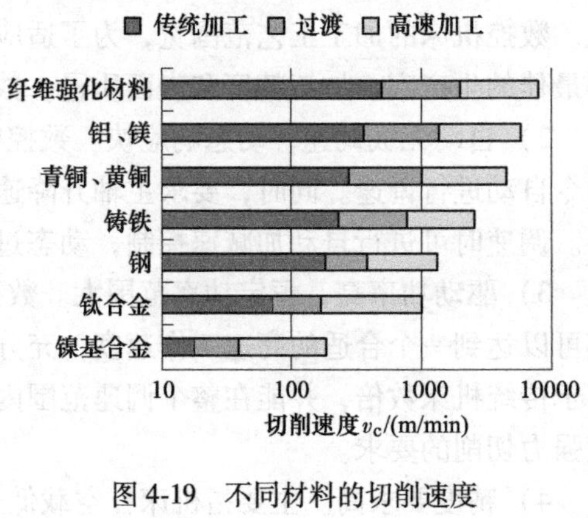

图 4-19　不同材料的切削速度

同理，不同的切削材料对应不同的切削力，如图 4-21 所示。纤维强化材料、铝和镁

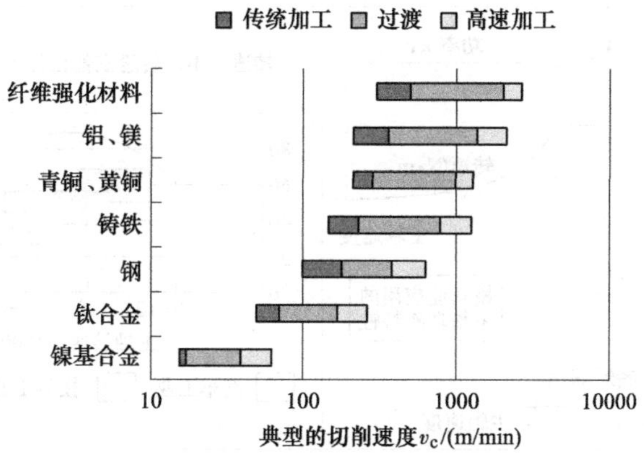

图 4-20　不同材料的典型切削速度

等轻质金属、黄铜和青铜等铜合金对应的单位面积切削力为 $k_c=600\sim800\text{N/mm}^2$，铸件和钛合金的单位面积切削力范围达到 $k_c=1000\sim1400\text{N/mm}^2$，并且部分高强度钢材明显已超过 $k_c=2000\text{N/mm}^2$。根据不同材料的典型切削速度和单位面积切削力的大小，可以推算出典型的切削功率，如图 4-21c 所示。由此，可以初步拟定主轴驱动的方案，例如，在加工纤维强化材料和轻质金属材料时，可选用大功率、大转速的电动机。而加工铸件和钢材时，可选择低速大转矩的切削参数进行加工。此外还需特别注意，主轴的最大转速是确定其轴承的一个重要参数，在设计高转速主轴—轴承系统时，常选用混合陶瓷轴承，并配置油—气润滑系统。

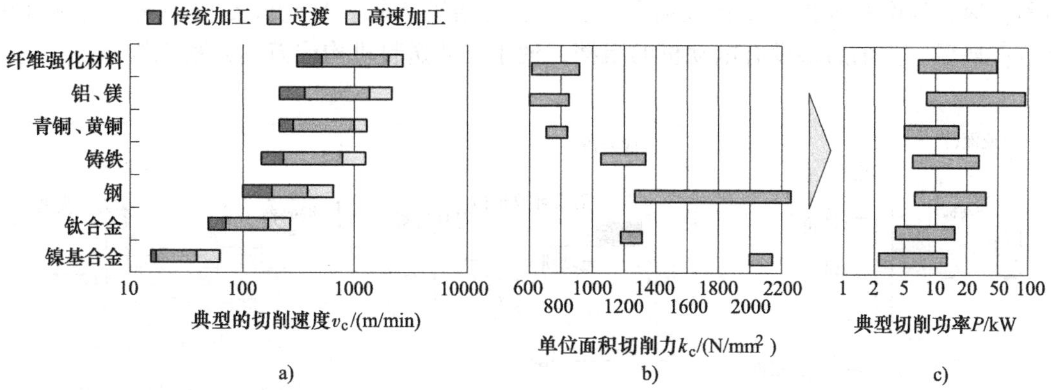

图 4-21　不同切削材料对应的切削速度、切削力及切削功率

设计人员要充分了解不同加工工艺对主轴转矩和转速的要求。在选择主轴电动机时，应使电动机的输出功率和转速之间的特性关系满足加工工艺的需求，例如高速主轴一般要求转矩稳定，转速可调；高效率加工（高材料去除率）时，要求转速可调，恒功率范围宽；在重型机械加工过程中，转矩是主轴电动机选型中特别需要注意的特征量，为了实现高转矩低转速，通常采用多级传动机构。不同工业领域典型机床主轴功率和转速特性如图 4-22 所示。

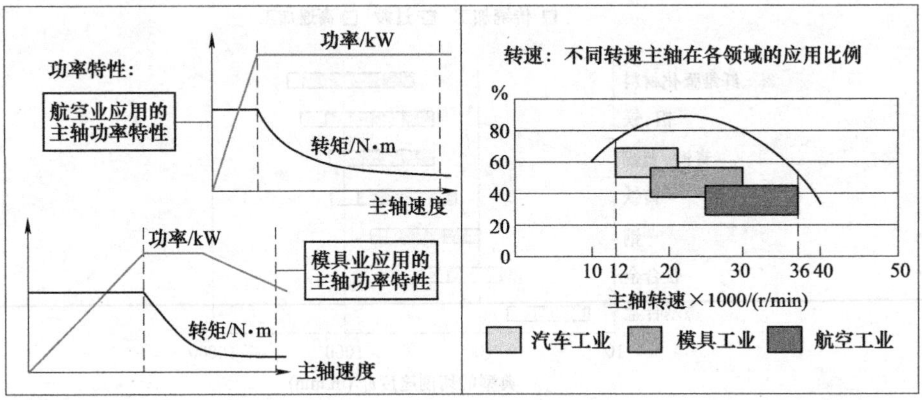

图 4-22　主轴的功率和转速特性

4.3.3　主传动方式

主传动方式的选择主要取决于主轴的转速、所传递的转矩、对运动平稳性的要求、结构紧凑程度以及装卸工件方便、维修方便等方面。数控机床的主传动方式在结构上分为常规机械主轴和电主轴两种方式，如图 4-23 所示。常规机械主轴由刀具的装夹机构、轴承、主轴冷却系统以及配套的主轴电动机、测量部件及驱动装置等构成。有的主轴还配备了液压或气动的换挡机构。常规机械主轴的驱动方式是电动机轴线和主轴的轴线平行，电动机通过带、联轴器或齿轮间接地驱动主轴。这种间接驱动方式给机床设计带来许多方便：首先，切削时产生的轴向和径向力由主轴承受，电动机和传动系统仅提供旋转力矩和转速，匹配和维护更换比较简单；其二，可借助齿轮和带轮改变传动比，实现速度调节；最后，主轴后端没有电动机的阻挡，便于安装送料机构或刀具夹紧机构等。

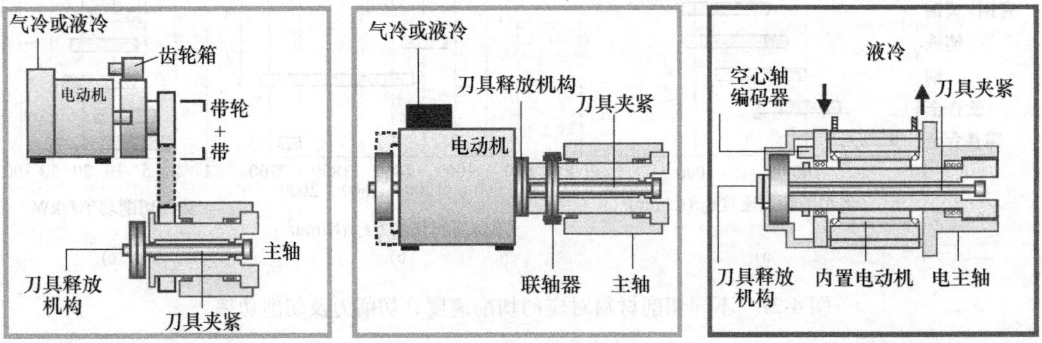

a) 实心轴电动机与带传动　　b) 空心轴电动机和联轴器传动　　c) 电主轴与直接驱动

图 4-23　主轴驱动的三种类型

常规带传动主轴结构由一个带外壳的电动机通过齿轮减速机构或者带传动减速机构和机床主轴连接起来。这种结构因为电动机安装在机床主轴外部，有利于减少电动机发热对机床主轴的影响。但是，带传动也有明显的缺点，如限制转速、刚度和动态特性以及整个加工机床的效率。

图 4-23b 所示的联轴器直连方式，电动机转矩直接传递给主轴，简化了主传动结构，保证了主轴转速的稳定，提高了增益系数，缩短了主轴加速和制动时间。但主轴转速范围及输出转矩与所用电动机的输出特性完全一致，在使用上受到一定的限制。在这种结构中，为了夹紧工件或刀具，电动机的转轴常常为空心轴，切削冷却液可通过空心轴从电动机后部，经过旋转单元，传送至内部冷却刀具，提高了刀具的冷却效果，使电动机产生的热量不会直接影响加工精度。

随着高速加工的普及，机床主轴的转速越来越高，电主轴的出现从根本上突破了主轴驱动方式的局限。它将电动机的转子和主轴集成为一个整体。中空的、直径较大的转子轴同时也是机床的主轴，其内部空间容纳刀具夹紧机构或送料机构，成为一种结构复杂、功能集成的机电一体化的功能部件。典型的电主轴结构如图 4-24 所示。

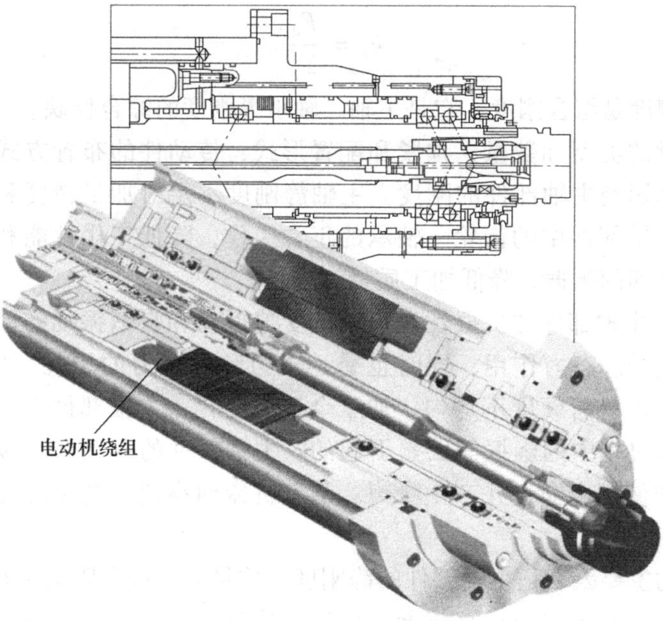

图 4-24　典型电主轴的结构

4.3.4　主轴部件

主轴部件（组件）是主运动的执行部件，包括主轴及其支承轴承、安装在主轴上的传动零件、密封件等。机床主轴部件需要传递切削转矩，承受切削抗力，并且需要保证必要的旋转精度，因此主轴部件要具有良好的回转精度、结构刚度、抗振性、热稳定性、耐磨性和精度保持性。

1. 主轴部件的基本要求

（1）旋转精度　主轴的旋转精度是指装配后，在无载荷、低速转动条件下，在安装工件或刀具的主轴部位的径向和轴向跳动。旋转精度取决于主轴、轴承、箱体孔等的制造、装配和调整精度。如主轴支承轴颈的圆度，轴承滚道及滚子的圆度，主轴及随其回转零件的动平衡等因素，均可造成径向圆跳动；轴承支承端面，主轴轴肩及相关零件端面对主轴回转中心线的垂直度误差，推力轴承的滚道及滚动体误差等将造成主轴轴向跳动。

（2）刚度　主轴部件的刚度是指其在外加载荷作用下抵抗变形的能力。通常以主轴前端产生单位位移的弹性变形时，在位移方向上所施加的作用力来定义，如图 4-25 所示。如果引起弹性变形的作用力是静力 F_j，则由此力和变形所确定的刚度称为静刚度，写成：

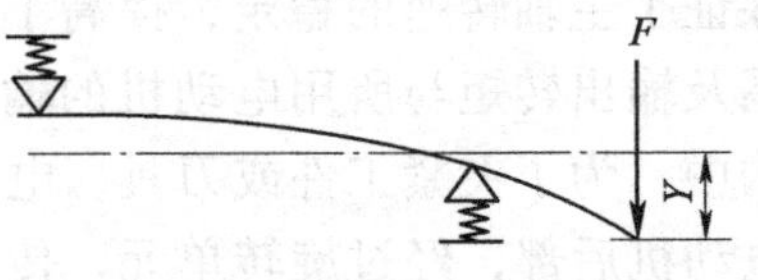

图 4-25　主轴部件的刚度

$$k_j = \frac{F_j}{Y_j}$$

如果引起弹性变形的作用力是交变力，其幅度为 Y_d，则由该力和变形所确定的刚度称为动刚度，用 k_d 表示。静、动刚度的单位均为 N/μm，

$$k_d = \frac{F_d}{Y_d}$$

主轴部件的刚度是综合刚度，它是主轴、轴承等刚度的综合反映。因此，主轴的尺寸和形状，滚动轴承的类型和数量，预紧和配置形式，传动件的布置方式，主轴部件的制造和装配质量等都影响主轴部件的刚度。主轴静刚度不足对加工精度和机床性能有直接影响，并会影响主轴部件中的齿轮、轴承的正常工作，降低工作性能和寿命，影响机床抗振性，容易引起切削颤振，降低加工质量。

（3）抗振性　主轴部件的抗振性是指抵抗受迫振动和自激振动的能力。在切削过程中，主轴部件不仅受静态力作用，同时也受冲击力和交变力的干扰，使主轴产生振动。冲击力和交变力是由材料硬度不均匀、加工余量的变化、主轴部件不平衡、轴承或齿轮存在缺陷以及切削过程中的颤振等因素引起的。主轴部件的振动会直接影响工件的表面加工质量和刀具的使用寿命，并产生噪声。随着机床向高速、高精度发展，其对抗振性要求越来越高。

影响抗振性的主要因素是主轴部件的静刚度、质量分布以及阻尼主轴部件的低阶固有频率与振型。低阶固有频率应远高于激振频率，使其不容易发生共振。目前，抗振性的指标尚无统一标准，只有一些实验数据供设计时参考。

（4）温升和热变形性　主轴部件运转时，因各相对运动处的摩擦生热，切削区的切削热等使主轴部件的温度升高，形状尺寸和位置发生变化，造成主轴部件的热变形。主轴热变形可引起轴承间隙变化，润滑油温度升高后会使黏度降低，这些变化都会影响主轴部件的工作性能，降低加工精度。因此，各种类型机床对温升都有一定限制。如高精度机床，连续运转下的允许温升为 8～10℃，精密机床允许温升为 15～20℃，普通机床允许温升 30～40℃。

（5）精度保持性　主轴部件的精度保持性是指长期地保持其原始制造精度的能力。主轴部件丧失其原始精度的主要原因是磨损，如主轴轴承、主轴轴颈表面、装夹工件或刀具的定位表面的磨损。主轴部件磨损的速度与摩擦的种类有关，并与其结构特点、表面粗糙度、材料的热处理方式、润滑、防护及使用条件等许多因素有关。要长期保持主轴部件的精度，必须提高其耐磨性。对耐磨性影响较大的因素有：主轴、轴承的材料，热处理方式，轴承类型及润滑防护方式等。

2. 主轴部件的支承

主轴部件的支承是指用来支承主轴部件的不同种类的轴承组合及配置。机床主轴的端部一般用于安装刀具或工件，其结构已标准化，因此，主轴部件的构造主要是支承部分的构造。主轴轴承需要根据主轴的转速、承载能力及回转精度等性能要求进行选择和配置，同时要综合考虑制造条件、经济效果等。

（1）主轴轴承　轴承是保障主轴部件效率和精度的关键，对主轴轴承的基本要求是旋转精度高、刚度高、承载能力强、极限转速高、适应变速范围大、摩擦小、噪声低、抗振性好、使用寿命长、制造简单、使用维护方便等。数控机床上应用的主轴轴承有精密滚动轴承、液体动压轴承、液体静压轴承、空气静压轴承，此外，还有自调磁浮轴承等适应高速加工的新型轴承。

滚动轴承包括滚珠轴承和滚柱轴承，综合性能优越，应用最为广泛。数控机床中最常用的是精密角接触陶瓷球轴承和精密圆柱滚子轴承。角接触球轴承又称向心推力球轴承，可同时承受径向和轴向载荷，接触角有 15°、25°、40°和 60°等多种，接触角越大，可承受的轴向力越大，主轴用角接触球轴承的接触角多为 15°或 25°。角接触球轴承必须成组安装，以便承受两个方向的轴向力和调整轴承间隙或进行预紧。如图 4-26 所示，图 4-26a 所示为一对轴承背靠背安装，也称 O 型配置。图 4-26b 所示为面对面安装，也称 D 型配置。背靠背安装比面对面安装具有较高的抗颠覆力矩的能力。图 4-26c 所示为三个成一组串联配置，也称 T 型配置，两个同向的轴承承受主要方向的轴向力，与第三个轴承背靠背安装。

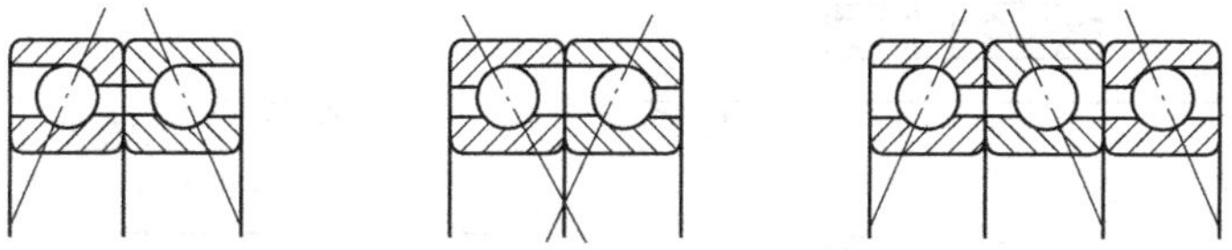

a) 背靠背　　b) 面对面　　c) 两个同向，一个反向

图 4-26　角接触球轴承的组配

圆柱滚子轴承的滚子与滚道为线接触，能承受较大的径向负载和较高的转速。锥孔双列短圆柱滚子轴承广泛应用于各类机床主轴部件中，这种轴承滚子较多，两列滚子交错排列，提高了主轴的刚度和旋转精度，增强了强力切削的能力。锥孔双列短圆柱滚子轴承内外圈可分离，内圈 1：12 的锥孔与主轴的锥形轴径相匹配，轴向移动内圈，可以把内圈胀大，用来调整轴承的径向间隙和预紧量，因此刚度很高，但不能承受轴向载荷。

重型数控机床可采用液体静压轴承，借助轴承缝隙内的高压油保持主轴的平衡，承载能力大，摩擦力小，在低速旋转时有明显优势，其缺点是标准化程度不高。高精度数控机床（如坐标磨床）采用气体静压轴承，其工作原理与液体静压轴承相似，有摩擦力小、发热少、结构简单及寿命长等优点，但承载能力低。

随着陶瓷轴承技术的发展，滚动体采用陶瓷球，轴承套圈为钢圈的混合陶瓷球轴承具有无油自润滑属性，耐高温、转速高、寿命长，在高速和超高速 $[(2\sim10)\times10^4 r/min]$ 主轴和电主轴中得到广泛应用。

（2）主轴滚动轴承的配置　目前，数控机床常规机械主轴的轴承多采用滚动轴承，其配置主要有如图 4-27 所示的几种形式。在图 4-27a 中，前支承采用双列短圆柱滚子轴承和 60°角接触球轴承组合，分别承受径向载荷和轴向载荷，后支承采用成对角接触球轴承。这种配置可提高主轴的综合刚度，满足强力切削的要求，普遍应用于各类数控机床。在图 4-27b 中，前支承采用角接触球轴承，由两三个轴承组成套，背靠背安装，承受径向载荷和轴向载荷，后支承采用双列短圆柱滚子轴承。这种配置适用于高速、重载的主轴部件。在图 4-27c 中，前后支承均采用成对（两联）角接触球轴承，角接触球轴承具有良好的高速性能，但它的承载能力较小，因此这种配置适用于高速、轻载和精密的数控机床主轴。在图 4-27d 中，前支承采用双列圆锥滚子轴承，承受径向载荷和轴向载荷，后支承采用单列圆锥滚子轴承。这种配置可承受重载荷和较强的动载荷，安装与调整性能好。但是圆锥滚子轴承发热大，温升高，故允许的连续转速要低些。适用于中等精度、低速与重载荷的数控机床主轴。

在电主轴中，由于其内孔直径必须足够大，才能容纳刀具夹紧等机构，而外径却受空间和重量的限制，因此，可供安放轴承的空间非常有限。通常采取在主轴前后端分别配置一组轻型角接触陶瓷滚珠轴承并施加一定预载荷，有 3 种不同的配置方案，如图 4-28 所示。TD 配置的前后支撑各配置一组同向轻型角接触滚珠轴承，是中小型高速电主轴的标准配置。O 配置的前后支撑各配置一组异向轻型角接触滚珠轴承，双向等刚度，动态位移小，但最高允许转速明显降低。O-TD 配置的前支撑配置一组异向轻型角接触滚珠轴承，承载能力大，主要用于重切削的大型电主轴。

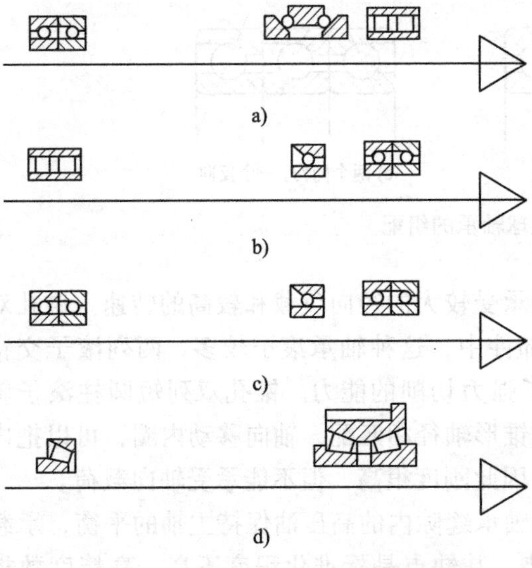

图 4-27　数控机床主轴轴承的配置形式

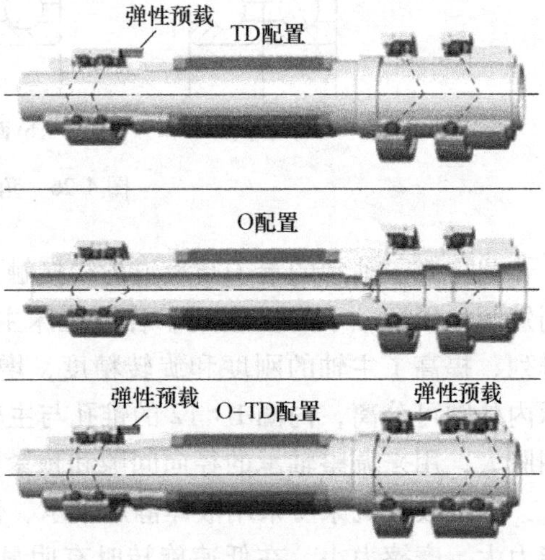

图 4-28　电主轴轴承的配置方案

（3）主轴滚动轴承的预紧　预紧是提高主轴部件的旋转精度、刚度和抗振性的重要手段。所谓预紧就是采用预加载荷的方法消除轴承间隙，而且有一定的过盈量，使滚动体和内外圈接触部分产生预变形，增加接触面积，提高支承刚度和抗振性。主轴部件的主要支承轴承都要预紧，预紧有径向和轴向两种。预紧量要根据载荷和转速来确定，不能过大，否则预紧后发热较多、温升高，会使轴承寿命降低。

预紧力或预紧量用专门仪器测量。预紧力通常分为三级：轻预紧、中预紧和重预紧，代号为 A、B、C。轻预紧适用于高速主轴；中预紧适用于中、低速主轴；重预紧用于分度主轴。值得注意的是，各轴承厂对各类轴承、不同尺寸，各级预紧的预紧力规定是不同的，确定预紧力时要多加注意。

（4）滚动轴承的润滑　滚动轴承在运转过程中，滚动体和轴承滚道间会产生滚动摩擦和滑动摩擦，产生的热量会使轴承温度升高，因热变形改变了轴承的间隙，引起振动和噪声。润滑的作用是利用润滑剂在摩擦面间形成润滑油膜，减小摩擦因数和发热量。润滑剂和润滑方式的选择主要取决于轴承的类型、转速和工作负荷。滚动轴承所用的润滑剂主要有润滑脂和润滑油两种。

高速轴承发热大，为控制其温升，希望润滑油同时兼起冷却作用，故采用油雾或油气润滑。油雾润滑因为污染环境，目前已较少采用。

油气润滑是间隔一定时间，由定量柱塞分配器定量输出微量润滑油与压缩空气混合后，经细长管道，由轴承外环油孔向滚珠连续、精确地喷射微量油气混合物，其工作原理如图 4-29 所示。油气润滑供给轴承的油未被雾化，而是成滴状进入轴承，因此，不污染环境，可回收，这种润滑方式可以精确控制各个摩擦点的润滑油量，可靠性高，目前已成为国际上最流行的润滑方式。

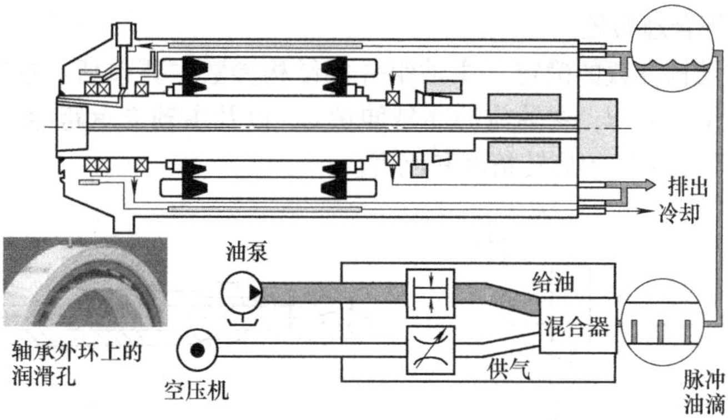

图 4-29　电主轴的脉冲油气润滑原理

3. 主轴部件结构设计

（1）主轴传动件轴向位置的合理布置　合理布置传动件的轴向位置，可以改善主轴和轴承的受力情况及传动件、轴承的工作条件，提高主轴组件的刚度、抗振性和承载能力。传动件位于两支承之间是最常见的布置方式，如图 4-30 所示。为减小主轴的弯曲变形和扭转变形，传动齿轮应尽量靠近前支承处；当主轴上有两个齿轮时，由于大齿轮用于低速传动，作用力较大，应将大齿轮布置在靠近前支承处。如图 4-30a 所示，主轴受到的传动力 Q_y 与切削力 F_y 同向，主轴前端的位移量减小，但前支承反力增大，适用于精密机床。如图 4-31b 所示，传动力 Q_y 与切削力 F_y 方向相反，主轴轴端的位移量增大，但前支承反力减小，适用于普通精度级机床。图 4-31 所示为传动件位于后悬伸端，多用于外圆磨床和内圆磨床砂轮主轴。带轮装在主轴的外伸尾端上，便于防护和更换。

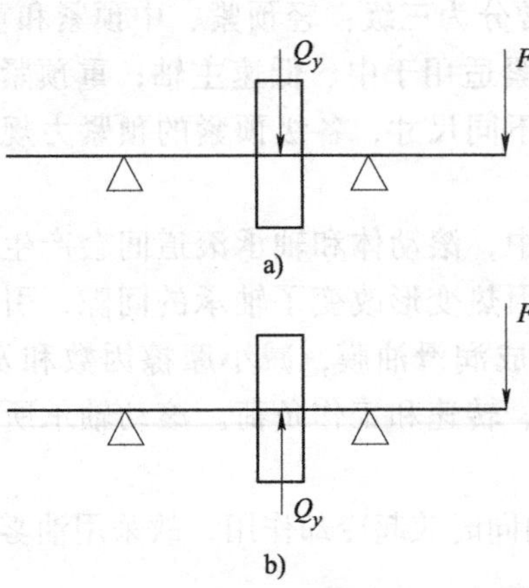

图 4-30　主轴两支承间承受传动力

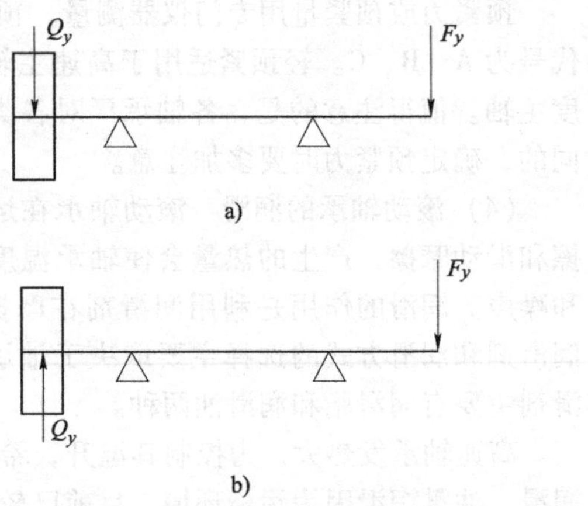

图 4-31　主轴尾端承受传动力

图 4-32 所示为传动件位于主轴前悬伸端，使传动力 Q_y 与切削力 F_y 方向相反，可使主轴前端位移量相互抵消一部分，减小了主轴前端位移量，同时前支承受力也减小。主轴的受扭段变短，提高了主轴刚度，改善了轴承工作条件。但这种布置会引起主轴前端悬伸量增加，影响主轴组件的刚度及抗振性，因此只适用于大型、重型机床。机床上切削力 F_y 的方向是一定的，传动力 Q_y 方向取决于驱动主轴的传动轴位置，可根据加工精度要求，以及传动方式、空间结构等合理布置。

（2）主轴组件结构参数的确定　主轴组件的结构参数主要包括：主轴的前、后轴颈直径 D_1、D_2，主轴内孔直径 d，主轴前端部悬伸量 a，以及主轴支承跨距 L 等，如图 4-33 所示。这些参数直接影响主轴的旋转精度和刚度。

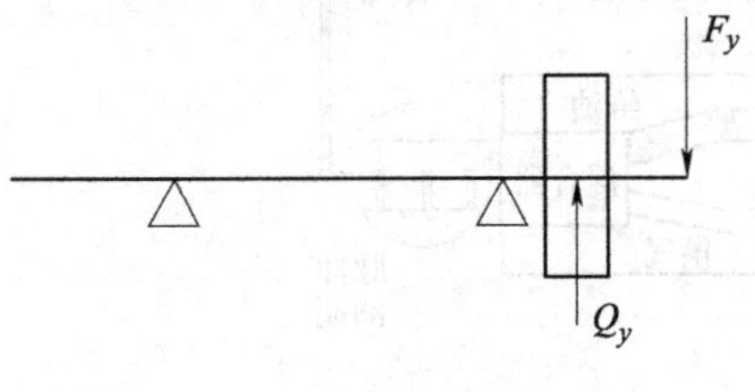

图 4-32　主轴前端承受切削力

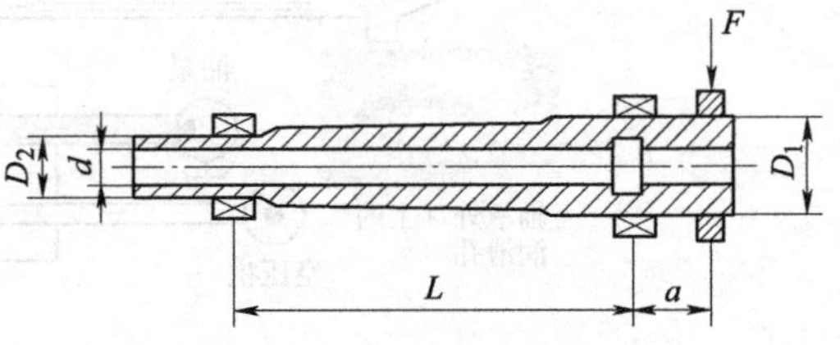

图 4-33　主轴结构简图

1）主轴前后轴颈直径的选择。为了提高刚度，主轴的直径应尽量大些，一般按机床类型、主轴传递的功率或最大加工直径，参考表 4-6 选取 D_1，车床和铣床后轴颈的直径 $D_2 = (0.70 \sim 0.85)D_1$。

表 4-6　主轴前轴颈的直径 D_1　（单位：mm）

机床	功率/kW					
	2.6~3.6	3.7~5.5	5.6~7.2	7.3~11	11~14.7	14.8~18.4
车床	70~90	70~105	95~130	110~145	140~165	150~190
升降台铣床	60~90	60~95	75~100	90~105	100~115	—
外圆磨床	50~60	55~70	70~80	75~90	75~100	90~100

2）主轴内孔直径的确定。很多机床的主轴是空心的，为不过多地削弱主轴刚度，一般

应保证 $d/D<0.7$。内孔直径与其用途有关，如车床主轴内孔用来通过棒料或安装送、夹料机构；铣床主轴内孔可通过拉杆来拉紧刀杆等。卧式车床的主轴孔径 d 通常应不小于主轴平均直径的 55%~60%；铣床主轴孔径可比刀具拉杆直径大 5~10mm。

3）主轴前端悬伸量的确定。主轴前端悬伸量 a 是指主轴前端面到前轴承径向反力作用点（或前径向支承中点）的距离。a 值的大小主要取决于主轴前端部的结构、前支承轴承配置和密封装置的结构形状，一般应按标准选取。减小主轴前端悬伸量对提高主轴组件的旋转精度、刚度和抗振性有显著效果。因此，在结构许可的条件下，a 值越小越好。

4）主轴支承跨距的确定。主轴支承跨距 L 是指主轴两个支承的支承反力作用点之间的距离。合理选择支承跨距，可使主轴组件获得最大的综合刚度。支承跨距过小，主轴的弯曲变形固然较小，但因支承变形引起的主轴前端位移量将增大。反之，支承跨距过大，支承变形引起的主轴前端位移量尽管减小了，但主轴的弯曲变形将增大，也会引起主轴前端较大的位移。因此存在一个最佳跨距 L，使因主轴弯曲变形和支承变形引起的主轴前端的总位移量为最小，一般取 $L_0=(2\sim3.5)a$。但在实际结构设计时，由于结构上的原因，主轴的实际跨距往往大于最佳跨距 L_0。

（3）主轴零件设计

1）主轴零件的构造。主轴的结构主要取决于主轴上所安装的刀具、夹具、传动件、轴承和密封装置等的类型、数目、位置和安装定位方法，以及主轴加工和装配的工艺性。一般在机床主轴上装有较多的零件，为了满足刚度要求和能得到足够的止推面以便装配，常把主轴设计成阶梯轴，其阶梯形轴径是从前轴颈起逐级向后递减。主轴是空心还是实心，主要取决于机床的类型。

主轴前端的形状取决于机床的类型、安装夹具或刀具的形式，由于夹具和刀具已标准化，通用机床主轴端部的形状和尺寸也已经标准化，设计时具体尺寸可参考机床制造标准。

2）主轴的材料和热处理。主轴材料应根据刚度、载荷特点、耐磨性和热处理后的变形来选择。没有特殊要求时应优先选用价格便宜的中碳钢，常用的如 45 钢，调质处理后，应在主轴端部锥孔、定心轴颈或定心锥面等部位进行局部高频淬硬，以提高其耐磨性。机床主轴常用的材料及热处理要求可参考表 4-7。

表 4-7　主轴常用材料及热处理要求

材料	热处理	用　途
45 钢	调质 22~28HRC，局部高频淬硬 50~55HRC	一般机床主轴传动轴
40Gr	淬硬 40~50HRC	荷载较大或表面要求较硬的主轴
20Gr	渗碳、淬硬 56~62HRC	中等荷载、转速很高、冲击较大的主轴
38GrMoAlA	氮化处理 850~1000HV	精密和高精度机床主轴
Q345	淬硬 52~58HRC	高精度机床主轴

3）主轴的技术要求　主轴零件的技术要求应根据机床精度标准的有关项目制定。首先制定出满足主轴旋转精度所必需的技术要求，如主轴前后轴承轴颈的同轴度，锥孔相对于前后轴颈中心连线的径向圆跳动，定心轴颈及其定位轴肩相对于前后轴颈中心连线的径向和轴向圆跳动等，再考虑其他性能所需的要求，如表面粗糙度、表面硬度等。主轴的技术要求要满足设计要求、工艺要求、检测方法的要求，应尽量做到设计、工艺、检测的基准相统一。

图 4-34 所示为简化后的车床主轴零件简图，A 和 B 是主支承轴颈，主轴中心线是 A 和 B 的圆心连线，就是设计基准。检测时以主轴中心线为基准来检验主轴上各内外圆表面和端面的径向圆跳动和端面圆跳动，所以也是检测基准。主轴中心线也是主轴前、后锥孔的工艺基准，又是锥孔检测时的测量基准。主轴各部位的尺寸公差、几何公差、表面粗糙度和表面硬度等具体数值应根据机床的类型、规格、精度等级及主轴轴承的类型来确定。

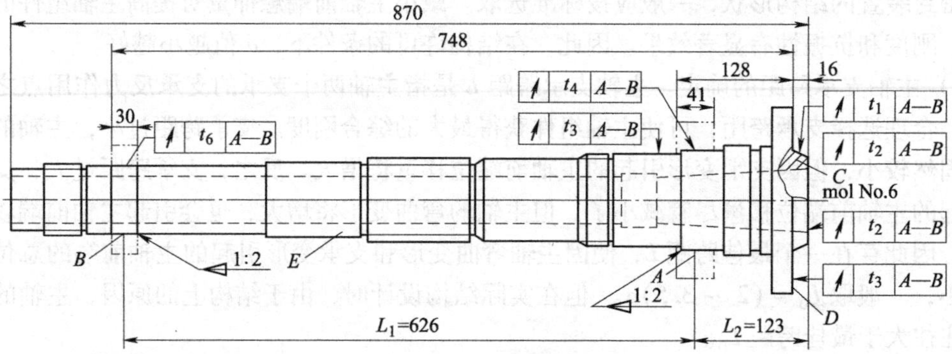

图 4-34 车床主轴简图

4.3.5 主轴电动机

主轴电动机要求有足够的输出功率，同时要有一定的调速范围和机械特性硬度。异步电动机由于便宜的价格、简单坚固的结构和低廉的维保费用，而成为普遍采用的主轴电动机。

1.（旋转）异步主轴电动机

（1）主轴电动机的工作点 图 4-35 为某型号 3.5kW 主轴异步电动机的特性曲线，在图中可以看出，当电动机转速小于额定转速时，电动机工作在恒转矩区；当转速大于额定转速时，电动机工作在恒功率区。电动机的额定转速越低，表示主轴进入恒功率区的速度也越

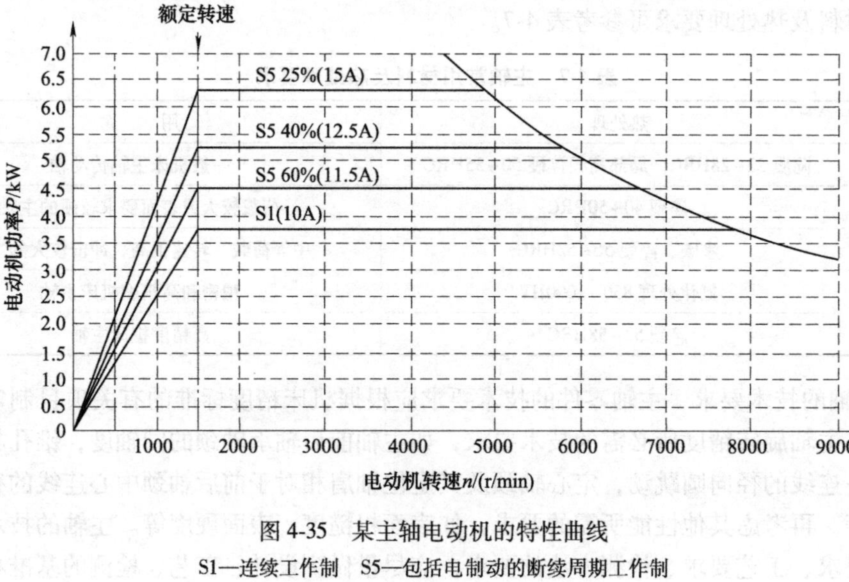

图 4-35 某主轴电动机的特性曲线

S1—连续工作制 S5—包括电制动的断续周期工作制

低。需要注意：虽然主轴电动机的速度可以在零至标定的最大速度之间连续变化，但在额定输出功率下的调速范围是额定转速至最大转速。当电动机在低于额定转速下工作时，其输出功率不能达到额定功率。因此在数控机床的设计阶段，必须明确主轴的输出功率和调速范围等技术指标，否则，用户在切削时可能出现由于主轴输出功率不够造成“闷车”，而不能完成加工程序中所要求的切削用量。

例如，如果加工工艺需要的输出功率为 3.5kW，调速范围为 1500～8000r/min，那么图 4-35 所示的主轴电动机与主轴之间采用 1：1 的直连方式，即可实现上述技术指标。如果工艺需要主轴在 500r/min 时进行切削，即要求在 500r/min 下能够产生 3.5kW 的功率输出。由特性曲线可知，此时其实际输出功率只有额定功率的 1/3，不能满足生产要求，这时就需要考虑更改机床的设计。方案之一是仍然采用 1：1 直连方式，而选择另一型号的主轴电动机，使其在 500r/min 下可以产生不小于 3.5kW 的输出功率。方案之二是改变主轴的机械结构，增加 3：1 的减速机构。但是减速器影响了主轴的最高速度，其最高转速从 9000r/min 降为 3000r/min。这时主轴的调速范围就变为 500～3000r/min。还有一种方案是采用主轴换挡机构，需要低速加工时采用 3：1 挡，而需要高速加工时采取 1：1 挡。这样不仅满足低速状态下可以产生足够的转矩，而且可以保证主轴的调速范围。

（2）过载能力　伺服主轴电动机具有很强的过载能力，短时过载是允许的。但电动机不能长时间过载，特别是在电流达到驱动器的最大设计电流时，所允许的过载时间就更短。

图 4-36 所示为在没有达到主轴驱动器最大电流时所允许的过载。图 4-37 所示为在达到主轴驱动器最大电流时所允许的过载。图中，I_{S6}为连续周期工作制的电流。

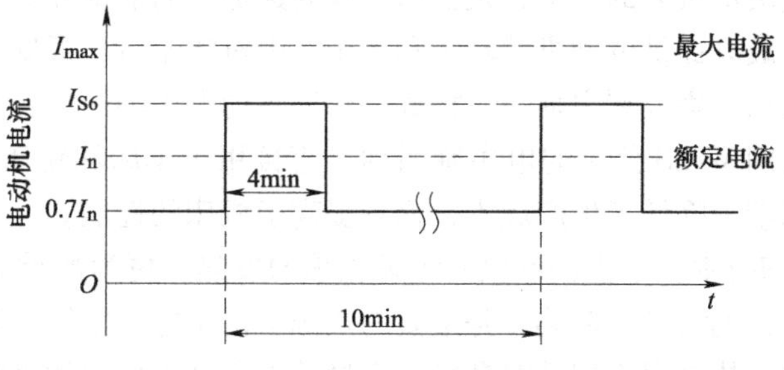

图 4-36　某主轴电动机工作在 S6（连续周期工作制）的过载时间

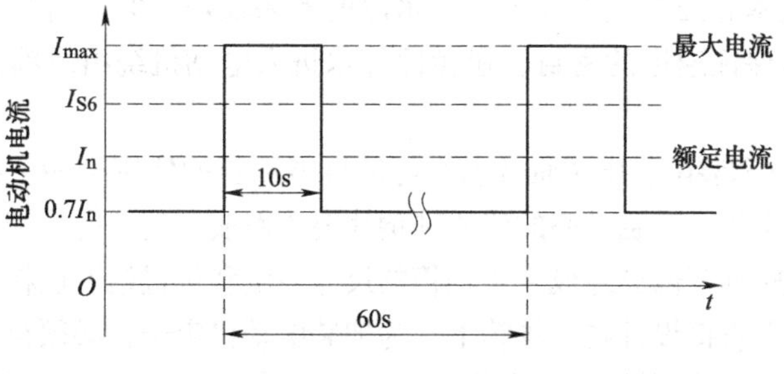

图 4-37　某主轴电动机过载到最大电流的时间

（3）轴端受力　由于电动机轴承承载能力有限，电动机对于不同速度下，作用在其轴端的悬臂力有明确的要求，如图 4-38 所示。在主轴机械设计和电动机安装时，需保证电动机轴端的悬臂力不大于设计指标，以免影响电动机轴承的使用寿命。如果主轴电动机需要长期在高速下运行，在采购时应考虑选用增速型主轴电动机。

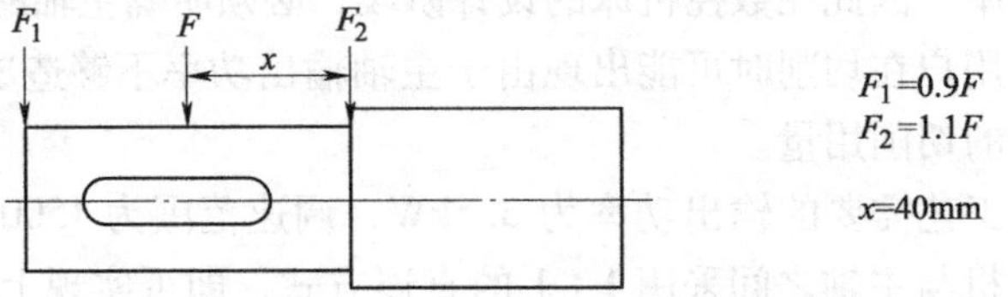

图 4-38　某主轴电动机允许的轴端悬臂力

（4）主轴总成的动平衡　主轴在高速加工时，如果其旋转部件不能做到动平衡，就会产生高频的振动，影响加工质量。主轴部件不平衡的原因来自其运动部件的机械结构、材料的不均匀性、加工及装配的不一致性。不论是光轴还是带键槽的主轴电动机，在出厂时都已经进行了平衡的调整。当主轴电动机的轴与带轮连接在一起后，还必须进行整体动平衡的调整。动平衡的问题只能通过机械调整消除。

（5）惯量匹配　主轴电动机与主轴负载的惯量匹配影响主轴的加速特性，主轴加速特性直接影响主轴的快速定向和高速攻螺纹加工等功能。

2. 电主轴

目前，在高速数控机床中广泛采用高速电主轴装置，特别是在复合机床、多轴联动机床、多面体加工机床和并联机床等高端数控机床中。电主轴是高速数控加工机床的关键部件，其性能指标直接决定机床的水平，是机床实现高速加工的前提和基本条件。

电主轴供货商一般只提供电动机的转子和定子，由机床制造厂根据主轴的机械结构将转子和定子以及松刀机构等集成到主轴中，构成一个完整的电主轴。也有一些厂商可提供完整的电主轴产品，如德国 WEIS 公司的电主轴系列可直接用于车床和铣床。由于采用电主轴，缩短了机床的生产周期，降低了生产成本，而且提高了机床的性能。

1）电主轴的冷却技术。电主轴不仅要考虑轴承的发热，更为严重的是定子和转子的线圈也是密封在壳体内，无法自然散热，是主要的热源。由于电主轴结构紧凑、空隙较小，自发散热效果较弱，如果热量得不到及时散发，会导致电主轴内部零件之间产生不同程度的热膨胀，严重降低机床的加工精度，更会严重影响电主轴的使用寿命。

电主轴的冷却技术有强制气冷或水冷，水冷的效果较好。但如何在非常狭窄的空间中安排冷却水通道，同时保证通道的密封，避免冷却水进入电动机绕组线圈，是电主轴设计的一个关键问题。

2）电主轴的设计和装配。电主轴要获得好的性能和长的使用寿命，必须进行精心设计和制造。电主轴的定子由具有高磁导率的优质硅钢片叠压而成，定子内腔带有冲制嵌线槽。转子由转子铁心、鼠笼和转轴三部分组成。主轴箱的尺寸精度和位置精度也将直接影响主轴的综合精度。通常将轴承座孔直接设计在主轴箱上，为加装电动机定子，必须至少开放一端。

主轴高速旋转时，任何小的不平衡都可引起电主轴大的高频振动。因此精密电主轴的动平衡精度要求达到 G1～G0.4 级。对于这种等级的动平衡，常规的仅在装配前对主轴上的每个零件分别进行动平衡是远远不够的，还需在装配后进行整体的动平衡，甚至还要设计专门的自动平衡系统来实现主轴的在线动平衡。另外，在设计电主轴时，必须严格遵守结构对称原则，在电主轴上禁止使用键连接和螺纹连接，而普遍采用过盈连接来实现转矩的传递。过盈连接不会在主轴上产生弯曲和扭应力，对主轴的旋转精度没有影响，动平衡易得到保证。转子与转轴之间的过盈连接可以通过套筒实现，此结构便于维修、拆卸，也可以将转子直接过盈连接在转轴上，装配后不可拆卸，转子与转轴可以采用转轴冷缩和转子热胀法装配。

3）智能化。电主轴作为机床的核心部件，是一种机电一体化系统，它越来越多地集成各种传感器和软件，对其工作状态进行监控、预警、可视化和补偿。尽管电主轴已经采取冷却措施减少热变形，但由于温度变化仍然会产生轴向的微小位移。此外，主轴在高速旋转时由于惯性力的影响，也会产生微小的位移。对亚微米级或纳米级的精密加工来说，这些微小位移也必须加以补偿，因此需要具有轴向位移补偿功能。轴向位移补偿是在电主轴的壳体端面位置安装了轴向位移传感器，检测出由温升引起的热变形位移和机械力造成的动态轴向位移之和的总位移，经过数据处理后，输入数控系统，使机床工作台增加或减少相应的位移，从而实现总误差的补偿，以提高机床的工作精度。

4.3.6　具有数控回转轴的主轴头

电主轴与力矩电动机或其他机构集成在一起，在提供切削动力的同时实现 2 个或 3 个数控回转轴，是配置多轴加工机床的主要途径。数控回转主轴头又称转摆（或双摆角）主轴头、万能角度头式主轴，是加工大型叶轮、叶片或重型发电动机转子、船用螺旋桨等异形复杂工件曲面的重要手段。它主要有摆叉式和偏置式两种结构形式，如图 4-39 所示为数控立式 AC 轴摆叉式主轴头。

AC 轴摆叉式主轴头的电主轴安装在摆叉中间，由两侧的力矩电动机驱动，实现 *C* 轴回转，摆叉顶部通过齿形盘与力矩电动机的连接，实现 *A* 轴回转。摆叉式主轴头轴向尺寸大，主要用于龙门铣床等大型机床。AC 轴偏置型主轴头的主轴中心线与转轴中心不重合，结构不对称，因此外形尺寸较大，刚性较好，适宜于加工曲率半径较小的工件，多应用于定柱式的机床上。

图 4-40 所示为数控卧式 BC 双摆主轴头示意图，其传动方式及结构形式种类多样，例如 Z3 型主轴头，其电主轴安装在三杆并联机构的运动平台上，实现 *B* 轴和 *C* 轴±45°的偏转，用于加工飞机结构件的大型铣床；万向角度铣头的电主轴的轴线与回转轴呈 45°，结构紧凑，可用于卧式加工中心。

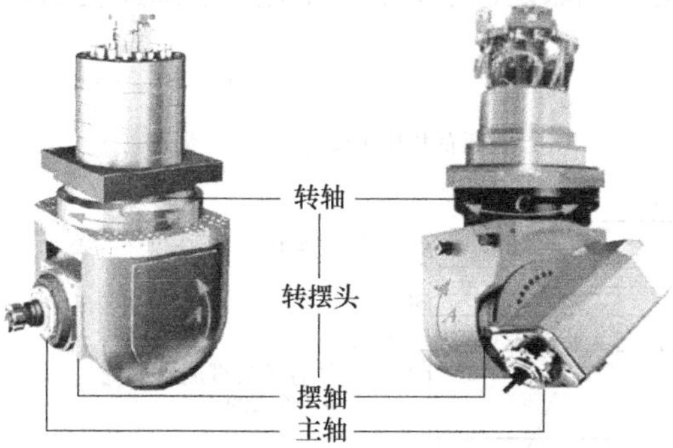

a) 摆叉式　　b) 偏置式

图 4-39　数控立式 AC 轴摆叉式主轴头

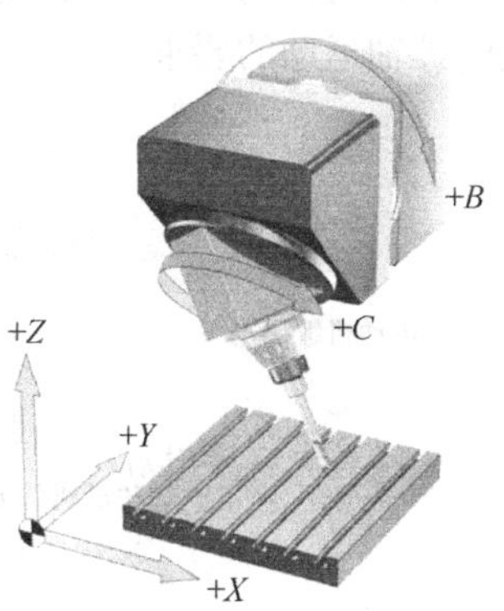

图 4-40　数控卧式 BC 双摆主轴头

4.4 数控机床进给运动系统机械结构

4.4.1 进给运动系统概述

数控机床的进给运动系统将伺服电动机的旋转运动转变为执行部件（工作台）的直线运动或回转运动，通过一个或多个进给运动的串联或叠加，形成刀具和工件之间的相对运动，加工出复杂形状的表面。进给运动的配置、速度和精度在很大程度上体现了机床的总体性能。图 4-41 所示为某复合加工机床进给运动的配置情况。

图 4-41　某复合加工机床进给运动的配置

CNC 装置周期性地在每次轮廓插补计算后，发出位置控制指令，进给系统按要求拖动执行元件准确并及时地运动到指定位置，形成闭环位置控制。数控机床进给系统要求具有较大的转矩或推力；较大的转速和速度调节范围（≥1∶30000）；较小的转动惯量和直线运动质量；较大的过载能力；较高的定位精度和重复精度。

（1）进给驱动系统的组成　现代数控机床进给传动系统主要包括驱动控制器、伺服电动机和轴机构三大部分。驱动控制器接收 CNC 装置的指令信号，对其进行调解运算、转换放大后驱动伺服电动机，伺服电动机作为能量转换器提供必要的转速和转矩（旋转电动机）或速度和推力（直线电动机），拖动执行机构按规定运动并到达预定位置。轴机构由滑板以及带有导轨系统和机械传动零部件的轴部件组成。本节主要讨论进给伺服电动机和轴机构，驱动控制器的电气控制原理和控制特性在后面相应章节阐述。

进给驱动系统的典型结构如图 4-42 所示。目前广泛采用交流同步伺服电动机实现进给拖动，滚珠丝杠将电动机的旋转运动转换成刀架或滑台的直线运动。通过选择电动机与滚珠丝杠之间合适的传动比以及丝杠螺距，可以更好地满足进给力、进给速度、加速度以及快速移动速度等轴运动的要求。

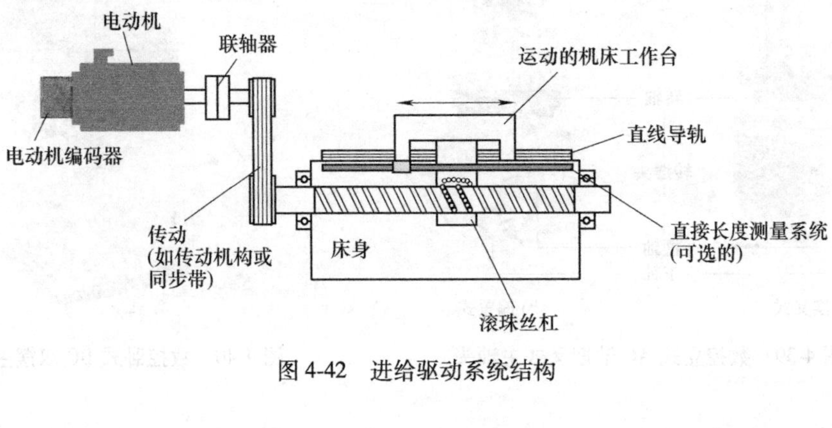

图 4-42　进给驱动系统结构

（2）进给系统机械部件的要求 为了使执行元件尽可能快速、准确地运行到指定位置，进给系统机械部件需要满足以下主要要求：

1）减少运动件的摩擦阻力。采用刚度高、摩擦因数小且稳定性好的滚动摩擦副，如滚珠丝杠螺母副、滚动导轨；带有塑料层的滑动导轨和静压导轨，因其摩擦因数小、阻尼大，也广为采用。

2）提高传动部件的刚度。传动部件的静态和动态刚度决定了可以达到的切削精度和可实现的稳定切削性能。可通过对滚珠丝杠螺母副和轴承进行预紧，消除传动间隙等来提高进给精度和刚度。

3）减小各运动部件的惯量。在满足传动强度和刚度要求的前提下，应尽可能减小运动部件的惯量。同时，伺服电动机的惯量应与负载惯量相匹配，否则也达不到快速反应的性能。

4）系统要有适度阻尼。阻尼会降低系统的快速响应特性，但同时可增加系统的稳定性。当刚度不足时，运动件之间适量的阻尼可消除工作台的低速爬行，提高系统的稳定性。

5）稳定性好。稳定性是伺服系统能正常工作的基本条件，包括低速进给时不产生爬行、交变载荷下不发生共振。稳定性与系统的惯性、刚性、阻尼及增益等多个因素有关。

6）结构简单，精度保持性好。加工和装配工艺性好，使用维护方便。合理选择各传动件的材料、热处理方法，并采用适宜的润滑方式和防护措施，以长时间保持其精度。

总之，为保证进给系统的工作稳定性和定位精度，要求机械传动部件无间隙、低摩擦、低惯量、高刚度、高谐振和有适宜的阻尼比。

（3）进给驱动系统的类型 进给驱动系统分为机电组合的间接驱动方式和直线电动机“零”机械传动的直接驱动方式，如图 4-43 所示。

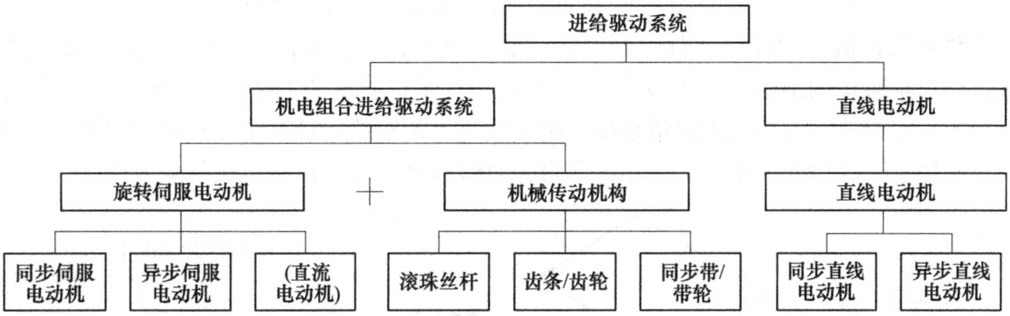

图 4-43 直线进给驱动的类型

直线进给是机床最主要的进给形式，机电组合间接驱动是指借助机械传动机构将伺服电动机的旋转运动转换为执行机构（工作台）的直线运动，普遍应用的直线进给传动机构有：丝杠螺母副、齿轮齿条副和蜗杆齿条副。不同的机械传动机构在移动距离、驱动力、传动效率等方面皆有所不同，适合不同的工况和不同的机床类型。

1）滚珠丝杠螺母副。滚珠丝杠螺母副具有传动效率高，高荷载下发热量较小（磨损小），静、动摩擦因数几乎相等，起动时无颤振，低速无爬行，寿命长以及驱动力矩大等一系列优点，广泛用于小于 5m 的水平和垂直进给驱动系统，适合于高速、重载工况。通常，伺服电动机和滚珠丝杠通过联轴器直接连接，如图 4-44 所示；但如图 4-42 所示的同步带连接，由于具有结构紧凑，可选择传动比和成本低的优点，也得到广泛的应用。

静压丝杠是以油膜取代滚珠，工作台的螺母在丝杠梯形螺纹面的油膜上移动，没有背隙和爬行现象，适合于精密机床。

2）齿轮齿条副。齿轮齿条副通常将齿条固定安装在床身上，电动机固定在工作台上，通过齿轮驱动工作台直线运动，如图 4-45 所示，其优点是刚度与行程的长度无关，惯性质量小、无扭振现象等。齿轮齿条副的刚性仅决定于齿轮和齿轮轴的扭转刚度以及齿轮与齿条的接触刚度，因此适用于长行程的水平进给驱动，在大型龙门铣床中最为常见。

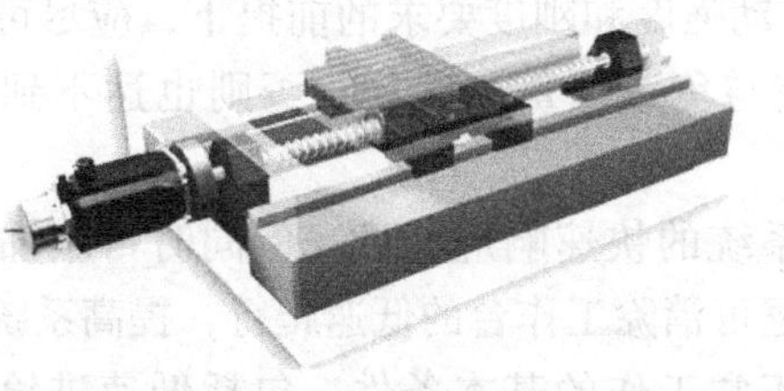

图 4-44　直连进给驱动系统结构

图 4-45　齿轮齿条副

在齿轮齿条副中，用于传递功率的齿轮转速低而转矩大，往往需要配以减速装置。因此，齿轮齿条驱动系统设计的关键在于：系统扭转刚度的提高和反向背隙的消除。

3）蜗杆齿条副。在大型龙门铣床中，工作台和工件的质量很大，为了提高驱动系统的刚度，增加传动副的接触面积和推动力，可以采用静压蜗杆齿条副。蜗杆齿条副与齿轮齿条副的区别是电动机连接蜗杆，与工作台背面的蜗纹齿条耦合。它综合了滚珠丝杠的力矩放大、自锁特性和齿轮齿条的惯性质量小、无限行程的优点，适用于长行程低速重载。

直线电动机的应用实现了“零”机械传动，其结构如图 4-46 所示，分为一次侧（初级）元件和二次侧（次级）元件，两者之间通过磁力相互作用，产生直线运动。数控机床直接驱动进给系统的结构如图 4-47 所示，直线电动机厂商提供初级和次级组件，由机床制造商加入直线导轨和直接长度测量系统，组装成完整的进给运动系统。直接驱动依靠直线电动机一次侧和二次侧间的磁力，驱动工作台做直线运动，中间没有机械传动元件。

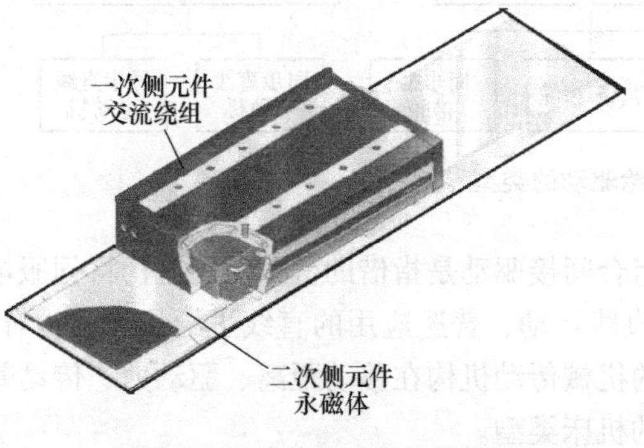

图 4-46　直线电动机的结构

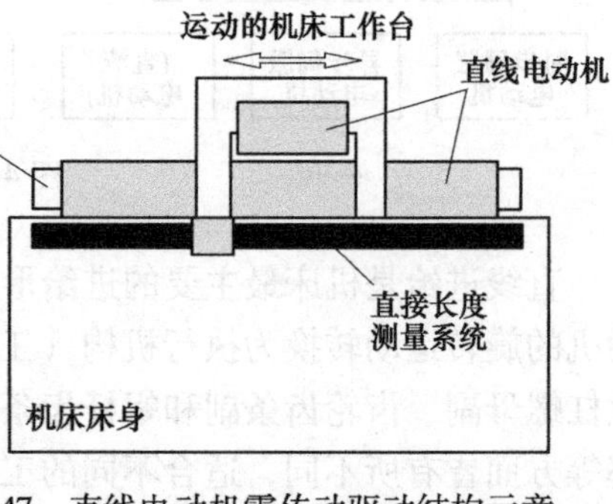

图 4-47　直线电动机零传动驱动结构示意

由于没有中间机械传动元件，直驱系统刚度高，动态特性好，移动速度快，能快速定位，伺服带宽大，调速范围宽。并且由于无机械接触、无反向间隙，摩擦损耗和爬行现象几乎为零，能达到比滚珠丝杠更高的精度和可靠性，应用前景广阔，但需要进一步降低成本和解决发热问题。

数控机床的圆周进给传动系统一般通过蜗轮蜗杆副来实现，在高速数控机床中，采用力矩电动机来实现回转工作台的直接驱动。

4.4.2　进给运动系统的设计方案拟定

进给运动系统的设计需要考虑加工过程中最大进给速度、快速移动速度、最大加速度、加工过程中最大进给力、机床轨迹精度、轴的刚度等参数。进给系统所受的作用力包括静力（重力）、加工过程作用力（切削力）和动态加速作用力。其具体设计过程是一个迭代的过程。

1）首先确定驱动类型。使用旋转电动机及传动机构，或采用线性直驱电动机。

2）计算电动机的转矩、转速，根据技术文档预选电动机。

3）计算整个传动系统折算到电动机转轴的转动惯量；计算加速时间，验证动态性能。

4）通过迭代验算，使进给系统更好地满足进给驱动力、速度和加速度的要求。

5）由于加速度和切削力的作用，在机械传动零部件上产生负载，根据此负载大小，对机床的预期寿命和当前机床的实际允许的可靠性进行校验。

6）结合所需的机械以及物理需求，如刚度、加速时间和有效的负载值等，确定电动机选型等的最终结果和机械零部件的最终尺寸。

传动系统的刚性和运动质量决定了进给系统的固有频率，而固有频率决定了系统的控制频宽。因此，如何提高进给系统的一阶固有频率，是进给驱动系统优化的关键点之一。通过优化丝杠直径、抗拉强度、抗压强度、抗扭强度和滚珠丝杠轴承的刚度来得到理想的固有频率。

同时，加工时间和换刀时间（非加工辅助时间）之间的优化也是机床进一步设计的准则。据统计，在机床加工过程中，用于切削的时间约占 35%，换刀和 $X/Y/Z$ 轴定位等辅助运动时间占 60%以上。切削时的进给速度受工艺限制，一般远低于进给驱动的性能极限；反之，快速移动的距离、速度、加速度和加加速度却是体现进给驱动系统动态性能的要素。更进一步，在快速行程小于 50mm 的情况，为了缩短机床部件移动的辅助时间，进给系统的加速度和控制器的比例增益 K_v 最为重要。在机床部件移动大于 200mm 行程的场合，需要移动速度快以缩短移动时间，此时加速度大于 $10m/s^2$ 时所节省的辅助时间对整个移动过程的时间来说就没有太大意义，即高于 $10m/s^2$ 的加速度对总体效果影响不大，K_v 值也属次要。因此，根据不同的加工场合，进给驱动系统设计的侧重点有所不同。

4.4.3　滚珠丝杠螺母副

滚珠丝杠螺母副由丝杠、螺母、滚珠和密封圈等配件组成。按照滚珠循环方式可分为内循环和外循环两种结构，如图 4-48 所示。内循环结构循环过程有一定的冲击，不适合高速运转的情况。外循环结构循环过程比较平稳，应用较广泛。机床上所采用的滚珠丝杠的直径多在 12~160mm 之间，导程多在 5~40mm 之间。高速滚珠丝杠副的移动速度可达 100m/min，加速度可达 $2g$。

滚珠丝杠螺母副的设计、计算及验收由国家标准 GB/T 17587 规定，不同的供应商皆有各自的推荐规范。按照导程误差、表面粗糙度、几何公差、背隙、预紧力范围、温升和噪声分为不同精度等级，可根据机床所需的精度加以选用。

（1）滚珠丝杠的支承　滚珠丝杠主要承受轴向载荷，因此对丝杠轴承的轴向精度和刚度要求较高，一般中小型数控机床多采用角接触球轴承，而重载、丝杠预拉伸和要求轴向刚度高的场合常采用双向推力圆柱滚子轴承与滚针轴承的组合。

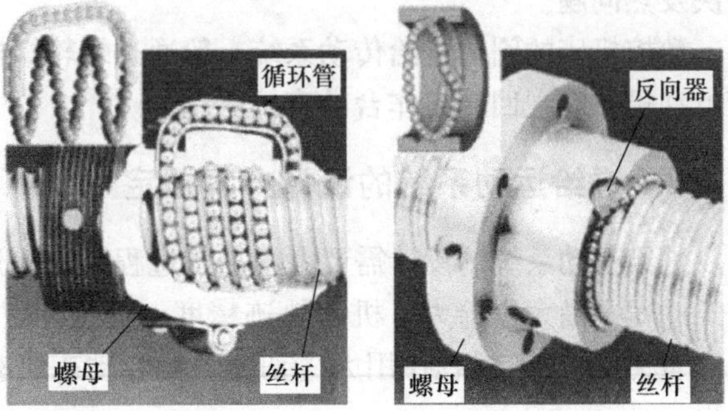

a) 滚珠外循环　b) 滚珠内循环

图 4-48　两种不同的滚珠循环方式

一般来说，滚珠丝杠的支承方式有三种，如图 4-49 所示，其中图 4-49a 所示为一端固定，另一端自由，这种支承方式结构简单，但是丝杠的轴向刚度低，压杆稳定性低、临界转速低，使用时应尽量使丝杠受拉伸力，适用于丝杠较短、转速较低和丝杠竖直安装的场合。

图 4-49b 所示为一端固定，另一端游动的支承方式，因为螺母与两端支承需保持同轴，所以结构和工艺都较复杂，丝杠的轴向刚度与图 4-49a 相同，但压杆稳定性与临界转速比图 4-49a 高，且丝杠有热膨胀的余地，适用于丝杠较长且卧式安装的设备。

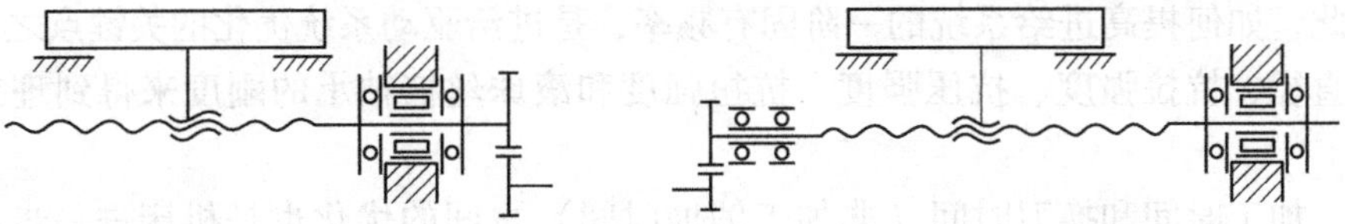

a) 一端固定，另一端自由　b) 一端固定，另一端游动

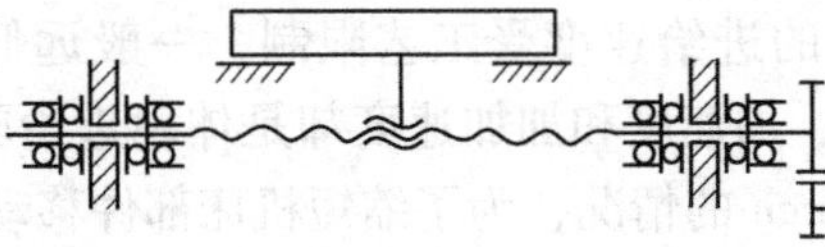

c) 两端固定

图 4-49　滚珠丝杠的支承方式

图 4-49c 所示为两端固定的支承方式，适用于高速度、高精度、高刚度的进给运动场合。虽然结构较复杂，制造、装配、调整难度大，但是丝杠的轴向刚度是图 4-49a 的 4 倍，丝杠不受压，无压杆稳定性问题，临界转速也很高，并且可以通过预拉伸减少丝杠自重下垂和补偿热膨胀，可以通过拧紧螺母调整丝杠的预拉伸量。

（2）预紧力与背隙的消除　间接传动的传动元件之间必然存在背隙，消除背隙对轨迹精度的影响是间接进给驱动设计的关键。在实际应用中大多采用预紧的方式，即施加一定拉力或压力载荷，以消除背隙。

通常有三种预紧方式：双螺母加调整垫片、偏位移预紧和大滚珠预紧。

双螺母加调整垫片预紧如图 4-50 所示，丝杠螺母由两部分组成，改变中间调整垫片的厚度，两个螺母即产生方向相反的微小位移，从而使丝杠与螺母间的间隙为零或负值，以消除背隙，并形成一定的预紧力。这种预紧方式简单易行，应用最为广泛。

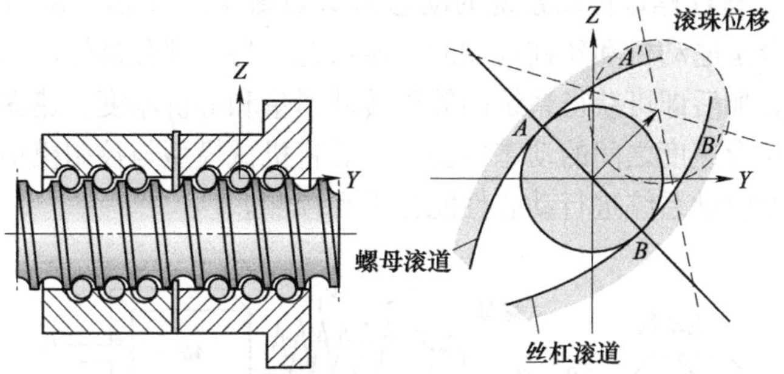

图 4-50　预紧力对丝杠滚珠的作用

偏位移预紧采用特殊结构的螺母，其中间的一个导程较大，可使丝杠滚道中的两侧滚珠位置偏移，形成预紧。预紧力的大小由偏位移的数值决定，但不可调节。大滚珠预紧采用直径较大的滚珠，挤入滚道，形成预紧。预紧力的大小由滚珠直径决定，也不可调节。

丝杠传动螺母副的预紧不仅消除了反向背隙，且系统刚性也得到提高。但预紧力过大会增加摩擦力，导致传动副发热和加速磨损，寿命降低。此外，除了恒定的预紧力外，随着转速提高，滚珠还会对丝杠产生相应的径向离心力，导致高速运动时预紧力过大。因此，螺母预紧力不应大于滚珠丝杠最大动态荷载的 12%，一般可取 6%~8%。

（3）拉压刚度（轴向静刚性）　丝杠螺母副将伺服电动机的转矩转化为推动执行部件的力，它承受扭转、压缩或拉伸以及弯曲载荷，会产生一定的变形，将直接影响执行部件的移动精度和定位精度。丝杠传动的综合拉压刚度主要由丝杠的拉压刚度、支承刚度和螺母刚度三部分组成，并与丝杠轴承的固定方式和螺母（工作台）所处位置有关。

当丝杠两端支撑采用单端轴向固定时，螺母离开固定端越远，传动系统的刚度越低。当丝杠采用两端固定方式时，螺母处于丝杠中间位置，整个传动系统的轴向静刚度最低。随着螺母向一端靠近，刚度又提升。丝杠两端固定方式的刚度明显高于单端固定方式，如图 4-51 所示。应该指出，系统的总刚度低于任意单个组件的刚度。例如，有数据如图 4-52 所示，一根长度为 1500mm 的丝杠螺母传动系统，采用一端固定，另一端游动的支承方式，在驱动力 10000N 时，系统总刚度为 123N/μm，总变形量接近 80μm。其中，丝杠的轴向变形占总变形量的 58%，是最薄弱的环节，轴承和轴承座的变形之和占总变形量的 33. 6%，因此在

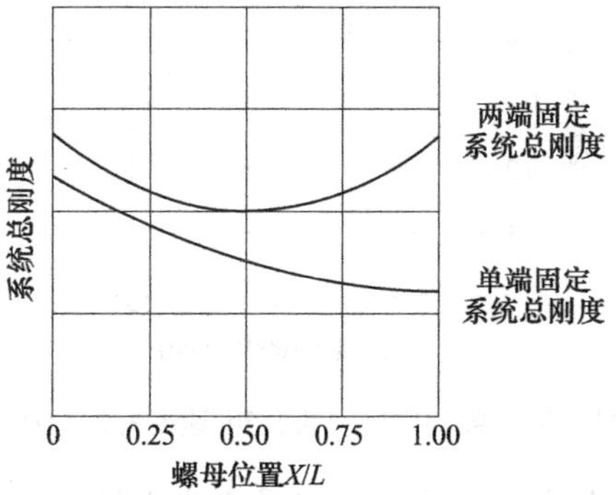

图 4-51　丝杠传动系统的固定形式及其刚度

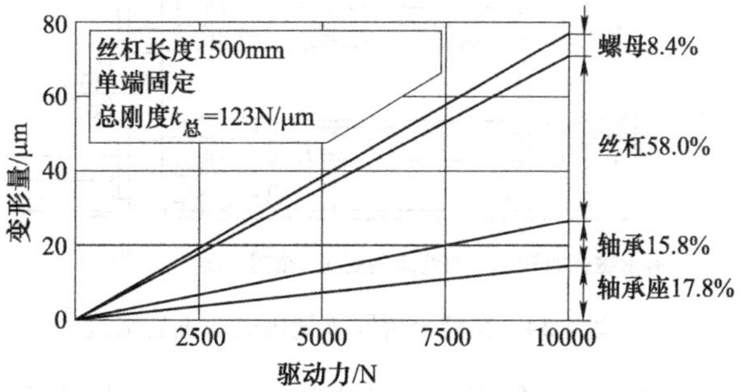

图 4-52　丝杠传动系统的刚度分布

进给驱动系统设计时不能忽视轴承结构的合理性。

（4）动态性能　丝杠螺母传动系统的动态模型如图 4-53 所示。从图中可见，该模型由两部分组成，一部分是电动机和丝杠构成的回转系统，另一部分是螺母和工作台构成的直线运动系统，两部分叠加后即可获得系统的等价转动惯量和等价刚度。建立电动机输入电压与输出转矩以及与工作台速度之间的动态模型，然后将机械模型与控制模型进行耦合分析，即可进一步对整个进给驱动系统进行动态性能分析和预测。

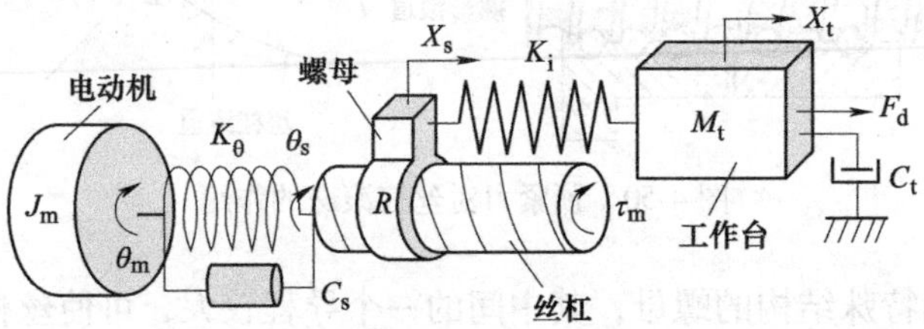

图 4-53　丝杠传动系统的动态模型

J_m—电动机及丝杠的转动惯量　θ_m、θ_s—电动机、丝杠的转角　X_s、X_t—螺母、工作台的位移

τ_m—电动机的驱动转矩　F_d—驱动力　M_t—工作台的质量　R—丝杠螺母的传动比　K_θ—电动机和联轴器的等效扭转刚度

K_i—丝杠、螺母和轴承的等效轴向刚度　C_s—电动机和联轴器的扭转阻尼　C_t—丝杠、螺母和轴承的线性阻尼

除了解析法外，借助混合有限元分析法，对滚珠丝杠驱动系统进行动态分析，也是非常有效和必要的方法。

4.4.4　交流永磁同步伺服电动机

交流永磁同步伺服电动机定子上有三相交流绕组，转子为永磁体，可实现较高的功率密度，具有高转矩、高加速度、免维护等特性，已成为进给轴配置的标准电动机。伺服电动机除了电动机本身的零部件外，还包括用于测量电动机转角位置及转速的电动机编码器和抱闸（可选）等，其结构如图 4-54 所示。

伺服电动机具有在额定转速范围内均可输出恒定转矩的特性，图 4-55 所示为某伺服电动机的转矩-速度基本特性，A 曲线为连续工作区域，B 曲线为断续工作区域。

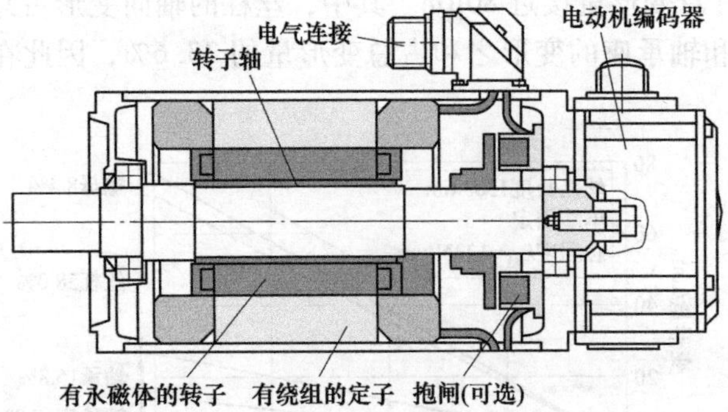

图 4-54　交流永磁同步伺服电动机的结构

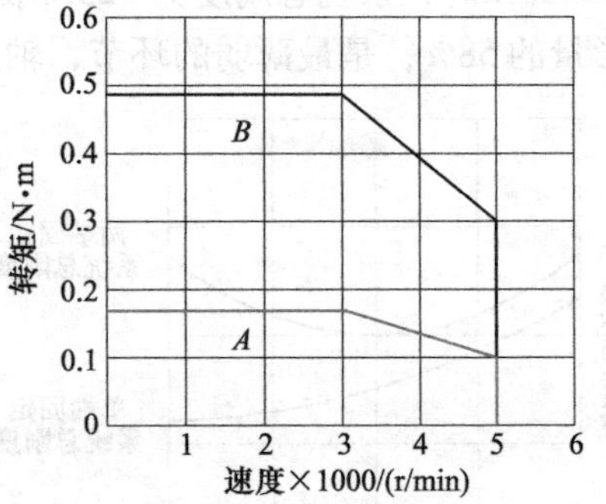

图 4-55　某伺服电动机转矩-速度特性曲线

（1）进给伺服电动机选型原则　进给伺服电动机选型的依据，首先是机床设计时定义的性能指标，如坐标轴的最高速度和最大加速度，加工时作用在该坐标轴上的最大分力。其

次是机械部件的数据，如伺服电动机与丝杠的连接方式（直连方式、减速方式等）、工作台的质量、导轨的摩擦因数和丝杠的惯量等，另外还需要考虑伺服电动机的工作温升。对于相似的工况，可以根据经验选择伺服电动机；对于新型号的机床则需要精密计算，或利用数控系统提供的软件工具来选择匹配的伺服电动机。

电动机要承受两种形式的力矩：恒定的负载转矩和切削力矩（包括摩擦力矩）、加/减速力矩。进给电动机选型时，需要计算这两种力矩的大小，根据适当的原则来确定电动机型号。这些选型原则有：

1）机床无负载运行时，加在电动机上的力矩应小于电动机的连续额定力矩的 50% 以下，否则在切削或加减/速时电动机就可能过热。切削转矩应小于电动机额定转矩。

2）加速时，瞬时最大转矩应小于伺服电动机最大转矩。加速时间要短，须在电动机的允许范围内。计算加速力矩，核算该力矩是否在电动机的机械特性的断续区内。

3）频繁地定位和加/减速会使电动机发热，此时需要计算出电动机承受的力矩的方均根值 T_{rms}，使其小于电动机的额定力矩 T_e。同理，负载波动频繁时，要计算一个工作周期的负载力矩的方均根值 T_{rms}，使其小于电动机的额定力矩。

4）电动机以最大切削力矩运行的时间应在允许的范围内。

5）负载的惯量要小于电动机本身惯量的 3 倍。

伺服电动机制造商提供了机械安装和电气数据，如额定速度、额定转矩以及过载能力等，以便于选择合适的伺服电动机并且设计电动机在机床上的安装。

（2）伺服电动机的惯量匹配　伺服电动机与负载惯量是否匹配直接影响该坐标轴的加速度特性。如果电动机惯量过小，尽管其转矩已经满足设计要求，但是轴的加速度可能满足不了要求，其快速性就不能得到保证，就可能影响工件加工的尺寸精度和表面粗糙度。

例如，图 4-56 所示为数控机床进给轴受力示意图。已知工作台和工件的机械规格，其中运动部件（工作台及工件）的质量 $W=1000$kg；滑动表面的摩擦因数 $\mu=0.05$；驱动系统（包括滚珠丝杠）的效率 $\eta=0.9$；镶条锁紧力 $f_g=50$kgf（1kgf = 9.80665N）；由切削力引起的反推力 $F_c=100$kgf；由切削力矩引起的滑动表面上工作台受到的力 $F_{cf}=30$kgf；变速比 $i=1$（直联）。滚珠丝杠的规格为：轴径 $D_b=32$mm；轴长 $L_b=1000$mm；齿距 $P_b=8$mm。加工工艺参数为：快速移动时的进给速度 $V_{max}=24$m/min；加速时间 $t_a=0.1$s。请选择满足进给需求的伺服电动机。

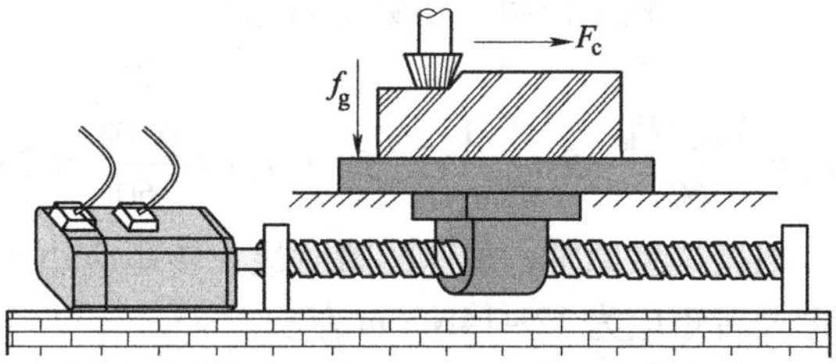

图 4-56　水平运动进给轴受力示意图

1）计算负载力矩。直线进给运动的负载力矩为摩擦转矩，其运动分析如图 4-57 所示，分别计算出不切削时和切削时的摩擦转矩，然后根据上述的选型原则进行伺服电动机额定转矩的初步选定。

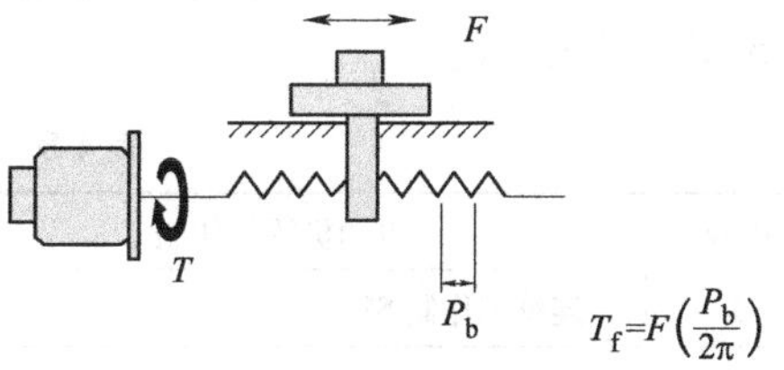

图 4-57　直线运动物体的摩擦转矩计算

① 不切削时的摩擦转矩：$T_f=\dfrac{\mu(W+f_g)}{\eta}\cdot$

$$\left(\frac{P_b}{2\pi}\right) = 0.05 \times \frac{1000 + 50}{0.9} \times 9.8 \times \left(\frac{0.08}{2\pi}\right) = 0.9(\mathrm{N \cdot m})$$

② 切削时的摩擦转矩：$T_f = ((F_c + \mu(W + f_g + F_{cf}))/\eta)\left(\frac{P_b}{2\pi}\right) = 2.1\mathrm{N \cdot m}$

根据选型原则 1，可选择额定转矩为 2.0N·m 的伺服电动机。

2）计算负载惯量。根据图 4-58 所示的实心圆柱的惯量计算公式，计算出滚珠丝杠的惯量，根据图 4-59 所示的直线运动物体的惯量计算公式，计算出工作台和工件的惯量。

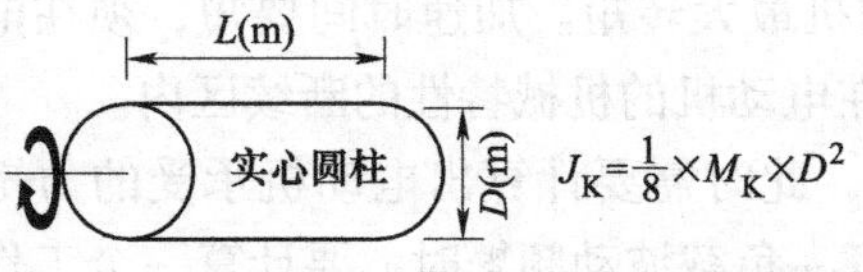

图 4-58 实心圆柱的惯量计算

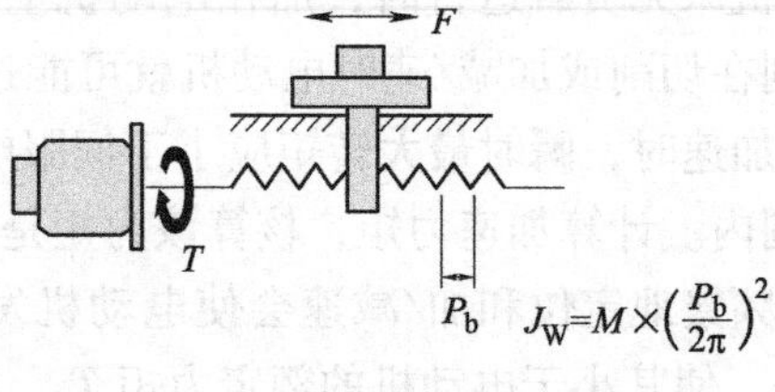

图 4-59 直线运动物体的惯量计算

① 滚珠丝杠的惯量计算（铁比重为 $7.8\times10^{-3}\mathrm{kg/cm^3}$）：

$$J_b = \left(\frac{\pi}{32g}\right)\rho D_b{}^4 L_b = \left(\frac{\pi}{32 \times 980}\right) \times 7.8 \times 10^{-3} \times 3.2^4 \times 100 = 0.0082\mathrm{kgf \cdot cm \cdot s^2}$$

② 沿直线运动物体（工作台、工件等）的惯量计算：

$$J_W = M \times \left(\frac{P_b}{2\pi}\right)^2 = \left(\frac{1000}{980}\right) \times \left(\frac{0.8}{2\pi}\right)^2 = 0.0165\mathrm{kgf \cdot cm \cdot s^2}$$

总的负载惯量为：$J_Z = J_b + J_W = 0.0082 + 0.0165 = 0.0247\mathrm{kgf \cdot cm \cdot s^2}$

3）加/减速控制（指数加减速）：

$$T_a = \frac{V_{max}/P_b}{60} \cdot 2\pi \cdot \frac{1}{t_a} \cdot (J_W + J_b) = \frac{\frac{24}{0.08}}{60} \times 2\pi \times \frac{1}{0.1} \times (0.0082 + 0.0165) = 12.1\mathrm{N \cdot m}$$

根据选型原则，加速的瞬时最大转矩应小于伺服电动机最大转矩，因此进给伺服电动机的最大转矩应为 12~14N·m 左右。

（3）伺服电动机的工作制　伺服电动机选型的另一个主要依据是电动机的工作制和定额。伺服电动机的额定功率是以工作制为基准的，不同工作制的机械应选用相应定额的电动机。工作制是电动机承受负载情况的说明，包括起动、电制动、空载、断能停转以及这些阶段的持续时间和顺序。定额是由制造厂对符合指定条件的电动机所规定的、并在铭牌上标明电量和机械量的全部数值及其持续时间和顺序。国家标准《通用用电设备配电设计规范》GB 50055—2011，对电动机的工作制进行了明确的定义。电动机的工作制分为 9 类，定额分为 5 类，见表 4-8。

表 4-8　电动机的工作制和定额

序号	电动机的工作制	电动机的定额
1	连续工作制 S1	最大连续定额（cont 或 S1）
2	短时工作制 S2	短时定额；如 S2-60min；持续运行时间为 10min、30min、60min、90min

（续）

序号	电动机的工作制	电动机的定额	
3	断续周期工作制 S3	周期工作定额；如 S3-40%；周期为 10min，负载持续率为 15%、25%、40%或 60%	等效连续定额（equ）；制造厂为简化试验而做的规定
4	包括起动的断续周期工作制 S4		
5	包括电制动的断续周期工作制 S5		
6	连续周期工作制 S6		
7	包括电制动的连续周期工作制 S7		
8	包括变速负载的连续周期工作制 S8		
9	负载和转速非周期变化工作制 S9	非周期定额（S9）	

（4）伺服电动机的轴端受力　对于刚性直接连接方式，在装配上应严格保证丝杠与伺服电动机轴的同心，否则在电动机转动时，会在电动机轴端产生周期性变化的悬臂力，伺服电动机对其轴端的悬臂力的要求如前所述。如果不能严格保证同心，可采用弹性联轴器，对于采用同步带连接方式，同步带的装配会产生不同的结果，同步带过松，伺服电动机轴端的背向力小，但影响机床坐标轴的定位精度和动态特性，同步带装配过紧，伺服电动机轴端的背向力过大，当伺服电动机长期在高速状态运行时，会影响伺服电动机的轴承寿命。

（5）伺服电动机过载能力　伺服电动机不仅具有恒定输出转矩的特性，而且还具有很强的短时过载能力。在 S3(25%) 的工作条件下，短时过载能力几乎达到 300%。数控机床进给轴在运行时，有严格的位置和速度控制要求，因此经常处于加速或减速的短时动态调整过程中，此时要充分利用伺服电动机的短时过载能力。有关过载的时间参数，由伺服电动机的制造商根据电动机的工作制提供。

4.4.5　直接进给驱动系统

直驱系统由于没有丝杠、螺母、联轴器、电动机轴和轴承等机械传动元件，它的刚度高，动态特性好，加速度可高达 10g，能快速定位，伺服带宽大，调速范围可达 1 ∶ 10000。定位精度可达 0.1μm（滚珠丝杠定位精度仅为 2.0～5.0μm），在高速、精密和高性能机床中获得越来越广泛的应用。

（1）直线电动机的类型　直线电动机分为同步直线电动机和感应直线电动机两类。同步直线电动机的转矩比感应直线电动机的转矩高得多，适用于切削能力强的机床。而感应直线电动机由于转矩密度比高（小型感应直线电动机质量仅 1.5kg），因此较适合要求高加速度的小型机床使用。

目前机床行业中，通常选用交流同步直线电动机，其一次侧和二次侧元件都可以运动，通过多段二次侧元件的排列可以实现任意长度的行程。由于永磁材料价格昂贵，因此与旋转同步电动机相比，长行程的直线电动机造价更高，行程在 1m 以内时，两者的成本差异不是很大。

（2）加速特性　对于直线电动机，由于切削载荷和运动质量直接作用在电动机上，因此它的加速性能与运动的总质量成反比，如图 4-60 所示，其加速性并非在所有情况下都优于滚珠丝杠螺母系统。从图中可见，直线电动机只有在承载量较小时才能达到高加速度，对于运动质量较大场合，动态特性优势损失很大，因此直线驱动设计时要注意轻量化。而滚珠丝杠传动的加速性能几乎不受直线运动质量的影响，它主要由电动机、丝杠螺距和转动惯量决定。

（3）直接驱动的设计要点　出于安全性考虑，直线电动机上一般需安装合适的末端挡块（如减振器）和制动件。直驱系统无机械传动构件，只需考虑系统的刚体动力学和静态刚度，同时还需要考虑以下影响：

1）直线电动机的发热较大，甚至高达100℃，通常需要精密的水冷却装置，以避免对机床结构产生不利的影响。

2）中小型机床采用直接驱动有较大优势，然而在重型机床的工作台或立柱上采用直接驱动，由于在高速、高加速度下运动时可能出现机床结构的低频模态，这种惯性振动被安装在工作台上的检测系统拾取，就可能造成控制系统的不稳定和加工表面质量降低。

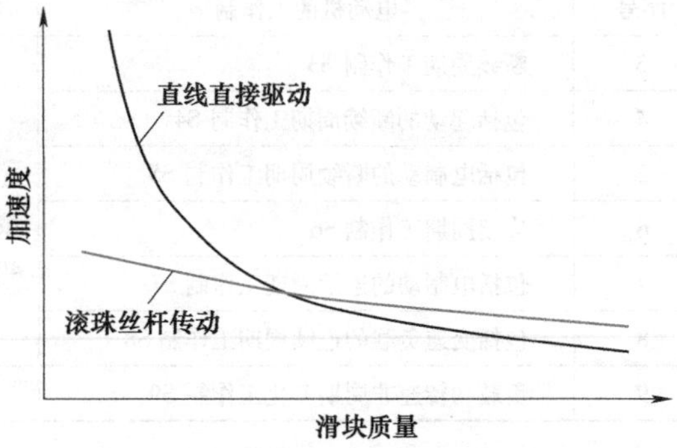

图 4-60　直接驱动与间接驱动的加速能力

3）直线电动机没有自锁紧特性，为了保证操作安全，直线电动机驱动的运动轴，尤其是垂直运动轴，必须要额外配备配重和锁定装置。

4）尽管直线电动机直接驱动的动态性能明显优于滚珠丝杠伺服驱动。但与滚珠丝杠驱动比较，其成本较高，一台并联运动机床的两种驱动方案的成本比较如图 4-61 所示。

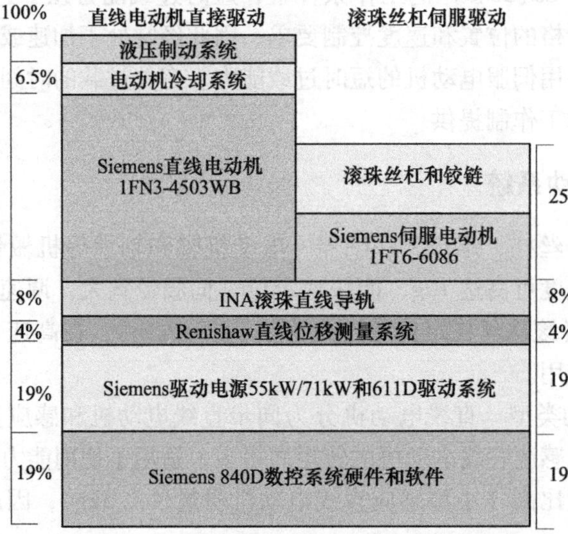

图 4-61　直接驱动与间接驱动的成本比较

4.5　数控机床辅助功能系统

4.5.1　自动换刀装置

数控机床为了能在工件一次装夹中完成多道加工工序，缩短辅助时间，减少多次安装工件所引起的误差，必须带有自动换刀装置。自动换刀装置应当满足换刀时间短、刀具重复定位精度高、刀具储存量足够、刀库占地面积小以及安全可靠等基本要求。

（1）自动换刀装置概述　数控机床自动换刀装置的主要类型、特点及适用范围见表 4-9。

表 4-9　自动换刀装置的主要类型、特点及适用范围

类型		特点	适用范围
转塔刀架	回转刀架	顺序换刀，换刀时间短，结构简单紧凑，容纳刀具较少	各种数控车床，车削中心
	转塔头	顺序换刀，换刀时间短，刀具主轴集中在转塔头上，结构紧凑，但刚性较差，刀具主轴数受限制	数控钻床、镗床、铣床
刀库式	刀库与主轴之间直接换刀	换刀运动集中，运动部件少。但刀库运动多，布局不灵活，适应性差	各类自动换刀数控机床，尤其是使用回转类刀具的数控镗铣、钻镗类立式、卧式加工中心。也用于加工工艺范围广的立、卧式车削中心
	机械手配合刀库进行换刀	刀库只有选刀运动，机械手进行换刀，比刀库换刀运动惯性小，速度快	
	机械手、运输装置配合刀库换刀	换刀运动分散，由多个部件实现，运动部件多，但布局灵活，适应性好	
有刀库的转塔头换刀装置		弥补转塔换刀数量不足的缺点，换刀时间短	扩大工艺范围的各类转塔式数控机床

1）自动回转刀架。自动回转刀架是数控车床上使用的一种简单的自动换刀装置，有四方刀架和六角刀架等多种形式，回转刀架又有立式和卧式两种，立式自动回转刀架的回转轴与机床主轴成垂直布置，结构比较简单，经济型数控车床多采用这种刀架，图 4-62 所示为螺旋升降式四方刀架。

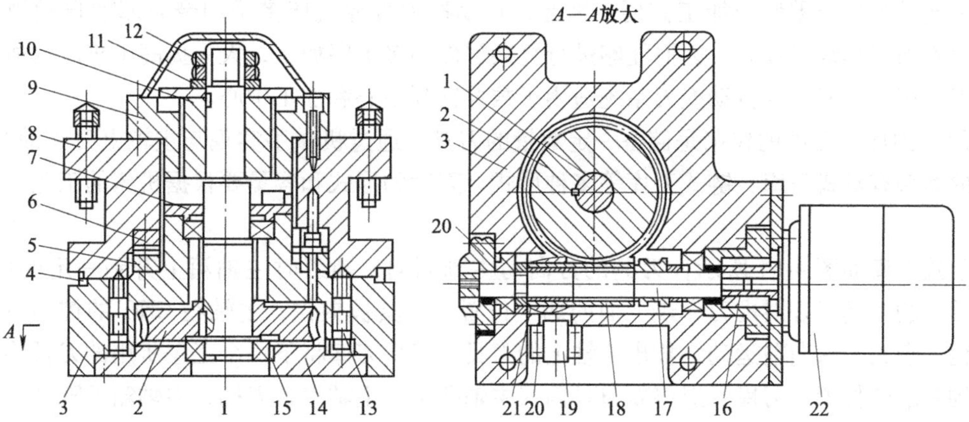

图 4-62　立式四方刀架结构

1、17—轴　2—蜗轮　3—刀座　4—密封圈　5、6—齿盘　7—压盖　8—刀架　9、20—套筒　10—轴套　11—垫圈　12—螺母　13—销　14—底盘　15—轴承　16—联轴套　18—蜗杆　19—微动开关　21—压缩弹簧　22—电动机

自动回转刀架在结构上必须具有良好的强度和刚度，以承受粗加工时切削抗力和减少刀架在切削力作用下的变形，提高加工精度。自动回转刀架还要选择可靠的定位方案和合理的

定位结构，以保证回转架在每次转位之后具有较高的重复定位精度（一般为 0.001~0.005mm）。

2）转塔头式换刀装置。带有旋转刀具的数控机床常采用转塔头式换刀装置，如数控钻镗床的多轴转塔头等。转塔头上装有几个主轴，每个主轴上均装一把刀具，加工过程中转塔头可自动转位实现自动换刀。主轴转塔头就相当于一个转塔刀库，其优点是结构简单，换刀时间短，仅为 2s 左右。由于受空间位置的限制，主轴数目不能太多，主轴部件结构不能设计得十分结实，影响了主轴系统的刚度，通常只适用于工序较少，精度要求不太高的机床，如数控钻床、数控铣床等。近年来出现了一种用机械手和转塔头配合刀库进行换刀的自动换刀装置，如图 4-63 所示，它实际上是转塔头换刀装置和刀库式换刀装置的结合。

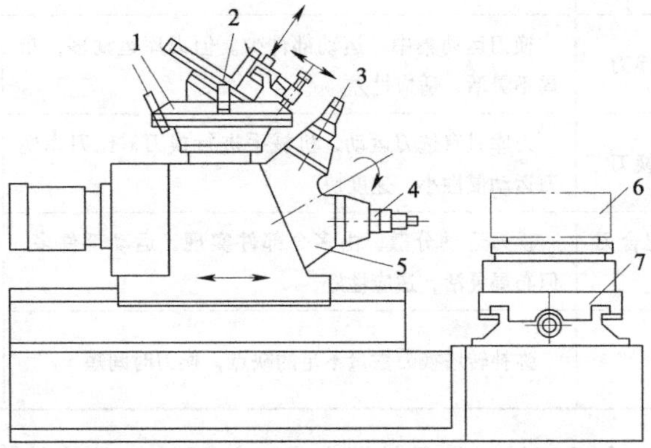

图 4-63　机械手和转塔头配合刀库换刀的自动换刀装置

1—刀库　2—机械手　3、4—刀具主轴　5—转塔头　6—工件　7—工作台

3）带刀库的自动换刀系统。由于回转刀架、转塔头式换刀装置容纳的刀具数量不能太多，不能满足复杂零件的加工需要，因此，自动换刀数控机床多采用带刀库的自动换刀装置。刀库内刀具数量较大，因而能够进行复杂零件的多工序加工，大大提高了机床的适应性和加工效率。带刀库的自动换刀系统适用于数控钻削中心和加工中心。

（2）刀库　刀库的作用是储备一定数量的刀具，通过机械手实现与主轴上刀具的互换。刀库的类型有盘式刀库、链式刀库等多种形式，刀库的形式和容量要根据机床的工艺范围来确定。

盘式刀库如图 4-64 所示，刀具的方向与主轴同向，换刀时主轴箱上升到一定的位置，使主轴上的刀具正好对准刀库最下面的那个位置，刀具被夹住，主轴在 CNC 的控制下，松开刀柄，盘式刀库向前运动，拔出主轴上的刀具，然后刀库将下一个工序所用的刀具旋转至与主轴对准的位置，刀库后退将新刀具插入主轴孔中，主轴夹紧刀柄，主轴箱下降到工作位置，完成换刀任务，进行下道工序的加工。此换刀装置的优点是结构简单，成本较低，换刀可靠性较好；缺点是换刀时间长，刀库容量较小。

链式刀库的结构紧凑，刀库容量较大，链环的形状可根据机床的布局制成各种形状，也可将换刀位突出以便于换刀。当需要增加刀具数量时，只需增加链条的长度即可，给刀库设计与制造带来了方便。

一般的刀库内存放有多把刀具，每次换刀前要进行选刀，常用的选刀方法有顺序选刀和任意选刀两种，顺序选刀是在加工之前，将加工零件所需刀具按照工艺要求依次插入刀库的刀套中，加工是按顺序调刀，加工不同的工件时必须重新调整刀库中的刀具顺序。其优点是刀库的驱动和控制都比较简单。因此，这种方式适合加工批量较大、工件品种数量较少的中、小型数控机床的自动换刀。

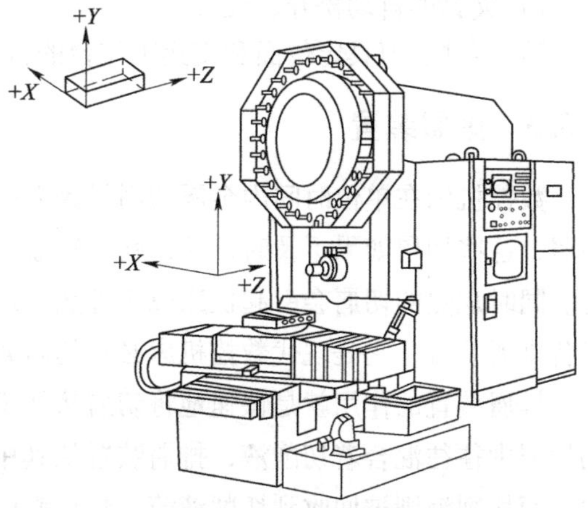

图 4-64　盘式刀库

随着数控系统的发展，目前大多数的数控系统都采用任意选刀的方式，分为刀套编码、刀具编码和记忆式三种。

刀具编码或刀套编码需要在刀具或刀套上安装用于识别的编码条，目前在加工中心上大量使用记忆式的选刀方式。这种方式能将刀具号和刀库中的刀套位置对应地记忆在数控系统的 PLC 中，无论刀具放在哪个刀套内，刀具信息都始终记存在 PLC 内。刀库上装有位置检测装置，可获得每个刀套的位置信息。这样刀具就可以任意取出并送回。刀库上还设有机械原点，使每次选刀时就近选取。

（3）刀具交换装置　数控机床的自动换刀装置中，实现刀库与机床主轴之间传递和装卸刀具的装置称为刀具交换装置。刀具的交换方式有两种：

1）由刀库与机床主轴的相对运动实现刀具交换。换刀时必须首先将用过的刀具送回刀库，然后再从刀库中取出新刀具，两个动作不能同时进行，换刀时间较长。

2）采用机械手交换刀具。机械手换刀灵活，动作快，而且结构简单，能够完成抓刀→拔刀→回转→插刀→返回等一系列动作。在换刀时同时抓取和装卸机床主轴和刀库中的刀具，换刀时间进一步缩短。为了防止刀具掉落，机械手的活动爪都带有自锁机构。

4.5.2　液压和气动系统

现代数控机床中，除数控系统外，还需要配备液压和气动等辅助装置。数控机床所用的液压装置应结构紧凑、工作可靠、易于控制和调节。虽然液压和气动的工作原理类似，但适用范围不同。液压传动装置由于使用工作压力高的油性介质，因此机构出力大、机械结构更紧凑、动作平稳可靠、易于调节、噪声较小，但要配置液压泵和液压油箱，当油液渗漏时会污染环境。气动装置的气源容易获得，机床可以不必再单独配置动力源，装置结构简单，工作介质不污染环境，工作速度快，动作频率高，适合于完成频繁起动的辅助工作。

液压和气动装置在机床中能实现和完成如下的辅助功能：

1）自动换刀所需的动作，如机械手的伸、缩、回转和摆动及刀柄的松开和拉紧动作。

2）机床运动部件的平衡，如机床主轴箱的重力平衡、刀库机械手的平衡装置等。

3）机床运动部件的制动和离合器的控制、齿轮拨叉挂挡等。

4）机床的润滑和冷却。

5）机床防护罩、板、门的自动开关。

6）工作台的松开夹紧、交换工作台的自动交换动作。

7）夹具的自动松开、夹紧。

8）工件、刀具定位面和交换工作台的自动吹屑清理等。

4.5.3 排屑装置

数控机床在单位时间内金属切削量大大高于普通机床，工件在加工过程中会产生大量的切屑，这些切屑如果不及时排除，就会覆盖或缠绕在工件或刀具上，阻碍机械加工的顺利进行。同时炽热的切屑会引起机床或工件热变形，影响加工的精度。因此，在数控机床上必须配备排屑装置，它是现代数控机床必备的附属装置。

排屑装置的作用就是快速地将切屑从加工区域排出数控机床之外。在数控车床和磨床上的切屑中往往混合着切削液，排屑装置从其中分离出切屑，并将它们送入切屑收集箱（车）内，而切削液则被回收到切削液箱。数控铣床、加工中心和数控铣镗床的工件安装在工作台面上，切屑不能直接落入排屑装置，故往往需要采用大流量切削液冲刷或压缩空气吹扫等方法使切屑进入排屑槽，然后再回收切削液并排出切屑。

排屑装置的安装位置一般都尽可能靠近刀具切削区域。例如，车床的排屑装置装在回转工件下方，铣床和加工中心的排屑装置装在床身的回液槽上或工作台边侧位置，以利于简化机床或排屑装置结构，减小机床占地面积，提高排屑效率。排出的切屑一般都落入切屑收集箱或小车中，有的则直接排入车间的集中排屑系统。

项目3 数控机床功能部件的设计

项目简介

随着数控机床向着高速、高精方向的发展，对机械结构的性能要求也越来越高，要求其具有良好的静态、动态特性（足够的强度、刚度和抗振性等），使得传统的经验设计法、静态设计法、类比设计法远达不到要求。现代机床结构设计借助有限元、多体动力学仿真等技术对机床机械部分进行仿真优化与验证，取得了良好的效果。

数控机床机械结构由高刚性的床身和立柱、主运动部件、进给运动部件、刀库及换刀部件和其他辅助机构等组成。本项目旨在通过对数控机床某一基础部件或功能部件的设计，达到以下目标：

1）熟悉机床结构设计和动力学仿真常用的现代计算机工具软件（ANSYS、ADAMS等）。

2）能够运用有限元方法等现代动态设计方法对数控机床零部件进行静态、动态特性分析和设计。

3）通过项目的具体设计，掌握机床典型零部件静态、动态设计的一般方法。

4）了解动态设计方法对功能子系统，乃至整机的动力学仿真和优化。

5）培养自主学习、沟通表达、工程素质、创新思维等非技术能力。

下面以“加工中心床身结构分析”作为项目案例，给出相关内容。在教学过程中，教师可以根据具体情况及教学资源的实际情况，选择可以达到上述目标的其他应用案例，如加工中心立柱结构动态设计、进给系统静/动态分析与设计、主传动系统动态设计等。

项目的内容和要求

1. 项目名称

加工中心床身结构分析。

2. 项目内容和要求

用有限元方法对数控加工中心的床身结构进行分析，床身结构采用板壳组合的焊接结构，如图 4-65 所示。并对床身肋板的不同布局对机床刚度的不同影响进行探讨，探索结构动态优化的途径，为机械大件结构的合理设计与性能分析奠定基础。主要内容和要求如下：

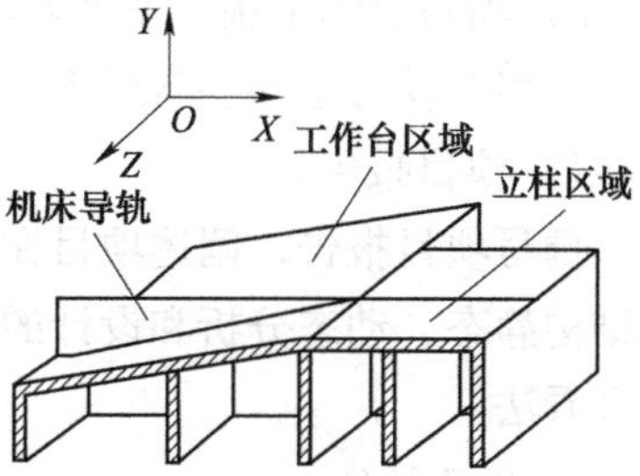

图 4-65　某加工中心床身的结构

1）完成有限元分析软件安装，熟悉软件的使用。

2）建立结构模型。模型可由教师提供或部分提供。

3）确定载荷条件，包括切削载荷、轴箱、立柱等构件的质量等。

4）边界条件处理。

5）静态分析，针对不同的肋板布局方案，进行床身刚度的比较分析。

6）动态分析，针对不同的肋板布局方案，对低阶模态特性进行比较分析。

7）根据静态、动态分析，对结构进行优化。

8）撰写项目报告。

项目的组织和实施

1. 项目实施前

项目使用的软件可以根据实验室软件资源情况进行选择。在项目开始前，可以由学生自主学习工具软件。本项目重点在于了解用有限元法进行结构静态、动态分析的方法，具体的床身结构、载荷情况、边界条件等的难度和复杂程度，可以根据学生的基础知识水平等进行调整。

2. 项目实施中

结构件的动态刚度优化问题是一个复杂的课题，具有较高的挑战性。本项目旨在让学生了解基于有限元法的静态、动态分析方法和步骤，激发学生自主探究的兴趣。在项目实施过程中，根据学生情况及完成项目的时间要求，所使用的结构模型、载荷条件和边界条件可由教师提供或部分提供，也可以由学生自行设计和分析得到。项目内容可以分组实施，也可以独立完成。完成项目的过程中，注重自主学习、沟通交流和问题研讨。

3. 项目完成后

该项目完成后，可以将不同组的分析结果、优化结果进行比较，通过讨论探究的教学方法掌握科学的设计方法。撰写项目报告，记录项目的过程和结果，对机械大件结构动态优化的途径进行探索，并对结构优化设计提出自己的看法。

项目的验收和评价

1. 项目验收

项目完成后，主要从以下几个方面对项目进行验收：

1）对有限元分析软件的熟悉程度。

2）对静态、动态分析结果的理解程度。

3）项目总结汇报。学生对项目进行简要的总结汇报，通过汇报考察总结能力、表现能力，考察主动思考和创新思维意识。

4）项目报告。

撰写项目报告，阐述项目在准备及实施过程中的主要技术难点和存在的问题，思考并总结结构静态、动态分析和设计的方法，结合项目实践并进一步阅读文献资料，提出自己的思路和看法。

2. 项目评价

对学生在整个项目过程中表现出的工作态度、学习能力和结果进行客观评定，目的在于引导项目学习，实现本项目的5个预定目标。同时，通过项目评价，帮助学生客观认识自己在学习过程中取得的成果及存在的不足，引导并激发进一步的学习兴趣和动力。

本项目采用过程评价和结果评价相结合的方式，注重学生在项目实施过程中各项能力和素质的考察，项目结束后，根据项目验收要求，进行结果评价。

为了提高学生的自主管理和自我认识能力，评价主体多元化，采用学生自评、学生互评与教师评价相结合的方式。

项目评价在注重知识能力考察的同时，重视工程素质，如成本意识、效率意识、安全环保意识等的培养与评价。鼓励学生在项目学习过程中的创新意识和创新成果。

本章习题

1. 机床精度包括哪几个方面？机床性能的评价指标有哪些？

2. 机床总体方案设计包括哪些内容？

3. 简述机床合理总体布局的基本要求，机床运动的分配应掌握哪些原则？

4. 数控机床机械结构静、动态分析和设计的方法有哪些？

5. 阐述机械结构静态、动态性能对加工精度的影响？

6. 请试着用有限元法对某机床立柱进行分析和优化？

7. 机床支承件应满足哪些基本要求？支承件的设计要求有哪些？

8. 机床导轨应满足的要求有哪些？简述导轨的设计要求与方法？

9. 根据两种或几种典型加工材料的加工工艺，比较其驱动系统选型、设计的区别？

10. 主轴轴承的选择依据是什么？从结构、材料、制造工艺和润滑方式等方面阐述如何减少主轴轴承摩擦和磨损，提高传动效率？

11. 主轴组件应满足的基本要求是什么？主轴主要尺寸参数的确定方法是什么？

12. 电主轴的核心技术有哪些？请举例阐述。

13. 进给运动系统的加速转矩如何计算？

14. 直线电动机的核心技术有哪些？请举例阐述。
15. 如何提高滚珠丝杠传动副的固有频率？
16. 试用有限元法分析预紧力对滚珠丝杠传动进给系统的刚性的影响？
17. 直接驱动的设计要点有哪些？
18. 简述加工中心刀库及换刀机构的种类和特点？

第5章 数控机床电气控制系统设计

本章简介

数控机床是典型的机电一体化产品，高刚性、高机械精度的机械系统是高品质数控机床的基础，而合理规范的电气控制系统设计可以将优良的机械性能淋漓尽致地发挥出来。CNC装置是数控机床电气控制系统的核心，其主要作用是根据输入的数控程序或操作命令进行高速高精的插补计算、轨迹处理等，然后输出位置、速度控制指令给伺服控制装置，输出逻辑控制指令给机床PLC。伺服控制装置将CNC的运动控制指令信号调解、转换、放大后驱动伺服电动机，拖动机械传动机构，实现刀具轨迹的高动态精确跟随。机床PLC则根据控制要求，实现轴使能、换刀、冷却和润滑等各种辅助功能。

本章首先概述机床电气控制技术的发展，以及现代数控机床电气控制系统的组成及原理，介绍数控机床电气系统设计的相关技术标准、设计原则和设计内容。在此基础上对数控装置、伺服驱动系统、数控机床PLC的工作原理进行阐述。最后结合实例，给出数控机床电气控制系统的典型原理图设计。

5.1 机床电气控制系统设计概述

5.1.1 机床电气控制技术的发展

20世纪40年代以前，机床的电气控制主要采用交流电动机拖动的继电接触器控制系统。它是一种由继电器、接触器和各种按钮、开关等电器元件组成的有触点、断续控制方式。当时交流电动机难以实现调速，只能通过带、齿轮等机械机构来实现有级变速。因而机床的机械结构比较复杂，同时还限制了加工精度的提高。

20世纪40年代后，随着电力电子技术的发展，直流调速系统广泛用于机床的主拖动和进给拖动系统中，大大简化了机床的传动结构，提高了加工精度。20世纪60年代后，随着电力电子、计算机技术及控制技术的进一步发展，交流调速在性能上完全可以与直流调速相媲美，加之交流电动机性能可靠、维护方便，因此在现代机床中，交流调速系统取代了直流调速系统。

随着计算机技术的发展，机床电气控制向无触点、连续控制、弱电化、微型计算机控制方向发展。20世纪50年代开始发展的数字控制（Numerical Control，NC）机床，到现在的计算机数控（Computerized Numerical Control，CNC）机床，能根据事先编制好的加工程序自动、精确地进行加工。同时，可编程序控制器（Programmable Logic Controller，PLC）已广泛用于电气控制系统中。PLC 是计算机技术与继电接触器控制技术相结合的产物，逻辑控制程序放在存储器中，通过修改程序来改变控制，控制灵活，无触点，可靠性高。

5.1.2　数控机床电气控制系统的组成

由电动机作为原动机提供动力，通过传动机构带动工作机构进行工作，这种拖动方式称为电力拖动。机床电气控制系统就是利用电气手段为机床提供动力，并实现主运动控制、进给运动控制、冷却和润滑、照明以及各种保护措施等控制任务的系统。

现代数控机床采用了 CNC 控制技术、交流调速技术以及 PLC 控制技术等，其电气控制系统的部件组成如图 5-1 所示，主要包括数控装置、驱动装置、主轴及进给轴电动机、机床 IO、机床控制面板等输入输出装置。

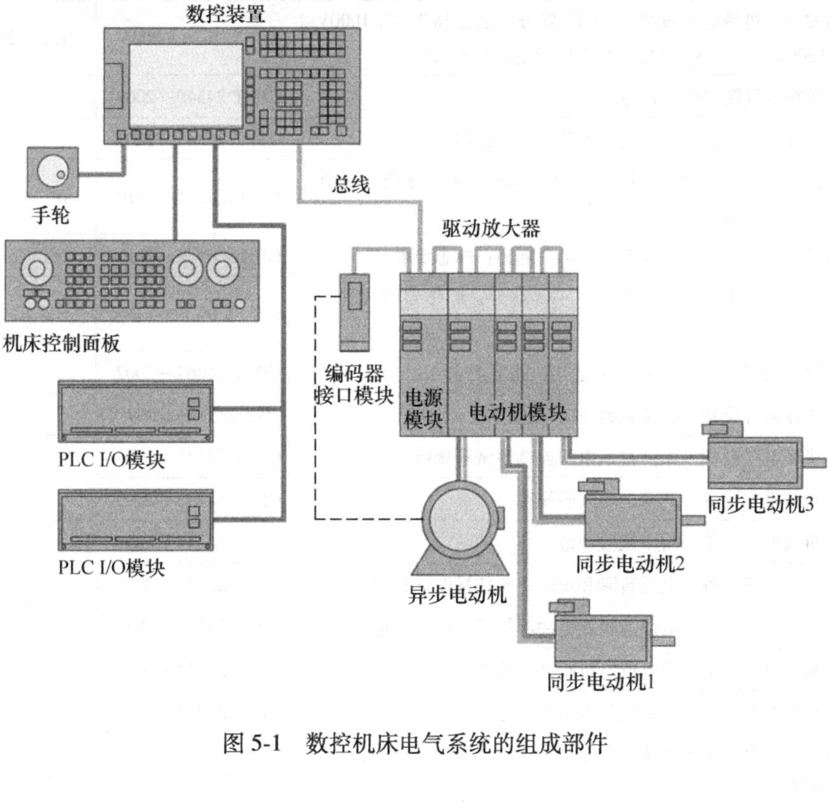

图 5-1　数控机床电气系统的组成部件

数控装置是数控机床的“大脑”，对输入装置或输入接口输入的命令或程序进行存储、译码和运算等处理，将插补运算的位置或速度指令周期性地发送给伺服装置。伺服装置把指令信号与实际的测量反馈信号进行比较，根据偏差信号进行控制，输出驱动电流，控制伺服电动机运行，实现机床主轴和进给轴的闭环运动控制。与数控装置集成一体的机床可编程序控制器根据加工程序中的 M、S、T 等辅助功能指令，发出辅助控制指令，实现外围辅助功能，包括刀具交换、切削液开关、润滑、液压/气动等。

5.1.3 数控机床电气控制系统设计

在机械结构一定的前提下，机床的性能在很大程度上受到电气质量的制约，可以说，电气质量的好坏，决定了整个数控机床的电气性能，电气性能又受到设计、采购、零部件、装配质量的影响。而设计是第一道工序，设计质量直接影响到数控机床的稳定性。

（1）技术标准与规范　为在一定的范围内获得最佳秩序，对实际的或潜在的问题制定共同的和重复使用的规则的活动，称为标准化。标准化的重要意义是改进产品、过程和服务的适用性，防止贸易壁垒，促进技术合作。世界各国尤其是工业发达国家非常重视标准的制定和执行，建立了较为完备的法规—标准—合格评定体系，而标准则是该体系中的最重要的一环。表5-1所列为我国（国标）工业机械电气系统的现行标准。

表5-1 我国工业机械电气系统的现行标准

序号	标准名称	标准号	采标情况
1	机械电气安全　机械电气设备　第1部分：通用技术条件	GB 5226.1—2008	IEC 60204-1：2005
2	机械安全　机械电气设备　第11部分：电压高于AC 1000V或DC 1500V，但不超过36kV的高压设备的技术条件	GB 5226.3—2005	IEC 60204-11：1997
3	工业机械电气图用图形符号	GB/T 24340—2009	
4	工业机械电气设备　电气图、图解和表的绘制	GB/T 24341—2009	
5	机械安全　指示、标志和操作　第1部分：关于视觉、听觉和触觉信号的要求	GB 18209.1—2010	IEC 61310-1：2007
6	机械安全　指示、标志和操作　第2部分：标志要求	GB 18209.2—2010	IEC 61310-2：2007
7	机械安全　指示、标志和操作　第3部分：操作器的位置和操作的要求	GB 18209.3—2010	IEC 61310-3：2007
8	工业机械电气设备　电磁兼容 通用抗扰度要求	GB/T 21067—2007	
9	工业机械电气设备　电磁兼容 发射限值	GB 23313—2009	
10	工业机械电气设备　保护接地电路连续性试验规范	GB/T 24342—2009	
11	工业机械电气设备　绝缘电阻试验规范	GB/T 24343—2009	
12	工业机械电气设备　耐压试验规范	GB/T 24344—2009	
13	工业机械电气设备　电压暂降和短时中断抗扰度试验规范	GB/T 22841—2008	
14	工业机械电气设备　电快速瞬变脉冲群抗扰度试验规范	GB/T 24111—2009	
15	工业机械电气设备　静电放电抗扰度试验规范	GB/T 24112—2009	
16	工业机械电气设备　浪涌抗扰度试验规范	GB/T 22840—2008	
17	机械电气安全　安全相关电气、电子和可编程电子控制系统的功能安全	GB 28526—2012	IEC 62061：2005
18	工业机械电气设备　电磁兼容　机床抗扰度要求	GB/T 22663—2008	EN 50370-2：2003
19	工业机械电气设备　电磁兼容　机床发射限值	GB 23712—2009	EN 50370-1：2005
20	机床电气、电子和可编程电子控制系统　保护联结电路连续性试验规范	GB/T 26679—2011	
21	机床电气、电子和可编程电子控制系统　绝缘电阻试验规范	GB/T 26675—2011	
22	机床电气、电子和可编程电子控制系统　耐压试验规范	GB/T 26676—2011	

（续）

序号	标准名称	标准号	采标情况
23	机床电气控制系统　数控平面磨床辅助功能 M 代码和宏参数	GB/T 26677—2011	
24	机床电气控制系统　数控平面磨床的加工程序要求	CB/T 26678—2011	
25	工业机械电气设备　电气图、图解和表的绘制	JB/T 2740—2008	
26	工业机械电气图用图形符号	GB/T 24340—2009	
27	工业机械电气设备　内带供电单元的建设机械电磁兼容要求	GB/T 28554—2012	
28	机械安全　机械电气设备　第 32 部分：起重机械技术条件	GB 5226. 2—2002	IEC 60204-32：2001
29	机械电气设备　塑料机械计算机控制系统　第 1 部分：通用技术条件	GB/T 24113. 1—2009	
30	注塑机计算机控制系统　通用技术条件	JB/T 10894—2008	
31	机械安全　机械电气设备　第 31 部分：缝纫机、缝制单元和缝制系统的特殊安全和 EMC 要求	GB 5226. 4—2005	
32	机械电气设备　缝制机械数字控制系统　第 1 部分：通用技术条件	GB/T 24114. 1—2022	
33	机械电气安全　电敏保护设备　第 1 部分：一般要求和试验	GB/T 19436. 1—2013	IEC61496-1：1997
34	机械电气安全　电敏保护设备　第 2 部分：使用有源光电防护装置（AOPDs）设备的特殊要求	GB/T 19436. 2—2013	IEC61496-2：1997
35	机械电气安全　电敏防护装置　第 3 部分：使用有源光电漫反射防护器件（AOPDDR）设备的特殊要求	GB/T 19436. 3—2008	IEC61496-3：2000
36	机械电气设备　开放式数控系统　第 1 部分：总则	GB/T 18759. 1—2002	
37	机械电气设备　开放式数控系统　第 2 部分：体系结构	GB/T 18759. 2—2006	
38	机械电气设备　开放式数控系统　第 3 部分：总线接口与通信协议	GB/T 18759. 3—2009	
39	数控机床电气设备及系统安全		IEC60204-34

（2）电气设计要求　为了保证数控机床的性能，电气系统设计需要满足以下基本要求：

1）高可靠性。数控机床在自动或半自动条件下工作，尤其在柔性制造、智能制造系统中，数控机床可在 24h 运转中实现无人管理，这就要求机床具有高的可靠性。产品的可靠性首先是设计出来，其次才是制造出来的。据统计，产品设计阶段对可靠性的贡献率可达 70%~80%，可见产品的固有可靠性主要是由设计决定的，设计环节赋予了产品“先天优劣”的本质特性。因此，只有在设计阶段就充分考虑可靠性，再由制造和管理来保证，才能有效地提高数控机床的可靠性、降低成本。

在技术决策阶段，需要调研及分析市场和用户对可靠性的需求，提出拟开发产品的方案和建议；结合企业的产品故障数据，开展技术可行性分析和经济可行性分析。在初步设计阶段，要编制技术任务书，规定外购件和外协件的可靠性要求。在技术设计阶段，应贯彻相关技术标准和管理体系文件，确定产品的使用条件、极限状态和失效判据，确定危险源，并进行标识，制定相应的防护和补救措施。如在电气系统中增加稳压电源，适应交流供电系统电压的波动，电源模块加装电抗器和滤波器，抑制电网系统内的噪声干扰，同时还应符合电磁兼容技术标准的要求等。在技术设计阶段，还应建立产品系统级可靠性框图和数学模型，根据产品的可靠性模型，将整机可靠性指标分配到系统级。

2）安全性。数控机床的安全性越来越受到重视，国内和国际标准化组织制定了一系列安全标准。作为设计人员，只有严格贯彻执行相关标准，设计出的图样等才能规范，电路原理、图形符号等才能准确，才能保证产品的电气性能质量。除了国内标准外，设计中还要贯彻国际 ISO-9001 质量标准，使产品符合国际标准，出口到欧洲地区的数控机床还要符合 CE 标准。

例如，电气系统中电气装置的绝缘、防护、接地等应符合 GB 5226.1—2008 的要求，以保证操作人员和设备的安全。电气部件的防护外壳要具有防尘、防水、防油污的功能，电柜的封闭性要好，能防止外部的切削液溅入电柜内部，防止切屑、导电尘埃进入。电柜内的所有元件在正常供电电压下工作时不应出现被击穿的现象。经常移动的电缆要走拖链，防止电缆线磨断或短路而造成系统故障等。

3）良好的控制特性。对数控机床的电机进行选型，是设计人员的一项重要任务。据美国能源部估计，在美国大约有 80% 的电机尺寸过大，造成了资源浪费。若电机选择过大，会导致机床成本增加，如果电机选择过小，会使机床功能难以实现。

伺服电动机作为机床的动力源，应具有良好的控制特性，起动平稳、响应快速，特性硬、无冲击、无振动、无振荡、无异常温升等。电机选型中若未处理好负载/电机惯量匹配的问题，将会影响整个伺服系统的灵敏度、伺服精度以及响应速度。

4）自诊断及运行状态指示。数控机床故障产生的原因往往比较复杂，一旦因故障而停机，如不能及时修复，将给生产造成巨大的经济损失。为了将这种损失降至最低，除了提高设备自身的可靠性之外，还要通过提高故障诊断速度来缩短维修的时间，避免长时间的停机。数控系统中常用的自诊断方法可分为开机诊断、在线自诊断和离线自诊断。

电气设计人员应充分利用数控系统的自诊断功能，使机床以及电气系统的运行有明显的状态指示或信息显示，除了数控系统内部的自诊断功能外，还可以通过设计，实现外部硬件状态及报警指示。例如各种状态指示灯，它们分布在电源、伺服驱动和输入/输出等装置上，根据这些警告灯的指示可判断故障的原因。

5）设备的宜人性。随着时代的发展，不仅要求机床产品要具有优良的性能，还要让使用者感到身心愉快、操作方便。现代数控机床在设计中注重人机关系，其外观不仅带有了装饰和美化的意义，更可以调节人的情绪，使机器具有一种亲和力，与环境更加协调。

设备的操作要适合人体需要，这不仅会影响工作效率，甚至工作安全。电气系统设计要体现操作的人性化，数控机床的工作台、控制柜，其位置、尺寸、高度均应符合“平均人”的尺寸。手柄的位置、形状、尺寸也要考虑人机工程学。操作面板或控制柜的位置高度、倾斜角度以及其上的显示装置都应便于工作人员操作和观察。易损部件要便于更换，使机床具有良好的可维护性。

（3）数控机床电气控制系统设计的基本内容　数控机床电气控制系统设计主要包括电气设计任务书的拟定、电气传动控制方案设计、数控系统及配套驱动和电动机的选型、电气控制原理图以及电气设备布置总图、电气安装图、电气接线图设计、PLC 控制程序设计。

1）电气设计任务书的拟定。依据设备总体设计方案拟定的设计任务书是设计以及设备验收的依据。任务书中除要说明设备的型号、用途、工作条件、传动参数、工艺过程、技术性能要求外，还应说明控制精度、生产率、自动化程度的要求；电气传动基本特性：如运动部件数量、用途、动作顺序、负载特性、速度及位置控制指标；稳定性及抗干涉要求；电源种类、电压等级、频率及容量等要求；设备安全保护相关的要求；目标成本与限制；验收指标及验收方式；其他要求，如设备布局、安装要求、操作台布置、照明、信号指示、报警方式等。

2）控制系统选型及电气传动方案设计。机床数控系统的选型，首先要能够满足机床控制功能要求和加工性能的需要，其次应考虑性能和价格的关系，用户的使用习惯以及数控系统的可选功能等。电气传动方案要根据机床的结构、传动方式、速度及位置指标要求等来确定。即根据零件加工精度、加工效率要求、生产机械的结构、运动部件的数量、运动要求、负载性质、调速要求以及投资额等条件，确定数控系统和电动机的选型，并作为电气控制原理图设计与电器元件选择的依据。

3）电气控制系统图的设计。首先根据机床的电气控制要求设计电气控制原理图，并充分考虑设备的安全保护，设计过程中应遵循电气制图规范及电气安全标准。在此基础上，合理选用元器件、编制元器件目录清单，设计电气设备制造、安装、调试所必需的电气设备布置总图、电气安装图、电气接线图。

电气安装图和接线图的设计主要考虑电气控制系统的工艺设计，目的在于满足电气设备的制造和使用要求，表示出成套装置的安装和连接关系，是电气安装与查线的依据。设计的技术依据是电气原理图、电气元件明细表。工艺设计时，一般先进行电气设备总体配置设计，而后进行电气元件布置图、接线图、电气箱及非标准零件的设计，再进行各类元器件及材料清单的汇总。

4）编写电气设计说明书和使用说明书。最后编写电气设计和使用说明书，形成一套完整的设计技术文件，在设备交付验收时一起提供给用户。说明书是用户使用设备的指南，也是设备调试、维护、维修必不可少的技术资料。

5.2　机床的数控装置

机床的主要任务在于快速而准确地实现一个受控的、稳定的运动过程，机床在加工一个零件之前，需要一些“信息”，如工件轮廓、进给速度、主轴转速、更换刀具和切削液开关等辅助功能。所有与加工工艺相对应的信息按顺序排列，构成了控制机床加工过程的数字化控制程序。现代数控装置就是采用这种计算机程序控制技术，以微处理器为其硬件核心，在数控软件的控制和管理下，实现加工过程的自动化。

数控机床的 CNC 装置能够在程序控制的范围和安全行程范围内，使机床运动尽可能不受限制：能够自动进行加工，无须人为调整和干预；加工程序可存储、可修改、可快速准确地转换加工任务；能够精确定位，实时多轴联动，以加工复杂的形状和表面；能够快速调整进给速度和主轴转速；快速更换刀具等。

5.2.1　计算机数字控制技术

（1）CNC 装置的软硬件结构　现代 CNC 装置的硬件通常包括微处理器、数据存储器以及伺服控制回路专用模块等。超大规模集成电路（VLSI）技术实现了数控装置体积小、可靠性高、控制速度高以及维护成本少的目的。

CNC 装置采用一个或多个用于执行控制功能的微处理器，特别是多核处理器的使用，进一步提升了数控装置的性能。数据存储器存储应用程序、子程序和大量的修正值。在只读存储器（ROM）和可擦除可编程只读存储器（EPROM）中保存的是 CNC 操作系统中保持不变的数据，以及固化的加工循环程序。在带电可擦可编程只读存储器（EEPROM）中主要保存了调试后才能获得的数据，这些数据必须能够永久保存并能经常进行修改，如机床参数、专用子程序等。在扩容的随机存取存储器（RAM）中保存的是主程序和修正值。使用伺服控制回路专用模块，提高了系统的采样频率，增强了轴运动控制的实时性，保证了轴运动的高速度和高精度。

CNC 装置的所有组件都集成在一块或者多块印制电路板上，通过内部总线相互连接。电子器件安装在静电屏蔽和电磁屏蔽的金属板上，并具有防油和防尘功能，因为电路板上沉积的金属微粒会损害设备的可靠性。

CNC 装置需要一套操作系统，也称控制软件或者系统软件，它确定了机床整体的功能和使用范围，包括了所有必要的功能，如控制内核插补计算、位置控制、速度控制、显示、编辑、数据存储和数据处理，此外还包括后台的机床数据接收及处理、接口程序、故障诊断、加工过程的图形仿真和 CNC 集成编程系统等。

CNC 装置的优点之一是不需要改变装置的硬件，通过修改或者调整参数就能使数控装置适应不同型号、规格的机床要求，使数控装置和机床的功能最大限度地发挥出来。例如机床制造商可以通过参数设置，将数控系统定义为车床版、铣床版或者磨削版以适应车床、铣床和磨床；也可以通过参数和机床数据来配置机床的具体结构，如轴的数量、伺服驱动器的参数值、不同的刀具库和换刀装置、软件限位开关、刀具监测设备。这些机床特有的参数值可在启动时载入，被永久存储，只有授权人员可以修改。另外，机床制造商可以用数控系统制造商提供的开发工具开发定制的用户界面等。用户不但可以从系统制造商和机床制造商获得加工宏程序或者循环程序，还可以自己创建这些程序，并获得个性化的金属切削技术或者特殊刀具的支持。

（2）控制类型和插补　到目前为止，有以下三种不同的机床运动轨迹控制类型：

1）点位控制。控制机床从一点准确地移动到另一点，在移动过程中不进行加工，因此对两点间的移动速度和运动轨迹没有严格要求。可以先沿一个坐标轴移动完毕，再沿另一个坐标轴移动，也可以多个坐标轴同时移动，但是为了提高加工效率，一般要求运动时间最短。为了保证定位精度，常常要求运动部件的移动速度是“先快后慢”，即先以快速移动接近目标点，再以低速趋近并准确定位。这类机床主要有数控钻床、数控坐标镗床和数控冲床等。

2）直线控制。不仅要控制机床运动部件从一点准确地移动到另一点，还要控制两相关点之间的移动速度和轨迹，可一边移动一边切削加工。但其轨迹一般为与某坐标轴平行的直线，也可以为与坐标轴成45°夹角的斜线，但不能为任意斜率的直线，技术局限性大，所以坐标直线控制只在一些特殊的情况下才使用。

3）轮廓路径控制。两根或者更多的数控机床轴按照确切的相互关系运动称为轮廓路径控制，使其合成的平面或空间的运动轨迹符合被加工零件的图样要求。对机床而言，五轴联动是最具有意义的，即用 X、Y、Z 坐标可以确定空间上的目标点，用另外两个回转运动如 A 旋转运动和 B 旋转运动，可以确定刀具在空间内或者加工斜面上的轴线位置。当进行曲面切削时，可以使刀具对曲面保持一定的角度。

数控装置自动进行轴之间插补的协调，计算一系列起点和终点间的路径点。在整个轨迹区段，轴连续不中断地运行，直到程序结束。其间会不断地调整轴的进给速率，以符合预定的切削速度。这种控制方式称为 3D 轮廓路径控制。铣床、车床、电火花成形机、加工中心，所有的机床类型都是这种控制方式。

普通数控装置一般只能做直线插补和圆弧插补，如果加工轮廓是非圆曲线，数控装置就无法直接实现插补，需要用直线段或圆弧段去逼近非圆曲线，逼近线段与被加工曲线的交点称为基点。理论上所有的轨迹都可以通过直线小线段来逼近，如图 5-2 所示，从而实现所有的平面曲线和空间曲线加工。基点间相互的距离越近，或者说尺寸公差越小，那么切削轮廓的路径就越准确。基点数目越多就越增加在单位时间内的处理负荷，因此要求控制器必须有相应高的处理速度。

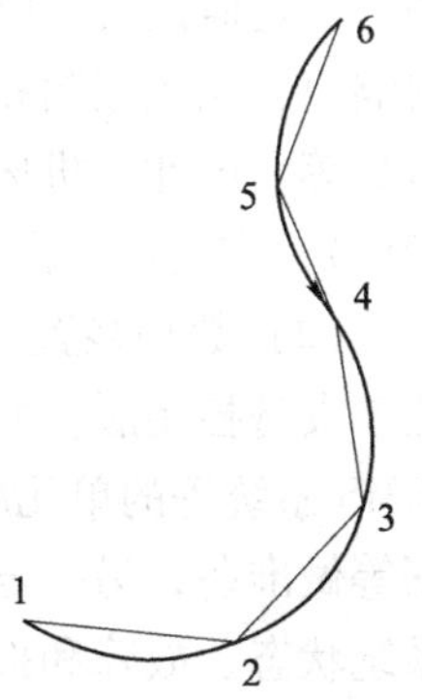

图 5-2　用直线小线段逼近曲线

(3) 数控机床的坐标轴　机床坐标轴遵循笛卡儿坐标系原则，分为平移轴 *X*、*Y*、*Z* 轴，和旋转轴 *A*、*B*、*C* 轴。刀具通过三个平移轴的运动可以到达工作区中的任意点，旋转轴和摆动轴可用于加工倾斜表面或跟踪刀具轴。由于现代数控机床的主轴通常需要进行定位或与进给轴实现插补，所以将主轴也作为数控轴来设计。

为了对数控轴进行自动控制，每个轴有位置测量系统和伺服驱动器。数控装置将 CNC 插补器提供的设定值与位置测量装置返回的实际值进行比较，当出现偏差时由伺服驱动器发出调节信号来弥补这种偏差，构成闭环控制回路。数控装置周期性连续地发出目标位置值，控制被控轴按预定轨迹运动，从而实现连续的运动。

5.2.2　数控装置的组成及接口

(1) 数控装置的组成原理　现代 CNC 装置通常由人机交互界面（Human Machine Interface，HMI）、数字控制核心（NCK）以及机床逻辑控制（PLC）三个相互依存的功能部件构成。CNC 装置可分为紧凑一体型结构和分离型结构。紧凑一体型结构将三部分完全组合在一起，如图 5-3 所示，结构紧凑、性价比高；而分离型结构采用模块化结构，如图 5-4 所示，功能强大，可按需要灵活配置，多用于高性能要求的高档应用场合。

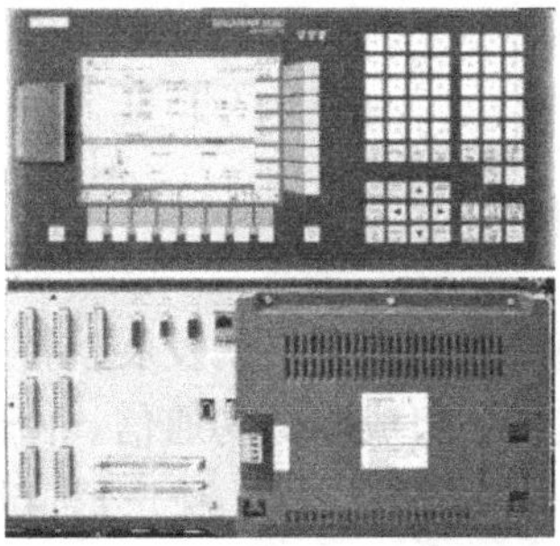

图 5-3　某型号紧凑一体型数控系统

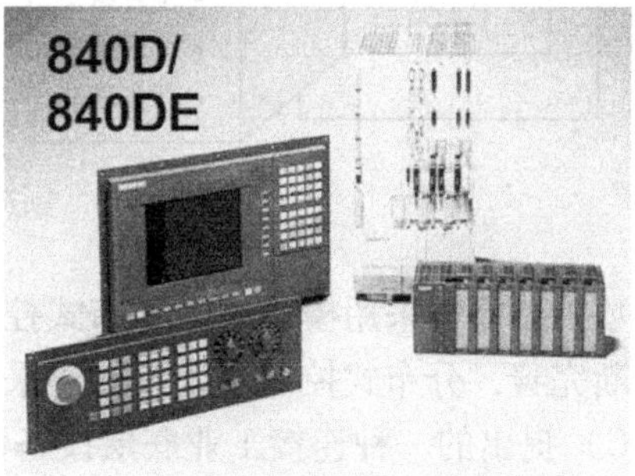

图 5-4　某型号模块型数控系统

人机交互界面是操作人员与数控系统进行信息交换的窗口，用户通过键盘、操作面板和手轮等进行手动数据输入，并进行数控系统的操作和加工控制，数控装置通过显示器向用户显示数控系统的工作过程状态和数据。

数字控制是数控系统核心，包括轨迹运算和位置调节两大主要功能，以及各种相关的控制，如加速度控制、刀具参数补偿、零点偏移、坐标旋转与缩放等。

PLC 是现代数控装置必不可少的组成部分，用来完成机床的各种逻辑控制，其主要任务：一是监控机床侧传感器输入信号的变化以及机床控制面板上的所有操作，对它们及时做出响应，完成控制和互锁；二是实现 CNC 传送来的 M、S、T 指令功能，如主轴换挡、更换刀具等。因此，机床 PLC 也称为可编程机床控制器（Programmable Machine tool Controller，PMC），它的使用提高了 CNC 装置的开放性和灵活性。

（2）数控装置的总线接口　在现代制造系统中，数控装置作为数控机床的控制装置，位于设备控制层，如图 5-5 所示。其上层通常是基于 PC 或工作站的 DNC 系统、FMS 系统或 CIMS 系统等的单元层或车间管理层。上位计算机一方面为数控装置进行 NC 数据和刀具数据等做准备，另一方面可对数控装置进行远程控制，同时，数控装置可以将修改过的程序、系统状态、故障和报警信号传送给上位系统。其下层为传感器-执行器层，通常包括驱动和执行机构、通过（远程、智能）输入输出模块接入的传感器和继电器等，它们接受数控装置的位置、速度、驱动电流命令值及开关功能的控制，并向数控装置提供实际运行值或运行状态，如各种过程数据（位置、温度变化）、应答信号和可能发生的错误报警信号。

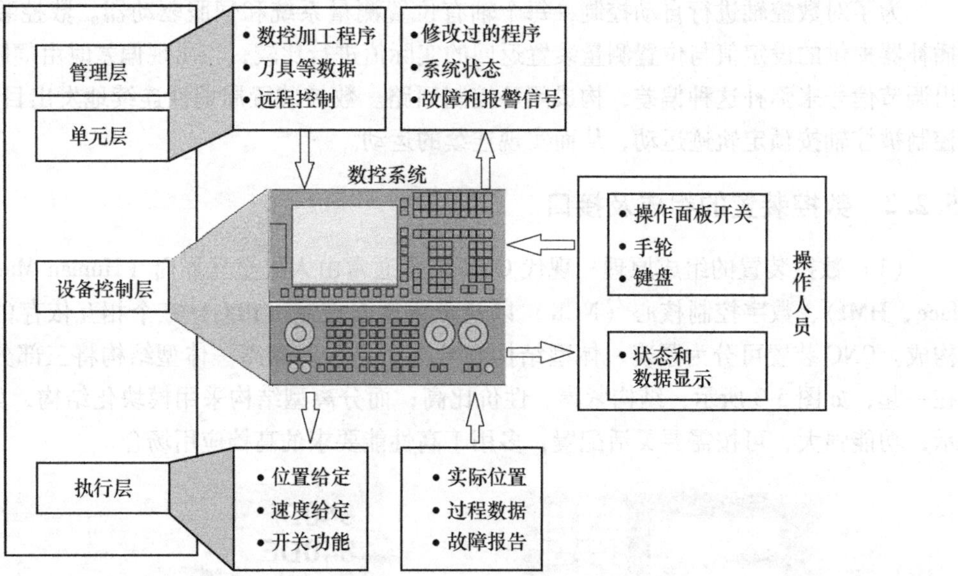

图 5-5　制造系统的分层模型

现代数控装置常采用模块式、分布式控制结构，随着计算机网络的发展，特别是局域网标准的不断完善，分布式控制系统趋向于采用局域网实现各组成部分的通信。由国际电工委员会（IEC）提出的一种连接工业底层设备的局域网——现场总线网，被广泛应用于工业自动化加工控制领域。现场总线是一种串行通信链路，它在现代制造系统中适用于设备控制层和执行层之间及设备控制层和单元层之间的数据通信，如图 5-6 所示。现场总线的通信协议比较简单，具有可靠性高、抗干扰能力强等特点，使用总线代替昂贵的布线不仅减少了电缆和节点的数量，而且也减少了相关故障来源，具有很好的性能价格比。因此，现代 CNC 控制装置因为使用总线连接而具有技术和价格的优势。

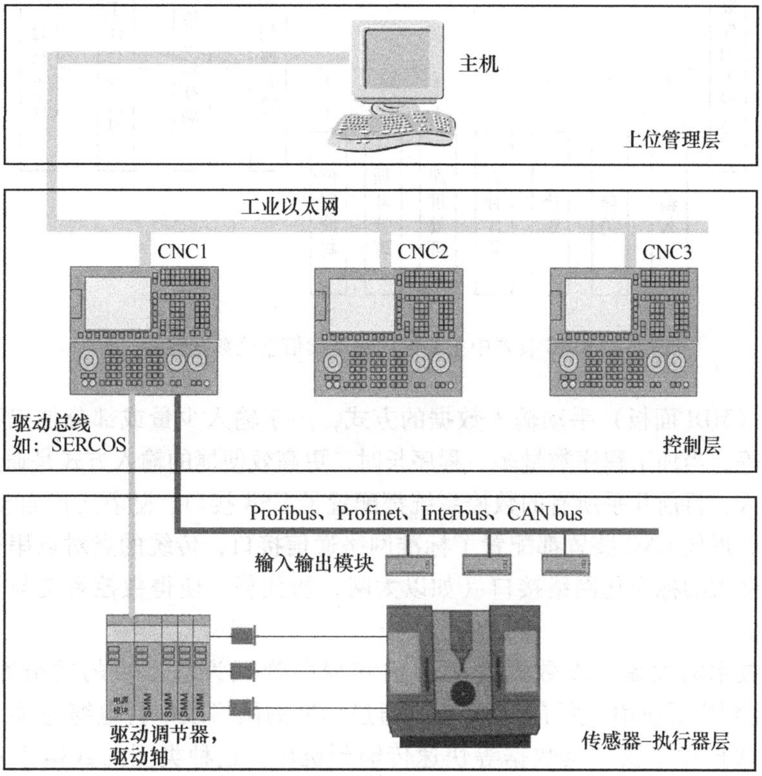

图 5-6　制造系统中的总线技术

单一总线类型在加工过程中不能满足多种任务要求，采用多种不同的总线技术来完成不同的任务，适用于设备控制层和执行层之间的数据通信现场总线，称为执行装置/传感器现场总线，如 Profibus、Interbus 或 CANbus。适用于设备控制层和单元层之间的数据通信现场总线，称为系统现场总线或数据总线。

在执行装置/传感器现场总线中，SERCOS（SERial Communication Systen）总线是被实际现场应用证明了的、采用光纤传输数据的现场总线标准之一，它为分布式多轴运动的数字控制提供了较好的应用。数控装置与驱动设备之间越来越多采用开放式 SERCOS 数字接口，不同生产商的 CNC 装置和驱动设备之间可以相互通信。在系统现场总线中，基于工业以太网技术的数据总线逐渐取代其他系统总线，成为系统级总线的标准化应用。

5.2.3　数控装置的信息流程

根据零件图样和机械加工工艺编写出数控加工程序输入 CNC 装置，在内部进行一系列的处理后，输出相应的位置控制信号给伺服驱动系统，经过滚珠丝杠副驱动工作台或刀具进行移动，最后加工出合格的零件。CNC 装置中主要的内部连续信息流数据转换过程如图 5-7 所示。

（1）输入　输入 CNC 装置的信息包括数控加工程序、系统控制参数和各种补偿数据等。输入方式主要有手动键盘输入、电子数据存储器输入和通信方式输入等。键盘输入方式是指

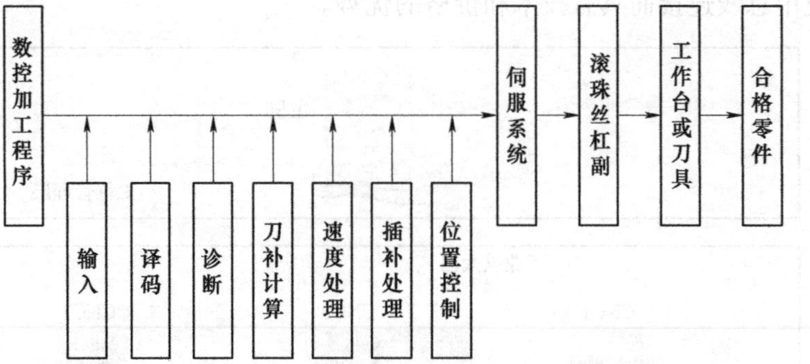

图 5-7 CNC 装置中主要的内部连续信息流数据转换过程

通过数控面板（MDI 面板）手动输入数据的方式，用于输入少量或部分加工程序、系统参数、编辑程序等。当加工程序数量多、程序长时，更高效便捷的输入方式是通过便携式电子数据存储器输入，目前几乎所有的数控系统都配置了 USB 接口。随着工厂自动化（FA）和数字化的发展，现代 CNC 装置都配置了标准网络通信接口，传统的点对点串行通信方式逐步为日益发展强大的标准化网络接口（如以太网）所代替，使得数控系统与外部的信息交换渠道更畅通。

随着网络技术的发展，以数据安全传输和程序管理为基本目的的分布式数字控制（DNC）系统得到广泛应用，所有 DNC 系统通过标准的网络或串行电缆连接，用于将 DNC 主计算机中的数控程序及刀具数据等快速传输到机床。这种类型的数据输入不属于直接“数据输入设备”，但却由于本身的优势发展成为常用的输入方式。

（2）译码　一个或多个数控加工程序输入 CNC 装置后必须按某种约定的格式存储在内存中，并且还要求能对它们进行各种编辑处理。所谓译码，就是将输入的数控加工程序段按一定规则翻译成 CNC 装置中计算机能识别的数据形式，并按约定的格式存放在指定的译码结果缓冲器中。具体来讲，译码就是从数控加工程序缓冲器中逐个读入字符，先识别出其中的文字码和数字码，然后根据文字码所代表的功能，将后续数字码送到相应译码结果缓冲器中。

（3）诊断　在译码过程中，需要利用控制软件检查加工程序的正确性，把不符合数控编程规定的加工代码找出来，并通过显示器提示操作人员进行修改，这个过程称为诊断。诊断过程通常嵌入在译码软件中完成，有时也会专门设计一个诊断软件模块来完成。除了数控程序的诊断外，一般还具有对机床运行状态、几何精度、润滑情况、硬件配置、刀具状态、工件质量等的监测和诊断功能，并依此进行故障定位和指导修复。

（4）刀补计算　刀具补偿计算包括刀具长度补偿和刀具半径补偿，其中刀具长度补偿主要针对数控钻床和数控车床等，而刀具半径补偿主要针对数控铣床和数控车床等。对于数控铣床来讲，由于 CNC 装置的控制对象是主轴刀具的中心轴线，而编程时使用图样标注的零件轮廓是用刀具边缘切削形成的，它们两者之间不一致，相差一个刀具半径值。可见，刀具半径补偿计算就是将刀具边缘轨迹偏移到刀具中心。

（5）速度处理　数控加工程序中给定的进给速度 F 代码是指零件切削方向的合成线速度，CNC 装置无法对此进行直接控制。因此，速度处理实际上就是根据零件的几何轮廓信息将合成进给速度分解成各个坐标轴的分速度，然后通过各个轴的伺服系统实现相应的分速度控制，使数控机床最终得到所要求的线速度。另外，数控机床所允许的最低速度、最高速度、最大加速度和最佳升降速曲线的控制，都是在这个环节中实现的。

（6）插补处理　所谓插补，就是根据数控加工程序给定的零件轮廓尺寸，结合精度和工艺方面的要求，在已知的这些特征点之间插入一些中间点的过程。换句话说，就是在零件轮廓起点与终点之间的曲线上进行“数据点的密化过程”。当然，中间点的插入是根据一定的算法由数控系统控制软件或硬件自动完成，以此来协调控制各坐标轴的移动，从而获得所要求的运动轨迹。

（7）位置控制　位置控制处于伺服回路的位置环中，这部分工作可以由软件完成，也可由硬件实现。其主要任务就是根据插补结果求得命令位置值，然后与实际反馈位置相比较，利用其误差值去控制伺服电动机，驱动工作台或刀具朝着减小误差的方向运动。在位置控制中，通常还要完成位置回路的增益调整、各坐标轴的零漂处理、反向间隙和螺距误差的补偿等，以提高机床的定位精度。

5.3　数控机床的伺服驱动系统

5.3.1　数控机床伺服驱动系统概述

数控机床伺服驱动系统包括主运动驱动系统和进给运动驱动系统，它以机床运动部件的位置和速度为控制量，接收上层数控装置的位置和速度指令，与测量反馈装置检测的实际值进行比较，经位置控制、速度控制、电流控制的闭环控制和功率放大后驱动伺服电动机，通过机械传动机构实现工作部件的加速度和位置运行要求。图 5-8 所示为现代数控机床进给传动系统的组成和基本工作原理，主要包括模块化数字化的驱动控制器、高性能的伺服电动机和带有位置测量系统的高质量的轴机械机构三大部分。其中伺服电动机和轴机械结构已在第 4 章中做了详细讲述，本节主要讨论驱动控制的原理和特性。

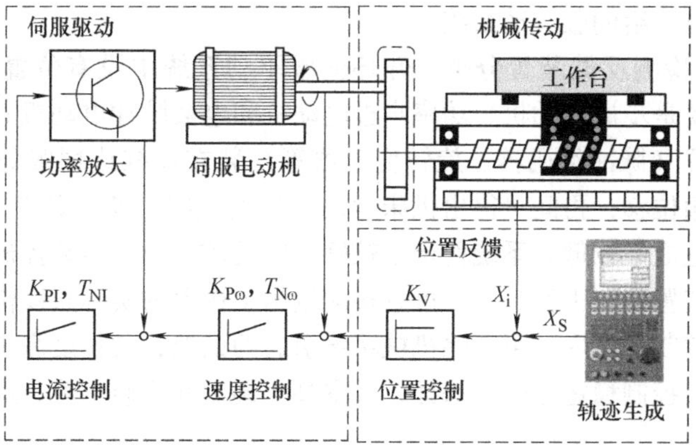

图 5-8　进给传动系统的组成和基本工作原理

（1）数控机床伺服驱动系统的控制要求　伺服驱动系统在实现运动控制信号的变换与传递过程中，既要满足调速系统的性能要求，保证有足够的调速范围、稳速精度、既快且平稳的启动制动性能，又应具备足够高的位置控制精度、位置跟踪精度和足够快的跟踪速度。数控机床的最高运动速度、跟踪精度、定位精度、加工表面质量、生产率及工作可靠性等一系列重要指标，主要取决于伺服驱动系统性能的优劣。数控机床对伺服驱动系统的要求主要有以下几个方面：

1）精度要高。恒定的切削速度能保证获得一致的工件表面粗糙度，因此，数控机床的主轴调速系统要求有良好的抗负载变化、电源电压波动等的干扰能力，有良好的稳态精度和抗扰能力。

进给伺服驱动系统的精度包括位移精度和定位精度。位移精度是指数控机床工作台运动的实际位移量跟踪数控装置发出的指令位置的精确程度。当前，数控机床进给伺服驱动系统的位移精度一般在微米级。定位精度是指输出量复现输入量的精确程度。数控加工对定位精度和轮廓加工精度要求很高，一般要求定位精度在微米级或亚微米级，甚至更高。

2）响应速度要快。响应速度是指伺服系统对数控系统指令的跟踪速度，是进给伺服驱动系统动态品质的重要指标。在加工过程中，要求进给伺服驱动系统跟踪指令信号的速度要快，过渡时间要短，而且系统无超调，这样跟随误差才小，一般应在几十毫秒以内。

3）调速范围要宽。数控机床是多工序集中加工的生产设备，在满足加工精度与表面粗糙度的前提下，对于不同的工件材料和刀具，需要选择不同的合理切削速度，才能充分实现机床的工作效率，发挥刀具的最佳效用。因此，数控机床伺服系统要有较宽调速范围。

4）工作稳定性要好。工作稳定性是指伺服驱动系统在突变指令信号或外界干扰的作用下，能够快速达到新平衡状态或恢复原有平衡状态的能力。工作稳定性越好，机床运行越平稳，零件的加工质量就越好。

5）低速转矩要大。在切削加工中，粗加工一般要求低进给速度、大切削量，为此，要求伺服驱动系统在低速进给时能输出足够大的转矩，提供良好的切削能力。

（2）进给伺服驱动系统的分类　伺服驱动系统按有无位置检测反馈装置分为开环进给伺服驱动系统、半闭环进给伺服驱动系统和闭环进给伺服驱动系统；按驱动电动机的类型可分为步进电动机进给伺服驱动系统、直流电动机进给伺服驱动系统、交流电动机进给伺服驱动系统和直线电动机进给伺服驱动系统。

1）按有无位置检测反馈装置分类。开环伺服驱动系统中没有位置检测装置和反馈回路，其驱动装置主要是步进电动机、功率步进电动机和电液脉冲电动机等。半闭环伺服驱动系统的位置检测装置（脉冲编码器、旋转变压器等）装在丝杠或伺服电动机的轴端部，测出丝杠或电动机的角位移，再间接得出机床运动部件的直线位移，其特点是系统结构简单，便于调整，检测装置成本较低，系统稳定性较好，广泛用于中小型数控机床。全闭环伺服驱动系统的位置检测装置装在工作台上，可直接测量出工作台的实际直线位移，该系统将所有传动部分都包含在控制环之内，可消除机械系统引起的误差，其精度高于半闭环伺服驱动系统，但结构较复杂，控制稳定性较难保证，成本高，调试和维修困难，适用于大型或比较精密的数控设备。

2）按伺服电动机的类型分类。

① 步进电动机伺服驱动系统。步进电动机，顾名思义，接收一个脉冲信号，电动机运行一个步距角。电动机的运行速度取决于脉冲指令的频率，电动机的运行距离取决于脉冲指令的数量。理论上步距误差不会累积，但在大负载和速度较高的情况下容易失步，而且能耗

大，速度低。其驱动系统一般采用开环控制，精度不高，早期主要用于速度和精度要求不太高的经济型数控机床和旧机床改造。

② 直流电动机伺服驱动系统。直流电动机伺服驱动系统常采用小惯量直流伺服电动机和永磁直流伺服电动机（或称为大惯量宽调速直流伺服电动机）。直流伺服电动机具有良好的宽调速性能，输出转矩大，过载能力强。直流大惯量伺服电动机的惯性与机床传动部件的惯性相当，构成闭环控制系统后易于调整和控制。同时，直流中小惯量伺服电动机及其大功率脉宽调制驱动装置又比较适应数控机床的频繁启停、快速定位和切削条件的要求。因此，在 20 世纪 70 年代和 80 年代初，数控机床多采用直流电动机伺服驱动系统。但直流伺服电动机由于具有电刷和机械换向器，其在结构与体积上的突破受限制，阻碍了它向大容量、高速方向的发展。

③ 交流电动机伺服驱动系统。交流电动机伺服驱动系统常采用异步伺服电动机（一般用于主轴驱动系统）和永磁同步伺服电动机（一般用于进给伺服驱动系统）。相对于直流伺服电动机，交流伺服电动机具有结构简单、体积小、惯量小、响应速度快、效率高等特点。它更适应大容量、高速加工的要求。目前，交流电动机伺服驱动系统已逐渐取代了直流电动机伺服驱动系统。

④ 直线电动机伺服驱动系统。直线电动机直接驱动机床工作台运动，取消了中间传动环节，从而克服了传统的驱动方式中传动环节带来的缺点，显著提高了机床的动态灵敏度、加工精度和可靠性。直线电动机主要应用于速度高、加工精度高的数控机床。

3）数控机床主运动系统和进给运动系统。数控机床的主运动以调速控制为主，调速控制的控制量一经给定基本不变，基本上是一个恒值控制系统。只有在自动换刀、加工螺纹等的时候，需要主轴准确停止在某一固定角度，进行简单的位置控制。

切削加工的工艺通常是在低速时进行重载切削，此时负载阻力大，在高速精加工时，切削量小，负载阻力小，因此主运动负载基本上是“恒功率”负载。主运动调速特性应与负载特性相匹配，实现宽范围的恒功率调速。

数控机床的进给运动是使进给轴产生一定的位置变换，控制量是数控装置插补发出的直线位移或转角位移，输入量实时周期性地不断变化，要求输出量快速准确地跟随输入量的变化而变化，是一个位置伺服系统，它的控制要求高，难度大。

5.3.2 数控机床的调速控制

现代数控机床主运动系统中，广泛应用交流异步电动机进行拖动，它有不同类型的调速方法，其中变压变频调速属于转差功率不变型调速方法，无论转速高低，转差功率基本不变，因此效率高，应用最广。图 5-9 所示为经济型数控车床中常见的主轴交流异步开环调速系统，图 5-9a 为其组成，图 5-9b 为其连接原理。

（1）变压变频调速方法的特性。改变异步电动机的供电频率，可以改变其同步转速，实现调速运行，这就是变频调速的基本原理。采用通用变频器对笼型异步电动机进行调速控制，调速范围大，静态稳定性好，运行效率高，使用方便，可靠性高并且经济效益显著，在生产和生活中得到了广泛的应用。

1）基频以下的恒磁通变频调速。电动机的额定运行频率称为基频，当在基频以下变频时，为了保持电动机的负载能力，应保持气隙磁通不变。由电动机理论知道，三相异步电动机定子每相电动势的有效值为

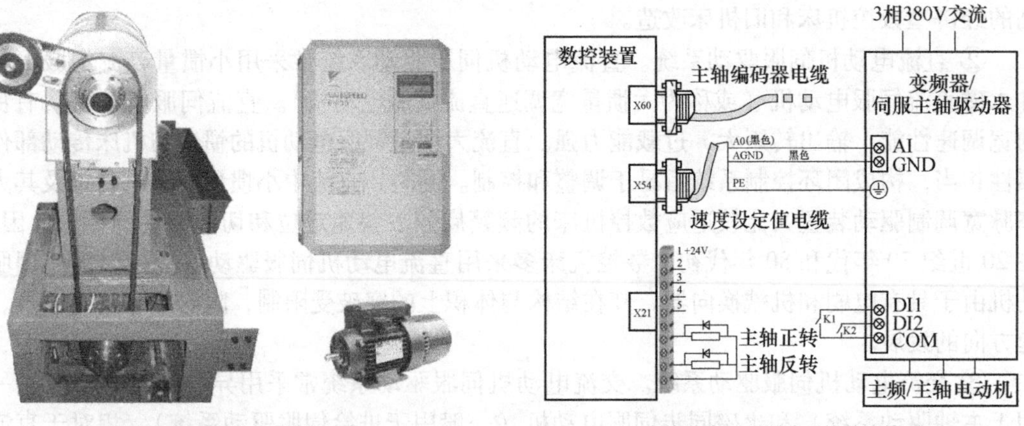

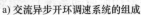

a) 交流异步开环调速系统的组成　　b) 交流异步开环调速系统的连接原理

图 5-9　数控机床主轴开环调速系统的组成与连接

$$E_1 = 4.44 f_1 N \Phi_m \tag{5-1}$$

式中　E_1——定子每相电动势的有效值；

f_1——定子频率；

N——定子绕组的有效匝数；

Φ_m——每极磁通量。

由式（5-1）可见，磁通量 Φ_m 的值是由 E_1 和 f_1 共同决定的，保持 E_1/f_1 = 常数，即保持电动势与频率之比为常数进行控制，就可以使气隙磁通 Φ_m 保持额定值不变。如果电动机在不同转速时所带的负载都能使电流达到额定值，那么电动机输出的转矩不变。这种控制称为恒磁通变频调速，属于恒转矩调速方式。

但是 E_1 难于直接检测和控制，当 E_1 和 f_1 的值较高时，定子的漏阻抗压降相对比较小，可忽略不计，可以近似地认为 $U_1 \approx E_1$，在控制上保持 U_1/f_1 = 常数，这就是恒压频比控制方式，是近似的恒磁通控制。当频率较低时，U_1 和 E_1 都变小，定子漏阻抗压降（主要是定子电阻压降）不能再忽略。这种情况下，可以人为地适当提高定子电压以补偿定子电阻压降的影响，使气隙磁通保持大致不变。

2）基频以上的弱磁变频调速。当变频的范围在基频以上时，频率由额定值向上增大，但电压 U_1 受额定电压 U_{1N} 的限制不能再升高，只能保持 $U_1 = U_{1N}$ 不变，因此，必然会使主磁通随着 f_1 的上升而减小。如果电动机在不同转速时所带的负载都能使电流达到额定值，则电动机输出的转矩基本上随磁通变化而变化，随着转速升高，主磁通下降，电动机的输出转矩降低，但功率基本不变。因此，基频以上的弱磁变频调速基本上属于“恒功率调速”方式。异步电动机变压变频调速的控制特性如图 5-10 所示。

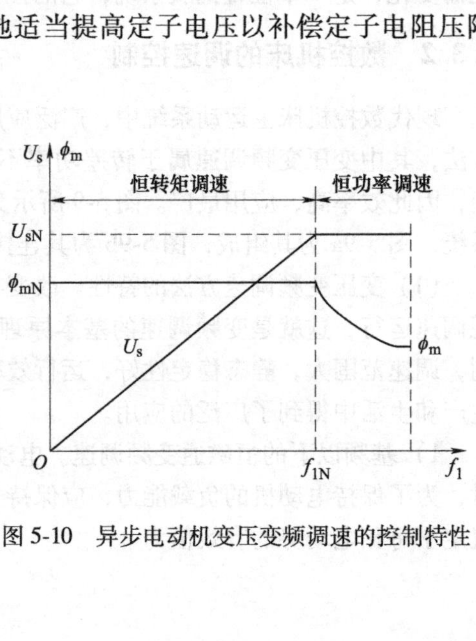

图 5-10　异步电动机变压变频调速的控制特性

异步电动机恒压频比变频调速控制时的机械特性曲线基本是平行移动，如图 5-11 所示，表示此种方法调速有良好的硬度特性。

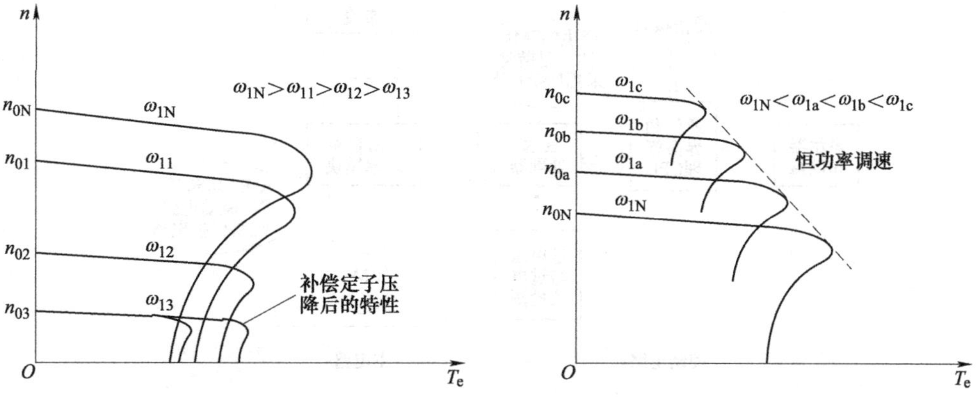

图 5-11　VVVF 调速机械特性

（2）变频器的基本结构和原理　对于异步电动机的变压变频调速，必须具备能够同时控制电压幅值和频率的交流电源，而电网提供的是恒压恒频的电源，因此应该配置变压变频器，又称 VVVF(Variable Voltage Variable Frequency) 装置。

从整体结构上看，电力电子变压变频器可分为交-直-交和交-交两大类。交-交变频器可将工频交流直接变换成频率、电压均可控制的交流，又称直接式变频器。交-直-交变压变频器先将工频交流电源通过整流器变换成直流，再通过逆变器变换成可控频率和电压的交流。由于有一个“中间直流环节”，所以又称间接式的变压变频器，具体的整流和逆变电路种类很多，当前应用最广的是由电力二极管组成的三相桥式不控整流器和由功率开关器件（P-MOSFET，IGBT 等）组成的三相桥式脉宽调制（PWM）逆变器，简称 PWM 变压变频器，如图 5-12 所示。目前，除了超大功率场合外，变频器都采用交-直-交的形式。

图 5-13 所示为某型号通用开环电压型 PWM 变频器的外观，其基本组成和原理如图 5-14 所示。变频器的控制电路常由运算电路、检测电路、控制信号的输入/输出电路和驱动电路等构成。其主要任务是控制逆变器的开关、控制整流器的电压以及完成各种保护功能等。目前，变频器一般采用微处理器控制，多采用数字信号处理器（DSP）进行全数字控制，硬件电路比较简单，主要靠软件来完成各种功能。

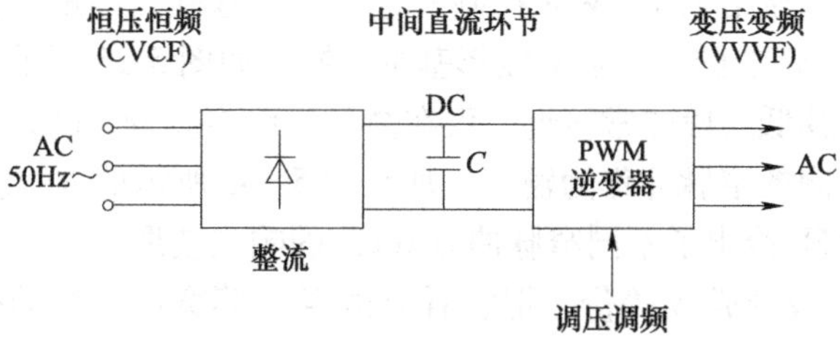

图 5-12　交-直-交 PWM 变压变频器原理

图 5-13　通用变频器外观

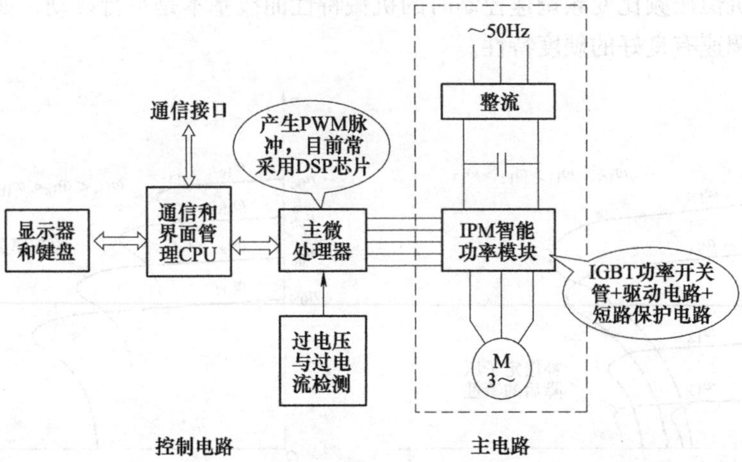

图 5-14　变频器的基本组成和原理示意

在交流调速领域中，大量的负载如风机、水泵等，对调速要求并不高，使用通用开环的 VVVF 变频器完全可以满足要求。在国内机床行业，由于考虑设备成本等因素，在低端数控机床中，通用开环的 VVVF 变频器调速主轴也仍在使用，其连接原理如图 5-15 所示。所谓“通用”，一是指可以和通用的笼型异步电动机配套使用；二是指具有多种可供选择的功能，适用于各种不同性质的负载。

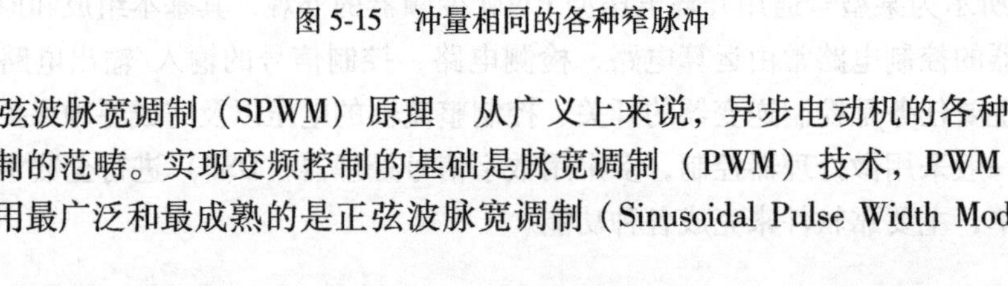

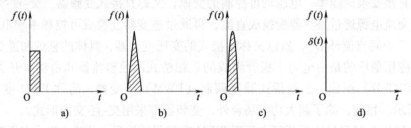

图 5-15　冲量相同的各种窄脉冲

(3) 正弦波脉宽调制（SPWM）原理　从广义上来说，异步电动机的各种控制方法都属于变频控制的范畴。实现变频控制的基础是脉宽调制（PWM）技术，PWM 方案有很多种，其中应用最广泛和最成熟的是正弦波脉宽调制（Sinusoidal Pulse Width Modulation，SPWM）。

在采样控制理论中有一个重要结论，冲量相等而形状不同的窄脉冲（图 5-15）加在具有惯性的环节上时，其效果基本相同。该结论是 PWM 控制的重要理论基础，冲量即指窄脉冲的面积，“效果基本相同”是指惯性环节的输出响应波形基本相同，如图 5-16 所示，如果把各输出波形用傅里叶变换分析，则其低频段非常接近，仅在高频段略有差异。例如，将图 5-15b 所示的 a、b、c、d 四种面积相同的窄脉冲作为输入，加在图 5-16a 所示的 *RL* 电路上，设其电流 $i(t)$ 为电路的输出，图 5-16b 给出了不同窄脉冲时 $i(t)$ 的响应波形。

同理，将图 5-17 所示的正弦波半波分成 *N* 等份，把它看成由 *N* 个等宽不等幅的彼此相连的脉冲所组成。把这 *N* 个正弦脉冲都用一个与之面积相等的等幅矩形脉冲来代替，矩形脉冲的中点与正弦脉冲的中点重合，就得到图示的脉冲序列。根据上述冲量相等效果相同的

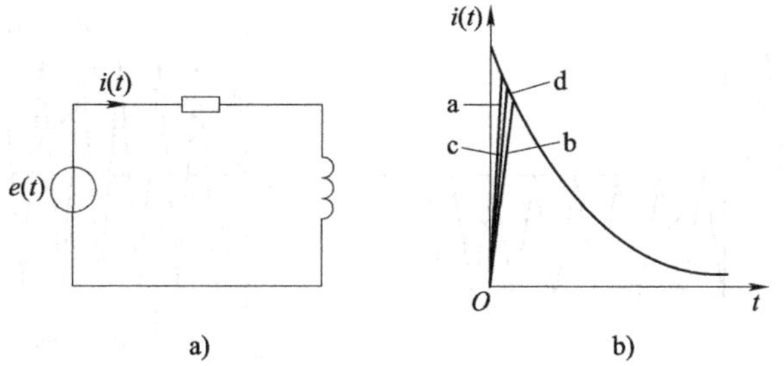

图 5-16　惯性环节对各种窄脉冲的响应波形

原理，该矩形脉冲序列与正弦半波是等效的。因此，所谓正弦波脉宽调制就是把一个正弦波分成 N 个等幅而不等宽的方波脉冲，每个方波的宽度，与其所对应时刻的正弦波的值成正比，这样就产生了与正弦波等效的等幅矩形脉冲序列波，称为 SPWM 波形。由于各脉冲的幅值相等，所以逆变器可由恒定的直流电源供电，也就是说，逆变器输出脉冲的幅值就是整流器的输出电压。

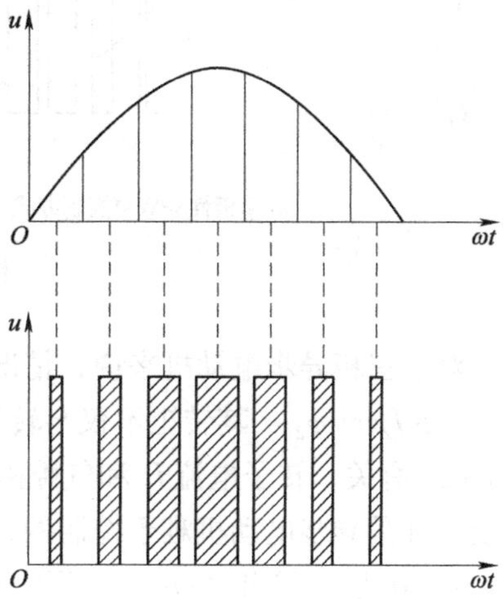

图 5-17　SPWM 调制原理

当逆变器各开关器件在理想状态下工作时，驱动相应开关器件的信号也应与逆变器的输出电压波形相似。从理论上讲，这一系列脉冲波形的宽度可以严格地用计算方法求得，作为控制逆变器中各开关器件通断的依据。但较为实用的办法是采用“调制”这一概念，以正弦波作为逆变器输出的期望波形，以频率比期望波高得多的等腰三角波作为载波（Carrier wave），并用频率和期望波相同的正弦波作为调制波（Modulation wave），当调制波与载波相交时，由它们的交点确定逆变器开关器件的通断时刻，从而获得在正弦调制波的半个周期内呈两边窄中间宽的一系列等幅不等宽的矩形波，这种调制方法称作正弦波脉宽调制。图 5-18a 所示为在正弦调制波的半个周期内，三角载波只在正或负的一种极性范围内变化，所得到的 SPWM 波也只处于一个极性的范围内，叫做单极性控制方式。图 5-18b 所示为在正弦调制波半个周期内，三角载波在正负极性之间连续变化，则 SPWM 波也是在正负极性之间变化，叫做双极性控制方式。

（4）异步电动机矢量控制原理　转速开环控制的通用 VVVF 变频调速系统对于需要高动态性能的场合，就不能完全适应，因为恒压频比调速控制方法是从异步电动机稳态等效电路出发，不考虑其动态过程，因而系统的启动快速性、低速运行平稳性、转矩动态响应等性能尚不能令人满意。

调速的关键是转矩控制，直流电动机调速性能好的根本原因就在于其转矩控制的容易。在他励直流电动机的转矩表达式中，电枢电流 I 和磁通 Φ 是两个互相独立的变量，分别由电枢绕组和励磁绕组来控制，在电路上互相不影响。如果忽略了磁饱和效应以及电枢反应，电枢绕组产生的磁场与励磁绕组产生的磁场是相互正交的，可以简单地说电枢电流 I 和磁通 Φ 是独立的、正交的。

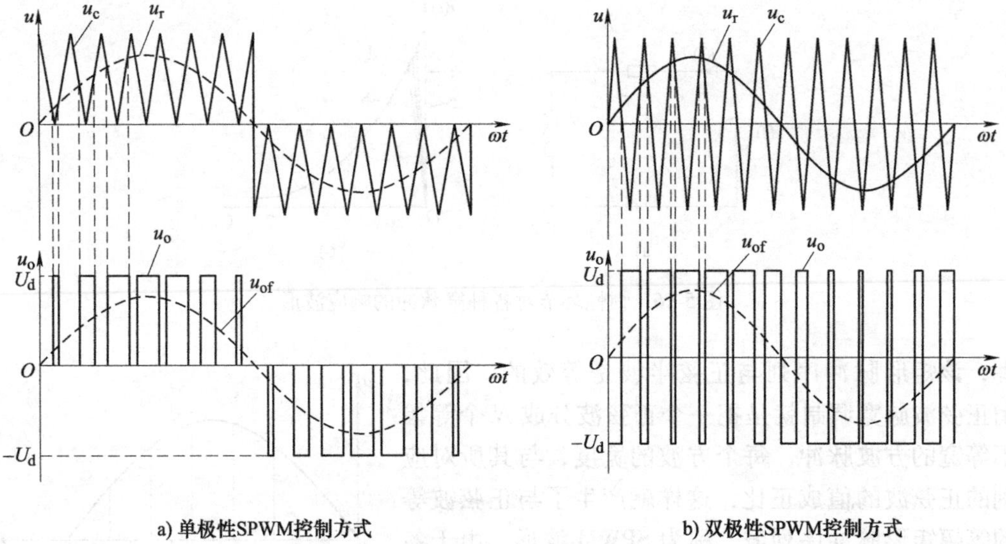

图 5-18　SPWM 控制方式

对于三相异步电动机来说，情况就不像直流电动机那样简单了。三相异步电动机的转矩 $T = C_T \Phi I_2 \cos\varphi_2$，其转矩不仅与转子电流 I_2 和气隙磁通 Φ 有关，而且与转子回路的功率因数 $\cos\varphi_2$ 有关，转子电流 I_2 和气隙磁通 Φ 两个变量既不正交，彼此也不是独立的，转矩的这种复杂性是异步电动机难于控制的根本原因。

在 20 世纪 70 年代初期，德国西门子公司 F. Blachke 等提出的"感应电动机磁场定向的控制原理"，美国 P. C. Custman 与 A. A. Clark 申请的专利"感应电动机定子电压的坐标变换控制"，这两项成果奠定了异步电动机矢量控制的基础。异步电动机所有的矢量，包括磁通势矢量、磁链矢量、电压矢量、电流矢量等，都在空间以同步转速旋转，它们在定子坐标系（静止系）上的各分量，就是定子绕组上的物理量，都是交流量，控制和计算不方便。应当建立起以同步转速旋转的坐标系，在该旋转坐标系上看，电动机各矢量都变成了静止矢量，它们在旋转坐标系上的各分量都是直流量，可以很方便地从同一转矩公式出发，找到转矩和被控矢量（电压或电流等矢量）各分量间的关系，实时地算出转矩控制所需的被控矢量各分量的值。

目前，通常以转子磁通这一旋转的空间矢量为参考坐标，利用从静止坐标系到旋转坐标系之间的变换，把定子电流中的励磁电流分量与转矩电流分量变成标量独立开来，进行分别控制。这样，通过坐标变换重建的电动机模型就可等效为一台直流电动机，从而可像直流电动机那样进行快速的转矩和磁通控制，并获得与直流电动机类似的控制特性。

5.3.3　数控机床的位置控制

数控机床进给运动是以快速精确跟踪为主要目标的位置伺服系统，以足够的位置控制精度、位置跟踪精度和足够快的跟踪速度以及位置保持的能力为主要控制目标。系统运行时要求能以一定的精度随时跟踪指令的变化，因而系统中伺服电动机的运行速度常常是不断变化的。故伺服系统在跟踪性能方面的要求一般要比普通调速系统高且严格得多。

1. 位置控制的原理

（1）位置控制回路　数控机床标志性功能单元是位置控制，包括进给和定位，在半闭环和闭环进给系统的位置控制中，如图 5-8 所示，位置调节器是比例 P 调节器，它有一个重要的参数是比例放大系数 K_v。伺服系统理论值和实际值之间的误差（滞后量）称为跟随误差，它与运动的实时速度成比例变化，其计算公式为

$$X_s = v/K_v \tag{5-2}$$

式中　X_s——跟随误差（mm）；

K_v——放大系数［(m/min)/mm］；

v——速度（m/min）。

在速度一定时，跟随误差由 K_v 系数确定，K_v 越大，则系统的随动误差越小，跟随精度越高。因此，K_v 系数也成为衡量加工精度和进给驱动动态性能的参数。

不过，这类闭环控制系统是一个可振荡系统，在过高的放大系数下会触发控制回路振荡，因此，闭环放大系数必须受到限制。一个进给系统可达到的闭环放大系数受到系统机械部件结构的影响，首先机械传动部件的刚性应尽可能大，其次系统的非线性因素如摩擦和间隙应尽可能小。

（2）速度环和电流环　在数控机床上，为了提高稳定裕量，使得系统容易稳定，在位置环内增加了一个闭环速度控制回路，速度环的增益 K_s 可以取得很大，一般取 $K_s = 800 \sim 1000$。因此，很小的位置误差就会产生很明显的速度偏差，从而系统可得到很高的位置分辨精度。速度控制环可以减小系统的时间常数、增大系统阻尼，使系统获得很高的响应速度与稳定裕量。

典型的位置伺服系统是三重闭环的结构，即位置环、速度环和电流环，如图 5-19 所示。从运动控制的基本规律来理解，这样的三闭环的结构是最合理的。要实现位置控制，以速度控制为前提，即以多大的速度运行才能在某一时刻到达某一位置。同理，要以某一速度运行，则必须控制加速度，加速度与转矩成正比，而转矩取决于电流，所以通过电流环可以控制电动机的实际加速度，从而实现速度的控制，最终实现位置控制。位置偏移量作为后面转速闭环的输入值，转速的偏移量为电流调节器提供指令，这一转速调节器和电流调节器的比例积分（PI）过程使得控制最小的误差成为可能。所以位置、速度和电流（加速度）的三环反馈控制能够使位置伺服系统得到有效的控制。进给伺服系统要能真正实现预期的快速、准确及平稳驱动的要求，要对闭环系统的参数如开环增益、阻尼系数等进行设计和调试，参

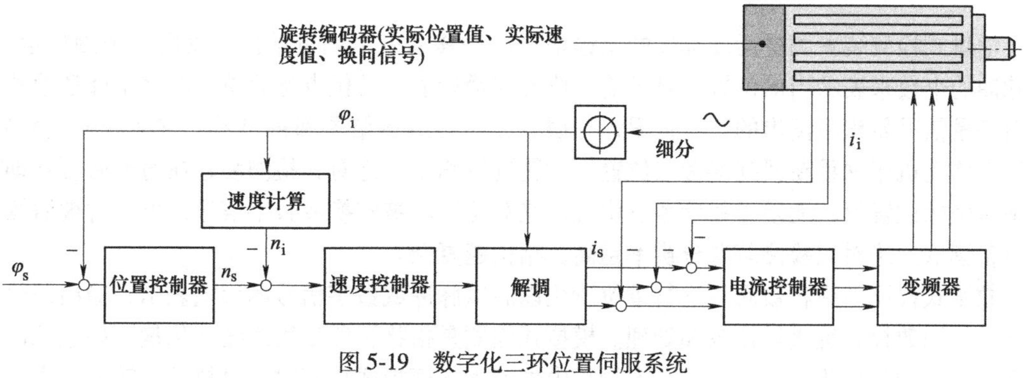

图 5-19　数字化三环位置伺服系统

数对伺服系统的稳态精度与动态性能影响很大。

2. 位置的测量

伺服驱动控制系统需要测量装置为位置和速度控制器提供反馈信号和电子换向信号，如图 5-19 所示。测量装置的性能对电动机的重要特性具有决定性影响，例如定位精度、速度稳定性、带宽，它决定驱动指令的响应时间和抗干扰性能、功率损耗、尺寸及噪声。在选择测量装置时，不仅要考虑其类型，还要考虑测量装置的接口、分辨率、精度、防护等级等方面，以满足用户的控制要求。

(1) 检测装置的类型 数控机床位置检测装置的类型很多，见表 5-2 所列。按检测信号的类型可分为数字式和模拟式，按测量基准可分为增量式和绝对式，按测量值的性质可分为直接测量式和间接测量式。对于不同类型的数控机床，因工作条件和检测要求不同，应采用不同的检测方式，常见的位置检测装置有增量式或绝对式旋转编码器、旋转变压器、增量式或绝对式角度编码器、增量式或绝对式直线光栅尺等，图 5-20 所示为旋转电动机用的各种旋转编码器。

表 5-2 位置检测装置的分类

	数字式		模拟式	
	增量式	绝对式	增量式	绝对式
回转型	增量脉冲编码器 圆光栅	绝对脉冲编码器	旋转变压器 圆感应同步器 圆磁尺	多圈直线感应同步器
直线型	计量光栅 激光干涉仪	多通道透射光栅	直线感应同步器 光栅尺	绝对式磁栅尺

图 5-20 旋转编码器

增量式检测装置测量运动部件的位移增量，每移动一个测量单位，发出一个测量信号，用脉冲的个数来表示当前位置相对于前一位置的增量值。其优点是简单，但由于移动距离是靠对测量信号累积后读出的，一旦累计有误，此后的测量结果都将出错。它在断电重启后，必须先移动机床轴重新回到参考点位置，才能进行测量。绝对式检测装置在通电后可立即得到绝对坐标位置值，无须去找参考点位置，绝对位置值被转换成数字信号，可随时被后续电子设备读取。绝对式检测装置分辨率越高，结构越复杂。

数字式检测是指将被测量进行单位量化以后以脉冲或数字信号的形式表示，输出信号可直接反馈回数控装置进行比较和处理。模拟式检测是指将被测量用连续变化量，如电压的幅值变化量、相位变化量等表示。在大量程内做精确的模拟式检测时，对技术有较高要求，因此模拟式检测主要用于小量程测量。

直接式检测装置是指安装在末端执行部件上的，直接测量其直线位移或角位移的装置，其特点是直接反映执行部件的位移量，测量精度高，但要求直线检测装置与测量行程等长。间接测量是指将位置检测装置安装在执行部件前面的传动元件或驱动电动机轴上，测量其角位移，经过转换以后才能得到执行部件的直线位移，这种检测装置构成半闭环伺服进给系统。采用间接测量方式的检测装置使用可靠、方便，无长度限制，但在检测信号中包含直线运动转变为旋转运动时的传动链误差，从而会影响测量精度。一般需对数控机床的传动链误差进行补偿，以提高定位精度。

（2）编码器和光栅尺　编码器或光栅尺的检测原理可分为光电式（光学）、磁电式（电磁学）和感应式等。大多数编码器或光栅尺都采用光电扫描原理，其测量基准是刻有周期刻线的光栅。光栅刻制在玻璃或钢制材料上，典型栅距为 4～50μm，要求线条边缘清晰均匀，以保证输出信号周期很小，可以高质量地输出信号。光电扫描是非接触的，因此无摩擦。

磁栅编码器采用可磁化的合金钢做磁栅基体，北极和南极构成的栅距为 400μm。由于电磁相互作用的距离非常短，而且要求的扫描间隙也很小，要得到更小栅距的磁栅是不可行的。感应扫描原理的编码器采用铜材光栅。

1）光栅刻轨。增量式编码器上有增量信号刻轨和参考点刻轨，如图 5-21a 所示，获取位置信息的方法是计算从某参考点开始的增量数（测量步距数）。永磁同步伺服电动机内置旋转编码器同时还提供换向刻轨，如图 5-21b 所示，用于在开机时检测转子位置。绝对式编码器具有多道编码的光栅刻轨，如图 5-21c 所示，绝对位置信息来自码的排列。栅距最小的光栅刻轨还能在细分后提供位置值，并同时生成可选的附加增量信号。

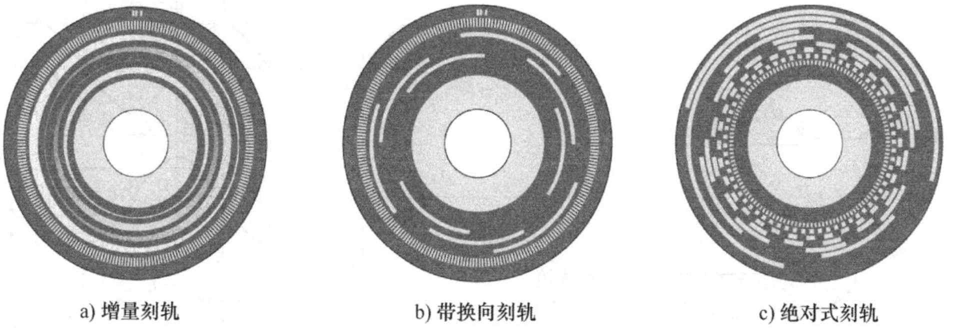

a) 增量刻轨　　b) 带换向刻轨　　c) 绝对式刻轨

图 5-21　圆光栅

同理，对于绝对式直线光栅尺，为确定绝对位置，需要使用一组相对较粗的伪随机码构成的光栅刻线和一组精细的增量刻轨信号的组合加以确定，如图 5-22 所示。伪随机码光栅刻线可对光栅尺长度上的每一个绝对位置进行测量，该刻线在直线光栅尺上对应唯一的位置。增量刻轨信号通常的信号周期是 20～100μm 并可以进行更精密的细分。通常测量仪器的电子单元连接这两种栅距并计算出位置量，然后通过数字化串行协议发送到数控系统。在增量式测量设备中，机床为了保持和坐标轴参考点之间的距离，必须在开机后走过一段行程直到找到下一个参考标记。为了使走到下一个参考标记的距离尽量小，建立了所谓距离编码的参考标记。两个相邻参考标记的间距在一个光栅尺上是唯一的，这样在走过两个参考标记后数控系统可以清楚地计算当前坐标轴的实际位置。在增量式测量设备中，机床为了获取与坐标轴参考点之间的距离，必须在开机后走过一段行程，直到找到下一个参考标记。为了使走到下一个参考标记的距离尽量短，光栅尺中两个相邻参考标记的间距是唯一的，这样在走过两个参考标记后，数控系统就可以清楚地计算当前坐标轴的实际位置，图 5-23 所示所需走的距离最大值为 20mm，输出信号通常是振幅为 $1V_{ss}$ 的正弦波。

图 5-22　带增量刻轨的绝对式光栅尺

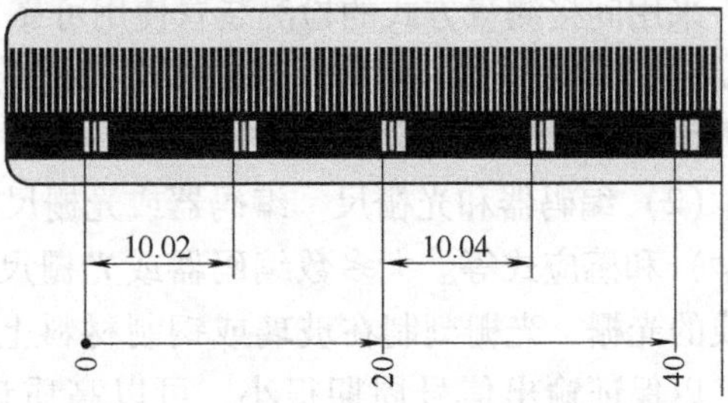

图 5-23　带距离编码参考点的增量式光栅

2）光电成像扫描原理。简单地说成像扫描原理是用透射光生成信号，如图 5-24 所示，栅距相同的光栅尺和扫描光栅彼此相对运动。扫描光栅的基体是透明的，而作为测量基准的光栅尺可以是透明的，也可以是反射的。当平行光穿过一个光栅时，在一定距离处形成明/暗区，具有同栅距的扫描光栅就位于这个位置处。当两个光栅相对运动时，穿过光栅尺的光得到调制。如果狭缝对齐，则光线通过，如果一个光栅的刻线与另一个光栅的狭缝对齐，则光线无法通过。光电池将这些光强变化转化成正弦电信号，如图 5-25 所示。如果成像扫描的编码器光栅栅距在 10μm 或更大的话，编码器的安装公差相对宽松。

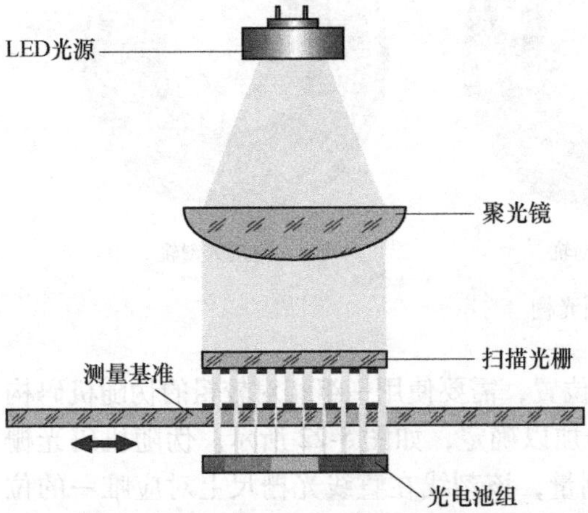

图 5-24　光电成像扫描原理示意图

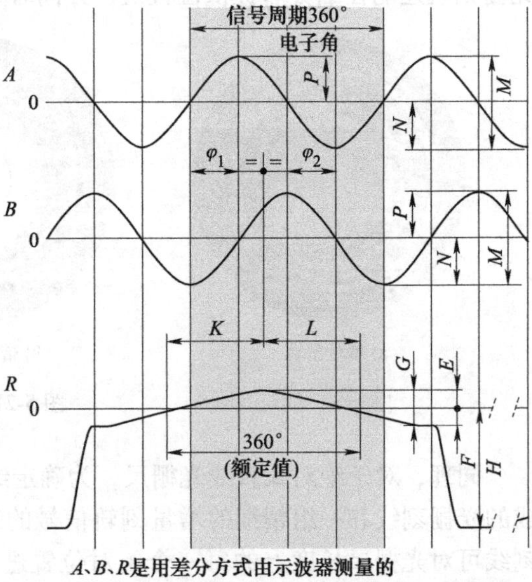

A、B、R是用差分方式由示波器测量的

图 5-25　$1V_{PP}$ 正弦信号

（3）旋转变压器　旋转变压器是一种数控机床上常见的角位移测量装置，结构简单、动作灵敏、工作可靠、对环境条件要求低，适应高温、高粉尘的场合，输出信号为模拟量，信号幅度大，抗干扰能力强，其缺点是信号处理比较复杂。

旋转变压器又叫同步分解器，在结构上与两相绕线式异步电动机相似，由定子和转子组成，是一种旋转式的小型交流电动机。旋转变压器分为有刷和无刷两种。有刷旋转变压器定子与转子上两相绕组轴线分别相互垂直，转子绕组的引线（端点）经集电环引出，并通过电刷送到外面。无刷旋转变压器无电刷与集电环，由分解器和变压器组成，如图 5-26 所示，左边是分解器，右边是变压器，变压器的作用就是不通过电刷与集电环把信号传递出来，分解器结构与有刷旋转变压器基本相同。变压器的一次绕组（定子绕组）5 与分解器转子 8 上的绕组相连，并绕在与分解器转子 8 固定在一起的线轴 6 上，与转子轴 1 一起转动；变压器的二次绕组 7 绕在与线轴 6 同心的定子 4 的线轴上。分解器定子的线圈外接励磁电压，常用的励磁频率为 400Hz、500Hz、1000Hz、2000Hz 及 5000Hz，如果励磁频率较高，则旋转变压器的尺寸可以显著减小，转子的转动惯量也就可以很小，适用于加、减速比较大或精度高的齿轮、齿条组合使用的场合；分解器转子线圈输出信号接到变压器的一次绕组 5，从变压器的二次绕组（转子绕组）7 引出最后的输出信号。无刷旋转变压器具有输出信号大、可靠性高、寿命长及不用维修等优点，所以数控机床主要使用无刷旋转变压器。

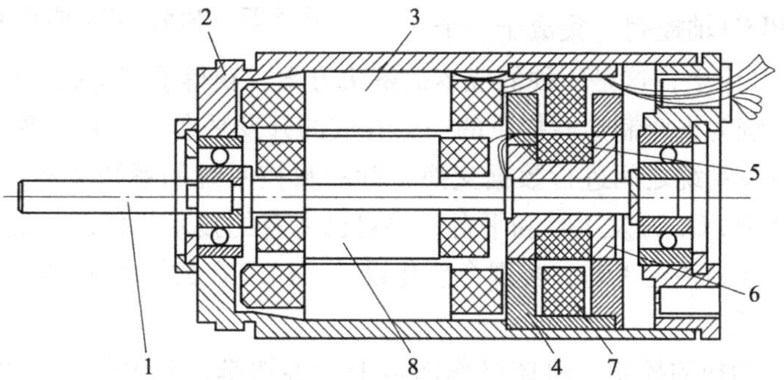

图 5-26　旋转变压器结构

1—转子轴　2—壳体　3—分解器定子　4—变压器定子　5—变压器一次绕组
6—变压器转子线轴　7—变压器二次绕组　8—分解器转子

（4）检测装置的性能指标　位置检测装置的性能指标主要包括检测精度和分辨率。检测精度又称为系统精度，是指检测装置在一定长度（任意 1m 长）或一定转角范围内测量累积误差的最大值。目前常见的直线位移检测精度为±(0.002~0.02)mm/m，角位移检测精度为 ±(0.4″~1″)/360°。分辨率是指检测装置所能测量的最小位移量，目前常见的直线位移分辨率为 1μm，高精度系统的分辨率可达 0.001μm，角位移分辨率可达 0.01″/360°。对于旋转编码器来说，分辨率一般定义为编码器旋转一圈所测量的单位或者脉冲。绝对值编码器的输出是基于编码的实际位置的二进制数字，其分辨率一般被定义为一个二进制“位”，如 16 位等于 2^{16}，因此，一个 16 位编码器每圈提供 65536 个量化单位。

数控机床对位置检测装置的主要要求有：可靠性高、抗干扰能力强；检测精度高、静态和动态响应速度快；使用、维护方便等。不同类型的数控机床对位置检测装置的精度和适应速度的要求不同。对于大型数控机床以满足速度要求为主，而对于中小型数控机床和高精度数控机床则以满足精度要求为主。

5.4 数控机床的PLC控制

5.4.1 数控系统中的PLC

1. 数控系统中PLC的作用

机床PLC的软硬件可以完全集成在数控装置中，集成方案随着技术的发展而发展，目前通常有内装型PLC和集成的软件PLC两种方式。内装式PLC作为数控装置内部的一个功能模块，通过内部系统总线与CNC之间交换信息，增强了系统的可靠性和数据交换的速度，如图5-27所示。而在一些数控系统中，采用带有标准化数据接口的集成软件PLC，带完整功能的“CNC+集成软件PLC+轴控制”集成于一个共同的印制电路PC卡上，这是一种低成本的解决方案，获得了广泛的使用。

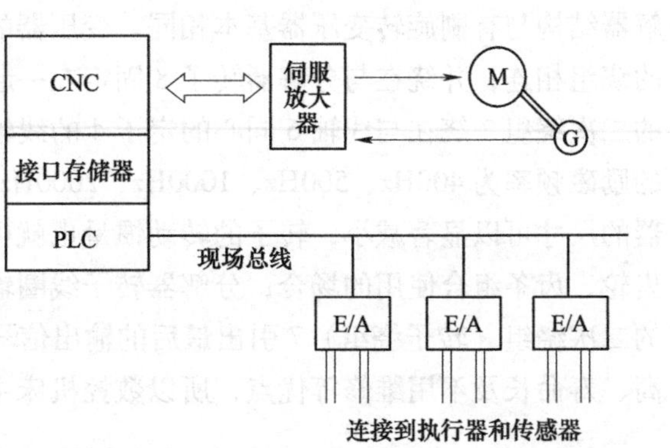

图5-27 内装式PLC的CNC系统框图

PLC是数控系统为机床制造商提供的一个开放的开发平台，是数控系统开放性的重要体现。PLC可以与数控系统之间进行数据交换，读写数控系统的系统变量，调用NC程序等。机床制造商可以基于PLC开发工具和平台，将自己专有的技术与标准的数控系统进行集成，针对用户需求或机床的特定工艺，实现个性化设计。PLC在数控机床控制系统中的作用主要体现在以下几个方面：

（1）机床操作面板的控制　机床操作面板上的各按键、开关信号，例如面板上的工作方式选择键、倍率开关、辅助动作按键等的信号都是直接进入PLC，这些信号由PLC程序进行逻辑处理后，给机床输出相应的控制信号，或送给CNC做进一步处理，从而控制机床的运行。

（2）机床外部开关输入信号　将机床侧的开关信号输入到PLC，这些开关信号包括检测元件信号，如行程开关、接近开关、液位开关、压力传感器、温控开关的信号。这些信号送入PLC之后，由PLC进行逻辑运算，送给CNC或直接输出到机床侧实现相应的控制功能。

（3）输出信号控制　PLC输出信号经外围控制电路中的继电器、接触器、电磁阀等输出给控制对象，用于控制机床的辅助动作，例如刀库的正转与反转、卡盘的夹紧与放松、切削液的接通与关闭等。

（4）M、S、T功能实现　加工程序经CNC译码后，将M、S、T指令信号传递给PLC，经过PLC程序的处理，输出控制信号，控制主轴正反转和启动停止等功能。M、S、T指令完成后，PLC向系统发出完成信号。

2. 数控系统中PLC的信息交换

数控系统中PLC的信息交换是指以PLC为中心，在PLC与NCK、HMI、MCP以及机床电气输入输出信号之间的信号传递处理过程，如图5-28所示。为了便于数据交换，在PLC

与 NCK、HMI、MCP 之间增加了进行信息交换的数据区，这个数据区称为接口信号。这个用于信息交换的接口信号也即数控系统集成 PLC 与标准 PLC 产品不同之处。

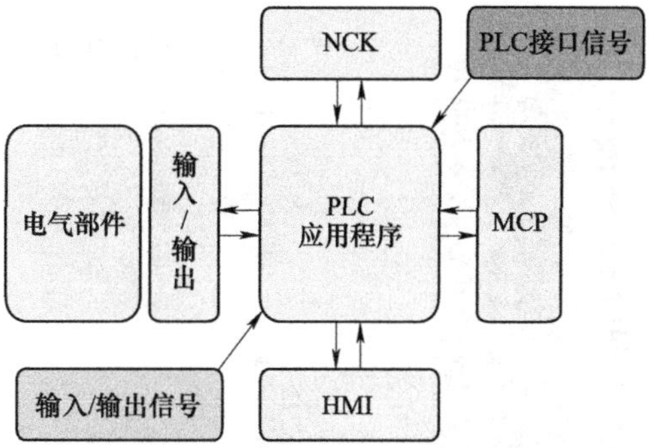

图 5-28 数控系统中 PLC 的信息交换

接口信号的地址和内容是数控系统明确定义的，数控系统不同，其接口信号的内容和数量也有所不同，不能一概而论。信号接口中信息量的大小是衡量数控系统开放性，以及其控制功能强弱的依据。在接口信号中，有机床控制面板的按键状态信号、制造厂使用的报警信息、辅助功能信息、刀具信息、通道控制信息、轴控制信号等。每个接口信号具有方向性，信号的方向决定了该信号的可读可写性能，例如，由 NCK 发给 PLC 的信息（NCK→PLC）通常表示数控系统的内部状态，对 PLC 是只读的，主要包括各种功能代码 M、S、T 的信息、手动/自动等工作方式状态信息、各种使能信息等。而 PLC 发给 NCK 的信号（PLC→NCK）通常是 PLC 向数控系统发出的控制请求，主要包括数控系统的控制方式选择，坐标的使能、进给倍率、点动控制、M/S/T 功能的应答信号等，这些信号对 PLC 是可读可写的。

5.4.2 PLC 的输入输出信号

数控机床输入输出信号的种类和数量取决于机床的自动化、智能化程度，机床自动化、智能化程度越高，其输入输出的信号就越多。数控机床输入信号通常有急停信号、轴的行程正负限位开关信号、编码器增量测量方式下所需的轴的参考点开关、刀具及刀库的诸多相关信号、冷却/润滑液位检测信号、辅助电动机过载检测信号、自动卡盘/自动门等动作到位信号、各种机床状态的传感检测信号等。数控机床输出信号通常有刀架电动机正反转信号、主轴齿轮换挡信号、冷却/润滑/尾架等电动机控制信号、各种自动辅助功能的气动/液压装置（如卡盘等）的动作信号等。

PLC 作为标准的工业控制器，不同厂家的 PLC，其输入输出电路的接口通常均为 50 芯扁平接口，并具有相同的电气标准。通过 50 芯扁平电缆从模块的扁平接口连接至相应的端子转换器，图 5-29 所示为某输入输出模块实物及其接线端子转换器的具体端子说明。

5.4.3 PLC 典型控制功能设计

数控系统出厂时是没有 PLC 应用程序的，此时机床控制面板的操作命令不能送达数控系统，因而不能完成对机床的操作命令的执行，如数控系统运行方式选择、手动移动坐标等。因此，数控机床电气设计和调试的第一项工作就是设计 PLC 应用程序，并且必须保证所有与安全功能相关的 PLC 基本功能正确无误后，才能进行驱动器调试、数控系统参数的设定和调试。

通常需要设计的 PLC 控制内容有：初始化程序、机床操作面板生效、坐标轴的使能控制（使能、硬限位、参考点）、主轴换挡控制、机床的冷却、润滑、机床的液压卡盘/尾架、机床的排屑控制、自动换刀控制、机床的辅助动作（防护门互锁、警告灯等）等。

（1）初始化功能　初始化功能（子程序）仅在首个 PLC 扫描周期执行一次，程序的主

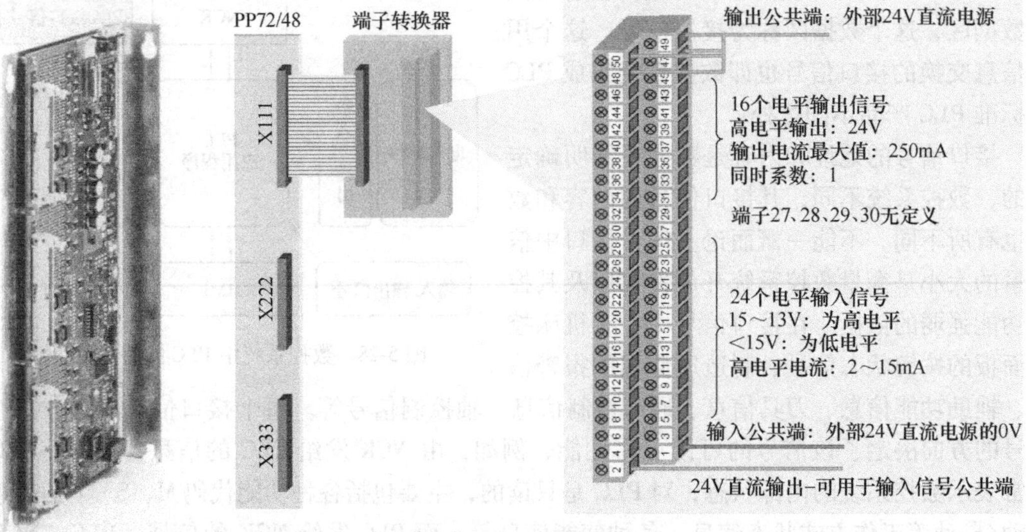

图 5-29　输入输出模块与 50 芯接口的连接与说明

要目的是让机床的轴倍率修调功能有效，轴位置编码器有效。同时为安全考虑，快速移动进给率修调有效，空运行时倍率无效。

（2）急停控制　急停控制的目的是在紧急情况下，使机床的所有运动部件制动，并在最快的时间内停止。通过急停按钮直接切断主电源的方法是不正确的，必须在所有运动部件停止后才能切断主电源，如果直接断电，机床上的运动部件会进入自由停机状态，进入静止的时间会很长；另一方面，直接断电不符合伺服驱动系统断电时序的要求，可能导致伺服驱动器的硬件故障。

急停程序的目的是对急停按键操作的处理，以及对伺服电源模块的通电和断电时序进行控制。一般来说，急停按钮没有按下，则 PLC 给出 NC Ready（drive enable）信号；如果急停按钮被按下，则 PLC 向 NC 发出急停请求，并产生急停报警。

（3）MCP 面板控制　MCP 面板控制程序的功能是将 MCP 面板和 HMI 接口信号送到 NCK 接口，以激活操作模式和控制序列。PLC 应用程序从机床面板信号接口（MCP→PLC）中读取按键的状态，然后将操作信号送到 NC 信号接口（PLC→NC）对应的位置，数控系统根据操作人员的指令激活相应的控制功能。同时，NC 会通过接口将系统的实际状态反馈到 PLC 接口。主要功能包括选择具体的运行模式、选择倍率、HMI 信号送 NCK 接口（如程序控制、手轮等）、对轴运行信号进行控制等。

（4）轴控制功能　轴控制功能程序是控制驱动器脉冲使能和控制器使能，并监控硬限位和参考点开关的信号。通常包括进给轴使能控制、主轴使能控制、限位开关处理程序段。

（5）切削液控制　数控机床切削时刀具需要冷却，切削液的控制分为手动控制和自动控制。手动控制是指在手动方式下，通过 MCP 面板上的切削液按钮来进行控制，按下切削液按键，冷却泵起动，切削液打开，同时面板上的冷却指示灯亮；再按一下该按钮，切削液关闭，指示灯熄灭。自动控制是指在自动方式下，通过 NC 程序中的辅助功能指令 M07/M08 /M09 控制冷却启动或停止。异常情况处理包括：机床运行过程中，如有急停、复位命令发生、程序停止 M02/M30，或机床工作在程序测试模式下，则不运行冷却系统。冷却泵过载、切削液液位过低时，应在显示器上显示报警，并停止正进行的冷却。图 5-30 所示为刀具冷却功能的电气原理示意图，PLC 应用程序根据手动、自动要求产生冷却输出，控制冷却泵的启动和停止。

（6）导轨润滑控制　数控机床的各个坐标轴的导轨都安装有润滑系统，可将润滑油送到导轨上。有的机床采用按时间控制的润滑模式，以设定的时间间隔同时对所有的坐标轴进行润滑。有些数控机床采用按坐标轴移动距离的润滑模式，当某个轴所设定的润滑距离到达后，对该轴进行润滑。

图 5-31 所示为按时间润滑的控制流程图，机床每次通电时自动启动一次润滑，正常情况下润滑是按规定的时间间隔周期性自动启动，每次按给定的时长润滑。加工过程中，操作者可以根据实际需要，通过机床操作面板的润滑按键，进行手动润滑控制。当润滑泵电动机出现过载或者润滑油箱油面低于极限时，润滑停止，并且系统要有相应的报警信息。

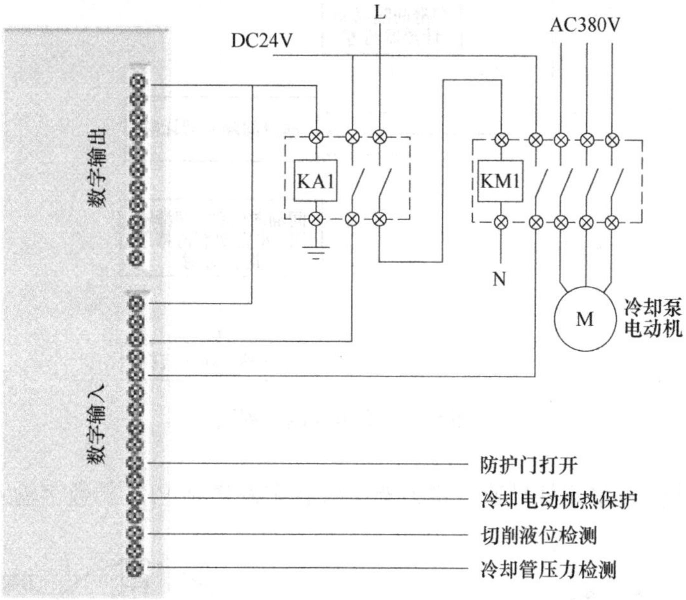

图 5-30　冷却控制电气原理示意图

为了增加 PLC 程序的柔性，将机床的润滑时间间隔和润滑的时间用 PLC 参数来表示，用户可以通过 PLC 参数对润滑时间间隔以及润滑时间等参数进行调整，而不需要修改 PLC 程序。不合理的参数可能导致控制功能的异常，甚至机床部件的损坏，因此，一旦在 PLC 应用程序中使用了 PLC 参数，必须在程序中控制 PLC 参数的取值范围，保证参数的值在设计的取值范围之内。

（7）换刀控制　图 5-32 所示为简易四工位刀架，它采用普通三相异步电动机做为刀架电动机，通过蜗轮蜗杆传动，驱动刀架旋转。这种刀架只能单方向换刀，电动机正转为寻找刀具换刀，反转为锁紧定位。需要注意的是刀架反转锁紧时，刀架电动机是一种堵转状态，因此反转时间不能太长，否则可能导致刀架电动机的烧毁。刀架采用霍尔元件检测刀位信号，每个刀位配备一个霍尔元件，如图 5-33 所示，霍尔元件常态是截止，当刀具转到工作

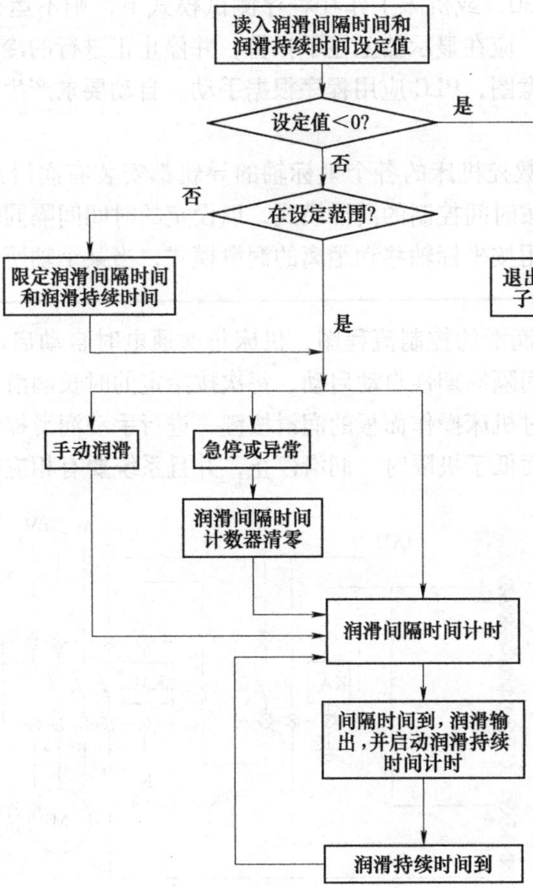

图 5-31　润滑控制流程图

位置时，利用磁体使霍尔元件导通，将刀架位置状态发送到 PLC 的数字输入。

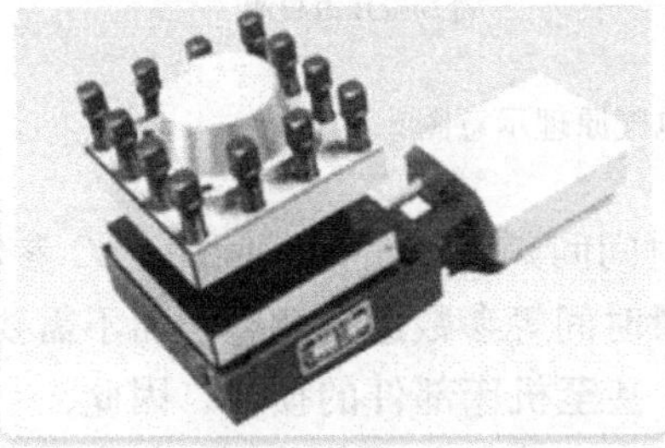

图 5-32　四工位电动简易刀架

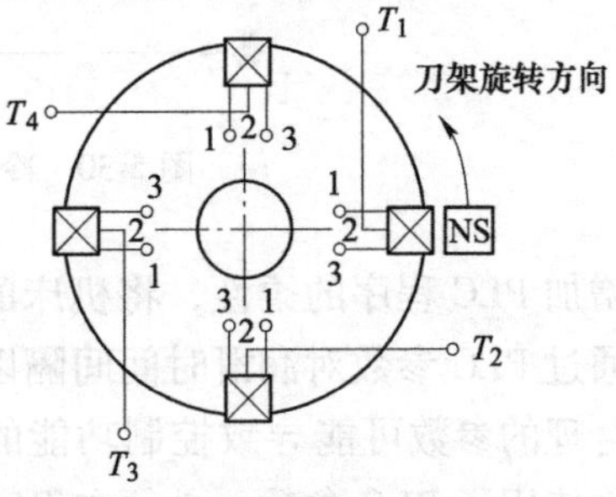

图 5-33　刀架上的霍尔元件

换刀控制包括手动换刀控制和自动换刀控制。手动换刀控制是指手动方式下，按下机床控制面板上的“手动换刀”键，启动手动换刀，按动一次按键可以换至相邻的一把刀具。自控换刀控制过程如下：当 NCK 执行到加工指令 T××时，NCK 将“T 功能改变”的接口信号置为有效，意为告诉 PLC 更改 T 功能，并且把 T 指令后的编程刀号译码后存放在相应的接口寄存器中。当 PLC 应用程序由上述接口信号或从机床控制面板得到换刀指令后，控制刀架电动机正转，同时通过 PLC 的数字输入监控刀架的实际位置，如果刀架的实际位置等于指令刀具的位置，控制刀架电动机反转，并启动延时控制。延时时间到达后，反转停止，换刀过程结束。在急停或程序测试生效等情况下，换刀被禁止。换刀控制流程图如图 5-34 所示。

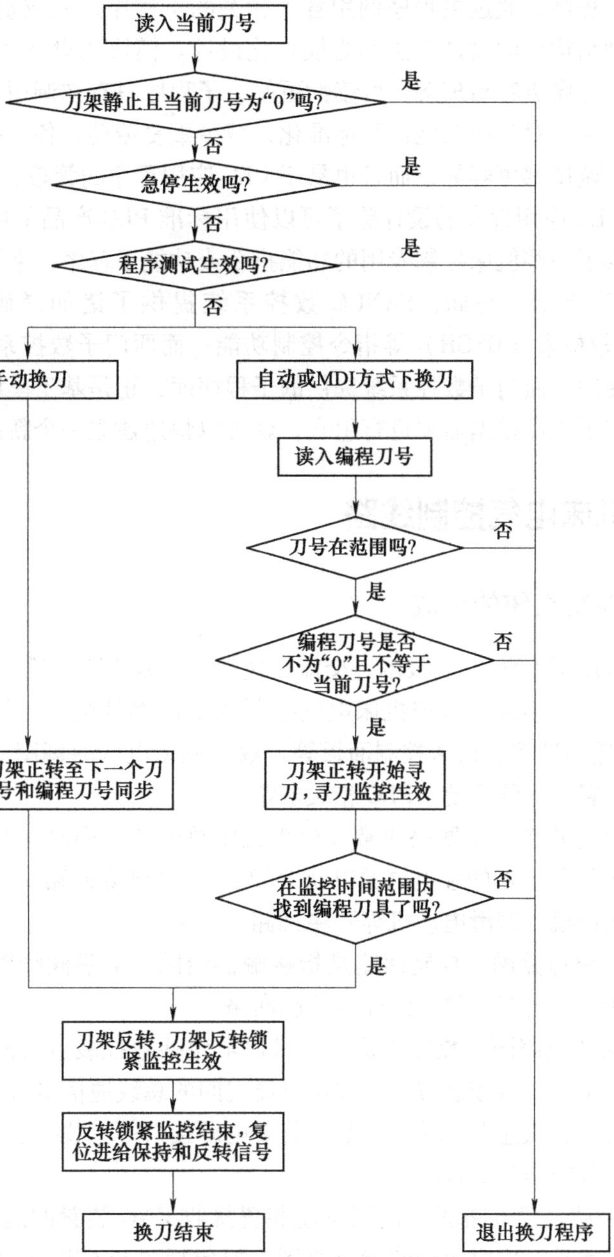

图 5-34 换刀控制流程图

在刀架转动过程中，为了保证刀具不与工件碰撞，换刀功能完成之前，PLC 应用程序将接口信号“读入禁止”“进给保持”置位，锁定 NC 程序的继续执行，同时禁止坐标轴的运动。对于换刀过程中出现的异常情况，能够产生相应的PLC用户报警，以便诊断和维修。例如，当编程刀号大于刀架刀位数时，能够显示报警信息“编程刀号大于刀架刀位数”。

机床PLC应用程序通常采用主程序和子程序的结构，将数控机床共性的PLC应用程序，如初始化、机床面板信号处理、急停处理、轴的使能控制、硬限位、参考点、自动换刀等，提炼成各功能子程序，通过主程序调用各个相关的子程序，完成整个数控机床PLC程序的控制任务。这种结构化的设计方法称为模块化设计。模块化设计的PLC应用程序的结构明确、层次清晰，程序更容易理解，可读性更好；子程序只有在调用时才会处理其代码，缩短了扫描周期；有利于对常用功能进行标准化，减少重复劳动；各子程序可以分别测试，程序的查错、修改和调试都更容易；而且也易于PLC应用程序的管理。

数控机床PLC应用程序的设计除了可以使用标准PLC产品的所有指令外，数控系统厂家还为用户提供了一些机床控制专用的功能指令或功能子程序，来满足数控机床信息处理和动作控制的特殊要求。例如，FANUC数控系统提供了诸如译码（DEC）、最短径选择（ROT）以及比较检索（DSCH）等指令控制功能；而西门子数控系统提供PLC样例子程序供用户参考和使用。西门子数控系统提供的子程序库，正是基于模块化设计的概念，机床制造厂只需将这些子程序根据需要进行组合，就可以快速建立一个新的PLC应用程序。

5.5 数控机床电气控制线路

5.5.1 电气控制系统的组成

数控机床采用了CNC控制技术、交流调速技术以及PLC控制技术，所以其电气控制原理与普通机床有很大不同。数控机床电气控制系统的部件组成包括数控系统、伺服驱动系统、PLC输入/输出装置、机床控制面板等。数控机床电气原理图主要包括主电路、控制电路、数控系统装置、伺服系统、PLC相关电路。

（1）主回路电路图　主回路通常又分为机床总电源主回路（熔断器、隔离开关、总开关等）、主轴/进给驱动器的强电电源以及DC24V控制电源回路、各辅助交流电动机（刀架电动机、冷却电动机、润滑电动机等）主回路。

（2）控制回路电路图　控制回路是指接触器线圈、电磁阀线圈或其他执行电器的工作电路，以及机床设备的起、停、急停等控制回路。

（3）数控装置电路图　数控装置的接口通常包括数控装置之间或者数控装置与上位计算机之间的通信接口、数控装置与下位执行器之间的总线通信接口、数控装置与I/O装置之间的总线通信接口、快速I/O接口、数控装置电源接口等。数控装置电路图指的是数控装置各接口与外围部件或信号的连接。

（4）伺服驱动装置电路图　伺服驱动装置接收CNC装置的运动命令值，经控制输出，驱动各轴电动机运动。伺服驱动装置电路图主要包括其与CNC装置之间的实时总线通信连接、与电动机的连接、速度及位置信号的反馈输入连接、强电电源以及自身控制电源的连接等。

（5）PLC输入、输出接口电路图　机床PLC输入、输出接口电路图主要包括机床侧传感器的输入信号的连接，刀架、冷却、润滑等辅助功能的控制输出电路。

5.5.2　主电路及电源电路

（1）数控机床总电源电路　图 5-35 所示为数控机床总电源电路，通常包括隔离开关和总电源开关。隔离开关通常采用组合开关，用于为设备提供电气隔离断点，不带载接通和分断电路。所谓“不带载接通和分断电路”是指在其后的所有开关都未合之前先合隔离开关，而在其后所有开关都断开之后再断隔离开关。注意，隔离开关不起过载和短路保护作用。总电源开关通常采用带漏电保护的断路器，不仅是设备的总电源开关，还对设备总电源电路起着过载、过电流及短路保护。

（2）电动机主回路　数控机床是多电动机拖动系统，不同的运动轴数和自动辅助功能意味着不同的电动机或其他执行电器的数量不同。最基本的数控机床都包含主轴电动机、进给轴电动机，以及刀架（刀库）电动机、冷却电动机、润滑电动机等。

每个电动机的控制要求及传动方式不同。例如，冷却泵电动机由 PLC 进行手动和自动的启停控制；刀架（刀库）电动机由 PLC 进行正反转的控制；而主轴和进给轴电动机都需要调速及连续的位置控制，需要有变频器或伺服放大器组成运动闭环控制对其速度和位置进行高速高精的调节和控制，不同的运行要求，对应不同的主电路和控制电路的设计和连接。辅助功能电动机的主电路如图 5-36 所示。

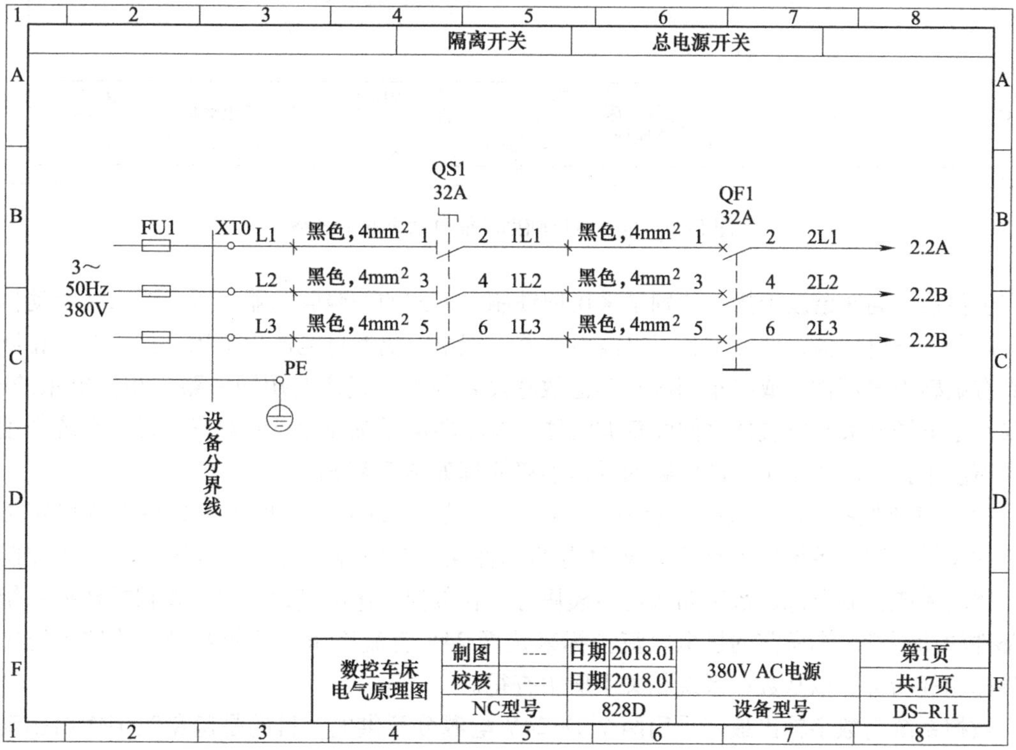

图 5-35　数控机床总电源电路

（3）驱动系统的电源电路　驱动系统主电源通常采用三相交流电源供电，供电电压为 AC380V 或 AC220V。变频器/伺服驱动器运行时会对三相进线回路上的电气部件以及供电电

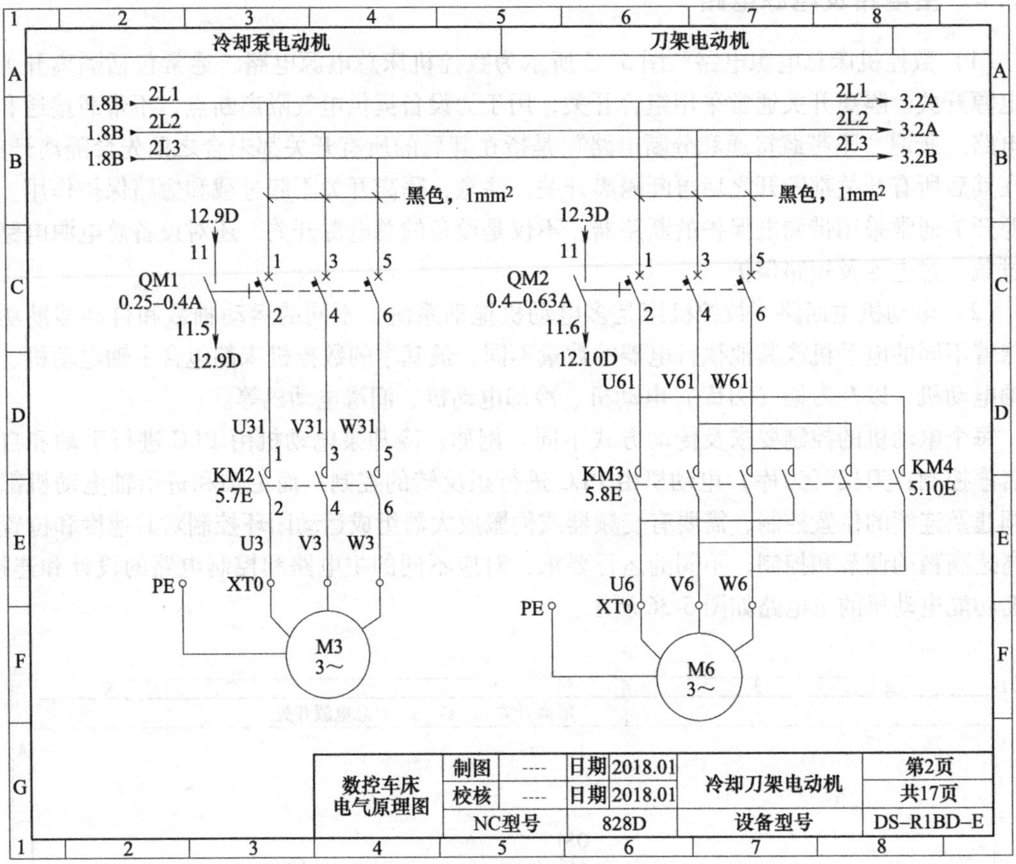

图 5-36　数控机床辅助功能电动机的主电路

网产生很强的高次谐波干扰，特别是采用回馈制动方式的伺服驱动器。所以要求在驱动器进线端配备平波电抗器，即使配备了平波电抗器，馈电时仍然可能产生干扰，如果在三相回路上具有敏感电气部件，或在车间内有其他敏感设备与数控机床共用同一路三相供电系统时，建议在主电源开关与电抗器之间配备滤波器，减小驱动系统在运行时对三相供电系统产生的高次谐波干扰。驱动系统电源电路的具体连接原理如图 5-37 所示。

（4）直流控制电源　数控装置采用 24V 直流供电，24V 稳压电源是数控系统稳定可靠运行的关键。数控系统中需直流 24V 供电的部件通常有数控装置、人机界面、机床控制面板、驱动系统控制电源、数字输入输出模块等。在数控机床电气设计时，要根据数控系统中各部件的功耗指标和所需的供电电流指标来选择 24V 直流稳压电源的容量。数控系统中各部件的功耗指标可以从数控系统相关手册中查得。

数控系统与数字输出最好采用两个 DC24V 电源分开供电，目的是避免数字输出驱动的电感性负载（继电器线圈等）对 DC24V 电源产生的干扰，电感性负载在接通或断开时会产生很强的反电动势干扰。

数控系统的 DC24V 稳压电源还应具有掉电保护功能，掉电保护就是在直流稳压电源的交流输入端出现掉电时，DC24V 直流输出保持一定时间的直流稳定电压，然后迅速降至

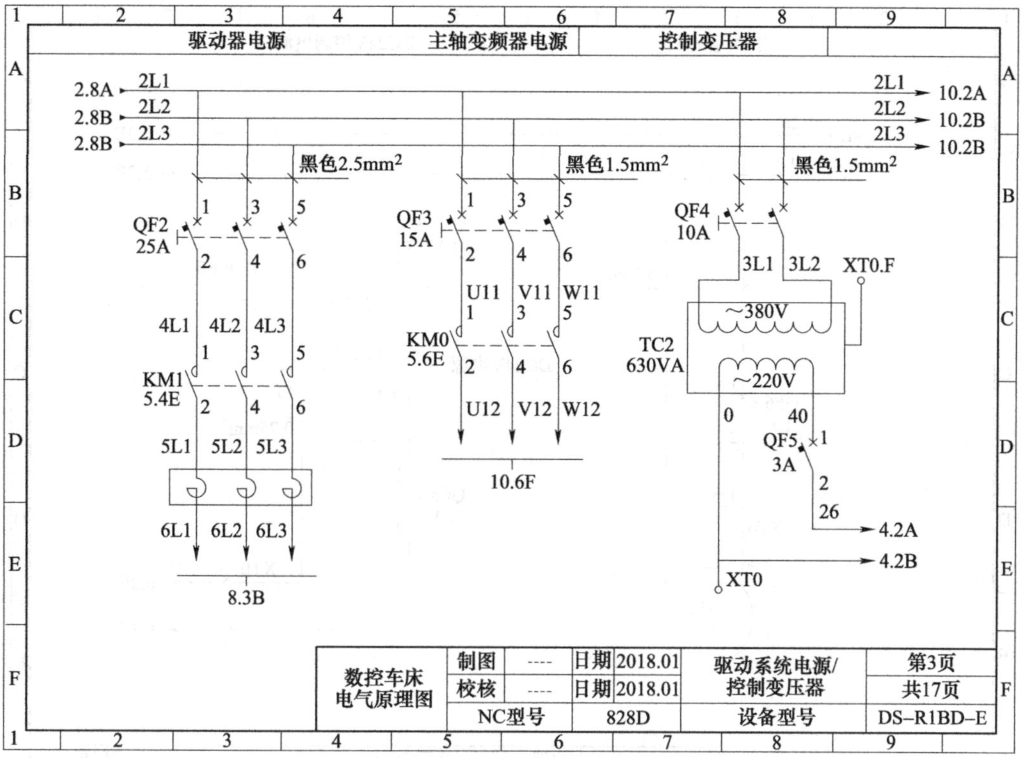

图 5-37　驱动系统的电源电路

0V，如图 5-38 所示。无掉电保护的直流稳压电源在输入端出现掉电时，电源仍然处于稳压调节状态，使输出的直流电压出现锯齿状的波形，如图 5-39 所示。这种电源输出可能导致数控中存储器的数据出现问题，甚至导致硬件故障。直流控制电源线路的电气原理图如图 5-40 所示。

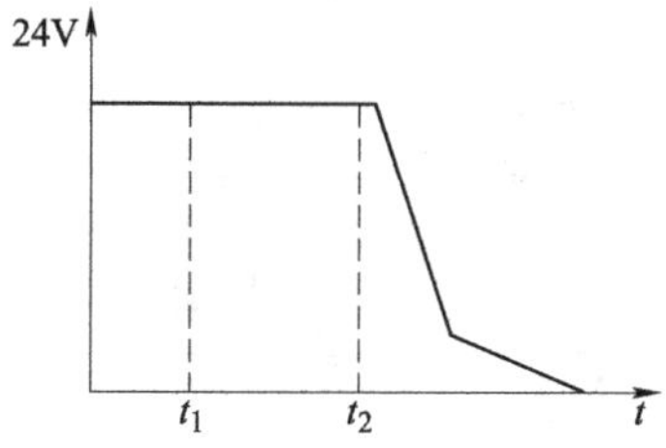

图 5-38　有掉电保护的稳压电源

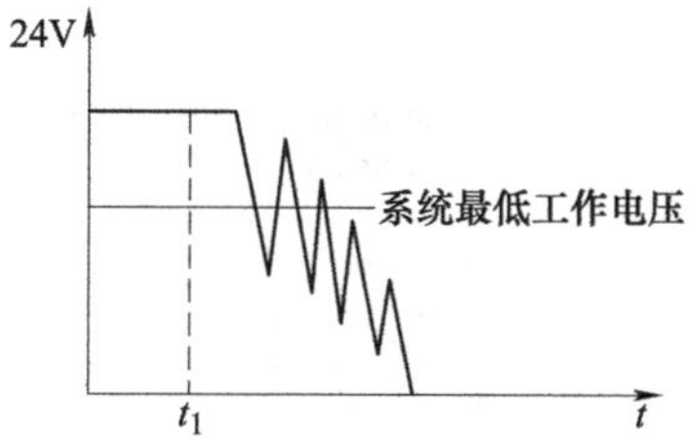

图 5-39　无掉电保护的稳压电源

如果选购的直流稳压电源没有掉电保护功能，可采用单独的上电控制电路对数控系统进行供电。如图 5-41 所示，当数控机床的主电源接通后，24V 直流稳压电源开始工作，但并没有对数控系统供电，操作者需要在机床控制面板上按下“数控电源开”按钮 SB1，通过继电器自保持回路，24V 直流电源施加到数控系统上。断电时，须按下“数控电源关”按钮 SB2。用这种方式为数控系统供电，可以避免由于稳压电源不具备掉电保护功能而引起的故障，但增加了操作的复杂性。

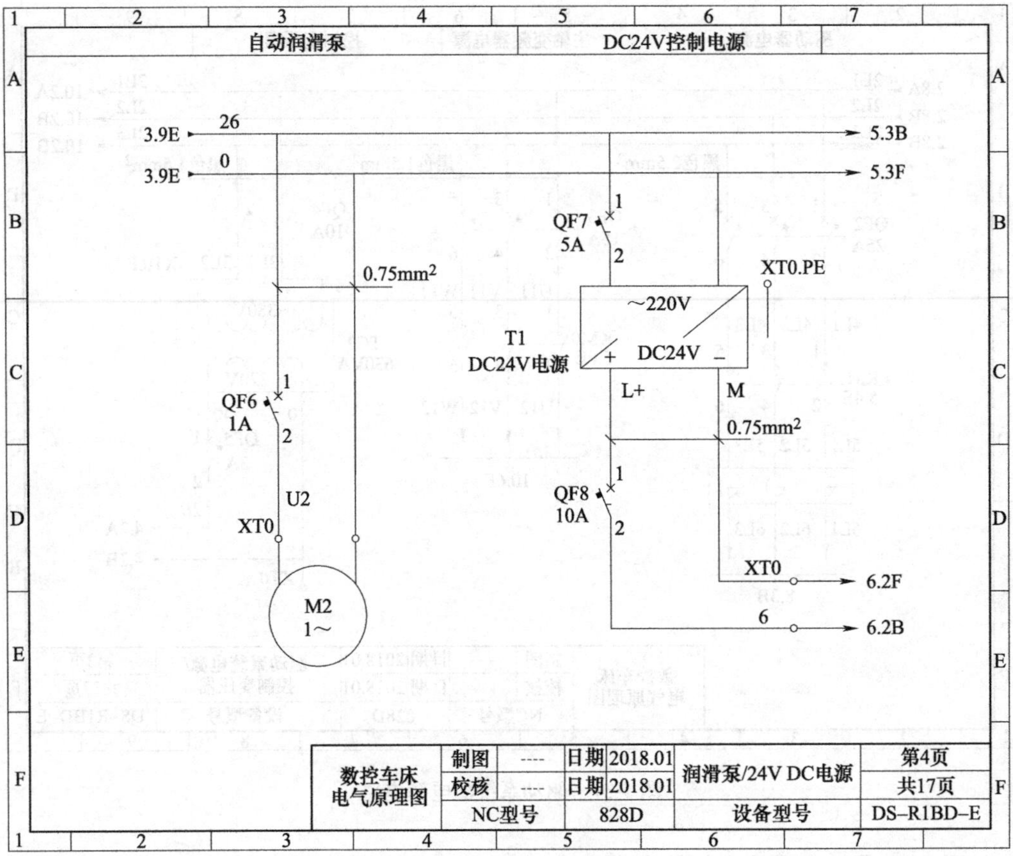

图 5-40　直流控制电源

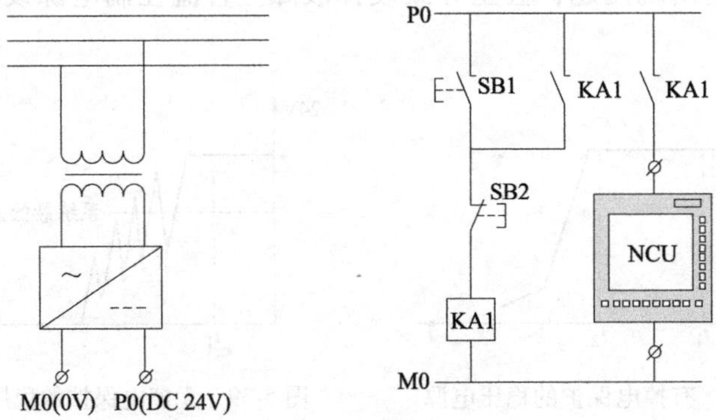

图 5-41　数控系统独立供电

5.5.3　控制电路

在电气控制电路比较简单，电器元件不多的情况下，应尽可能用主电路电源作为控制电路电源，即可直接用交流 380V 或 220V，简化供电设备。对于比较复杂的控制电路，应采用控制电源变压器，将控制电压由交流 380V 或 220V 降至 110V、48V 或 24V，这是从安全角度考虑的，例如一般机床照明电路为 36V 以下电源。这些不同的电压等级，通常由一个控制变压器就可提供，图 5-40 的控制变压器就是为控制电路提供合适的电源。

主电路交流接触器线圈所在的控制电路可以是单相交流 110V、交流 220V 以及交流 380V，不同的控制电路电压等级意味着不同的交流接触器线圈额定电压，这一点在交流接触器选型时必须注意匹配，图 5-42 所示为交流接触器线圈的控制回路。直流控制电路多采用 220V 或 110V，对于直流电磁铁、电磁离合器，常用 24V 直流电源供电。

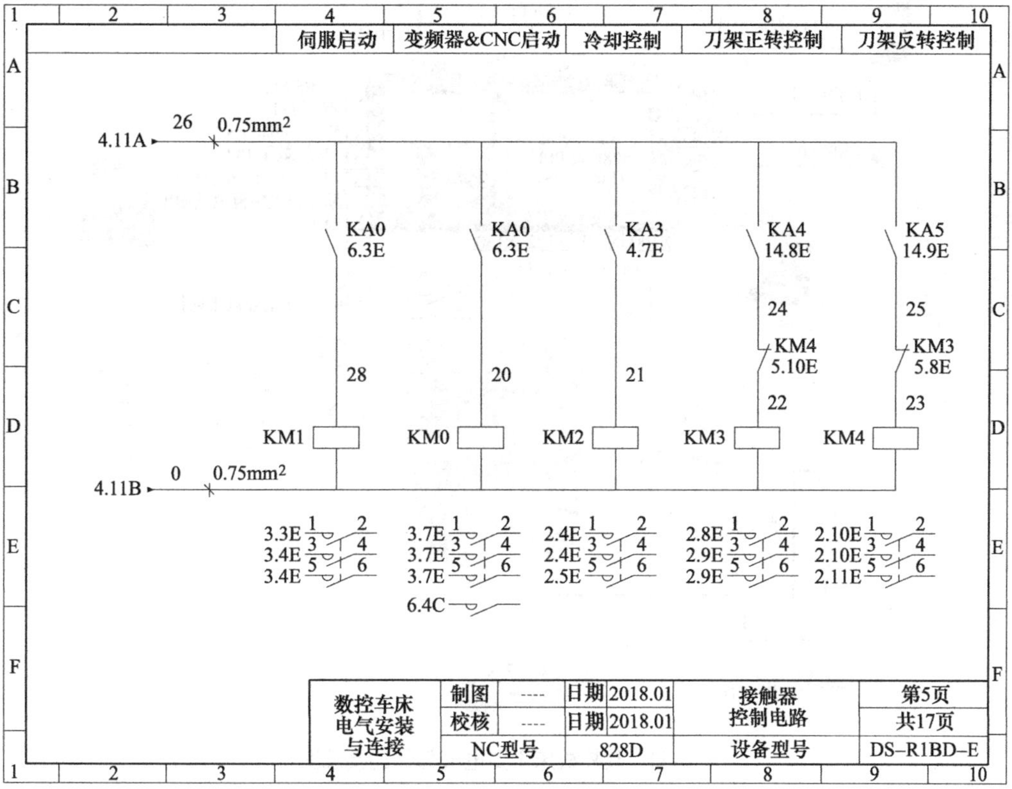

图 5-42 数控机床的控制电路

5.5.4 数控装置和伺服装置的连接

图 5-43 所示为西门子某数控装置和伺服装置的连接示意图，图中数控装置的 X1 接口是其直流 24V 工作电源接入端子；PN1/PN2 是 Profinet 接口，PN2 通过连接 PN/PN 耦合器，可实现与另外一台数控装置的通信，PN1 可用于 PLC I/O 模块的接口；X135 是 USB 接口；X140 是 RS232 串行接口；X122/X132 接口是数字量输入输出端，用于驱动；X242/X252 接口是 NCK 的数字量输入/输出端；X143 是手轮接口；X130 是以太网 LAN 接口；X100/X101/X102 是与驱动通信的 DriveCLiQ 接口；X127 是以太网口，可连接 PC 用于调试。

数控装置 X100 的驱动总线接口引出总线电缆到驱动器的 X200 接口，各轴电动机的反馈依次连接到 X201 至 X204。

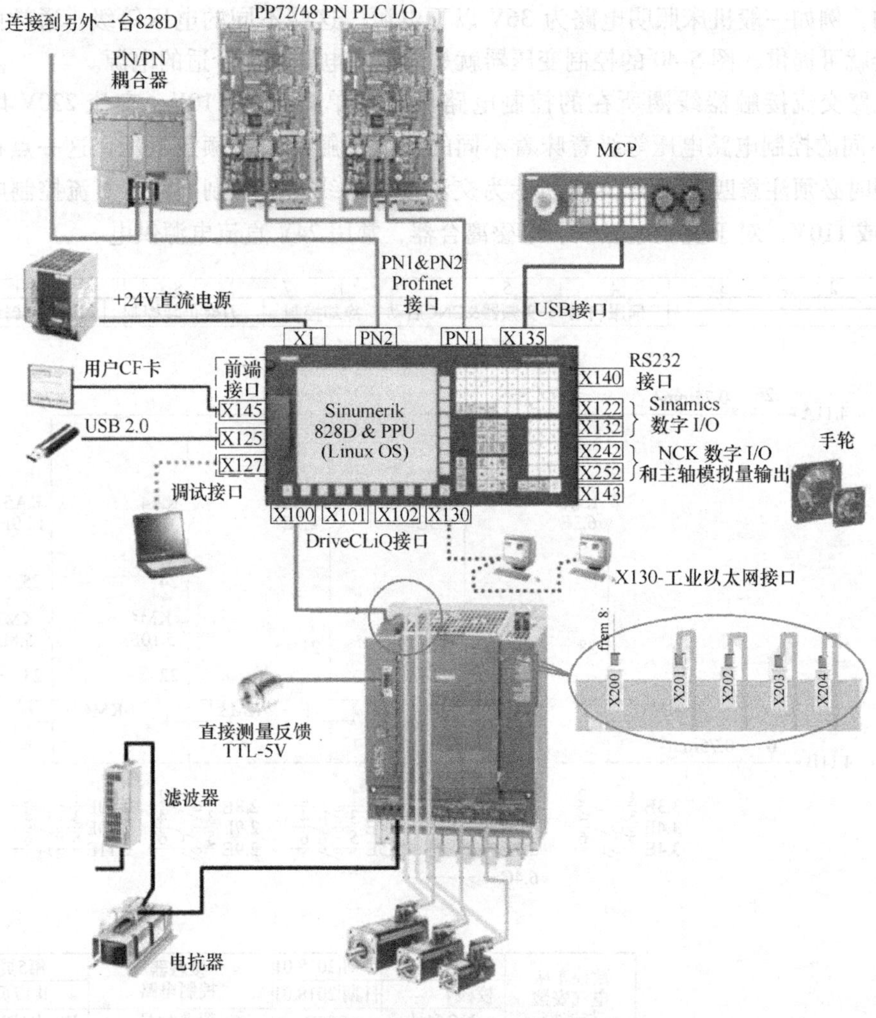

图 5-43　数控机床主要电气部件连接总图

5.5.5　PLC 输入输出电路

数控机床采用了 PLC 控制技术，用计算机程序控制取代了继电接触器系统的硬件接线控制方式，因此数控机床的电气接线并不复杂，只需要完成输入输出信号与 PLC 输入输出接口的连接即可，全部的控制逻辑由 PLC 程序实现。

图 5-44 给出了输入信号由 PLC 内部电源供电的连接方法，图中端子 2 是为 DI 输入信号提供内部 DC24V 电源供电，输入信号可以通过该引脚取用 PLC 自身提供的 DC24V 电源，这时将输入信号公共端连接至该引脚。必须注意不要将外部 24V 电源连接到该引脚上，否则会烧毁模块接口。西门子 PP72/48 输入输出模块的端子 2 提供的 24V 电源的最大输出电流为 0.5A，每个输入信号的标称输入电流最大为 0.015A。即端子 2 提供的电流最多可驱动约 32 个输入信号。

图 5-45 则是输入信号由外部电源（DC24V）供电的连接方法。端子 2 不需连接，将输入信号公共端连接至外部直流 24V 电源的正极，P3 和 M3 分别为外部 24V 直流稳压电源的 +24V 和 0V。

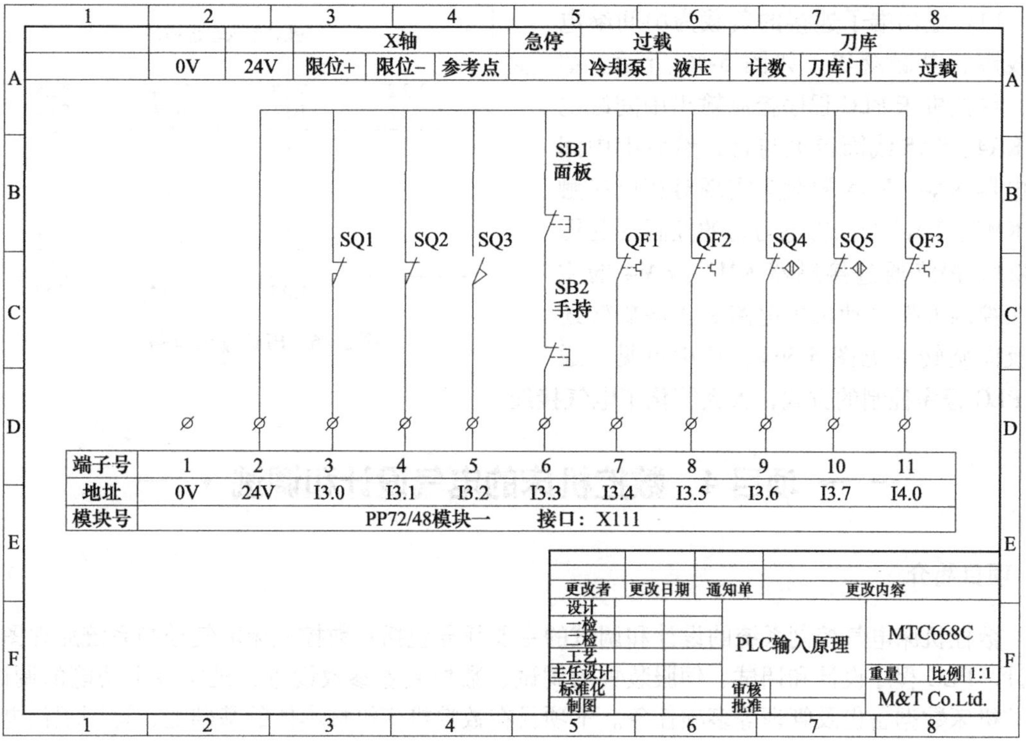

图 5-44　输入信号公共端连接至内部电源

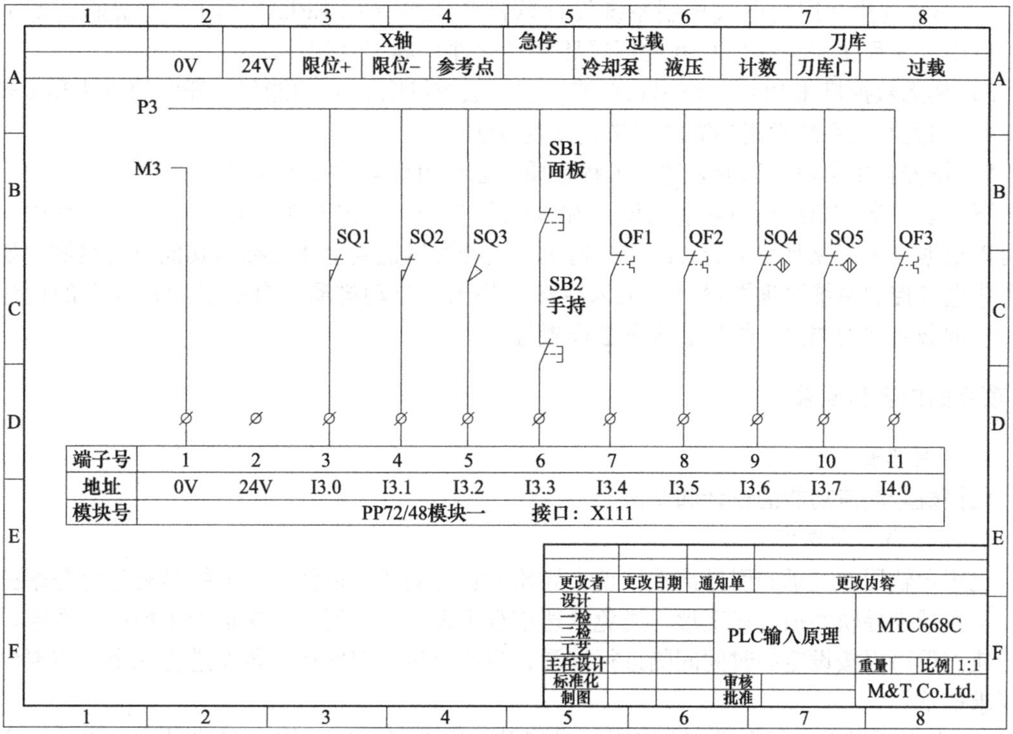

图 5-45　输入信号公共端连接至外部电源

PLC 输出端子连接的负载为中间继电器线圈、电磁阀等，如图 5-46 所示。图中，数控机床 PLC 程序控制输出中间继电器 KA4、KA5 线圈得电与否，然后由中间继电器 KA4、KA5 的触头实现对相应接触器 KM3、KM4 线圈得电与否的控制（见图 5-42）。最终通过接触器 KM3、KM4 的主触头控制刀架电动机主电路是正向旋转还是反向旋转（见图 5-36），从中可见，通过 PLC 程序控制的方式，大大简化了电气接线。

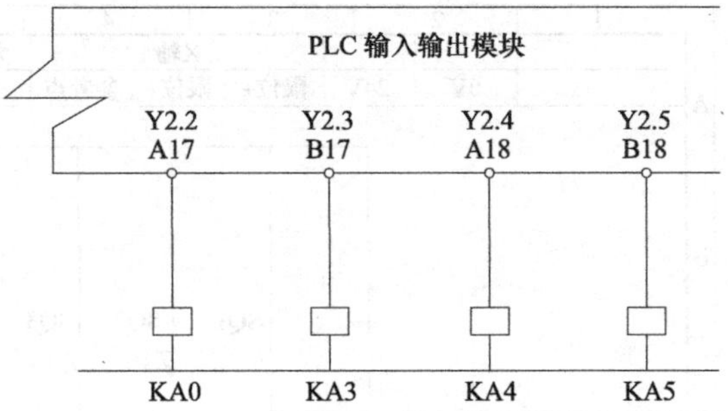

图 5-46　PLC 输出电路

项目 4　数控机床的电气设计和调试

项目简介

数控机床电气控制系统的设计和调试的主要任务包括：数控机床电气控制系统原理图的设计、PLC 程序设计和调试、伺服装置的调试、数控装置参数设置、机床各个功能的调试、数控机床数据备份及管理等多项任务。本项目在数控机床机械本体的基础上，运用现代电气设计、调试软件（工具）和方法完成数控机床电气设计与调试任务，达到以下目标：

1）熟悉数控机床电气设计及调试的基本流程。

2）熟悉现代常用的电气控制系统设计软件和工具（如 EPLAN 等），了解驱动调试软件、机床可编程序控制器 PLC 开发调试环境（软件）等工具软件。

3）熟悉数控机床 PLC 的作用和功能，掌握数控机床 PLC 功能程序开发的方法和步骤。

4）熟悉数控系统常用参数的意义和设置方法。

5）培养自主学习、沟通表达、工程素质、创新思维等非技术能力。

下面以“数控机床润滑功能的设计和调试”为例，给出相关内容。在教学过程中，教师可以根据具体情况及教学资源的实际情况，选择可以达到上述目标的其他应用案例，如数控车床电气控制系统原理图设计、机床冷却（换刀、自动排屑、自动卡盘）功能的设计和调试、伺服装置的调试、数控装置参数设置等。

项目的内容和要求

1. 项目名称

数控机床润滑功能的设计和调试。

2. 项目内容和要求

机床导轨用来支承和引导部件移动，导轨的良好润滑可以使传动系统具有稳定静摩擦因数，从而减少导轨磨损、热变形，避免低速重载下发生爬行现象，保证加工精度。数控机床的导轨润滑可以按设定的时间间隔进行润滑，也可以按设定的运行距离进行润滑。主要内容和要求如下：

1）在本项目中，每次机床上电时自动启动一次润滑，以后按设定的时间间隔自动启动润滑，每次按给定的时长润滑。

2）用户可以通过参数（机床参数或者 PLC 参数），对润滑时间间隔以及润滑时间等数据进行调整。

3）加工过程中，操作者可以根据实际需要，通过机床操作面板的润滑按键，进行手动润滑控制。

4）当润滑泵电动机出现过载或者润滑油箱油面低于极限时，润滑停止，并且系统显示相应的报警信息。

5）撰写项目报告。

项目的组织和实施

1. 项目实施前

项目使用的数控系统和机床可以根据实验室软件资源情况进行选择。熟悉工具软件可以在项目开始前，由学生自主学习掌握。本项目重点在于了解机床 PLC 程序设计和功能开发调试的方法。

2. 项目实施中

需要根据项目控制要求，设计数控机床导轨润滑控制的电气控制线路；确定 PLC 控制程序的输入和输出信号；根据控制逻辑，画出其控制流程图；了解功能所涉及的 NC、PLC、MCP 以及 HMI 之间的接口信号；编写和调试 PLC 程序。项目内容可以分组实施，也可以独立完成。完成项目的过程中，注重自主学习、沟通交流和问题研讨。

3. 项目完成后

通过讨论总结机床 PLC/PMC 功能开发的方法和步骤，举一反三，掌握通过 M、S、T 指令实现机床辅助功能开发，实现数控系统的二次开发。撰写项目报告，记录项目的过程和结果。

项目的验收和评价

1. 项目验收

项目完成后，主要从以下几个方面对项目进行验收，见表 5-3。

表 5-3　机床导轨润滑控制项目验收表

序号	验收内容	验收要求	所占比重
1	数控机床导轨润滑基本知识	数控机床导轨润滑基本知识	10
2	数控机床导轨润滑电气控制电路	电气控制电路设计 电气控制电路硬件故障的诊断和排除	15
3	数控机床导轨润滑流程	导轨润滑控制流程的分析 导轨润滑流程图的设计	15
4	数控机床导轨润滑接口信号	接口信号的作用 接口信号的使用 查询 I/O 存储单元中的信号 访问和修改相关的 PLC 接口信号	15
5	数控机床导轨润滑 PLC 控制程序的设计	体会根据流程图组织 PLC 程序 体会中间变量的作用 PLC 程序的设计和调试方法 体会 PLC 用户报警的作用	45

2. 项目评价

对学生在整个项目过程中表现出的工作态度、学习能力和结果进行客观评定，目的在于引导项目学习，实现本项目的5个预定目标。同时，通过项目评价，帮助学生客观认识自己在学习过程中取得的成果及存在的不足，引导并激发进一步的学习兴趣和动力。

本项目采用过程评价和结果评价相结合的方式，注重学生在项目实施过程中各项能力和素质的考察，项目结束后，根据项目验收要求，进行结果评价。

为了提高学生的自主管理和自我认识，评价主体多元化，采用学生自评、学生互评与教师评价相结合的方式。

本章习题

1. 什么是计算机数控技术？简述数控机床智能化的发展趋势。

2. 简述数控系统（装置）的组成及各部分作用。介绍一种典型数控系统的具体接口及连接。

3. 阐述 SERCOS(SERial COmmunication System) 接口的技术特点？结合课程及实验实习数控机床的实际情况，介绍一种典型数控系统的总线技术。

4. 简述数控系统的工作原理，结合课程及实验实习数控机床的实际情况，介绍一种典型数控系统。

5. 简述数控机床伺服系统的组成和作用。

6. 数控机床对主轴驱动系统有什么要求？数控机床对进给轴驱动系统的要求。

7. 伺服电动机反馈装置的类型有哪些？光栅尺的种类和原理。

8. 简述通用变频器的原理和机构。SPWM 调试的原理和方法是什么？

9. 简述三相异步电动机矢量控制的原理。

10. 什么是位置调节器的系数，如何提高位置调节器的系数？

11. 什么是反馈测量装置的精度等级？什么是反馈测量装置的细分误差？

12. PLC 在数控机床中的作用和地位？其控制的具体内容通常有哪些？

13. 数控系统中，PLC 如何实现与 NCK、HMI、MCP 以及机床电气输入输出信号之间的信息交换？什么是接口信号？它有何特点和作用？

14. 以一种典型数控系统产品为例，画出其常用输入输出信号的连接图。

15. 以某一种数控机床为例，分析机床安全相关功能的 PLC 控制。

16. 以某一种数控机床为例，分析自动换刀的 PLC 控制。

17. 简述数控机床电气控制系统的组成，以某数控机床为例，对其电气原理图进行分析。

第6章 数字孪生驱动的机电一体化设计

本章简介

数字孪生技术与机电一体化系统工程相结合，有助于消除产品研发过程中机械设计、电气设计以及自动化设计团队之间的障碍，促进多学科协同，实现并行设计和并行工程。本章介绍数字孪生驱动的机电一体化协同设计的基本概念、特色优势以及协同设计平台。以数控机床为对象，介绍机械创新设计的要求和机械建模要点，控制系统主要部件的建模方法以及机床进给轴的机电耦合模型。数字孪生驱动的机械结构设计，除创建几何模型外，还包括材料特性、零件特性和环境因素等，进一步与虚拟现实和增强现实技术结合，生成生动的虚拟产品，并可以通过数据平台实现共享、实时更新。基于 OPC UA 协议的物理空间和数字空间的数据映射，保证数控机床虚拟样机和物理实体的一致性。数字孪生技术在产品的设计、运行、维护阶段均有着重要应用。本章最后以数控机床的机电一体化设计及虚拟调试作为案例，介绍机电一体化设计的软件平台、技术要点和设计流程。数字孪生技术使数控机床的设计从串行到并行，缩短了研发周期；使数控机床的调试从物理到虚拟，降低了开发风险和成本；使数字模型从设计阶段延伸到制造、运行、维护、回收的全生命周期，与物理实体实时交互、共同生长。

6.1 机电一体化概念设计

机电一体化是由计算机技术、信息技术、机械技术、电子技术、电气技术、控制技术以及光学技术等多学科相融合构成的一门独立的交叉学科。机电一体化技术是将机械技术、自动控制技术、计算机技术、传感器技术等多种技术有机结合的综合技术。进入21世纪以来，人工智能、物联网、信息技术得到快速发展，传统机械产品向着智能化、网络化、模块化、柔性化、微型化、自动化方向迈进，为机电一体化系统开辟了更加广阔的应用前景。随着市场竞争日趋激烈，消费观念不断变化，人们对机电一体化产品的柔性、工作性能、可靠性及个性化等方面也提出了越来越高的要求。自1971年日本学者首次提出机电一体化（Mechatronics）这一概念以来，机电一体化的内涵随科技的发展不断更新，不断丰富，新理念、新技术越来越多地被引入机电一体化产品设计研发、制造和生产中。

6.1.1 机电一体化概念设计的定义

Pahl 和 Beitz 于 1984 年提出了设计过程分为：明确任务（Clarification of Task）、概念设计（Conceptual Design）、具体设计（Embodiment Design）、详细设计（Detailed Design）四个阶段。他们将概念设计定义为："在确定任务之后，通过抽象化，拟定功能结构，寻求适当的作用原理及其组合等，确定出基本求解途径，得出求解方案"的这一部分设计工作。设计的过程是产品的功能描述向结构描述的转换过程，而概念设计是这个过程的早期阶段。

（1）机电一体化概念设计与创新　为了实现产品的创新设计，在概念设计阶段的创新尤为重要。概念设计创新可以分为以下几个层次：

1）任务创新：分析、发现市场的新需求。

2）功能创新：一方面是通过对市场需求信息和设计任务书的创造性分析而得到的新的功能需求，另一方面则是指对产品总功能的创造性描述和抽象，从而更易于引发不同的求解思路，有可能导致更佳的产品方案。

3）原理创新：实现原理可细分为工作原理和技术原理。所谓工作原理，是指该产品赖以实现功能的根本性原理，或者说物理性原理；技术原理则是为保证该工作原理的实现而采用的技术手段。工作原理创新总会导致全新产品，而技术原理创新往往使产品种类更为丰富。

4）行为创新：工艺动作过程创新。

5）结构创新：包括机构、布局、控制系统及使用的机、电、检测元器件的组成等，是技术原理创新和行为创新的延伸和具体实现。

6）控制创新：信息处理的新方法，新的控制算法的使用和创新，往往能使机电一体化系统的性能大幅度提高，可以认为是结构创新向软件的进一步延伸。

机电一体化系统是由计算机进行信息处理和控制的现代机械系统，机电一体化设计的最终目的是实现机械运动和动作。从完成工艺动作过程这一总功能要求出发，机电一体化系统可以划分为三个子系统：广义执行机构子系统、传感检测子系统、信息处理及控制子系统。它们分别完成机械运动和动作、信息检测、信息处理及控制。因此，可以对机电一体化系统按功能进行分解，从而分别寻求各自的功能载体，通过集成优化得到机电一体化系统概念设计的若干方案。

（2）机电一体化产品设计流程　机电一体化产品的多学科协同设计主要包括 3 个阶段：需求分析、方案设计和详细设计。

1）需求分析。基于系统工程的方法，根据市场调研和用户大数据分析，从需求、功能、逻辑和物理 4 个层次进行产品需求分析，分别建立产品需求、产品功能、工作机理、加工工艺、质检规范等文档信息，并管理整个研发过程。

2）方案设计。基于以上 4 个层次的需求分析，逐步建立产品概念模型、功能模型、行为规则模型、加工工艺模型和检测过程模型，最终建立概念级的产品模型。

3）详细设计。包括基于机械学的协同设计、基于电气学的协同设计、基于自动化的运动控制设计和多学科集成设计。在多学科设计平台上，集成多个子系统的功能模型，完善数据交互接口，对系统的整体性能进行仿真验证和优化。

机电一体化系统设计可以分为 4 个设计域：功能设计域、结构设计域、控制设计域和信息设计域。机电一体化概念设计流程如图 6-1 所示。

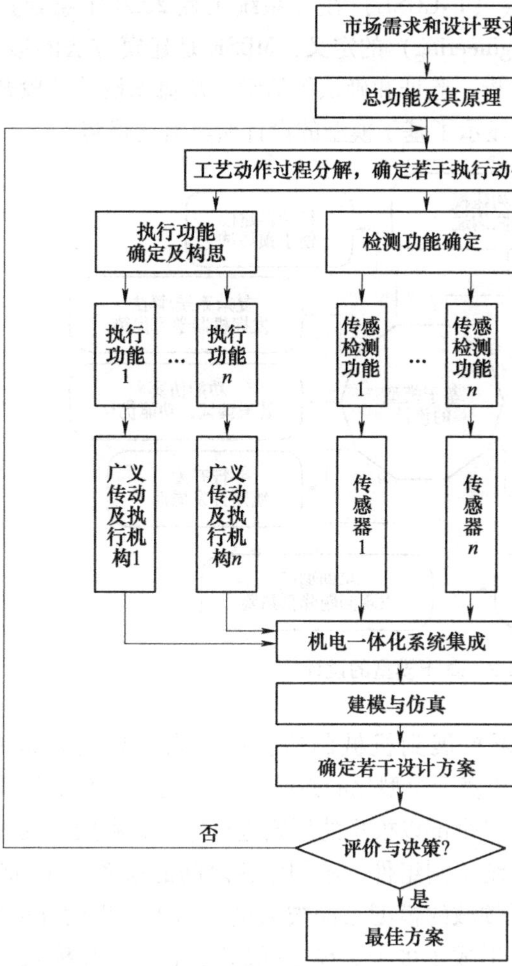

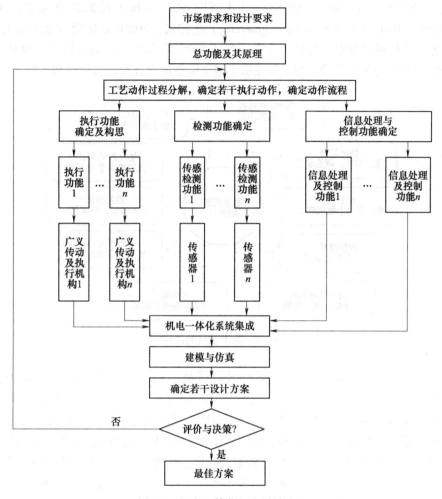

图 6-1　机电一体化概念设计流程

6.1.2　基于模型的机电一体化设计

机电一体化产品设计的本质是一个多学科的系统工程，随着对产品智能化、信息化要求的提高，越来越多的产品设计过程涉及机械、电子、软件、液压等跨学科的交叉融合，机电一体化系统越来越复杂，产品的设计与集成、验证与确认需要各方面数据和信息的高效沟通。传统的系统工程中，各阶段各子系统输出的是一系列基于自然语言的文档，例如用户的需求、设计方案。由于文档是“文本格式的”，因此传统的系统工程是“基于文本的系统工程”（Text-Based Systems Engineering，TSE）。在这种模式下，要把分散在论证报告、设计方案、分析报告、试验报告中的数据信息集成关联在一起，费时费力且容易出错。因此，需要通过构建结构化数据模型，打通各子系统、各阶段的边界，实现数据的交互、协同以及跨学科的集成，从而达到面向订单的高效设计研发与制造，这是机电一体化系统工程的构建目标及行业需求所在。

建模仿真工具的发展进一步推动了系统工程的发展，使其从“基于文本”向“基于模型”发展。2007 年，国际系统工程学会（INCOSE）在《系统工程 2020 年愿景》中，正式提出了 MBSE（Model-Based Systems Engineering）的定义：MBSE 是建模方法的形式化应用，以使建模方法支持系统要求、设计、分析、验证和确认等活动，从概念设计阶段开始，持续贯穿到全生命周期的各个阶段。图 6-2 显示了基于模型的设计所具有的优势。

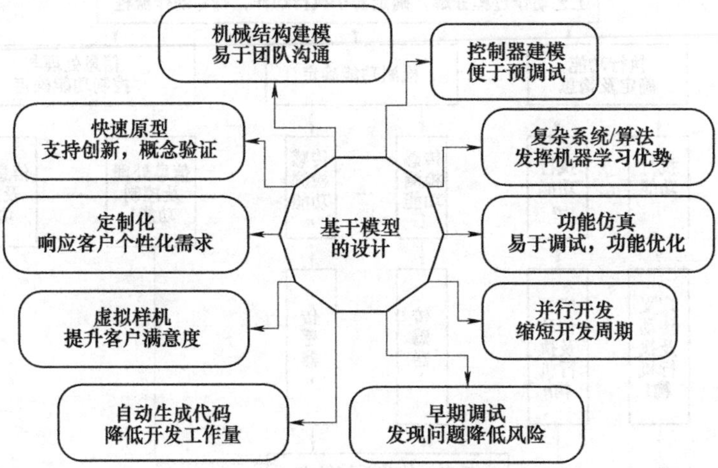

图 6-2　基于模型的设计

MBSE 最初用于航空航天领域，再扩展到机械制造、自动化和高端装备制造领域。MBSE 实质是基于自然语言的系统工程转变为模型化的系统工程，把人们对工程系统的全部认识、设计、试验、仿真、评估、判据等全部以模型的形式进行保存和利用。其核心是建立基于数字孪生模型的系统工程，打通系统不同组件、不同学科之间的联系。MBSE 下的系统模型成为各子领域模型的集线器，各子领域的模型已经被大量应用于工程设计的各个方面，但模型缺乏统一的编码，也无法共享，形成了多个“模型孤岛”，在 MBSE 模式下，围绕系统模型开展需求分析、系统设计、仿真等工作，便于工程团队的协同。这就使整个设计团队可以更好地利用各专业学科在模型、软件工具上的先进成果，提高设计的准确性，构建能重用的系统，实现机电一体化系统设计的集成。

只有建立高效的研发体系，才能适应机电一体化产品多样化的市场需求，形成创新竞争力。基于模型的系统工程以建立系统的不同视角模型为中心，实现如驱动仿真、产品设计、实现、测试、综合、验证和确认环节的集成，从而能够更容易构建满足用户要求的机电一体化产品。

6.1.3　数字孪生与协同设计

MBSE 的核心是实现各子系统的协同设计与虚拟调试，如图 6-3 所示，数字孪生技术与机电一体化系统工程相结合，促进了多学科协同设计与建模，消除电气、机械和自动化工程师之间的障碍，实现并行设计和并行工程，并保证数字模型与物理世界中的真实产品的生产和运行信息一致。

数字孪生驱动的概念设计的优势主要体现在其所具备的五种能力，见表 6-1。

因此，数字孪生技术的应用使得先进制造装备从概念设计到生产评估，可以实现多部门协同，缩短上市时间。

（1）基于机械学的协同设计　在机械 CAD 系统中进行结构模型设计与装配，在多学科协同平台上，可以反复对产品模型进行协同仿真和方案优化；在此阶段得到机械结构及零部件的几何模型、物理模型和概念级产品物料清单（Bill of Material，BOM），如传感器、执行器等。

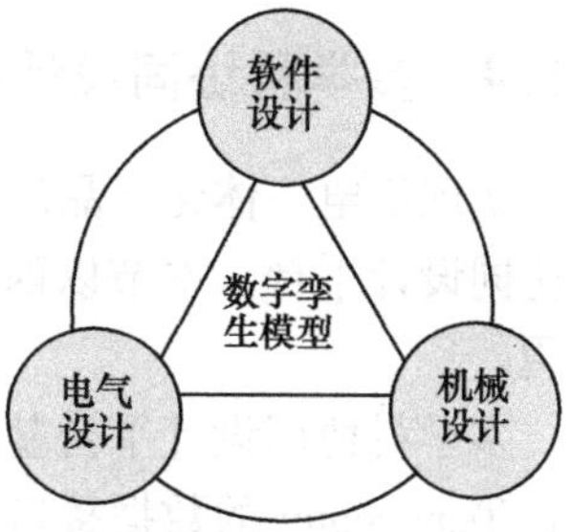

图 6-3　基于模型的多学科团队协同设计

表 6-1　数字孪生驱动的概念设计的主要优势

序号	主要优势	解　释
1	数据能力	基于云的数据收集、传输、存储
2	模拟能力	在虚拟环境中模拟真实世界的过程和环境
3	学习能力	从已有的设计案例中吸取教训并诊断未来问题的能力
4	分析能力	分析数据以发现隐藏信息的能力
5	连接能力	连接到其他智能设备、CPS 系统和物联网的能力

（2）基于电气学的协同设计　在电气 CAD 系统中完成电气元件的集成，然后将电气系统的 3D 模型和机械结构的 3D 模型导入多学科协同设计平台。在此阶段得到电气原理图、接线图、电气布局图和电气元件 BOM 清单。

（3）基于自动化的协同设计　在自动化控制程序设计阶段，在多学科协同设计平台环境中，根据设备的功能模型和行为规则模型设计初始的设备操作顺序图，生成控制程序，修改好的程序可以直接在 PLC 硬件中进行验证。在运动控制程序设计阶段，在伺服调试软件中导入协同设计平台生成的原始凸轮轮廓曲线，并下载到伺服驱动器硬件进行调试和优化，得到精确的凸轮轮廓曲线。PLC 和伺服驱动系统可以通过现场总线技术进行通信和数据交互。

（4）多学科协同的虚拟调试　在多学科协同虚拟调试阶段，仿真和虚拟调试基于 PLC 高级仿真平台、虚拟被控对象仿真平台和多学科协同设计平台进行，仿真的过程就是各仿真平台之间程序耦合和信号传输的过程。其信号传输机制如下：

1）自动化调试平台将生成的程序代码下发给 PLC 仿真平台，PLC 虚拟控制器执行程序，并将输出过程映像区的信号发给虚拟被控对象仿真平台。

2）虚拟被控对象仿真平台接收 PLC 虚拟控制器的输出信号，在特定驱动功能块中计算机器行为，将速度、位置等模拟量，启动、停止等开关量信号发送给多学科协同设计平台。

3）多学科协同设计平台基于预定义的自由度和设定值，进行机械部件仿真，并将计算的实际值（速度、位置等模拟量，启动、停止等开关量信号）发送给虚拟被控对象仿真平台。

4）虚拟被控对象仿真平台再次计算机器的行为，并将信号发给虚拟 PLC 控制器的输入过程映像区。

6.1.4 多学科协同设计平台

实现机电一体化产品的设计、调试、服务各个阶段的信息共享、高效融合，离不开多学科协同设计平台。本节以西门子公司的协同设计平台为例，介绍其组成及在各阶段的具体应用。

多学科协同设计平台基于 NX MCD（Mechatronics Concept Designer），通过 PLM 数据库平台 Teamcenter 的数据接口实现机械设计平台（NX CAD 等）、电气设计平台（Eplan/Eplan-Pro 等）、自动化设计平台（TIA Portal，Sizer，Selection Tools 等）之间的信息集成和数据交互，通过对集成电气和自动化元件的设备模型进行仿真，快速验证设计结果并及时反馈，持续改进和优化设计阶段的设备的数字孪生模型。

在伺服电动机选型时，根据机械结构模型在 MCD 中的仿真数据，如机械特性曲线、凸轮轮廓曲线，就可以在电动机驱动选型软件（如 Sizer）的现有库中初步选出伺服电动机/驱动器的型号和参数，如功率、输出转矩、尺寸和 3D 模型等。将伺服电动机驱动器的几何模型和物理模型导入 MCD 中与机械机构模型进行集成装配，进行多次仿真和选型验证，最终选出合适的伺服电动机和驱动器。

在电气设计阶段，可以将电气 CAD（如 Eplan/EplanPro）中的电气原件清单和集成接线的 3D 电气布局模型导入 MCD 中，与机械模型进行集成装配，为自动化设计和虚拟调试做准备。

在自动化设计阶段，可以将 MCD 仿真的机械操作顺序图（如横道图），转化为 PLC Open XML 格式的文件，导入自动化开发环境（如 TIA Portal）生成自动化程序框架，加速 PLC 程序开发，同时基于 MCD 中的设备模型开发 HMI 界面和程序。

协同虚拟调试系统由 PLC 高级仿真器（PLC SIM Advanced）、虚拟被控对象仿真平台（SIMIT）、人机界面软件（WICC Runtime）、自动化编程软件（TIA Portal）组成，其协同集成可以实现虚拟调试、虚拟运行和虚拟测试。SIMIT 支持软件在环（Software in loop）的纯虚拟环境的系统调试，SIMIT 可以模拟 PLC 控制器和现场被控设备，如分布式 I/O 站、驱动和电动机、阀门、气缸、仪表等的状态和信号，在 SIMIT 中关联 MCD 中机械模型的物理行为、运动行为和 PLC SIM Advanced 中的外部信号变量，在 PLC SIM Advanced 中模拟运行 TIA Portal 开发好的 PLC 程序和伺服程序，在 MCD 中可视化验证逻辑动作和运动过程，持续改进和优化设备模型；也可以用物理 PLC 代替 PLC SIM Advanced 做硬件在环（Hardware in loop）的虚拟调试，进行多次设计优化，最终获得设计阶段最佳的产品数字孪生模型。

运行服务阶段，在物理设备装配完成后，可以切换到实际环境进行精准调试，把物理的人机界面 HMI、PLC 等通过现场总线连接物理的分布式 I/O 站、伺服驱动器、阀门、气缸和仪表等，搭建一套完整的电控系统，基于测试好的程序进行物理样机的联机调试和运行验证，同时将最新的程序在虚拟仿真系统里进行同步更新，优化产品数字孪生模型。

MSBE 本身还在不断扩展中，如何开展基于模型的机械、电气和软件跨领域协同是目前众多学者和技术人员研究的内容。

6.2 数字孪生驱动的机械结构设计

机电一体化系统在机械结构设计阶段的主要任务，是在计算机辅助机械设计 MCAD 系统中进行结构模型设计和集成装配，并在多学科协同平台上对模型进行协同仿真和方案优化；在此阶段得到机械结构及零部件的几何模型、物理模型和概念级产品物料清单 BOM。

6.2.1　数字孪生驱动的机械结构设计的优势

数字孪生驱动的机械设计所建立的高保真三维 CAD 模型不仅包含几何信息，还被赋予了各种属性和功能定义，包括材料、感知系统、机器运动机理等。通过数字化的机械结构建模便于对物理的机电一体化系统，如数控机床、自动化产线等进行仿真，而在传统物理样机上进行调试往往耗费大量的成本和时间，且不容易改进存在的问题，借助于数字化的机械建模，可以在虚拟环境中寻找最优的模型与参数。

除此之外，如 6.1 节所述，机电一体化设计的流程首先是需求分析，将产品需求（FR）转化为设计参数（DP），在虚拟环境中，便于添加、更新、替换、合并、删除原有的设计参数，并生成新的设计方案。传统设计流程中，3D 模型仅用于设计阶段，设计完成后大多在文件夹里无人问津。基于数字孪生的模型，可以从物理世界中实时收集产品需求、设计、制造和运行阶段的相关数据，并实时更新，例如时间（使用产品的时间）、位置（使用产品的地点）、方式（使用产品执行的活动）、人员（用户的个人资料）和环境条件（温度、光线、声音和湿度）等。设计人员将这些信息及时考虑到设计方案中，用于产品设计迭代，从而提高产品的适应性。

其次，通过自学习能力，数字孪生系统可以对产品在特定环境中正面和负面的行为进行分析。通过实时数据传输，在模拟环境中修改设计方案，使其更真实、更全面。在理想的情况下，数字孪生可以实时控制智能产品，使其做出响应。

6.2.2　数控机床机械结构创新设计的要求

现代数控机床不是简单地将传统机床配备上数控系统即可，也不是在传统机床的基础上，仅对局部加以改进。为了实现加工精度、表面质量、生产率、可靠性、使用寿命等要求，数控机床的部件结构设计以及整体布局、外部造型等都亟须创新的设计理论、方法和平台工具，以克服传统机床的弱点，如刚性不足、抗振性差、热变形大、滑动面的摩擦阻力大及传动元件之间存在间隙等。

数控机床的机械结构设计要满足高精度、高运转速度、高可靠性的要求。可靠性是评价数控机床机械的重要指标，国外机床的平均无故障时间（MTBF）在 5000h 以上，国产数控机床与国外产品相比，在可靠性上存在较大差距，数控机床机械结构的可靠性亟须提升。

提高数控机床的稳定性和准确性。在数控机床机械结构设计中采用创新技术，可提高机床运行的稳定性和定位的准确性，例如，采用刚性结构设计，尽量减少各进给轴移动部件的质量，或者加大静态部件的质量、使用防震材料等，减少数控机床机械在操作中的惯性，确保机械运行平稳。

提高数控机床主轴运行精度和速度。在数控机床机械结构设计中，要重视主轴运行精度和运行速度。主轴的特性如果达不到要求的指标，则无法保证加工的精密性，比如造成钻孔精度较差、钻孔质量不高等后果。为了提高主轴运行精度和速度，可以选用静压空气轴承实现微小孔的高速加工，此外相比于使用其他轴承的主轴，使用静压空气轴承的主轴的寿命相对较长，且具有良好的动态性能，在数控机床机械结构设计中被广泛采用。

与智能化技术结合也是数控机床机械结构创新的重要方向之一。如数控机床机械结构故障的自诊断和自修复技术、机械运行精度和速度的实时智能化监控与补偿技术。数控机床机械实时智能化还具有提高生产率、强化自我修复、及时判断故障原因、位置等特点。

6.2.3 机械结构设计阶段的虚拟模型

在数字孪生驱动的机械结构设计阶段，需要完成设备机械结构的概念设计，并建立可视化模型和相关数据。该虚拟模型不仅是使用CAD软件创建的3D几何模型，还包括关于材料特性、零件特性和环境因素的数据库。进一步结合虚拟现实和增强现实技术，可以生成生动的虚拟产品，包含丰富的产品制造信息，如尺寸、规格、结构和材料等，并可以通过数据平台实现共享。设计人员可以与虚拟产品交互，确定其是否能够实现设计要求，并检查机构的运动、干涉、功能。例如，可以使用基于数字孪生的虚拟模型检查机床各运动部件的运动，并提供反馈信息。还可以根据工厂当前生产能力，推荐关键部件的制造信息参数，如表面粗糙度、配合公差等。

（1）对虚拟模型的要求　虚拟模型（VE）是物理实体（PE）的镜像，旨在反映物理实体，反映其物理参数、属性、行为、机制，甚至实体的全生命周期。虚拟模型还允许用户预测不同条件下物理实体的性能，便于在对物理实体进行任何更改之前提供早期反馈。基于虚拟模型的模拟将用于优化物理实体的工作状态。因此，对虚拟模型的三个基本的要求是：

1）建立物理实体的虚拟模型。

2）用输入因素模拟产品的反应、机理和生命周期。

3）返回模拟结果并对物理实体的工作提出相应建议。

（2）虚拟模型和其他组成部分的关系　建立虚拟模型需要物理实体、数字孪生数据库、数字孪生管理器及同类物理实体的参与，如图6-4所示。虚拟模型作为物理实体的映射，对物理实体的功能和设计目标进行模拟。其建模需要收集数据，反过来，基于虚拟模型的仿真模拟将帮助物理实体上的控制器调整状态。数字孪生管理器可以输入仿真目标和条件，虚拟模型接收管理器的更新和设置，将模拟结果返回给管理器。管理器还负责监控虚拟体的准确性并实时解决错误。数据中心提取相关的历史仿真模拟数据、记录模拟过程，并对虚拟模型的建立提供引导。

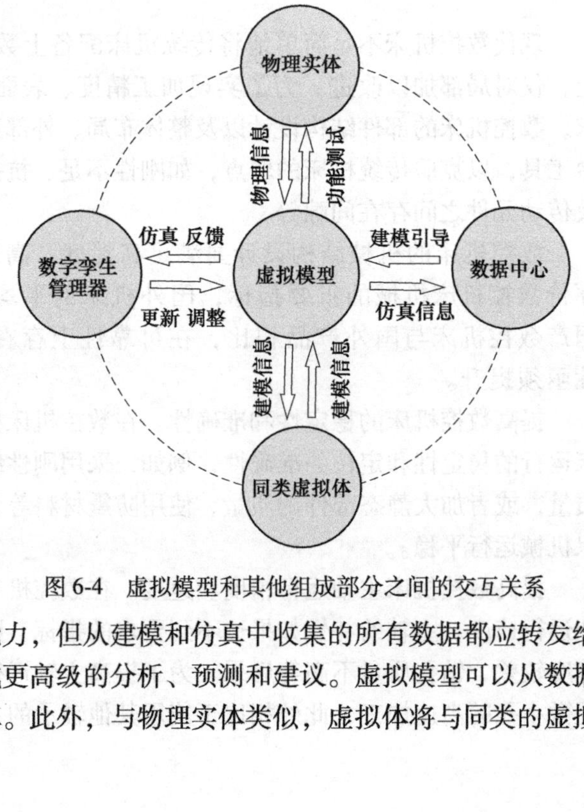

图6-4　虚拟模型和其他组成部分之间的交互关系

尽管虚拟模型具有决策和主要预测能力，但从建模和仿真中收集的所有数据都应转发给数据中心，在那里，数据将被处理以生成更高级的分析、预测和建议。虚拟模型可以从数据中心收集支持性数据，以优化建模和仿真。此外，与物理实体类似，虚拟体将与同类的虚拟体共享数据，以调整建模偏差。除了外部互动，虚拟体还负责自我监控和收集相关信息。

（3）对虚拟模型的功能需求　虚拟模型需要具备的功能包括 4 个方面：建模、仿真、决策和通信。

建立数控机床的机械结构模型，包含了物理实体映射为数字形式的所有功能，包括虚拟环境、虚拟产品、反应、行为、属性和交互。建模需要几何建模技术、行为建模技术和机制建模技术的协作。

模拟仿真则包括功能的虚拟测试、参数和反应的更改以及数据的收集。相关技术包括随机模拟技术、有限状态机、应用演化机制等。

决策意味着识别功能需求状态并进行相应调整的能力。虽然高级分析和学习由数字孪生数据中心实现，但虚拟体具有基于内部脚本的判断，以提高同步质量。

通信则包括与其他相关系统的互动。数据可能以数字信号、已开发的算法、图像和感官感知的形式存在，通信有时需要预编译版本来整合相关数据。

（4）虚拟模型的简化　在虚拟模型开发阶段，需要考虑的最关键的因素之一是简化程度。理论上，一个理想的虚拟体应该与物理体有 100%的相似性，然而，受传感器技术、数据分析方法、计算能力和成本预算的限制，建模失真是必然存在的。虚拟体的简化应该满足设计要求中必要的约束条件。例如，如果虚拟模型用于模拟直升机螺旋桨的空气动力学特性，那么螺旋桨的虚拟体就只需要几何和运动信息，而强度和弹性等对空气动力学的影响并不重要，这些属性会增加硬件工作量、功耗和成本，而对模拟质量的提高贡献不大。因此，选择最相关的属性并评估虚拟模型的准确性，是虚拟模型开发的关键。

模型的简化程度可以分为 4 个级别，如图 6-5 所示。最基本的层次是“外观相似”，为工程师和客户提供一些关于几何形状、外观和装配设计的初步反馈。第二层次为“属性相似”，即虚拟模型与物理实体具有相同的物理特性，如化学成分、材料结构等。第三层次为“反应相似”，旨在分析特定输入条件下物理实体的反应。第四层次为“体验相似”，虚拟模型可以用来预测实体产品的整个生命周期，如市场人气、客户满意度的变化、产品耐用性，甚至未来的发展趋势，为工程师和设计师提供即时评估，提高设计效率和质量。

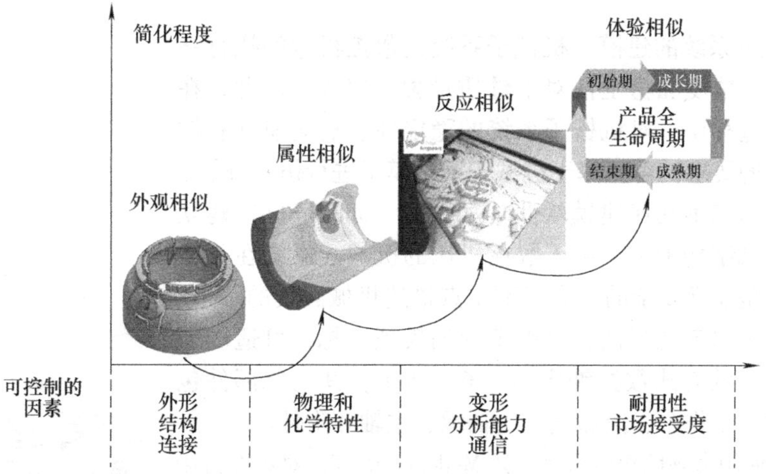

图 6-5　虚拟模型的简化

6.2.4 数字孪生驱动的数控机床虚拟样机

如图 6-6 所示，数控机床包括机械子系统和电气子系统，可以认为机械子系统是执行单元，电气子系统是驱动单元。机械子系统从结构设计的角度在部件甚至零件级别描述机床的组成，包括螺钉、工作台和主轴。机械子系统作为执行单元，基于不同零部件及传动和支撑件，实现机床的动作。电气子系统根据外部输入和内部算法向机械子系统输出控制信号。然后，根据接收到的控制命令，驱动机械子系统进行安全、准确的操作。组成数控机床的机械子系统和电气子系统之间在工作原理、结构、性能上均存在耦合。

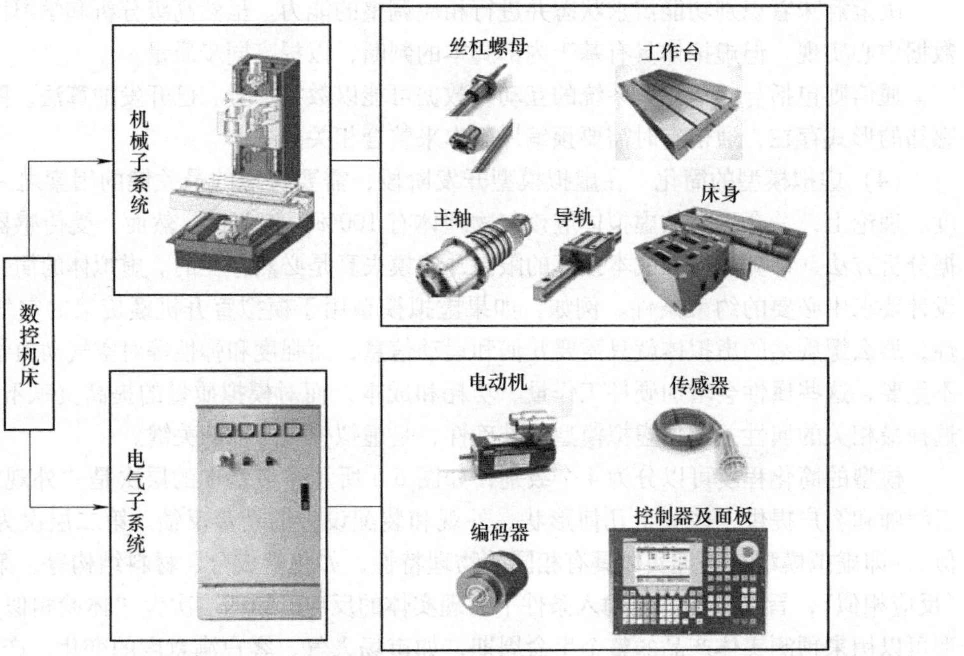

图 6-6　数控机床的机械和电气子系统

（1）机械子系统的建模　机械子系统是数控机床的执行终端，其灵敏度、精度和稳定性对工件质量影响很大。因此，在数控机床运行过程中，对机械子系统的稳定性、响应速度和轴向刚度有很高的要求，需要基于机械子系统模型进行仿真分析。

首先，使用三维几何建模软件（如 NX、SolidWorks）建立数控机床的机械结构模型。由于数控机床的机械子系统在具体的零件层面上是非常复杂的，本章不重点描述机械建模的细节。机械建模应考虑研究的目的，根据不同的模拟目标，可适度简化次要部分。三轴立式数控铣床如图 6-7 所示，其主要部件包括底座、导轨、工作台、滚珠丝杠、轴承、主轴和附件。

然后可以使用多领域建模语言，如 Modelica 语言，对数控机床机械子系统的关键部件进行建模，将机械模型转换为 Modelica 语言兼容的多体模型，便于对数控机床进行多领域的联合仿真分析。

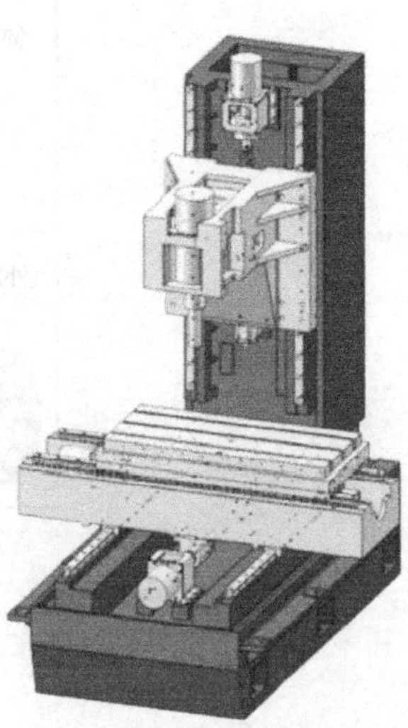

图 6-7　三轴立式数控铣床

Modelica 语言是为解决多领域物理系统的统一建模与协同仿真，于 1997 年提出的一种基于方程的陈述式建模语言。Modelica 语言采用数学方程描述不同领域子系统的物理规律和现象，根据物理系统的拓扑结构，基于语言内在的组件连接机制实现模型构成和多领域集成，通过求解微分代数方程系统实现仿真运行。该语言可以为任何能够用微分方程或代数方程描述的问题实现建模和仿真。

（2）数控机床的虚拟样机　传统上，数控机床的虚拟样机仅根据初始设计参数进行设计，无法进一步实时更新参数和性能。数字世界与物理世界的隔离使虚拟样机处于僵化状态，从而导致仿真结果的偏差。为了解决这个问题，将数字孪生的概念引入到数控机床的虚拟样机中。基于数字孪生的数控机床的虚拟样机必须具有以下特点：①机械子系统、电气子系统及其耦合关系集成在同一平台上；②虚拟样机可以根据数控机床的性能变化进行动态更新。这就需要基于数字世界和物理世界之间的实时信息交互，实现及时准确的更新，使得基于数字孪生的虚拟样机具有实时可更新的特点，从而可以提供与实际运行结果一致的仿真结果。

基于数字孪生的虚拟样机具有以下优势：

1）基于数字孪生的虚拟样机是一个集成了不同子系统的多域高保真模型。该模型可以支持数控机床整个生命周期的设计、生产、运行、维护和回收过程。

2）基于数字孪生的虚拟样机可以通过实时数据映射与物理机床保持一致，用于模型的动态更新和数据存储。

3）基于数字孪生的虚拟样机可以基于存储的数据为机床的后续智能维护和优化提供数据支持。

为了实现虚拟样机实时准确的更新，在物理空间中，安装在数控机床或外围实体上的传感器可以收集相关的数据，这些数据将映射到数字空间以供后续应用。在数字空间中，基于数字孪生的数控机床虚拟样机主要由描述模型和更新策略两部分组成。

1）描述性模型。如图 6-8 所示，描述模型是基于数字孪生的虚拟样机最重要的部分。

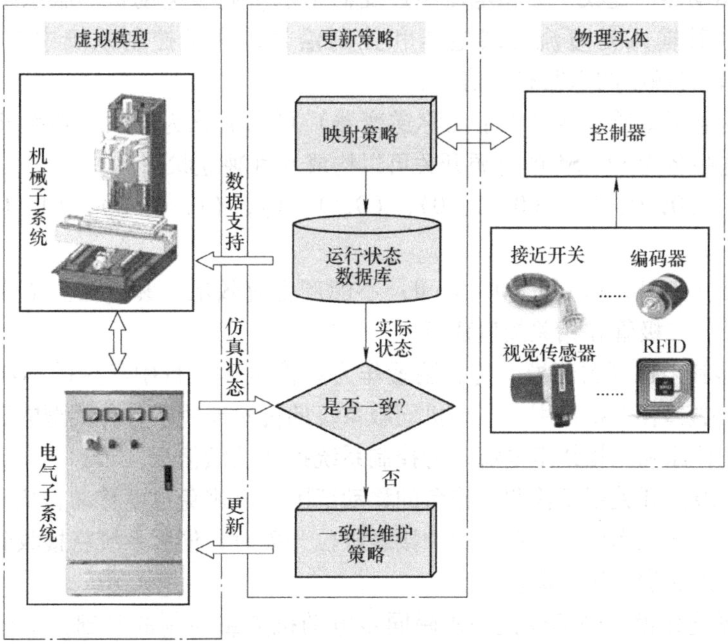

图 6-8　数控机床虚拟样机模型及更新

可以将其视为数字空间中数控机床的副本，表达各子系统及相互间的耦合关系。在运行过程中，该模型需要动态更新，以达到更真实、准确的模拟结果。

2）更新策略。如图 6-8 所示，更新策略包括映射策略、运行状态数据库和一致性维护策略。映射策略负责物理空间和数字空间之间的实时映射，映射数据存储在运行状态数据库中。一致性维护策略通过比较仿真结果和实际性能是否一致，决定是否对模型进行更新。

6.3 数字孪生驱动的控制系统设计

本节介绍电气子系统模型中重要组件的建模，在此基础上建立设备的机电耦合模型。采用 OPC UA 协议实现数据的传递，使得虚拟模型和物理实体可以实时更新。

6.3.1 控制系统建模

（1）永磁同步电动机建模　永磁同步电动机（PMSM）因其结构紧凑、性能优越而广泛应用于数控机床的轴控制中。为了简化建模过程，可以选择“将 d 轴电流设置为零”的控制模式，从而解耦永磁同步电动机。在这种情况下，永磁同步电动机的控制可以等效于直流电动机的控制。这种等效转换本质上是电动机坐标系转换的过程。

将永磁同步电动机抽象为数学模型，通过方程描述其物理特性。由于电动机的复杂性，建模时必须进行一些理想假设：

1）不考虑定子和转子的铁心磁阻、磁滞和涡流损耗。

2）忽略转子的阻尼绕组。

3）永磁体中的磁导率与空气中的磁导率相同。

4）通过定子的电流波形是规则的正弦曲线。

（2）伺服驱动器的建模　三相电压型逆变器是永磁同步电动机伺服系统中功率转换的关键功能部件，其输入是直流母线电压和控制信号，这是控制系统中空间矢量脉宽调制（SVPWM）装置输出的六路布尔信号。

因此，三相电压型逆变器（以下简称逆变器）可以简化为由六个功率开关组成的三桥臂电路结构。这些名为 S1～S6 的电源开关可以构成八种独立状态：

（0，0，0），（0，0，1），（0，1，0），（0，1，1），（1，0，0），（1，0，1），（1，1，0）和（1，1，1）。

其中，状态（1，1，1）和（0，0，0）不能产生有效电压和电流。整个逆变器电路可以使用功率开关、二极管和相关接口建模。

（3）传感器和限位开关建模　传感装置作为数控机床运行中产生的不同信号的检测装置，在反馈电路中起着重要作用。电动机伺服系统的传感器用于各种类型的数据采集，如转子位置、电动机转速和三相绕组电流，为控制系统提供反馈信息。

进给系统的限位开关用于检测工作台的移动范围，以避免过度移动，从而导致故障甚至安全问题的发生。当工作台在移动过程中接触限位开关时，伺服系统将接收到一个信号，然后中断控制命令以保护数控机床。

（4）控制系统建模　坐标变换是永磁同步电动机矢量控制的基础，坐标转换功能可以通过设计相应的模型并将其封装为模块以供后续使用。

逆变器的输入包括 SVPWM 输出的控制信号。SVPWM 的关键是在已知电压矢量值的基础上计算出与给定电压矢量值相等的平均电压值。根据数控机床的功能逻辑和实际工作原理，通过连接上述封装模块，可以构建控制系统的 Modelica 模型。

6.3.2　数控机床的机电耦合模型

下面以数控机床的 *X* 轴进给系统为例，说明机械子系统和电气子系统的建模方法，并阐述这两个子系统之间的关系。*X* 轴进给系统模型的内部逻辑如图 6-9 所示。控制器的输入是目标速度值，而输出是由逆变器驱动的 SVPWM 模型生成的六路布尔信号。传感装置检测电动机角速度和位移反馈至控制回路。

在整个系统模型中，电动机的电源由逆变器驱动器通过电流传感装置提供。电动机产生的机械能由转子通过机械接口输出，以转矩的形式传输到机械子系统。同时，机械子系统作为负载，对电动机施加反作用力。*Y* 方向和 *Z* 方向进给系统和主轴子系统的模型设计与 *X* 方向模型的设计类似。

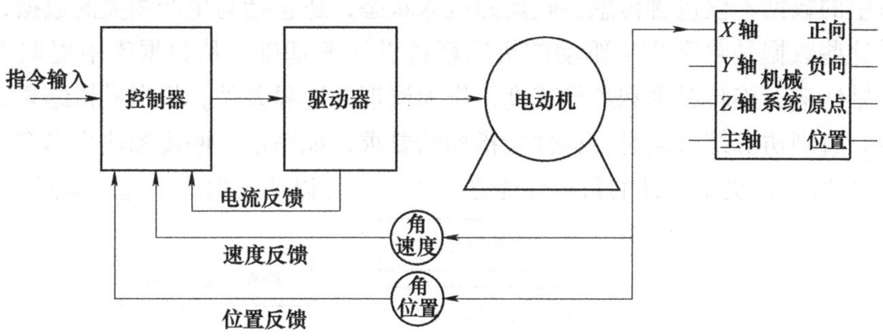

图 6-9　机床 *X* 轴进给系统模型的内部逻辑

6.3.3　数字孪生模型的实时更新

基于数字孪生的数控机床虚拟样机的更新策略主要包括两部分。一种是映射策略，负责将数据从物理空间实时映射到数字空间。另一种是一致性维护策略，其目的是根据映射数据更新描述模型，使其与数控机床保持一致。

为了保证基于数字孪生的数控机床虚拟样机和物理实体的一致性，需要实现物理空间和数字空间的数据映射。因此，需要有效的实时映射策略，为模型的持续更新提供数据支持。由于传感器类型的多样性，从数控机床收集的数据是多源和时变的，通常采用 OPC UA 作为传输协议。

基于 OPC UA 协议的服务器/客户端结构是映射策略的核心。OPC-UA 服务器和 OPC-UA 客户端在信息模型层进行通信，通过数据映射库将数据直接从物理空间映射到数字空间。然而，考虑到存在不采用 OPC UA 的设备，OPC UA 服务器设计为四层，以便在底层集成来自不同通信接口的数据。OPC UA 服务器的四层功能详细介绍如下：

1）物理接口层旨在从各种类型的传感器或设备收集数据。它应该与 RS485、RS232、WiFi、蓝牙和 CAN 等不同接口兼容。

2）协议驱动层为使用不同接口的数据包提供通用的读写方法。

3）数据解析层根据不同的通信协议从数据包中提取数据。

4）信息模型层基于数据映射库将各种数据转换为有意义的信息。

6.4 数字孪生在各阶段的应用

6.4.1 在数控机床的设计阶段的应用

基于数字孪生的数控机床虚拟样机可以实现精益设计和虚拟调试。首先，根据设计要求建立基于数字孪生的虚拟样机，通过虚拟调试，获得虚拟样机的动力学和运动学仿真结果，并反映数控机床的实际性能。

其次，可以通过挖掘数据库中存储的数据，分析目标性能指标。然后，基于目标性能指标计算数控机床的新设计参数，并利用这些参数重建虚拟模型。基于数字孪生的数控机床建模，提高了仿真精度以及动态更新能力。

数据库中的数据不仅包含传感器收集的机床状态，还包括与生产相关的数据，如工件和环境信息。这些数据是数字孪生驱动的机床精益设计的基础。从数据库中提取工作负载数据，例如主轴转速、旋转温度和进给速度，作为模拟的边界条件，根据模拟结果，修改和优化设计参数，直到仿真结果满足目标性能指标的要求，如精度、刚度和热变形等。

如图 6-10 所示，机床设计的目标性能指标不同，可以从数据库中选取不同的工作数据，

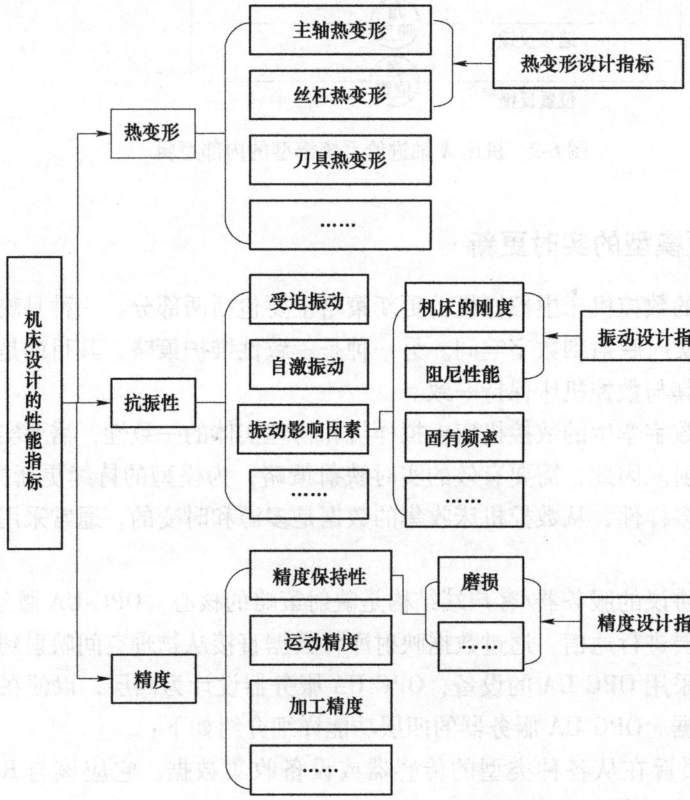

图 6-10　机床设计的目标性能指标

进行不同类型的模拟，例如流体力学模拟、结构力学模拟和热力学模拟，再根据模拟的结果对设计进行评估，如果满足设计指标，则输出这些最优设计参数。否则，产品需要重新设计，以确保达成目标性能指标。

以数控机床进给系统的设计为例。目前，伺服电动机和滚珠丝杠的组合仍然是数控机床进给系统最常用的形式之一。本例中进给系统来自某型号的数控机床，主要配置参数见表 6-2。

表 6-2　机床进给系统主要技术参数

序号	系统参数	数值
1	左侧轴承的设定刚度/(N/m)	1.3×10^{9}
2	滚珠丝杆的刚度/(N/m)	1.76×10^{8}
3	螺母和螺母座的刚度/(N/m)	5.1×10^{8}
4	右侧轴承的设定刚度/(N/m)	8.5×10^{8}
5	滚珠丝杠的质量/kg	9.78
6	工作台的质量/kg	100
7	滚珠丝杠的长度/mm	1200

选择面铣刀具加工平面，当主轴转速达到 3820r/min 时，切削频率接近于进给系统的轴向一阶固有频率，即 254.65Hz，此时容易出现共振，从而导致切削不稳定。如果需要达到高的切削速度，有必要通过修改进给系统的设计参数来提高进给系统的一阶固有频率。一阶频率越高，引起共振的切削速度阈值越大，这样，就可以避免在要求的切削速度下发生共振。

为了验证该方法的有效性，下面分析工作台位置和质量对进给系统轴向一阶固有频率的影响。

1）工作台位置对轴向一阶固有频率的影响。在进行模拟分析时，工作台从一个位置移动到另一个位置，选择并设置进给系统的结构力学负荷数据作为边界条件。在选择合适的算法（如特征值求解算法）并基于数字孪生模型进行仿真后，可以得到位置频率曲线，如图 6-11 所示。可以看出，当工作台移动到靠近螺钉中间的位置时，轴向一阶固有频率变低，当工作台移动到两端时，轴向一阶固有频率逐渐增加。

2）工作台质量对轴向一阶固有频率的影响。通过相同的方式进行模拟，工作台保持在中间位置并改变工作台质量，可以获得质量频率曲线，如图 6-12 所示。可以看出，轴向一阶固有频率随着工作台质量的增加而降低。此外，当质量保持在 100kg 左右时，轴向一阶固有频率的下降率变大。当工作台质量减少 10%时，轴向一阶固有频率增加 4.94%。结果表明，通过减小工作台的质量，可以有效地提高进给系统的一阶固有频率。

为了提高一阶固有频率，从而提高主轴转速上限，根据上述分析，对工作台的结构进行优化，使其质量减轻了 5%。基于优化后的参数制造了新一代三轴数控机床的物理样机，使用包括锤子、信号调节器、数据采集器和模态测试软件在内的模态测试设备进行模态试验。当工作台位于丝杠中间位置时，轴向一阶固有频率为 310.35Hz。很明显，进给系统的轴向一阶固有频率得到了改善。用四刃立铣刀加工平面时，主轴转速可达 4655r/min，比之前提高近 22%。

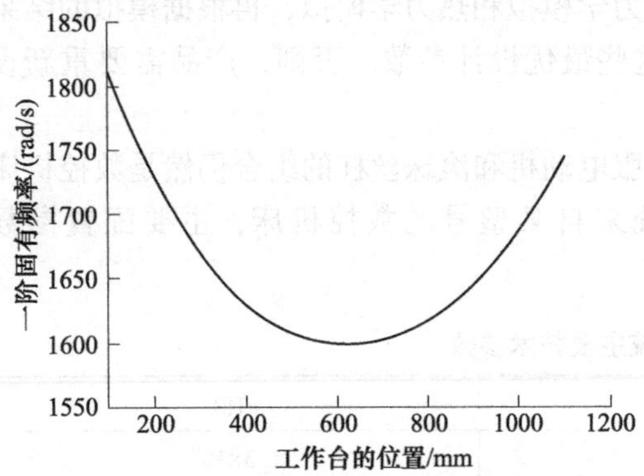

图 6-11　工作台位置和一阶固有频率的关系

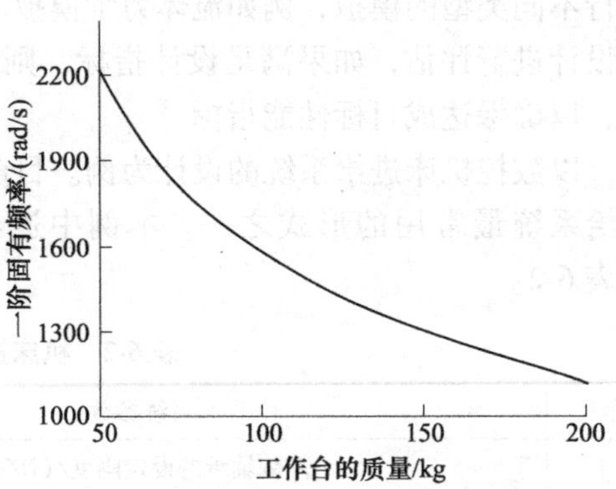

图 6-12　工作台质量和一阶固有频率的关系

6.4.2　在数控机床的运行阶段

基于数字孪生的数控机床虚拟样机可以应用于故障诊断和故障预测。

（1）故障诊断　基于数字孪生的虚拟样机的映射策略和分布式数据存储，数据库中存储的历史数据足以构建机器学习算法应用的训练集。数控机床运行期间的故障信息也包含在这些数据中。通过将某些故障（如过度振动）引起的数据输入模型，然后输出故障类型，可以将故障诊断识别为一个分类过程。训练分类器时，以物理空间的实时数据为输入，及时输出相应的故障类型，实现故障诊断。

（2）故障预测　基于数字孪生的数控机床虚拟样机的故障预测过程与故障诊断过程类似。然而，虽然故障诊断更侧重于意外故障，但故障预测通常侧重于长期过程和可避免的故障，如轴承故障。因此，训练集的构造和输入输出数据的选择不同于故障诊断。通过这种方式，可以通过观察数控机床的当前状态来预测潜在故障，以避免严重的停机和故障损失。

6.4.3　在数控机床的维护阶段

维护基于存储在数字孪生的数控机床虚拟样机数据库中的历史数据。它涉及机器学习中的分类问题，维修训练集由故障类型及其相应的处理方法组成。尽管一些处理方法无法自动收集，但基于数字孪生的虚拟样机为此类信息记录提供了一个存储平台，该平台集成了所有数据，以构建训练集。然后，在故障预测或故障诊断模型输出故障类型后，基于数字孪生的数控机床虚拟样机可以通过训练好的维护模型为用户提供可能的维护解决方案。

6.5　机电一体化设计与虚拟调试案例

当前市场环境下，企业面临着提高新产品研发效率，缩短产品上市时间，增强生产灵活性，满足个性化定制需求等挑战。数字孪生驱动的机电一体化设计在虚拟环境中快速对设计进行评估，增强机械、电子和自动化设计团队的协作，从而降低产品创新设计的风险、降低工程成本、缩短开发时间。本案例介绍数控机床的机电一体化设计与虚拟调试流程。

6.5.1　机电一体化设计与调试的软硬件平台

本案例实现数控机床机电一体化设计与虚拟调试的软硬件平台组成如下：

（1）使用的硬件　本案例以西门子 840D sl 数控系统作为主控制器，如图 6-13 所示，使用的硬件包括：840D sl 数控系统、SIMIT UNIT 信号转换单元、设计及调试用计算机。

a) 840D sl数控系统　　b) SIMIT UNIT　　c) 设计及调试用计算机

图 6-13　使用的硬件

1）840D sl 数控系统。840D sl 数控系统采用模块化结构，是西门子公司面向新一代智能制造推出的高端型数控系统。其将 CNC、HMI、PLC、闭环控制和通信功能组合在一个数控单元（NCU）上，并可通过配合使用 PCU 来提高操作性能，支持以太网、Drive-CLiq 和 ProfiBus 网络通信。

2）SIMIT UNIT 信号转换单元。SIMIT UNIT 信号转换单元是外部现场设备和虚拟模型之间的信号转换系统，支持 Profibus DP/Profinet 协议现场总线设备，可以仿真基本 I/O 输入输出功能，也支持复杂的逻辑控制。硬件在环的虚拟调试中，SIMIT UNIT 与实际的控制器建立连接，计算机端可以通过以太网连接到 SIMIT UNIT 的 PROFINET 接口，可以使用真实控制系统和真实 PLC 对整个工程项目进行测试。

（2）使用的软件　数控机床在设计和调试过程中，需要使用多种专用软件，本案例使用的软件包括 NX 12.0、STEP 7、840D sl Toolbox、Simulation Unit、SIMIT 10。

1）NX 12.0。NX（图 6-14）是在 UG 软件基础上发展起来的，集 CAD/CAM/CAE/PDM/PLM 于一体。CAD 功能使工程设计及制图完全自动化；CAM 功能内含大量数控编程库（机床库、刀具库等），数控加工仿真、编程和后处理比较方便；CAE 可以实现产品、装配和部件的性能模拟；PDM/PLM 帮助管理产品数据和整个生命周期中的设计重用；MCD 是 NX 的一个模块，可以实现三维虚拟机电模型及虚拟调试。在产品设计阶段，可以用于模拟机械零件和组件的运动行为及机构的自动化运行过程，实现机构的虚拟调试和评估，还可以管理产品设计的全过程信息。NX 广泛应用于航空航天、汽车、机械及模具等领域的产品设计、分析及制造。

2）STEP 7 用于 S7-300/400 PLC 的编程，可使用 LAD（Ladder 梯形图），STL（Step Ladder Instruction 步进梯形图）和 FBD（Functional Block Diagram 功能框图）三种编程语言。

3）840D sl Toolbox 为设计人员提供基本程序及其他组件，用于数控机床 PLC 用户程序的创建，可以有效缩短数控机床 PLC 程序的开发周期。

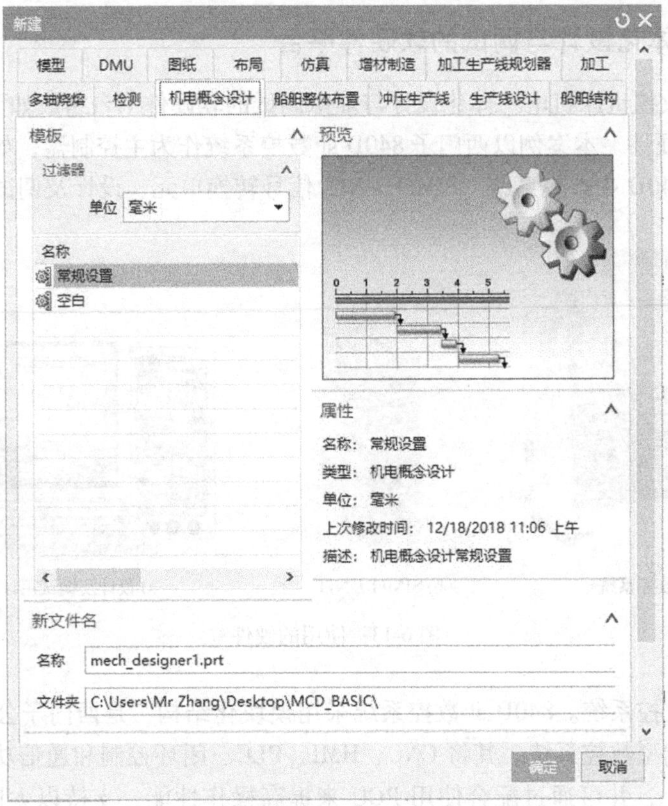

图 6-14　NX 的机电一体化概念设计

4）Simulation Unit 与 SIMIT UNIT 硬件配套，实现对信号的转换。

5）SIMIT 10 仿真软件与 SIMIT UNIT 硬件进行组态，实现 I/O 信号的配置，支持虚拟调试。

6.5.2　基于 NX MCD 的机械建模

NX MCD 模块的主要菜单和功能如图 6-15 所示。

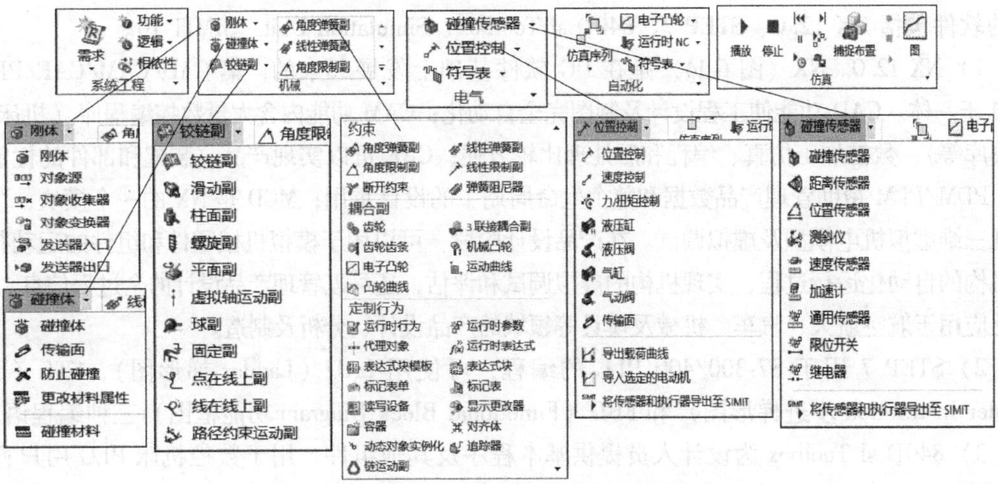

图 6-15　NX MCD 模块的主要菜单和功能

在 NX 的 CAD 模块完成机械本体的三维建模，并在 MCD 模块中导入建立的机械模型，几何建模完成后，需要设置刚体、碰撞体、添加运动副。配置流程图如图 6-16 所示。

（1）数控设备部件设计　基于 CAD 平台，实现例如主轴、刀库等机械部件的设计，并进行虚拟装配。

（2）导入机床模型　将机床的三维模型导入 MCD，如图 6-17 所示。

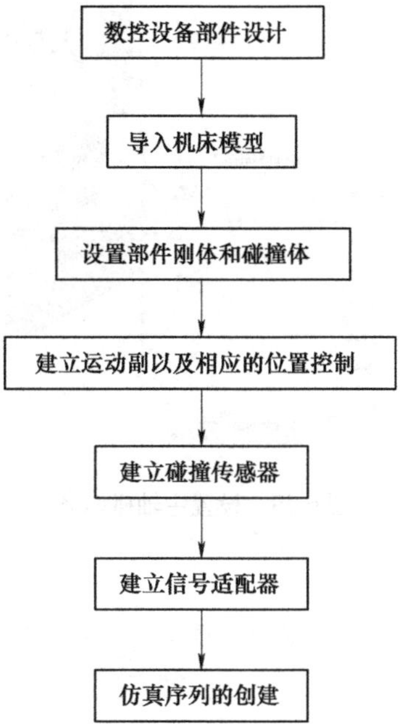

图 6-16　MCD 配置流程

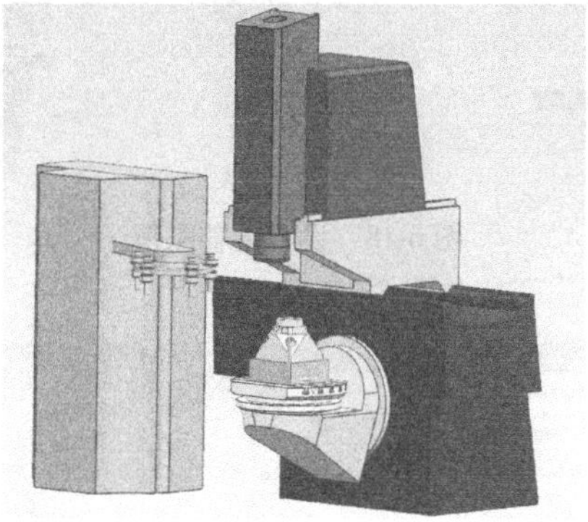

图 6-17　导入机床模型

（3）设置刚体和碰撞体　每一个运动的部件都是带有质量的刚体，因此所有的运动部件都需要设置成刚体。当一个几何体未被定义为刚体对象时，这个几何体将完全静止，不会受到任何力的影响。在机电概念设计模块 MCD 中，需要运动的物体，必须是刚体组件，只有被定义成刚体，才能接收外力和转矩。

碰撞体是物理组件的一类，两个碰撞体之间要发生相对运动才能触发碰撞。如果两个刚体发生碰撞，但两者都没有任何面被定义为碰撞体，那么在物理模拟中，他们会彼此互相穿过。

图 6-18 和图 6-19 分别是 MCD 环境下设置主轴为刚体和碰撞体的界面。

（4）建立运动副及位置控制　每个刚体都有它们自有的束缚，运动副是两个机械构件之间通过直接接触而组成的可动连接。两个构件上参与接触而构成运动副的点、线、面等元素被称为运动副元素。

依次对 *X*、*Y* 和 *Z* 轴进行滑动副设置；对 *A*、*B*、*C* 和主轴进行铰链副设置；对刀具进行固定副的设置。同时也需要对 *X*、*Y*、*Z*、*A*、*B*、*C* 和主轴分别设置位置控制，这里以设置 *A* 轴为例，如图 6-20 和图 6-21 所示。

（5）建立传感器　在对机床控制过程中，需要监控某些运动部件的状态，因此需要设置传感器。这里以设置刀具 T1 的传感器为例，如图 6-22 和图 6-23 所示。

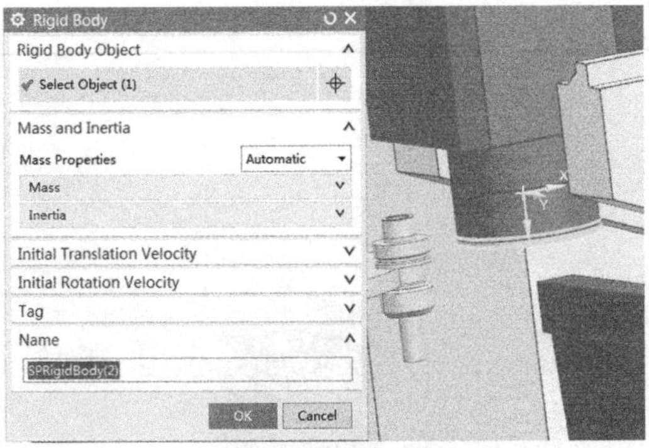

图 6-18　设置主轴刚体

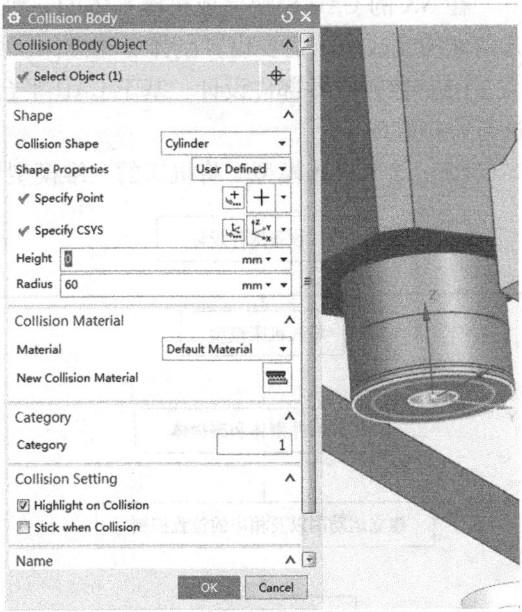

图 6-19　设置主轴碰撞体

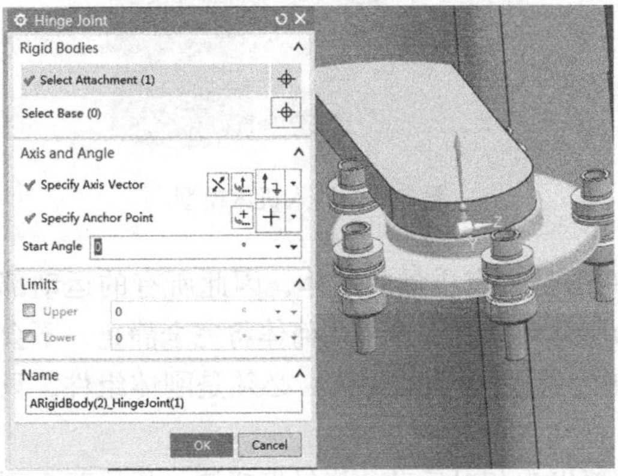

图 6-20　设置 *A* 轴为铰链副

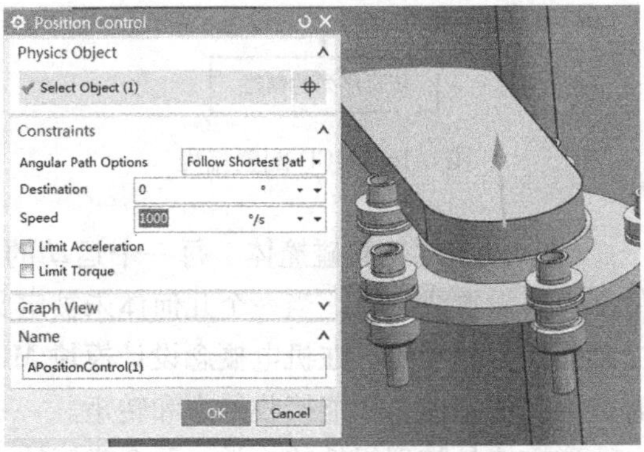

图 6-21　设置 *A* 轴位置控制

（6）建立信号适配器　信号适配器用于接收外围电路或者 CNC 的信号，用来控制机床。在虚拟调试中，这些信号来自于 SIMIT 的共享内存，因此信号源的最大数量和 SIMIT 共享内存的容量一致，其名称可相同，以便于信号连接，如图 6-24 所示。

（7）仿真序列的创建　仿真序列（Sequence Editor）可以认为是多个仿真动作的集合。仿真序列中可以包含多个仿真子集（Operation Chain），每个仿真子集中又包含了多个仿真动作（Operation）。

从仿真动作的运行模式上进行划分，可以分为两种模式，一种是基于时序驱动（Time-based operation）的仿真运行模式，另一种是基于事件驱动（Event-based operation）的仿真运行模式。一般情况下，使用基于时序的仿真对设备的执行动作进行前期规划，后期在基于时序的仿真中添加信号逻辑条件，转换成为基于事件驱动，实现按需自动执行。

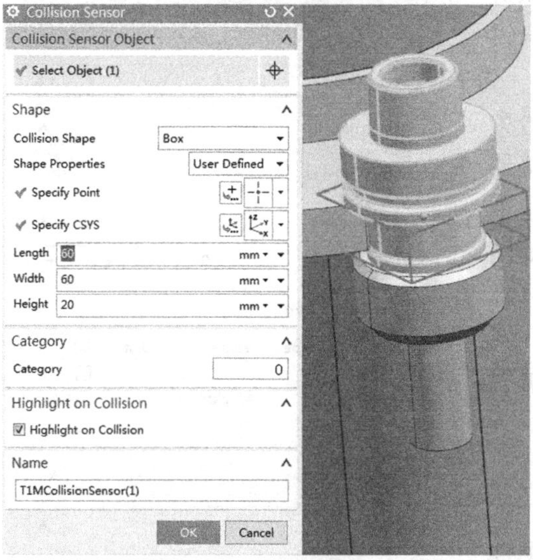

图 6-22　刀具 T1 的刀盘传感器

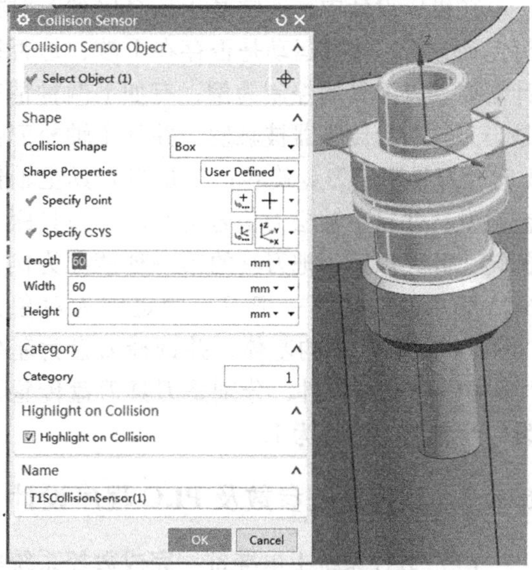

图 6-23　刀具 T1 的主轴传感器

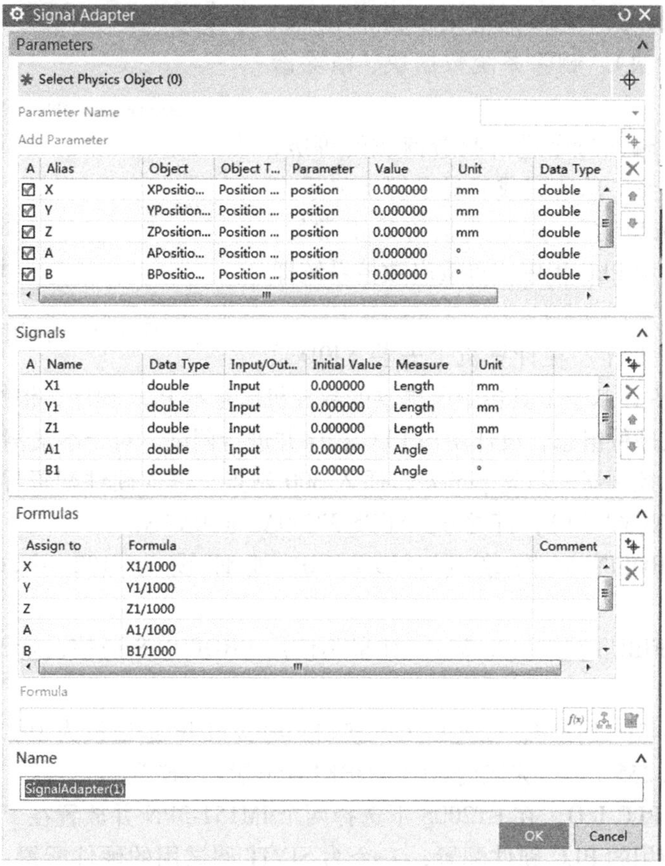

图 6-24　信号适配器的建立

在机床设计中，通常基于仿真序列，对机床进行运动分析，检查运动是否存在干涉、是否符合设计需要。以刀具的控制为例，有如下两种情况：一是当刀具刀盘传感器被触发，并且主轴松刀信号为1时，刀具跟随刀盘旋转；二是当刀具主轴传感器被触发，并且主轴松刀信号为0时，刀具跟随主轴旋转。此处以第一把刀具的第一种情况为例，如图6-25所示，选择第一把刀具固定副为对象，选择“运行时参数”中的基体，并选择刀盘为基体，在“条件”中选择条件，分别是刀具刀盘传感器被触发、主轴松刀信号为1。

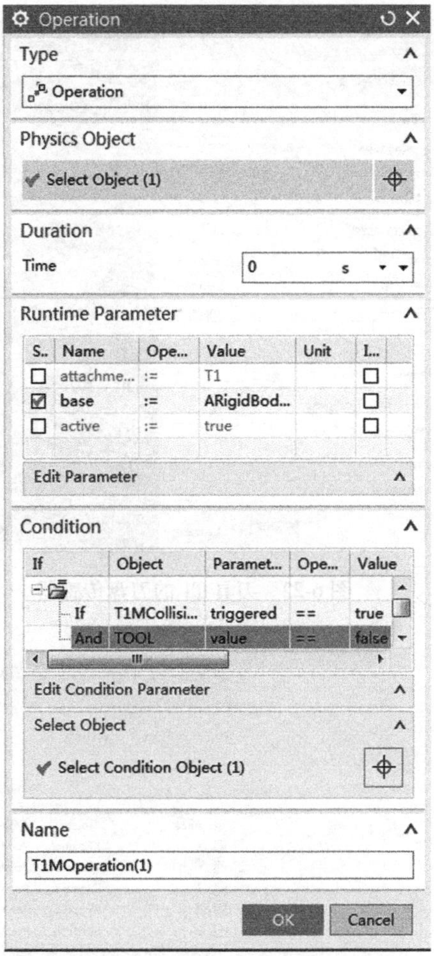

图6-25 仿真序列的创建

6.5.3 数控系统参数及PLC程序设计

（1）数控系统上电准备 完成数控系统的硬件连接，检查电源电压无误后启动数控系统。开机后做NCK和PLC总清。NCK总清用于系统数据初始化并装载标准机床数据。PLC总清用于删除用户数据（数据块和功能块）、删除系统数据块、清除诊断缓冲区参数。

总清完成后，输入口令进入制造商访问等级，以进行系统参数设置。总清完成后显示屏上显示报警“2001：PLC未启动”，遇到此报警是正常的，等下载完硬件配置和PLC程序，再重启数控系统即可消除。

（2）PLC程序设计 在计算机上安装840D sl Toolbox和GSD文件，基于工具包中所提供的数控机床基本PLC程序，根据机床的具体配置和控制要求，完成硬件组态，设计用户PLC程序并进行调试。对于本案例，具体操作如下：

1）插入NCU控制器。新建project，插入300站点，进入硬件配置界面，选择NCU类型：NCU 720.3 PN(V3.2+)，订货号：6FC5 372-0AA30-0AAX。

2）创建PROFINET网络（X150），IP地址设为192.168.0.1，子网掩码为255.255.255.0。

3）创建PROFIBUS网络（X126）。如果不使用PROFIBUS通信，就不需要创建，直接单击“OK”按钮。

4）设置CP 840D sl网络。新建以太网接口，将接口IP地址设为192.168.214.1，子网掩码设为255.255.255.224。完成后NETWORKED显示“YES”。

5）插入虚拟PLC I/O。在ET200S下选择两个IM151-3PN并放置在PROFINET总线上，其中一个为正常使用的PLC硬件配置，一个为SIMIT调试用的硬件配置。正常使用的PLC硬件配置如图6-26所示，完成后硬件配置如图6-27所示。

6）基于工具包中所提供的基本程序，完成用户PLC控制程序设计。

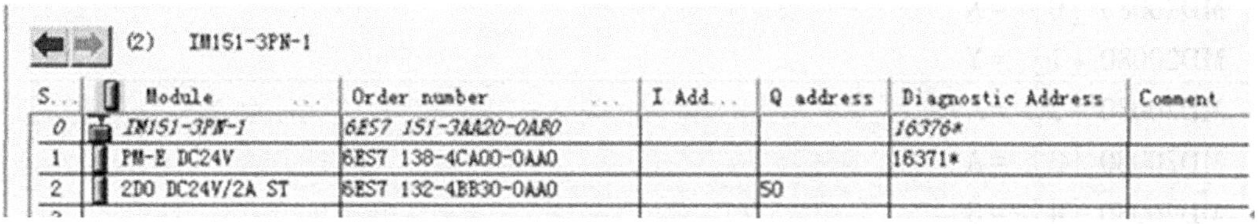

(2)　IM151-3PN-1

S...	Module	Order number	I Add...	Q address	Diagnostic Address	Comment
0	IM151-3PN-1	6ES7 151-3AA20-0AB0			16376*	
1	PM-E DC24V	6ES7 138-4CA00-0AA0			16371*	
2	2DO DC24V/2A ST	6ES7 132-4BB30-0AA0		50		

图 6-26　正常使用的 PLC 硬件配置

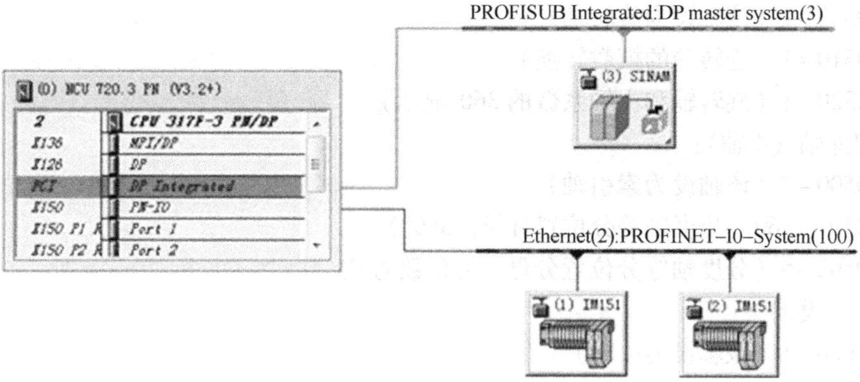

图 6-27　完成后的硬件配置

（3）NC 参数设置　为了实现具体机床的个性化要求，需要对数控系统的 NC 参数进行设置。参数设置是数控系统与具体机床配接过程中二次开发的主要内容，用于实现机床的控制要求以及数控系统和机床的最佳匹配，优化机床的性能，主要包括进给轴、主轴、刀库等的相关配置。NC 参数设置在一定程度上体现了数控系统的开放性，高性能数控系统往往有上千个参数，完成这些参数的设置需要技术人员具备一定的理论知识和实际经验，具体可参照数控系统的技术手册。本案例的部分主要参数设置列举如下：

1）机床各坐标轴的显示名称，激活后在加工界面中就会显示以下参数中设置的名称：

MD10000 [0] =X1　　MD10000 [4] =B1

MD10000 [1] =Y1　　MD10000 [5] =C1

MD10000 [2] =Z1　　MD10000 [6] =SP1

MD10000 [3] =A1

2）几何轴的分配和名称设定：

MD20050 [0] =1　　MD20060 [0] =X

MD20050 [0] =2　　MD20060 [1] =Y

MD20050 [0] =3　　MD20060 [2] =Z

3）通道中对应的轴数（加工界面中显示几个轴）：

MD20070 [0] =1　　MD20070 [3] =4

MD20070 [1] =2　　MD20070 [4] =5

MD20070 [2] =3　　MD20070 [5] =6

4）通道中的通用轴名称（编程时各轴的名称）：

MD20080［0］=X

MD20080［1］=Y

MD20080［2］=Z

MD20080［3］=A

MD20080［4］=B

MD20080［5］=C

MD20080［6］=SP

5）旋转轴（*A*、*B*、*C* 轴和主轴）：

MD30300=1（该轴设为旋转轴）

MD30310=1（旋转轴的模数转换）

MD30320=1（旋转轴和主轴系数的 360°显示）

6）刀库轴（*A* 轴）：

MD30500=3（该轴设为索引轴）

MD30501=360（分度轴等分位置分子。360°）

MD30502=5（分度轴等分位置分母。刀位数为 5）

7）主轴设定

MD35000=1（该轴设为主轴）

8）工艺（机床类型的选择）：

MD52200=2（1 表示车床，2 表示加工中心，3 表示磨床）

车削中心：MD52200=1，MD52201=2

铣削中心：MD52200=2，MD52201=1

9）复位后/零件程序结束后控制系统的初始设置：

MD20110=4041（bit0、bit6、bit14=1）

10）没回参考点后 NC 启动状况：

MD20700=1（1 表示没回参考点，NC 禁止启动；2 表示没回参考点，NC 可以启动）

11）刀具管理：

MD10715=6（程序中运行完 M6 指令就会调用 MD10716 中命名的子程序）

MD10716=L6（由 MD10715 中设定的 M 功能调用的子程序名称）

MD22560=6

MD18080=2H

MD20310=2H

MD17530=1FH

12）激活编译循环：

前提条件：将 adas_0203if008001 文件拷入数控系统。只有前提条件都生效了才会出现以下参数。

MD60974［0］=1H，MD61700=1500，MD61701=1500

13）编写换刀循环程序 L6 和用户变量。例如编写用户变量：在“NC 数据”目录下的“定义”中新建类型为“MGUD”的变量，并输入如下参数：

“DEF NCK REAL X_POS
DEF NCK REAL Y_POS
DEF NCK REAL Z_POS
DEF NCK REAL Z_FIX
DEF NCK REAL X_FIX
M17”

这些变量定义了换刀过程中各个轴的位置坐标。其中 X_POS、Y_POS、Z_POS 分别为换刀的 X、Y、Z 轴的位置，而 Z_FIX、X_FIX 则是换刀完成后的坐标位置。这些参数在输入完成后需要进行激活，在激活完成后可以在机床的“全局用户变量”中查看并设置具体数据。

6.5.4 SIMIT 的配置与虚拟调试

数控机床的机械设计、参数设置及 PLC 程序设计完成后，按照如图 6-28 所示流程，对 SIMIT 进行配置：

（1）计算机的网络设置及连接　将设计及调试用的计算机 IP 地址、设置为固定地址 192.168.214.6（SIMIT 的 IP 地址为 192.168.214.7）。将计算机的网口与信号转换单元 SIMIT UNIT 的“CTRL”接口进行连接，SIMIT UNIT 的“P1”与数控系统的 NCU “X150”端口连接，如图 6-29 所示。

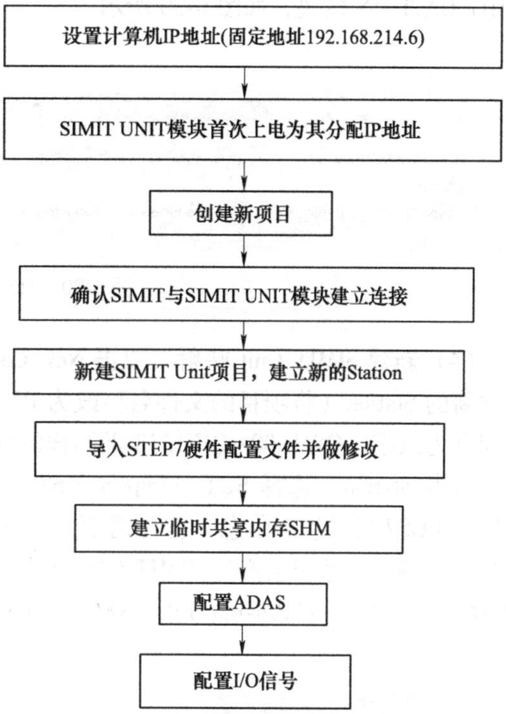

图 6-28　SIMIT 部分配置

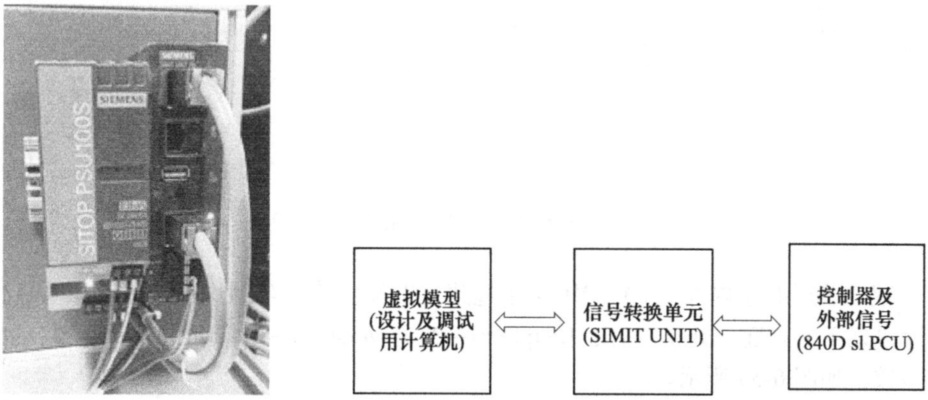

图 6-29　SIMIT UNIT 及连接示意图

（2）SIMIT UNIT 的 IP 地址　SIMIT UNIT 模块首次上电时，需要为其分配 IP 地址，可以用以下两种方法为 SIMIT UNIT 模块分配 IP 地址。

方法一，打开 Simulation Unit 软件，选择 System→Scan network，支持对扫描结果直接修改，修改后单击 Save changes。

方法二，使用STEP 7 或 PCS 7 软件。打开 SIMATIC Manager 软件，单击 PLC→Edit Ethernet Node→Browse 按钮，扫描并修改 SIMIT UNIT 模块的 IP 地址。

（3）创建新项目　打开 SIMIT SP（SIMIT→Simulation Platform），确认是否与 SIMIT UNIT 模块建立连接。选择菜单栏 Options→SU administration，系统自动扫描到所连接的 SIMIT UNIT PN 模块，如图 6-30 所示。

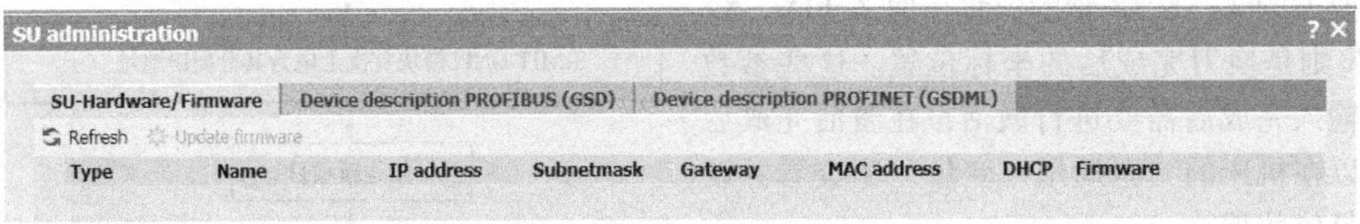

图 6-30　SIMIT IP 地址扫描

（4）新建 SIMIT Unit 映射　双击 New Coupling，选择 SIMIT Unit。在 SIMIT Unit 项目下建立新的 Station（将项目的文件名称改为 PN），导入硬件配置文件，将 IW1500～IW1530 两两组合为双字，QW1500～QW1538 做同样的整合，如图 6-31 和图 6-32 所示。

双击 Station，选择 SDT→Import（S7-300/400），导入项目硬件组态信息。为了导入 STEP7/PCS7 硬件组态信息，首先需要打开 SIMATIC Manager→HW Config，单击保存编译。通过保存编译，系统会产生 SIMIT 仿真所需要的 Profinet 组态信息 sdb 文件，分别是 r00s02 和 r00s05（目录 C:\Program Files(x86)\Siemens\Step7\S7Tmp\SDBDATA\s7hwcnfx\DOWN）。

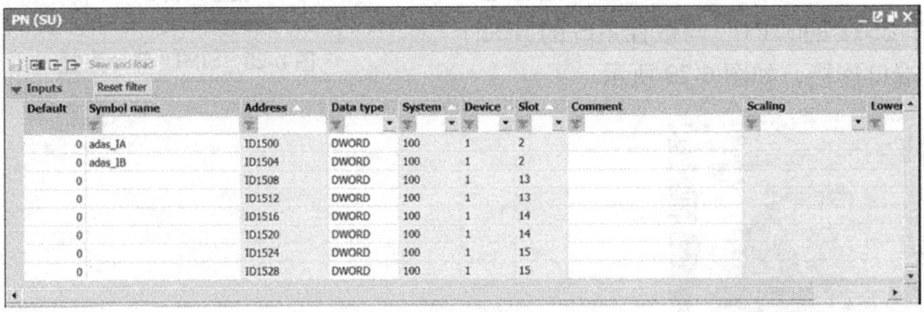

图 6-31　PN Input 设置

（5）建立临时共享内存 SHM　MCD 通过建立共享内存，实现外部信号与 MCD 信号的连接。通过以下方式建立共享内存：Couplings→New couplings→Shared memory，共享内存的名称应一致，如图 6-33 所示。

共享内存中的信号名称也应尽量一致，以方便后续信号映射，如图 6-34 所示。

如果 MCD 中信号的名称与 SIMIT 共享内存中的信号名称一致，可以使用自动映射快速地连接，信号映射完成如图 6-35 所示。

（6）配置 ADAS　为了实现虚拟模型和实际控制器的信号连接，需要对相关信号进行设

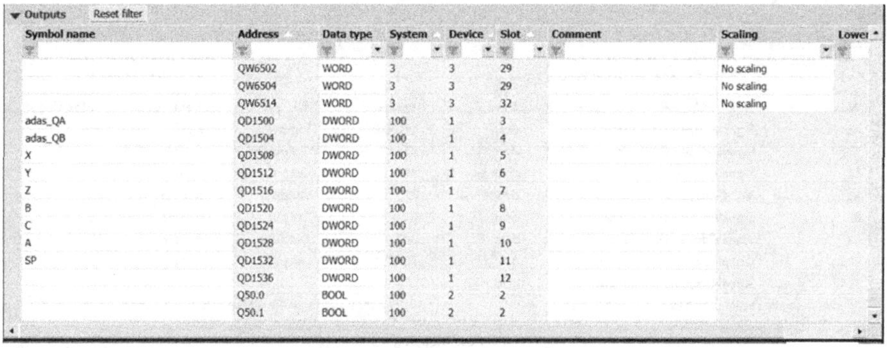

Symbol name	Address	Data type	System	Device	Slot	Comment	Scaling	Lower
	QW6502	WORD	3	3	29		No scaling	
	QW6504	WORD	3	3	29		No scaling	
	QW6514	WORD	3	3	32		No scaling	
adas_QA	QD1500	DWORD	100	1	3			
adas_QB	QD1504	DWORD	100	1	4			
X	QD1508	DWORD	100	1	5			
Y	QD1512	DWORD	100	1	6			
Z	QD1516	DWORD	100	1	7			
B	QD1520	DWORD	100	1	8			
C	QD1524	DWORD	100	1	9			
A	QD1528	DWORD	100	1	10			
SP	QD1532	DWORD	100	1	11			
	QD1536	DWORD	100	1	12			
	Q50.0	BOOL	100	2	2			
	Q50.1	BOOL	100	2	2			

图 6-32　PN Output 设置

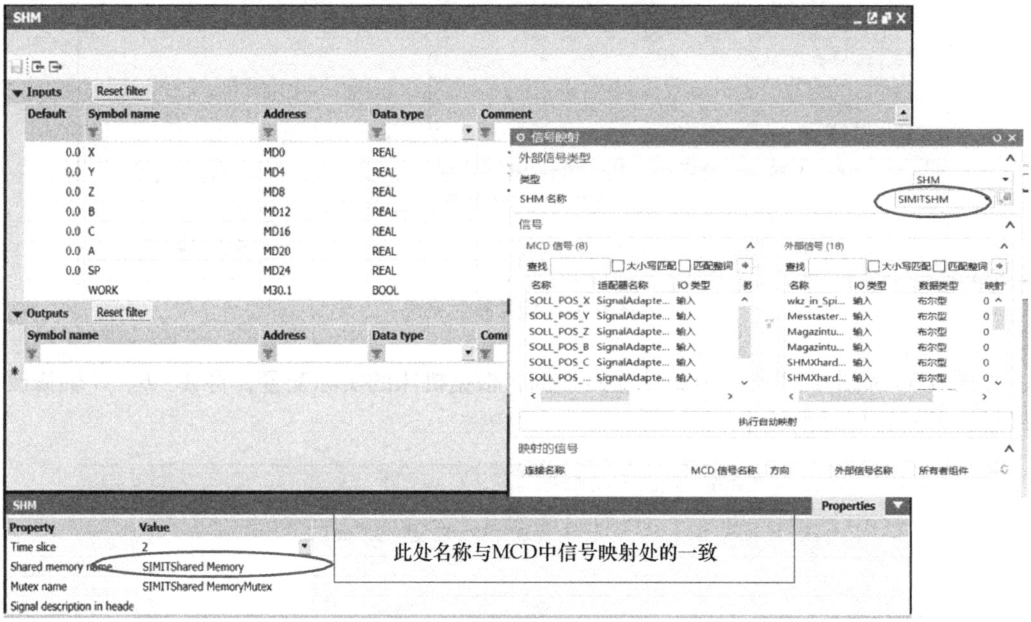

图 6-33　SHM 共享内存设置

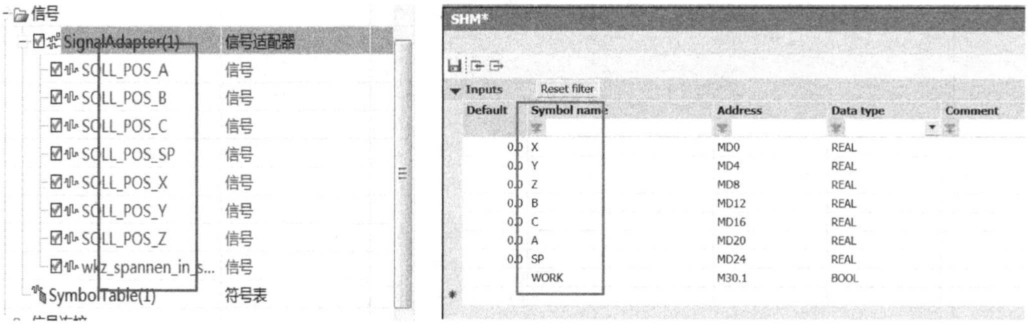

图 6-34　信号的名称设置

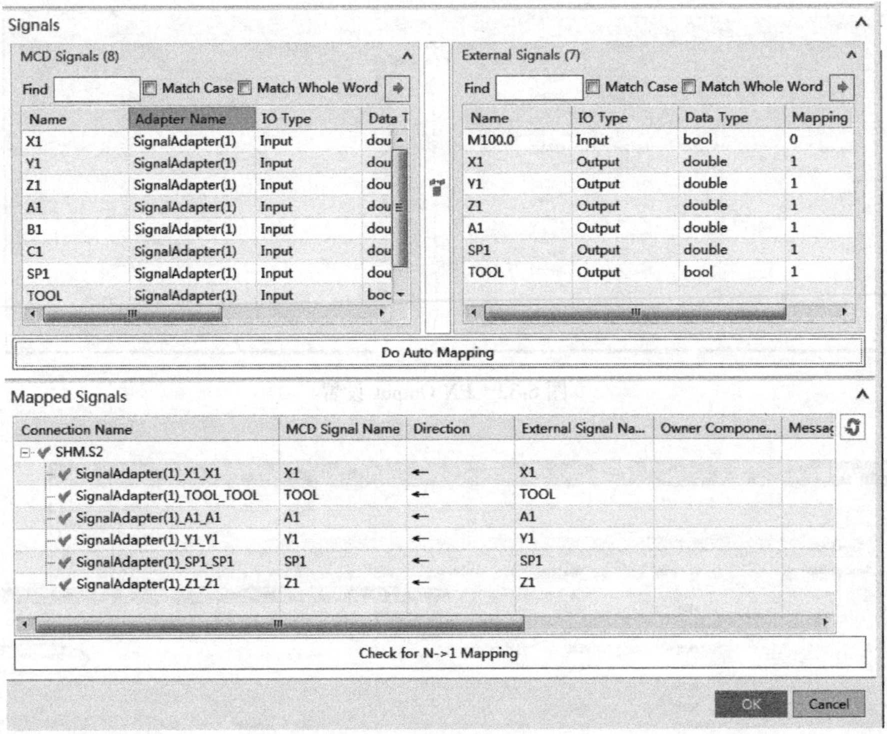

图 6-35　信号映射完成

置，如图 6-36 和图 6-37 所示为轴设置的举例，根据机床的实际配置，将 *A*、*B*、*C* 轴修改为旋转轴，并且设置轴的数量。

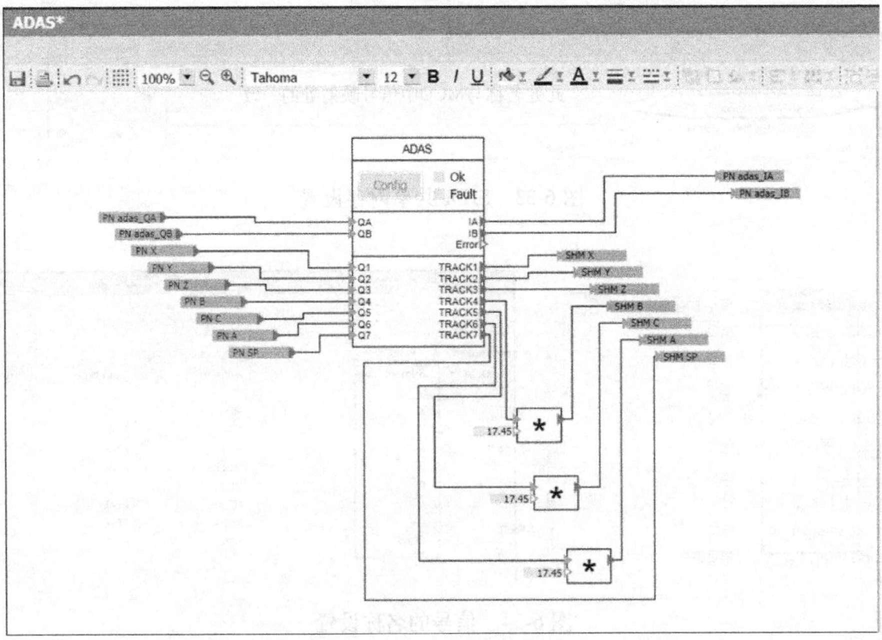

图 6-36　ADAS 设置（1）

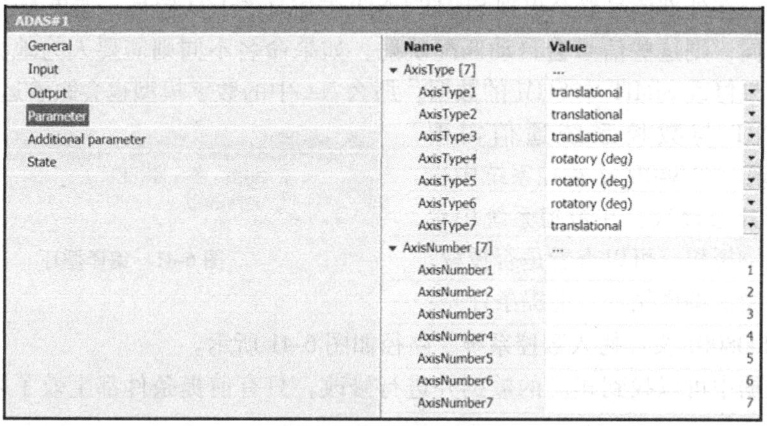

图 6-37 ADAS 设置（2）

（7）配置 I/O 信号 以换刀过程需要的 I/O 信号为例，通过 ADAS 建立连接，如图 6-38 所示。配置完成后所有的项目列表，如图 6-39 所示。

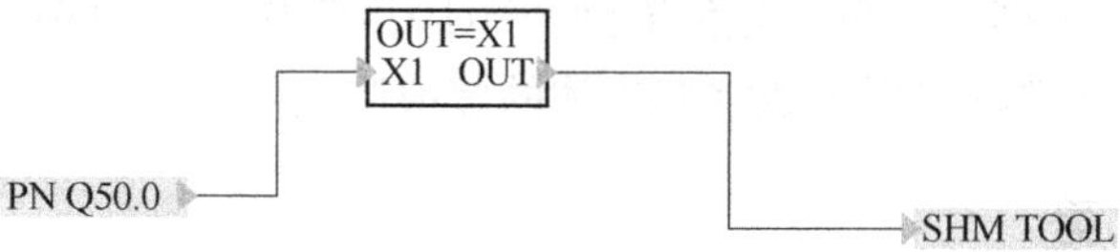

图 6-38 换刀信号设置

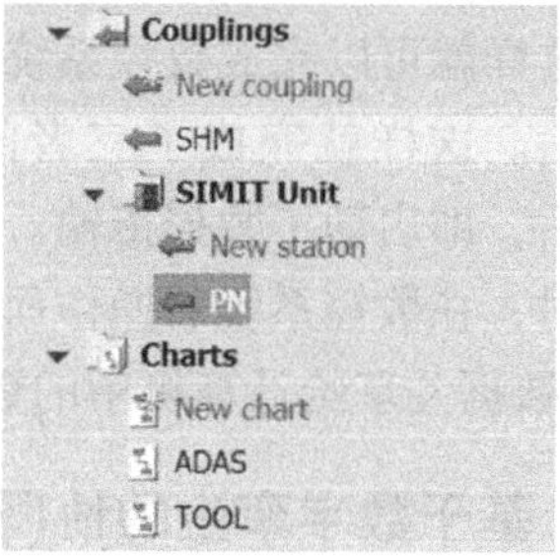

图 6-39 配置完成后项目列表

至此，所有的设置都已完成，可以在数控系统端通过按键进行各轴的移动，通过换刀指令进行换刀，还可以编写加工程序进行加工模拟，完成这些操作时 MCD 中的模型也会同步运动，可以在没有物理样机的情况下进行虚拟调试和验证，检测机床的功能是否满足设计要求，并进行修改完善。

6.5.5 数字孪生体与实体的联调

通过上述 SIMIT 设置与功能调试，已经把数控系统中的位置信号、PLC 的 I/O 变量通过 SIMIT UNIT 进行连接。在调试环节，用 SIMIT UNIT 与计算机中 NX MCD 里的数字模型进行通信。图 6-40 表示了虚拟调试过程中，虚拟模型、控制器之间的信号传输。

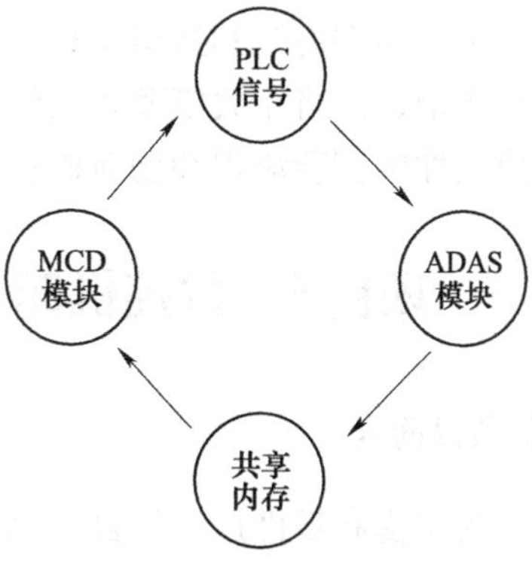

图 6-40 虚拟调试信号的传输

在 SIMIT 软件中启动仿真，打开 NX MCD，在自动化栏中单击信号映射，此时会弹出小窗口。类型选择 SHM，SHM 名称在设置中新建，需要注意的是对 SHM 进行命名时，该名称要与 SIMIT 软件中临时共享内存 SHM 中的命名相同。然后，在外部信号栏会出现 SIMIT UNIT 中仿真的 I/O 信号，如果 MCD 信号与外部信号的命名相同，则这些信号会自动匹配映射，如果命名不同则需要人为地去对其进行匹配。此时，如果修改 SIMIT 中 SHM 的数据，那么 NX 中的数字模型也会跟着运动。

SIMIT UNIT 与数控系统通信需要 ADAS 功能实现。在 840D sl 数控系统中也需要对其进行开通授权，在数控系统中单击菜单→调试→授权，可以查看是否授权。授权以后需要激活编译循环，前提条件是：将 adas_0203if008001 文件拷入数控系统，路径如图 6-41 所示。

图 6-41　编译循环

在机床数据中可以找到相应的数据并进行修改，只有前提条件都生效了才会出现以下参数：

MD60974[0] = 1H

MD61700 = 1500

MD61701 = 1500

数控系统的机床参数设置完成以后，将 NCU 中的 X150 P1 口与 SIMIT UNIT PN 的 P1 口连接。这样就可以完成数控系统与 SIMIT UNIT 的通信，在上文中已实现 SIMIT UNIT 与计算机的通信。这样就完成了三者的通信功能，在 SIMIT 软件中启动 ADAS 功能模块，显示“OK”后，即启动了数据传输。

此时，在数控系统的操作面板上，控制轴移动，数据先传输到 SIMIT UNIT 中再由 SIMIT UNIT 将数据共享给计算机中的数字模型，这样就实现了数字孪生体的虚拟调试。

6.5.6　基于数字孪生的协同设计的优势

基于数字孪生的协同设计，可以在设备制造出来之前，将设计结果在虚拟环境中进行多次模拟测试，在设计阶段解决绝大部分故障和错误，所以基于数字孪生的协同设计理念可以提高产品研发进度和成功率。在产品运行阶段，可以通过物联网传感器和边缘计算采集产品性能、运行状态、能耗等实时数据，同步反馈给虚拟空间的产品数字孪生模型，实现信息物理融合，优化产品数字孪生模型。将数据上传到云端数据服务中心进行分析，通过分析结果指导设备维保服务，同时在虚拟系统里建立设备维保档案并同步更新，直到设备报废。随着产品生命周期终结和数据积累，大数据分析结果可以改进设计方案和制造流程、使用规程、维保指南，并将相关模型和文件标准化后，存入模型库和知识库，做统一管理和资源共享，形成良性的创新流程和创新机制。

项目 5　数控机床上下料系统机电一体化设计与虚拟调试

项目简介

为了提高零件加工的自动化程度，提高生产率，需要对数控车床进行升级改造，增加 C 轴功能和动力刀架，并配套上下料机器人和自动料库。本项目基于数字孪生技术，进行上下料系统的机电一体化设计，基于 NX 软件的 MCD 模块，建立上下料机器人的数字模型，实现该数字模型与自动控制程序的信号交换，在此基础上实现机电一体化仿真和虚拟调试，从而缩短新产品开发周期，降低开发成本。

本项目旨在达到以下目标：

1）基于特定的案例，使学生对机电一体化设计和虚拟调试有直观的认识和了解；熟悉开发环境和工具软件的使用。

2）了解机电一体化设计与虚拟调试的流程和一般方法。

3）体会从串行设计到并行设计、从物理样机到虚拟调试的变化。

4）培养分析问题、自主学习、团队协作、创新思维等非技术能力。

以下围绕数控机床自动上下料系统，给出相关内容。如前所述，在教学过程中，可以根据实验室条件及教学资源的实际情况，选择可以达到上述目标的其他应用案例。

项目的内容和要求

1. 项目名称

数控机床上下料系统机电一体化设计与虚拟调试。

2. 项目内容和要求

生产中常用的自动上下料装置有两种：一是桁架机器人，结构简单，运动速度快，动作平稳性较高，适合大批量生产；二是关节机器人，其动作灵活，适用性较强。本案例以桁架机器人为例，既可以满足功能要求又具有良好的经济性。

该桁架机器人需要实现左右、上下两个方向的运动，通过伺服电动机连接滚珠丝杠实现。这种传动方式结构简单，可以实现精确定位。机器人手爪采用气压传动，末端执行器为夹紧气缸，工作时反应速度快，并且有较强的自保持能力。为进一步节约时间，采用旋转气缸带动手爪旋转，实现换料操作。

为满足加工工艺要求，在数控车床上增加了铣削动力装置和 C 轴功能，以满足零件车铣复合加工要求。采用适合加工小型精密零件的排刀式刀架，排刀直接跟随工作台移动，能够快速更换刀具，加工精度高，效率也比较高。综合上述考虑，设计了如图 6-42 所示的数控机床及上下料系统。

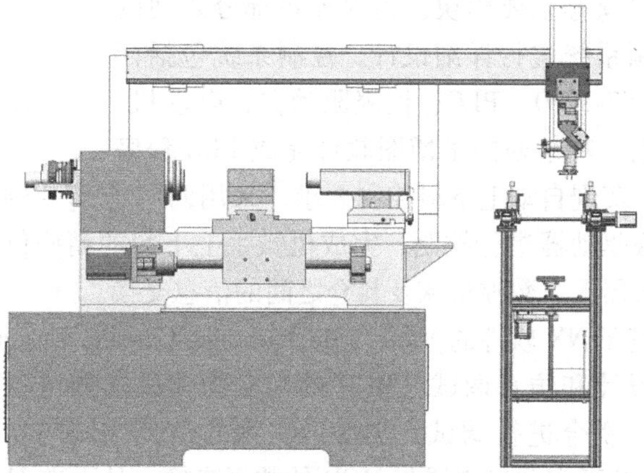

图 6-42 数控机床及上下料系统

本项目要求完成以下工作：

1）完成数控车床和机器人关键零部件的机械建模。

2）完成数控车床和机器人集成的自动控制程序设计。

3）建立控制器和数字模型间的数据共享和通信。

4）完成机电一体化虚拟调试，并做好总结和优化。

5）撰写项目报告。

项目的组织和实施

1. 项目实施前

提前了解数控机床自动上下料系统的类型和特点，了解机器人的结构类型、与机床的集成方式、通信方法等。项目使用的软件可以根据实验室软件资源情况进行选择，工具软件可以在项目开始前，由学生自主学习掌握。

本项目重点了解基于数字孪生的机电一体化设计与调试流程，机械模型和自动化程序的复杂程度，可以根据学生的知识和技术基础进行调整。

2. 项目实施中

项目内容可以分组实施，也可以独立完成。完成项目的过程中，注重自主学习、沟通交流和问题研讨。

学生使用 NX 或其他的三维机械设计平台，建立机器人和机床主要零部件的 3D 数字模型。

（1）机械结构设计　例如机械手的设计，如图 6-43 所示，该机械手由 12 个零部件组成，其中主要的部件为燕尾槽连接块、旋转关节以及末端气爪。机械手通过滑块连接板与竖直方向的滑台固定；旋转关节与旋转气缸相连接，实现手爪的转位；由于气缸的爪子伸出长度较短，为保证夹取工件的要求，在气缸的末端设计了专门的手爪，从而增加机构的柔性，手爪采用气动控制。

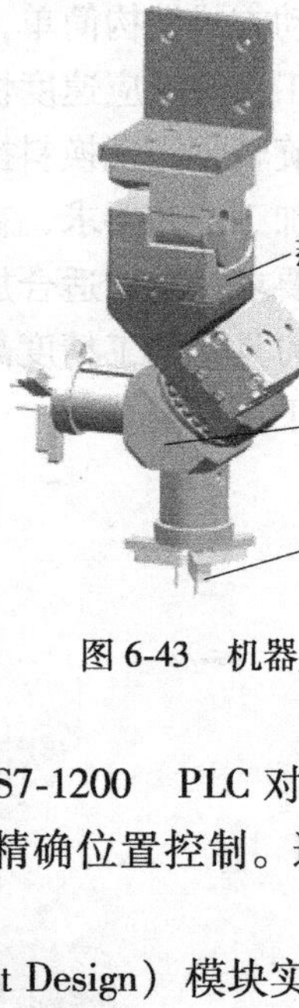

图 6-43　机器人手爪

（2）自动控制系统设计　该设备包括数控车削中心、桁架机器人、自动升降料仓等主要模块，为保证各部分之间的协调运行，需要对控制系统进行详细设计，控制系统包括西门子 828D 数控系统、S7-1200　PLC、伺服驱动器、电动机、触摸屏等。在此基础上，基于西门子博图软件完成 PLC 程序设计以及数据块共享，实现自动上下料控制要求。采用西门子 S7-1200　PLC 对桁架机器人横向和纵向滑台的伺服驱动器进行控制，完成机械手上下料的精确位置控制。通过 Profinet 总线通信，实现桁架机器人、数控机床及料仓之间的信息交换。

（3）虚拟调试　基于 NX 软件的 MCD（Mechatronics Concept Design）模块实现机床上下料系统的机电一体化设计和仿真调试。MCD 的半实物调试功能可以使三维数字模型与实物（PLC 或数控系统）联合进行调试，实现半实物的仿真调试与功能验证，即可以通过 OPC UA 通信或者内存共享实现控制器与 MCD 的数据交换，从而在 MCD 环境下显示数字模型的运动和行为。

在完成数字模型的相关设置以及与控制信号的连接后，可以在机电一体化平台上进行基于数字孪生模型的虚拟调试，从而达到高效验证模型、优化系统设计的目的。例如通过对桁架机器人水平方向运动的虚拟调试，可以对其运行速度、所能到达的位置范围等进行监控，并根据虚拟调试的结果对桁架机器人的结构以及驱动控制系统进行优化调整，以满足产品的设计要求。

3. 项目完成后

该项目完成后，撰写项目报告，记录项目的过程和结果。对机电一体化设计和虚拟调试技术进行概括和总结，并对模型后续应用提出自己的看法。设计成果——验证过的机械模型和控制程序，可以用于真实上下料系统的制造和调试。

项目的验收和评价

1. 项目验收

项目完成后，主要从以下几个方面对项目进行验收：

（1）数控机床和上下料机器人的机械模型　包括主要零部件的三维几何模型，刚体、碰撞体以及装配关系建立。

（2）电气模型及自动控制系统的设计　包括传感器设置、自动控制程序的设计。

（3）数字虚拟模型和控制系统的连接　重点考察 CPS 系统（物理信息系统）的连接、信息交换、共享内存建立、虚拟调试的结果。

（4）项目总结汇报　对项目进行总结、分析、汇报。考察学生的总结能力、分析能力、表达能力，以及主动思考和创新思维的意识。

（5）项目报告　撰写项目报告，阐述项目在准备及实施过程中的主要技术难点和存在的问题，结合项目实践进一步阅读文献资料，思考并总结数字孪生在机电一体化设计与虚拟调试中的应用，提出自己的思路和看法。

2. 项目评价

对学生在整个项目过程中表现出的工作态度、学习能力和结果进行客观评定，目的在于引导项目学习，实现本项目的预定目标。同时，通过项目评价，帮助学生客观认识自己在学习过程中取得的成果及存在的不足，引导并激发进一步的学习兴趣和动力。

本项目采用过程评价和结果评价相结合的方式，注重学生在项目实施过程中各项能力和素质的考察，项目结束后，根据项目验收要求，进行结果评价。

为了提高学生的自主管理和自我认识，评价主体多元化，采用学生自评、学生互评与教师评价相结合的方式。

项目评价在注重知识能力考察的同时，重视工程素质，如成本意识、效率意识、安全环保意识等的培养与评价。鼓励学生在项目学习过程中培养创新意识。

在此基础上，可以参照表 6-3 给出的工作内容和学习目标的对应关系，对每一项工作内容分别进行评价，最终形成该项目的评价结果。

表 6-3　工作内容和学习目标的对应关系

序号	工作内容	学习目标				
		对机电一体化设计和虚拟调试有直观的认识和了解	熟悉开发环境和工具软件的使用	了解机电一体化设计与虚拟调试的流程和一般方法	体会从串行设计到并行设计、从物理样机到虚拟调试的变化	培养自主学习、沟通表达、创新思维等非技术能力
1	MCD 和虚拟调试软件安装，熟悉软件的使用	L	H	L	L	M
2	分析上下料系统设计要求、确定设计方案	L	L	M	L	M
3	主要零部件的机械建模，机床及机器人的 3D 模型	M	H	M	L	M
4	物理参数的设定、传感器配置	M	H	M	M	M
5	自动控制程序的设计	H	H	M	H	M
6	CPS 连接及信息交换、共享内存设置	H	H	M	H	M
7	实现机电一体化虚拟调试	M	L	L	H	L
8	对调试过程和结果进行分析和优化	H	M	M	H	L
9	项目汇报 撰写项目报告	L	L	M	M	H

本章习题

1. 简述机电一体化设计的流程。
2. 数字孪生驱动的机械结构设计有哪些优势？
3. 对于数控机床机械结构的创新设计有哪些要求？
4. 基于数字孪生的虚拟样机与传统的虚拟样机有哪些区别？
5. 简述 OPC UA 协议在数字孪生模型实时更新中所起的作用。
6. 数字孪生在数控机床设计、运行和维护过程中，如何发挥积极作用？
7. NX MCD 模块有哪些主要功能？简述使用该模块完成机电一体化仿真的配置流程。
8. 在 MCD 模型中设置刚体和碰撞体的目的和作用是什么？

9. 在 MCD 模型中建立传感器的目的和作用是什么？
10. MCD 的信号适配器功能，在虚拟调试中起什么作用？
11. 基于时间序列的仿真和基于事件驱动的仿真各适用于什么场合？
12. 基于数字孪生的协同设计有哪些优势？

第7章 数字孪生驱动的数字化生产

本章简介

为了更好地满足客户需求，更快地将高品质产品推向市场，制造企业被迫将其生产分配至多个工厂。由于制造环境通常跨越多个工厂和时区，制造商推行“随处规划、随处制造”的策略，提高了产品上市的速度和效率，增强了制造企业的竞争优势。然而，这种策略使制造规划及协同面临严峻的挑战，因此需要对整个制造组织过程中的信息进行规划、建模、仿真与管理。为了达到这一目标，制造企业需要基于强大的软件工具，根据不断变化的产品配置，快速、智能地调整制造规划。

前面几章详细地讲解了机床的机械和电气设计及其数字化实现过程，本章将从使用机床进行零部件制造的维度，讲解数字孪生驱动的数字化生产过程，按照时间流程，分为生产规划、生产工程、生产制造、生产服务4个方面。本章还将介绍数字化生产过程有关的软件及其应用。

7.1 生产规划的数字化

7.1.1 机械加工工艺规划

1. 工艺规划概述

（1）机械加工工艺过程　机械加工工艺过程是机械产品生产过程的一部分，是直接生产过程，其原意是指采用金属切削刀具或模具来加工工件，使之达到所要求的形状、尺寸、表面粗糙度和力学/物理性能，成为合格零件的生产过程。

机械加工工艺过程由若干个工序组成，毛坯依次通过这些工序就成为成品。机械加工中的每一个工序又可依次细分为一个或若干个安装、工位、工步和走刀。

机械加工工艺过程中的工序是指一个（或一组）工人在一个工作地点对一个（或同时对几个）工件连续完成的那一部分工艺过程。只要工人、工作地点、工作对象（工件）之一发生变化或不是连续完成的，则应称为另一个工序。

如果在一个工序中需要对工件进行几次装夹，则每次装夹下完成的那部分工序内容称为一个安装。

在工件的一次安装中，通过分度（或移位）装置，使工件相对于机床床身变换加工位置，则把每一个加工位置上的安装内容称为工位。在一个安装中，可能只有一个工位，也可能需要有几个工位。

加工表面、切削刀具、切削速度和进给量都不变的情况下所完成的工位内容，称为一个工步。

刀具在加工表面上切削一次所完成的工步内容，称为一次走刀。

（2）机械加工工艺规划的步骤和内容

1）阅读装配图和零件图。了解产品的用途、性能和工作条件，熟悉零件在产品中的地位和作用。

2）工艺审查。审查图样上的尺寸、视图和技术要求是否完整、正确和统一；找出主要技术要求和分析关键的技术问题；审查零件的结构工艺性。

3）熟悉或确定毛坯。确定毛坯的主要依据是零件在产品中的作用、生产纲领及零件本身的结构。常用毛坯种类有铸件、锻件、型材、焊接件和冲压件等。毛坯的选择通常由产品设计者来完成，工艺人员在设计机械加工工艺规程之前，首先要熟悉毛坯的特点。

4）拟订机械加工工艺路线。这是制订机械加工工艺规程的核心，其主要内容有选择定位基准，确定加工方法，安排加工顺序，安排热处理、检验和其他工序等。

5）确定满足各工序要求的工艺装备（包括机床、夹具、刀具和量具等），对需要改装或重新设计的专用工艺装备应提出具体设计任务书。

6）确定各主要工序的技术要求和检验方法。

7）确定各工序的加工余量、计算工序尺寸和公差。

8）确定切削用量。

9）确定时间定额。

10）填写工艺文件。

2. 工艺规划的数字化

（1）Tecnomatix 简介　Tecnomatix 是德国西门子公司推出的一款综合性数字化制造解决方案，是 Siemens PLM Software 的重要组成部分。它将工艺设计、工厂布局规划设计、工艺过程仿真验证和制造执行系统等都与生产工程连接起来，通过将产品、流程、资源和生产线紧密联系在一起，大大提高了装配工艺规划的合理性和准确性，促进了制造过程总体的创新。

Tecnomatix 是产品生命周期数字化在制造阶段的关键一环，有助于更快地将新研发产品推向市场，利用经济全球化的优势，提高生产率，提高企业利润率。Tecnomatix 主要由以下几个模块组成：Process Designer、Process Simulate、FactoryCAD、Easy-Plan、Test-Manager、Variation Analysis、Plant Simulation 等。

Process Designer 简称 PD，用于在三维环境中进行制造过程规划。工程师借助 PD 在虚拟的集成工厂环境里实施资源导入、分配及流程规划设计，为整个产品制造过程提供完整的框架。

Process Simulate 简称 PS，利用产品和资源的 3D 数据，可简化复杂的制造过程的虚拟验证、优化和调试，是加快产品上市速度的主要推动力。

Plant Simulation 是工厂和生产线物流过程仿真，对工厂的布局、生产设备、生产过程、生产条件、仓储物流进行仿真，建立结构清晰的 3D 模型。然后在虚拟的环境下通过对产量、存储面积和交付周期等关键指标进行分析，可以及早发现工厂布局中的不足和瓶颈因素，有效地提高工厂布局规划的效率和效果。

(2) 工艺规划的数字化流程　由 Tecnomatix 的介绍可知，在西门子的数字化制造解决方案中，PD 可以完成工艺规划功能。

PD 是 UGS Teamcenter Manufacturing 产品的一个组成部分，是一个多层数据库结构。其将产品信息与产品制造特征、制造资源和制造工艺关联在一起，这种关联关系贯穿于整个产品生产制造过程中；为整个产品制造过程提供完整的框架，可以更好地匹配和简化产品制造的规划过程；可以进行生产过程的规划、分析、确认和优化。通过不同规划团队间的协同作业，PD 大大缩短了产品生命周期，使制造过程的规划变得更加简单。PD 提供了一种简单的逻辑结构，使之可以对所有制造信息进行关联和控制。

PD 有 4 个基本的工艺要素：零件、操作、资源、制造特征。基本工艺要素之间的连接关系如图 7-1 所示，工艺规划是用相关的工艺要素之间的连接关系来描述的。这些连接表明了零件、操作和资源之间的工艺关系。

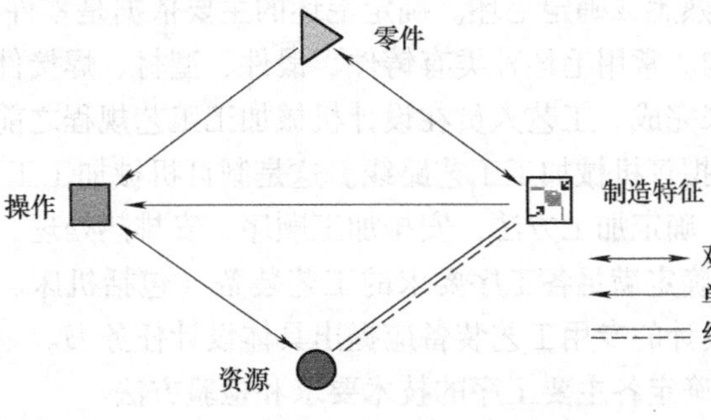

图 7-1　基本工艺要素之间的连接关系

PD 提供如下标准工艺流程：

1）创建新项目或导入项目模板。创建新项目以创建一个新项目名称开始，并在新项目目录下创建子目录，子目录创建分别对应资源数据、产品数据、工艺数据等。

如有客户化（Customization）文件，可以打开此文件，作为整个项目文件的基础。它定义了 PD 在项目中所用到的所有对象的类型和属性，以及对象之间的关系。导入项目模板后可修改项目名称以及项目节点的属性（Properties）。

PD 中还有企业标准库，该节点由管理员用户签出（Checkout）。规划员在进行工艺规划时可使用该标准库中的相应资源（操作，工装设备等）。企业标准库包括标准工艺库、标准资源库、规划资源库和标准工位结构模板。

2）导入产品及数据。由于 PD 只支持轻量化的三维模型格式 . cojt，故在上述数据收集完成后，需要对产品三维模型、资源三维模型、生产线布局文件等的各类数据进行数据转换，将各类软件（CATIA、Creo、SolidWorks、NX 等）绘制的三维模型经格式转化软件 CrossManager 转换为 . jt 格式。最后通过添加文件夹（将 . jt 格式文件添加到文件夹，并将文件夹重命名为 . jt 文件的名称，在文件名后添加 . cojt）的操作完成数据转换，并将这些数据导入 PD。导入的过程中要将不同种类的 3D 数据赋予不同的属性进行识别，这样产品模型会导入产品数据库，资源数据会导入资源数据库。

3）工序初步规划。在工艺规划操作树库目录下同时建立两个对象：工艺操作树和资源树。工艺操作树存放工序操作，根据实际规划需要，将相应操作工艺添加到操作树的工位节点下，优先使用标准工艺库中的典型工艺进行工艺规划。在工艺操作树创建完成后，系统会自动生成与工艺树结构完全相同的资源树，打开各节点，将资源树中的设备模型以及工装模型拖入工序节点，完成资源树创建。

为了满足仿真需要和对资源进行活动规范化时间（Gantt）分析，对于每个工位内的焊点操作（WeldOperation），必须为其分配相应的加工工具（如人/机器人、焊枪等）。

4）定义工艺顺序。利用 Pert Viewer 工具定义各工序的操作顺序（前后顺序或并行），同理定义每个工序内的工步的操作顺序，明确制造流程。Pert 图显示了操作的所有相关信息，包括资源、零件、制造信息的关联，如图 7-2 所示。

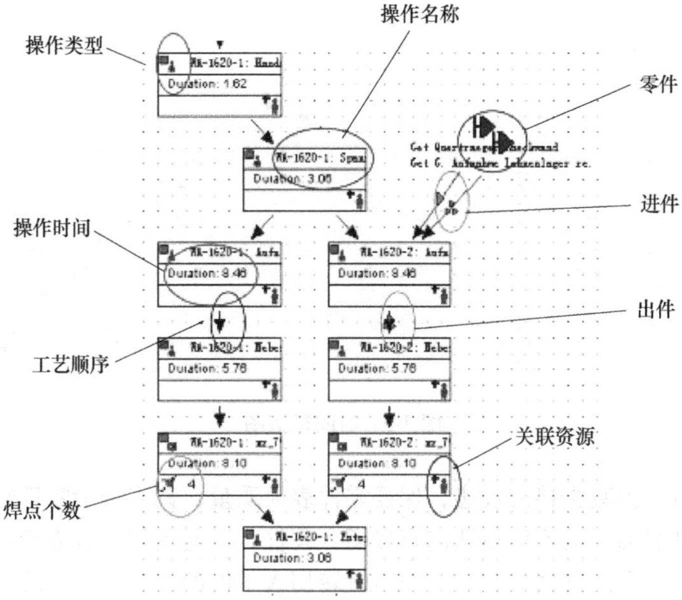

图 7-2　Pert 图

5）横道图检查

打开 Gantt Viewer 工具，检查各工序工步顺序确定后的时间横道图，判断工艺顺序与各工序工步时间安排的合理性，如图 7-3 所示。

6）产品资源分配。将产品拖拽到相应的操作中；将资源树上每个工序的设备根据生产线二维布局方案摆放到位；将每个工序所需的工装按照工艺要求摆放到位，完成资源摆放。

7.1.2　切削及测量策略的制定

工序规划之后，需要确定工序内各工步的具体切削方式、切削用量以及测量方法和测量工具等。

1. 切削策略

在工艺规划过程中建立的工艺操作树，包含工序以及工序内部的若干个工步，这些工步如何定义或选取，即是切削策略。在 Tecnomatix 中，可以提前建立工艺操作库，存放切削策略，策略的添加、变更和发布等都由管理员统一管理，根据需要进行选用。

具体的切削策略包含：

（1）加工路线　加工路线是指数控加工中刀具相对于工件的运动轨迹。确定加工路线应在保证零件加工精度和表面粗糙度的前提下，充分发挥机床的效能。寻求最短加工路线，减少空行程时间，提高生产率，最终轮廓一次走刀完成。

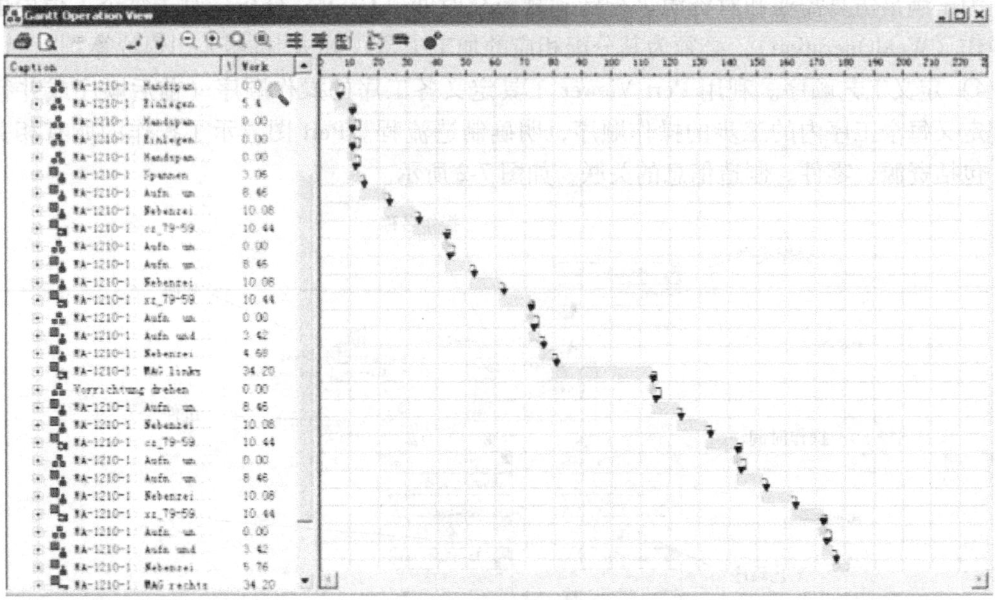

图 7-3　时间横道图

铣削外轮廓时，为减少接刀痕迹，保证零件表面质量，铣刀应沿零件轮廓曲线的延长线上切入和切出零件表面，而不应沿法向直接切入零件，以避免加工表面产生划痕。

轮廓铣削有顺铣和逆铣两种方式，铣刀旋转切入工件的方向与工件的进给方向相同时称为顺铣，相反时称为逆铣。顺铣有利于提高刀具的耐用度和工件装夹的稳定性，铣削力较小，不容易引起工作台窜动，多用于精加工。加工有硬皮的铸件、锻件毛坯时，一般采用逆铣，逆铣多用于粗加工。

切削顺序是指对于含有多个加工区域和多个加工层次的零件，要指定其刀具切削的区域顺序和层次顺序。切削顺序有“深度优先”和“层优先”两个选项，深度优先指在切削过程中按区域进行加工，加工完成一个切削区域后再转移到下一切削区域；层优先是指刀具先在一个深度上铣削所有的外形边界，再进行下一个深度的铣削，在切削过程中刀具在各个切削区域间不断转换。一般加工优先选用“深度优先”以减少抬刀，对外形一致性要求高或者薄壁零件的精加工中应该选择“层优先”。

(2) 常用切削用量　切削用量包括主轴转速、切削深度与宽度、背吃刀量、进给量及进给速度等，对于不同的加工方法，需要选用不同的切削用量。

(3) 其他切削参数　如切削余量、换刀点、刀具选择、冷却控制等。

2. 测量策略

在零件加工过程中，需要适时对原材料、半成品、成品的质量特性与规定要求做比较，以确定其尺寸、精度等是否符合设计图样上的技术要求，并以测量结果作为质量评定与控制、质量分析与改进以及质量仲裁的依据。

(1) 测量工具的选定　测量前，需要根据被测零件的数量、材质、公差值的大小及外形、部位、尺寸大小等特点，选择测量工具，如长、宽、高、深、外径等可选用卡尺、高度尺、千分尺、深度尺；轴类直径可选用千分尺、卡尺；孔、槽类可选用塞规、量块、塞尺；

测量零件的直角度选用直角尺；测量半径 R 值选用半径样板；测量配合公差小、精度要求高或要求计算几何公差时可选用三坐标测量机、光学投影测量仪；精密、微型零部件检测选用精密检测仪器。

量具的技术性能指标要满足零件测量要求，如量具的标称值、分度值、测量范围、测量力、示值误差等。另外量测的工艺过程要满足可行性和经济性。

（2）测量方式的选择　机械加工生产过程中机械产品的成品以及半成品的测量，大致分为离线测量和在线测量两种方式。

1）离线测量。离线测量方式，即采用拆卸移动工件的检测方式，以手动操作测量仪，可获得任意部位的测量值。离线测量一般是应用于大批量生产中，适用于流水生产线作业。加工与测量分别在专用设备上进行，在加工设备上加工完工件后需将工件转移至专用测量设备上进行测量。

离线测量存在一些缺陷使其不适应高精、高效的加工要求。如：对于游标卡尺、千分尺一类的测量仪，其测量部位不固定，可能会因测量人员的经验和技能不同，导致出现不同的测量结果；由于不进行持续监视，因此无法根据统计数据判断从何时开始发生的不合格品；为了获得稳定的检查结果，以何种程度的间隔进行测量为离线测量的重中之重；不可避免地会带来二次装夹的误差，使得加工结果和测量结果一致性差，也易对工件造成损伤，例如，刮伤表面、工艺变形等，还导致生产周期延长、生产率降低，提高人工成本等其他问题，拆卸移动工件的检测方式是阻碍数字化制造整体效率提高的主要原因。

2）在线测量。在线测量方式也称为实时检测，是在工件加工的过程中实时进行检测，并依据检测的结果做出相应处理的一种检测方式，其检测过程由数控程序来控制。在线测量系统一般采用传感器测头或基于视觉检测技术和激光测量技术的测量系统，结合探头、激光、图像传感器、图像处理算法以及自动化控制技术，对影响零件精度的关键尺寸进行精准测量。

与离线测量相比，在线测量存在如下优势：在线测量可反复大量稳定进行，不取决于测量人员的技能或测量方法的测量；通过持续监视，可掌握何时开始发生的不合格品，因此有助于可追溯性管理；工件经过一次装夹后即可完成加工与测量，省时省力，减少生产辅助时间，提高生产率；进行工序中测量可以降低废品率，还可以尽早地发现废品，避免造成加工浪费，提高加工精度；数控机床在线测量技术具有采样速度快、精度高的特点，实现了工件的数字化数据采集和精度评价。

在线测量又分为接触式测量和非接触式测量。接触式测量指测量传感器与被测零件表面直接接触，如使用在线测头、专门的检测单元，具有较高的测量可靠性。非接触测量是以光电、电磁等技术为基础，在不接触被测物体表面的情况下，得到物体表面参数信息的测量方法。典型的非接触测量方法有激光三角法、电涡流法、超声测量法、机器视觉测量等。

7.1.3　生产资源规划

生产项目启动时，按照人力资源、物流设备、传送技术、机器人技术、控制技术、夹具技术和刀具等对所有的资源建立资源数据库，存放于 Tecnomatix 中，并进行分类管理。所有的资源具有 3D 数据、2D 数据以及预览图，并且与实际的某一型号设备是对应的。

资源的添加、变更和发布等通过资源库管理员统一管理，确保资源的准确性、唯一性。

数据资源需按要求填写属性，设计工程师可根据属性特征实现资源的快速查询、调用。根据制造特征以及生产资源属性，生产资源和制造工艺在工艺规划时可自动关联。

在 Tecnomatix 中的资源树中，每个节点都是资源库中资源原型的实例对象。若资源库中没有相应的资源，则由规划员向关键用户提出新建资源申请，由关键用户决定是否新增资源，或先使用一种通用的复合资源对象（Block）代替此类资源对象，供应商反馈数据后再在资源库中添加此类资源。

Tecnomatix 中的资源是产品实际生产现场的虚拟再现。资源树依据工艺创建，并与工艺树结构一一对应。在工艺规划时，会根据工序需求，将资源模型分配给相应的工位，完成资源树的创建。不同的是，资源树状结构工位节点下的子节点分别为构成此工位的所有资源（设备与工装），通过资源树的创建，可以将实际生产环境完全复现到虚拟生产环境，因而可以在仿真过程中及时发现并解决生产现场存在的布局与设备问题。另外在 PD 中可以对生产中的活动资源进行横道分析，横道图中会显示每个资源的应用情况，资源横道图提供的活动资源的信息可以帮助项目成员进行项目资源的合理规划。

7.1.4 质量检测控制

产品质量是企业培育市场核心竞争力和提高品牌价值的关键。机械加工企业的产品质量尤为重要，产品质量不仅关系到企业自身的发展，同时也是影响使用产品单位安全生产的重要因素。零件、组件、部件、机构等组成机器，机器的性能、寿命、可靠度等取决于零件的加工质量和机器的装配调试质量。零件的相互配合性能、耐磨性能、抗腐蚀性能和抗疲劳破坏能力都直接与零件的加工质量有关。因此，质量的检测控制显得尤为重要。

零件的加工质量从总体上包括加工精度和表面质量两部分。加工精度是指零件加工后的实际几何参数（尺寸、形状和位置）与理想几何参数的符合程度，包括零件的尺寸精度、形状精度和位置精度。零件的表面质量是指零件加工后表面层状态完整性的表征，包括加工表面的几何特征和表面物理力学性能两个方面的内容，具体有表面粗糙度、波纹度、伤痕、表面加工硬化、表面层金属组织的变化等。

机械加工中零件的尺寸、形状和相互位置误差，主要是由于工件与刀具在切削运动中相互位置发生了变动而造成的。由于工件和刀具安装在夹具和机床上，因此，机床、夹具、刀具和工件构成了完整的工艺系统。工艺系统中的种种误差，是造成零件加工误差的根源。

过去，在机械加工车间中使用传统质量管控方式（如人为检测、监控、测量与加工分阶段进行的模式），虽然表面上成本低，实施起来简单易行。但传统质量检测控制方法测量系统中存在人为误差，测量数据不能自动采集，不能及时进行统计分析，不能及时补偿加工精度，而且这些问题在传统方式下无法得到有效解决。

如今，机械加工质量检测控制将产品设计中的质量要求，工艺中的质量检测要求与实际制造时的质量检测数据相结合，形成企业质量管理的闭环，实现从产品质量规划到制造质量数据反馈的闭环管理，打通上下游的质量数据，不断提升企业产品的质量规划能力，降低产品质量控制成本，提升产品总体质量水平。

目前，机械加工已经有了非常成熟的数字化质量检测控制解决方案和技术手段，具体体现在以下几个环节，如图 7-4 所示。

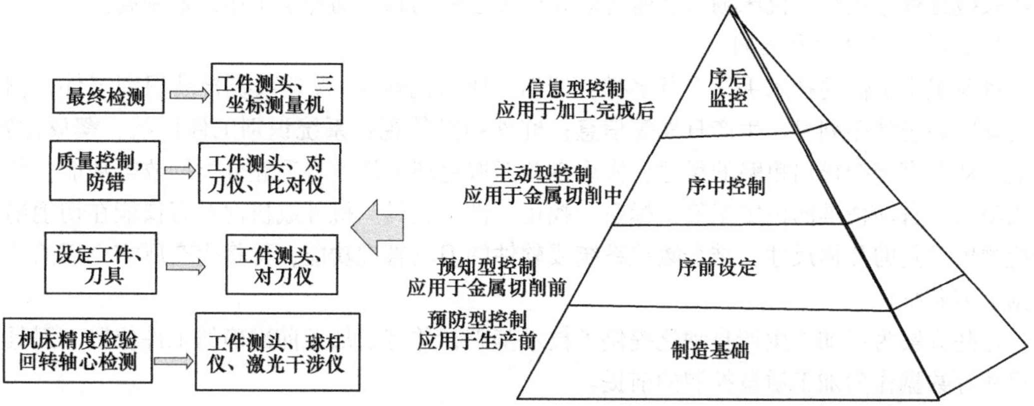

图 7-4 数字化质量检测控制解决方案示例

1. 机床精度检测

机床的精度是加工制造的基础，如果能在机床验收时使用数字化检测仪器实现准确的检测并作为设备精度基准，机床使用过程中，一旦零件加工误差超出管控预警范围，则再次检测并补偿机床精度，使其保持在高精度状态下运行，从而防止机床精度误差过大造成产品报废。

如图 7-5 所示，使用激光干涉仪检测机床各轴的定位精度、重复定位精度及其他几何精度，可应用于设备验收，也可用于设备维护、误差补偿。球杆仪则可快速诊断出机床各项误差，可及时发现机床精度存在哪方面的问题。发现机床精度的主要问题后，再用激光干涉仪等设备去检测并补偿该项误差，或者及时对设备进行伺服或机械方面的调整，从而形成设备精度检测控制的闭环，能有效避免因设备本身误差超差造成长时间停机。

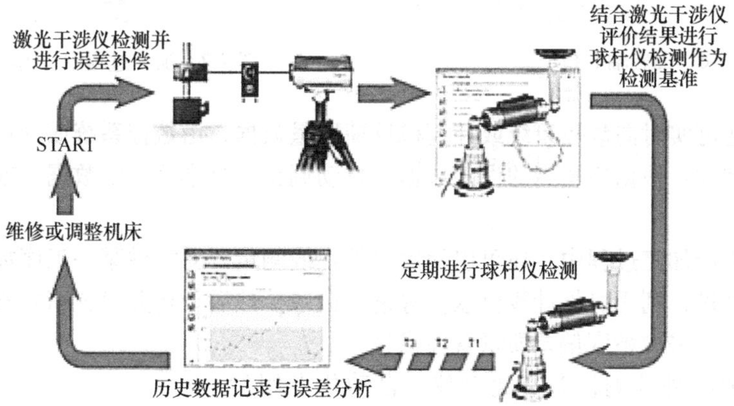

图 7-5 机床精度检测数字化方案示例

机床上回转轴运动时，其理想轴线在空间的位置稳定不变，但实际上，回转轴组件由于各零件的加工误差及安装误差的存在，它的回转轴线在空间的位置是漂移的。对于机床轴心坐标的测量，传统手段有使用千分表、检验棒等工具的，但是数字化少，效率低。现在可以使用机床工件测头，在加工制造前通过检测标定球旋转轨迹的球心位置，来完成检测机床轴线精度的工作，并由机床数控系统及时补偿轴心误差，方案如图 7-6 所示。此方案只需要定期调取检测程序运行，机床测头就能自动完成轴心检测和自动补偿工作，效率高。

2. 工件、刀具信息检测

目前识别工件的技术手段多种多样，例如，使用机器人+视觉系统自动识别工件，扫码自动读取并统计序列号、生产日期等信息；红外扫描等视觉系统识别工件形状、摆放位置、类别，甚至直接扫描出粗略的尺寸，实现自动抓取毛坯工件，将毛坯分类摆放等功能。使用机床测头能自动精准的设定工件坐标系，找正工件、夹具。机外或机内对刀仪能在切削前自动检测出刀具的几何尺寸，结合数控系统或软件的刀具管理功能，可将生产所需全部的刀具数据上传和统计。

这些方案为机加工生产自动化提供了技术基础，并有了加工前准确的工件位置、刀具几何尺寸等数据作为加工质量控制的前提。

3. 加工过程在线检测及温度补偿

目前，在线检测的手段主要有机内在线检测和机外在线检测。在加工生产准备阶段，使用机内在线检测，例如使用测头检测工件的初始精度。在加工生产过程中，使用机内在线测量随时检测工件加工精度（图 7-7），及时控制加工精度，不浪费报废工步之后的加工时间；尤其对于大批量生产，可避免工件批量报废。

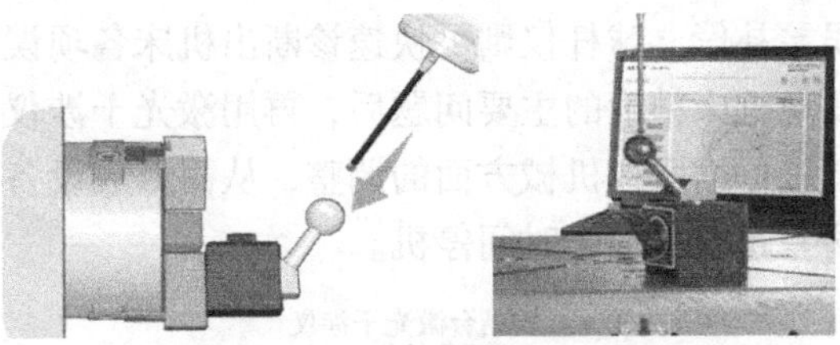

图 7-6　回转轴心检测

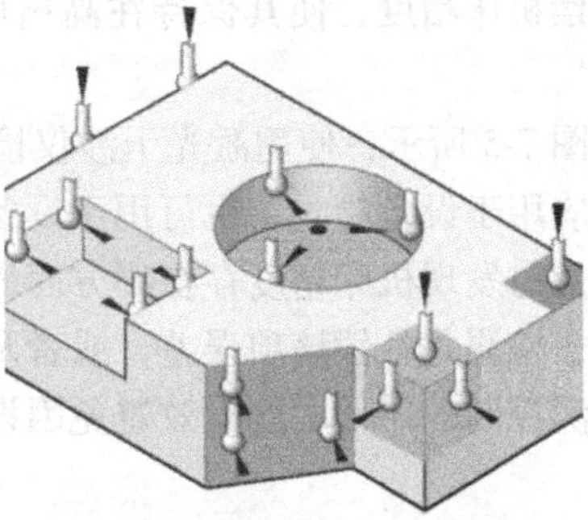

图 7-7　加工过程中机内在线检测

在线检测还可实时向数控系统或计算机反馈质量数据，由数控系统或计算机做出判断进行精度补偿，例如：根据检测到的误差数据，自动调整刀具半径补偿数据，或及时发出产品超差 NC 报警。

另外，在生产加工过程中，还可以使用机外在线测量。对零件某一工序加工后的成品的关键尺寸进行全检，利用机外计算机软件等进行记录，然后分析并设置精度管控线，超出管控线范围的要及时采取精度偏差质量管控措施。

目前常用的机外检测设备有比对仪、自动化专用量具、小型三坐标测量机等，它们有各自的特点。根据通用性、环境条件等因素，可选择不同的机外在线测量设备进行序中检测。

其次，在线检测还能实现数字化自动防错纠错功能。根据机床测头探测出的点位数据，结合数控系统的逻辑判断，进行例如工件或夹具是否装夹到位的判断。如图 7-8 所示，卡盘没有夹紧工件，工件位置有偏移，系统根据判

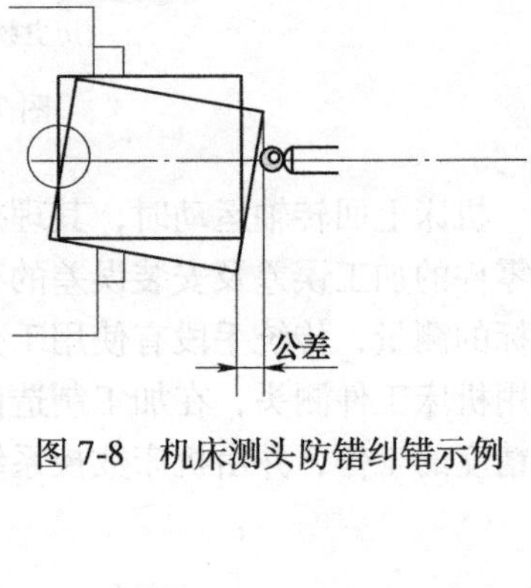

图 7-8　机床测头防错纠错示例

断发出报警，操作员或机床自动纠错。

最后，机床热机后床身材料的温度变化会导致工件的尺寸精度有细微的误差，高精度的在线检测可以准确测量出尺寸大小及位置数据的变化。数控系统可以定期监控分析温度和误差的规律，然后排除机床本身温度变化带来的误差，即实现自动“温度补偿”。

4. 成品最终检测

传统的序后检测方式，往往采用人工检测或由三坐标测量机抽检来完成，存在测量效率跟不上生产节拍、环境条件要求严格等问题。

加工完成后，在线检测手段可以进行成品检测，检测效率高，能进行关键尺寸序后全检。在线全检数据可以和三坐标测量机抽检数据进行实时对比，能更好地辅助三坐标测量机的判断，更能及时把握成品质量动态。

如图 7-9 所示，对于大型或复杂轮廓工件的序后检测，如航空航天大型零件、复杂轮廓模具、高精度发动机缸体、叶轮等高精度复杂工件的再次修补工作，使用在线检测等技术手段，直接在加工工序后的机床夹具上检测（如使用高精度 3D 机床测头探测三维轮廓曲面点），将会极大地节省反复拆装的时间，降低检测找正难度，省去修补工件重新找正的时间。

图 7-9　三维曲面轮廓机内序后检测

数字化的测量数据配合抓取机器人可以实时实现质量优劣的产品自动分类摆放，将不合格品在检测后马上筛选出来。

某些轻便的机外在线测量设备例如比对仪，搭配巡检机器人车，还可实现机器人定期自动在线巡检功能，防止出现三坐标测量机或人工抽检发现问题前，产线已经生产出了一大批废品的滞后情况。

质量检测控制数字化解决方案不仅仅是信息时代检测硬件、软件应用升级的体现，更是在机加工生产线本来就拥有加工工具“双手”的基础上，再赋予机加工产线设备“大脑”“眼睛”的一种概念的落地，是将机器人、计算机、传感器、统计学等技术和知识融入机加工质量检测控制的创新思维的展现，从另一个维度真正达到降低时间、人力成本，提高生产率的目的。

7.1.5　基于数字孪生的工艺设计评估

工艺设计评估即验证和评价所设计的工艺过程的合理性、可行性和经济性等。所设计的工艺过程中工序的逻辑顺序是否合理、工序时间安排是否合理、工艺过程实现时操作是否存在干涉、各工位排列是否合理等，在具体实施工艺过程前，都可以通过数字化仿真来进行一一评估和验证。

PD 可以用横道图对产品生产线每个工位的工作量进行规划和平衡，对初步规划不合理的工序在横道图中直接进行修改。横道图中所做的任何修改将立刻显示在 PD 中。

基于 PD 的工艺规划及三维布局完成后，则进入 PS 仿真软件中，开始对制造过程进行虚拟验证工作。工艺仿真是指根据 PD 建模过程中规划好的工序顺序、人工操作、设备运动轨迹等，在虚拟环境中进行模拟实际生产的过程，在这一过程中需要对零部件的生产路径进行规划，操作工人与设备的运动路径进行规划。仿真过程借助干涉检查、可达性检查、可视性检查等手段对规划好的生产顺序、生产路径进行不断检查，帮助工程师在设计初期发现问题并及时更正，改进生产工艺。PD、PS两者之间关系紧密，相辅相成。

干涉检查是指在生产过程中，检查零部件与零部件之间，零部件与设备之间是否发生碰撞，是检验工序顺序规划与路径规划合理性的重要判定标准之一。借助虚拟环境进行干涉检查，可以发现干涉产生的原因，并在工艺设计与仿真过程中将问题解决或将问题反馈给设计部门解决。

可达性检查是指在产品生产过程中，目标零部件的初始位置或终点位置是否在人体或设备的可操作范围之内。可达性检查是检验生产路径规划与设备工装布局合理性的重要判定标准。零部件摆放位置的可达性较差会导致工人操作环境差，间接影响生产率与生产质量。通过可达性检验，可以优化零部件生产路径与零部件初始摆放位置，得出合理的制造方式。

可视性检查是指在产品制造过程中，目标零部件是否在操作工人的可见视野之内。可视性检查也可以作为判定工序顺序与路径规划合理性的标准。产品制造可视化情况较差会导致操作难度增大，且制造过程中的误操作的概率会大大提高。通过可视性检查，可优化调整零部件工序顺序，检查工人操作空间的合理性。

经过仿真以及各种检查之后，可以优化工艺、节拍，完成详细规划，输出生产线或生产单元最终布局。

7.2 生产工程数字化

7.2.1 生产作业指导书

规定产品或零部件制造工艺过程和操作方法等的工艺文件称为工艺规程，也叫做生产作业指导书，俗称工艺卡，是一份技术性文件，所有生产人员都应严格执行、认真贯彻。

生产规模的大小、工艺水平的高低、解决各种工艺问题的方法和手段都要通过机械加工工艺规程来体现。它是在具体的生产条件下，最合理或较合理的工艺过程和操作方法，并按规定的形式书写成工艺文件，经审批后用来指导生产。

（1）机械加工工艺规程的作用

1）根据机械加工工艺规程进行生产准备。在产品投入生产以前，需要做大量的生产准备工作，例如关键技术的分析与研究；刀具、夹具、量具的设计、制造或采购；设备改装与新设备的购买或定做等。这些工作都必须根据机械加工工艺规程来展开。

2）机械加工工艺规程是生产计划、调度、工人的操作、质量检查等的依据。

3）机械加工工艺规程是新建或扩建车间或工段的原始依据。根据机械加工工艺规程确定机床的种类和数量、机床的布置和动力配置、生产面积的大小和工人的数量等。

（2）机械加工工艺规程格式　通常，机械加工工艺规程（工序卡）被填写成表格的形式。虽然我国对机械加工工艺规程的表格没有作统一的规定，但各机械制造厂商所使用表格的基本内容是相同的。机械加工工艺规程的详细程度与生产类型、零件的设计精度和工艺过程的自动化程度有关。一般说来，普通的工序卡应包含以下几方面的内容：工序、工步内容、切削用量、工艺装备、工时等。

常用的工艺文件的格式有下列几种：

1）机械加工工艺过程卡。机械加工工艺过程卡以工序为单位，简要地列出整个零件加工所经过的工艺路线（包括毛坯制造、机械加工和热处理等）。它是制订其他工艺文件的基础，也是生产准备、编排作业计划和组织生产的依据。在这种卡片中，由于各工序的说明不够具体，故一般不直接指导工人操作，而多作为生产管理方面使用。但在单件小批生产中，由于通常不编制其他较详细的工艺文件，就以这种卡片指导生产。机械加工工艺过程卡见表 7-1。

表 7-1 机械加工工艺过程卡

工厂		机械加工工艺过程卡片		产品型号		零件图号					
				产品名称		零件名称		共 页		第 页	
材料牌号		毛坯种类		毛坯外形尺寸		每毛坯件数		每台件数		备注	
工序号	工序名称	工序内容			车间	工段	设备	工艺装备		工时	
										准终	单件
1											
2											
3											
						设计（日期）	校对（日期）	审核（日期）	标准化（日期）	会签（日期）	
标记	处数	更改文件号	签字	日期	标记	处数	更改文件号	签字	日期		

2）机械加工工艺卡片。机械加工工艺卡片是以工序为单位，详细地说明整个工艺过程的一种工艺文件。它是用来指导工人生产，帮助车间管理人员和技术人员掌握整个零件加工过程的一种主要技术文件，广泛用于成批生产的零件和重要零件的小批生产中。机械加工工艺卡片内容包括零件的材料、重量、毛坯种类、工序号、工序名称、工序内容、工艺参数、操作要求以及采用的设备和工艺装备等。机械加工工艺卡片格式见表 7-2。

3）机械加工工序卡片。机械加工工序卡片是根据机械加工工艺卡片为一道工序制订的。它更详细地说明整个零件各个工序的要求，是用来具体指导工人操作的工艺文件。在这种卡片上要画工序简图，说明该工序每一工步的内容、工艺参数、操作要求以及所用的设备及工艺装备，一般用于大批量生产的零件。机械加工工序卡片格式见表 7-3。

（3）从 Tecnomatix 中导出生产指导书　PD 工艺规划完成后，可以输出图形视窗中的对象为 JT 格式文件，输出整个项目节点或选中的部分项目节点为 XML/PPJ 文件。这些文件不方便操作者或者用户查看，因此工艺规划制定完成后，还需要将它按照企业规定的生产指导书标准模板进行导出并发布，对产品生产加工人员进行操作培训和指导。

表 7-2 机械加工工艺卡片

工厂			机械加工工艺卡片		产品型号			零件图号				共 页	
					产品名称			零件名称				第 页	
材料牌号			毛坯种类		毛坯外形尺寸			每毛坯件数		每台件数		备注	
工序	装夹	工步	工序内容	同时加工零件数	切削用量				设备名称及编号	工艺装备名称及编号	技术等级	工时	
					背吃刀量/mm	切削速度/(mm/min)	每分钟转数或往复次数	进给量/(mm/r 或 mm/双行程)				准终	单件
								编制(日期)	审核(日期)	会签(日期)			
标记	处数	更改文件号	签字	日期	标记	处数	更改文件号	签字	日期				

生产指导书中包含的序号、零件号、零件名称、数量、工位编号、步骤描述、详细描述、工装/设备名称、工装编号、技术的要求、是否关键工艺及图解在内的工艺信息均需导出。但截至目前，标准的 Tecnomatix 软件并不支持该类需求。所以，为了最终导出符合要求的工艺文件，需要对 Tecnomatix 软件进行二次开发，通过新建插件程序，来提取工艺规划中的数据信息，并输出到标准的生产指导书模板中。二次开发中生产指导书是自定义的，因此可根据表 7-1 至表 7-3 来制定并进行导出，示意模板见表 7-4。可以采用 Tecnomatix 提供的 Net API 方法进行二次开发。此方法所开发出的应用程序与软件本身结合紧密，具有响应好、稳定性高的优点。而且，该方法具有跨平台兼容性，因而可借助多种平台，将开发出的插件程序工具集成在 Tecnomatix 软件中。

7.2.2 生产过程的虚拟仿真

根据生产指导书进行编程，并把编制好的 NC 程序在虚拟机床上模拟，获得与在实际机床上相同的整个加工过程，有效排除代码错误和加工干涉，确定加工节拍。这是数字化双胞胎的具体应用。

虚拟仿真中的虚拟机床可以采用自行设计的包含工装夹具、工件和刀具的机床 3D 模型，并且虚拟机床本体上要集成软件数控系统，使用和实际物理机床相同的 CNC 数据，确保一致的控制特性，实现和物理机床近乎相同的测试环境。虚拟机床的数控系统要和硬件数控系统具备相同的控制内核，虚拟工件在由虚拟数控系统驱动的虚拟机床上进行切削加工仿真，整个仿真加工过程和实际工件在物理机床的加工过程近乎一致。

如西门子公司 SinuTrain 软件，基于真实的 Sinumerick 数控系统内核，各种操作、编程

表 7-3　机械加工工序卡片

工序	机械加工工序卡片	产品型号		零件图号			
		产品名称		零件名称		共　页	第　页

工序零件图	车间	工序号	工序名称	材料牌号
	毛坯种类	毛坯外形尺寸	每毛坯可制件数	每台件数
	设备名称	设备型号	设备编号	同时加工件数
	夹具编号	夹具名称	切削液	
		三爪卡盘		
	工位器具编号	工位器具名称	工序工时（分）	
			准终	单件

工步号	工步内容	工艺装备	主轴转速/(r/min)	切削速度/(m/min)	进给量/(mm/r)	切削深度/mm	进给次数	工步工时/min	
								机动	辅助
1									
2									
3									

					设计（日期）	校对（日期）	审核（日期）	标准化（日期）	会签（日期）
标记	处数	更改文件号	签　字	日　期					

表 7-4　标准的生产指导书模板示意表

工艺指导卡										
图解										
序号	零件号	零件名称	数量	工步号	工步描述	设备名称	装夹编号	工位器具	切削用量	工时

功能与控制器本身完全相同。SinuTrain 可以模拟真实数控系统进行二次开发、系统参数调试、程序编制的 3D 仿真验证，实现了与数字化双胞胎虚拟调试相匹配的图形化编程和加工仿真功能。

加工程序仿真，其实就是不断试错，不断查找错误并纠正的过程，工件进行仿真的基本流程如图 7-10 所示。

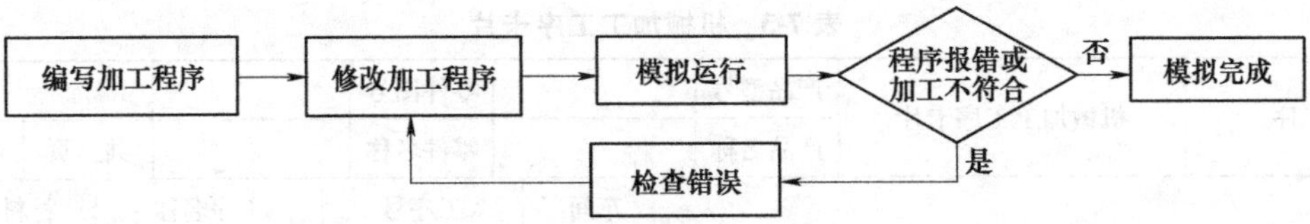

图 7-10　仿真加工流程图

SinuTrain 编程仿真的步骤如下：

（1）启动机床　打开 SinuTrain，选择要使用的机床（或新建机床），启动机床。

（2）建立刀库　在编写加工程序前，要先建立刀库，单击图标，在空白位置新建刀具，选取要用到的刀具，如图 7-11 所示。

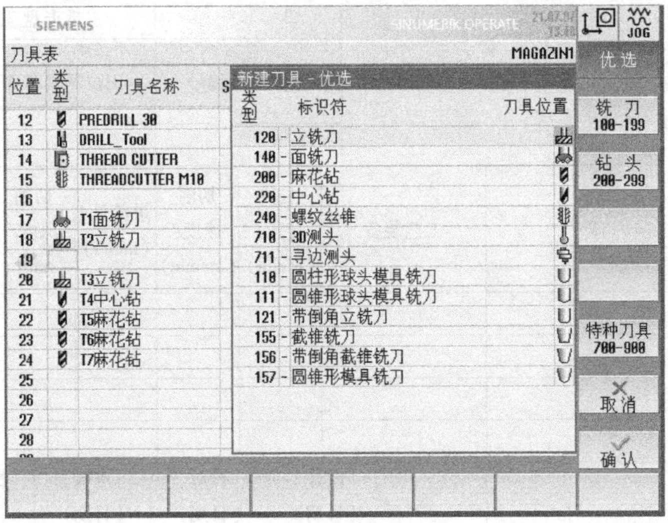

图 7-11　建立刀库

刀库建立结束后单击图标回到程序编辑界面。

（3）设置毛坯轮廓　在程序编辑模式下，单击图标，然后再单击图标，进入毛坯输入界面。在毛坯输入界面中，有五种规则形状的毛坯可以选，如图 7-12 所示。选择相应的毛坯形状后，输入毛坯尺寸，单击“接收”按钮，即可完成毛坯设置。要注意除了六面体是以俯视图左下角为程序原点外，其他毛坯轮廓都是以俯视图中心为程序原点。

（4）编写加工轮廓　在加工开始前，要先给出所要铣削的轮廓或位置。在编写轮廓时，可以通过图 7-13 所示的流程进行轮廓编写。可通过图 7-14 所示加工位置编写铣削或钻削所要加工的位置。

（5）调用轮廓进行加工设置和编程　此步骤实际是编写每个工步加工的子程序，是以图形加参数设置的形式形成子程序，在总的加工程序中调用即可。

每个工步的程序编写步骤，基本是先调用第 4 步新建轮廓或选用 SinuTrain 自带轮廓，之后出现一个图形对话框，在对话框里设置加工参数即可。如铣削圆形凸台，使用“铣削”中的“多边形凸台”，选择“圆形凸台”，出现如图 7-15 所示对话框。其中 X0/Y0/Z0 为编程零点，$\phi1$ 为毛坯轮廓尺寸，ϕ 为所要加工的工件尺寸，Z1 为所要加工的深度，DZ 为每

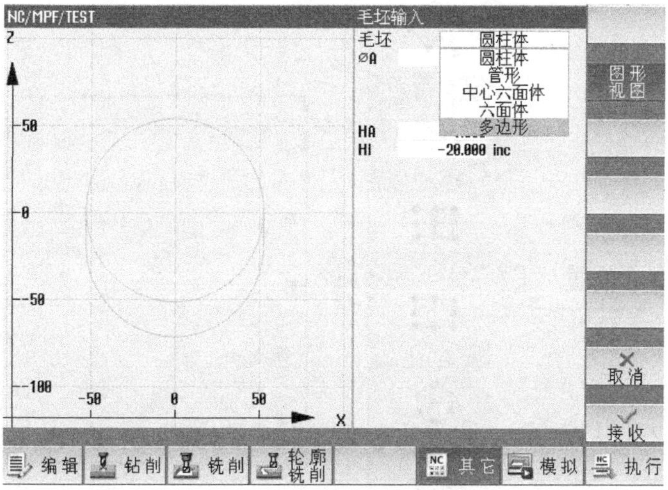

图 7-12　设置毛坯轮廓

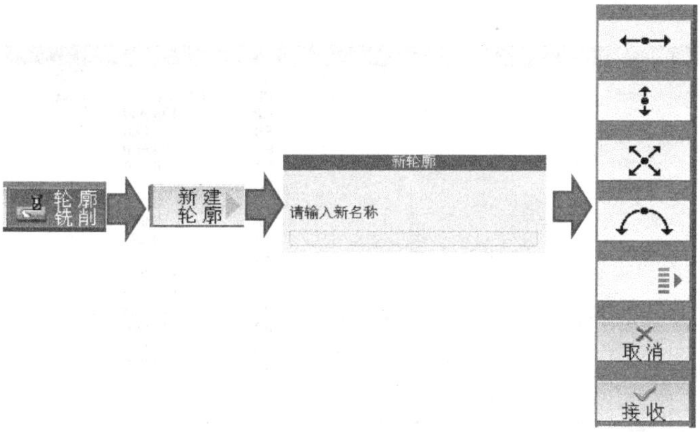

图 7-13　新建轮廓流程

次最大背吃刀量。

在程序编写时，只需调用通过上述方法生成的循环程序即可。如铣削槽轮轮廓，先调用毛坯轮廓（起刀点）再调用槽轮轮廓（所铣削的形状），最后使用轮廓铣削中的凸台铣，进行粗加工和精加工，程序如图 7-16 所示，其中调用的四个循环程序都是通过上述图形方式自动生成的子程序。

钻孔程序编程时要注意，因为 MCALL CYCLE84 为孔位置调用指令，所以在加工结束后要加上 MCALL 来取消上一个孔的调用。编辑深孔钻削命令时，要将加工模式更改为位置模式，才能调用先前编好的孔位置子程序。另外在设置 Z1 时要注意 Z1 是指钻头顶部的进给深度，打通孔时应适当加深。

（6）对所编程序进行仿真加工　在 SinuTrain 的程序编辑界面编写完零件的加工程序后，单击界面右下角的“模拟”按钮，便会出现机床模拟加工的界面。在进行模拟时，可以调节右侧的一排软键（图 7-17）来调整工件的视图方向和倍率，从而能更好地判断工件的加工是否满足要求，验证程序的正确性，方便后续进行程序的改进与优化。

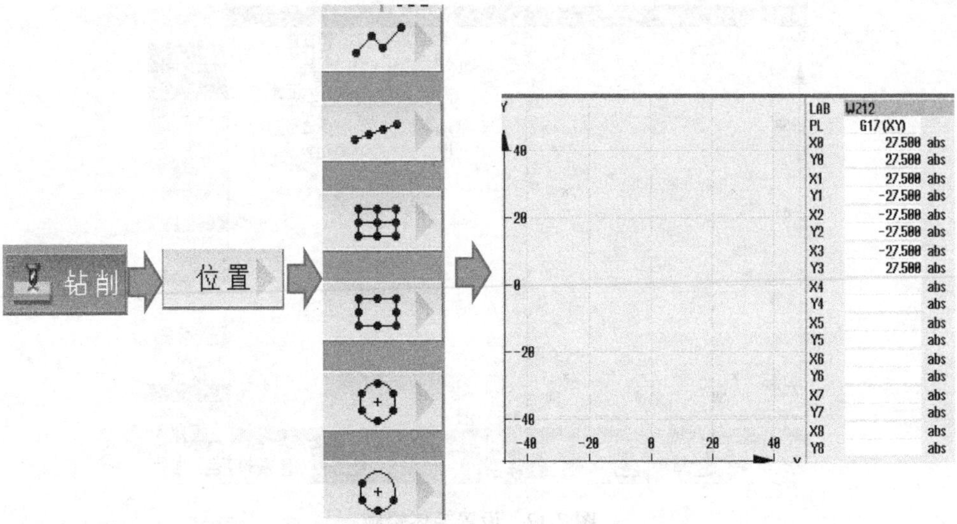

图 7-14　加工位置设置流程

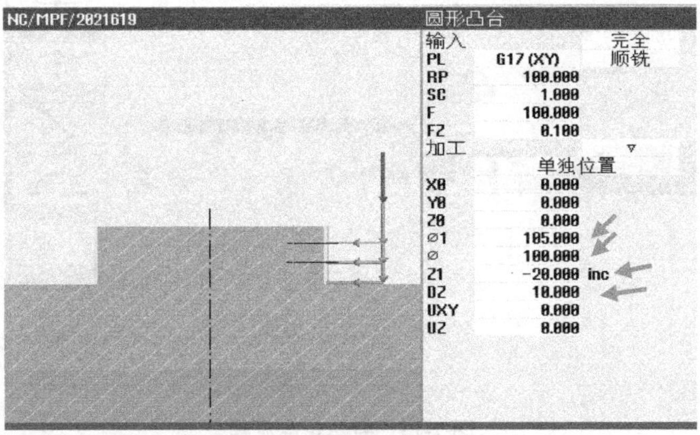

图 7-15　圆形凸台铣削

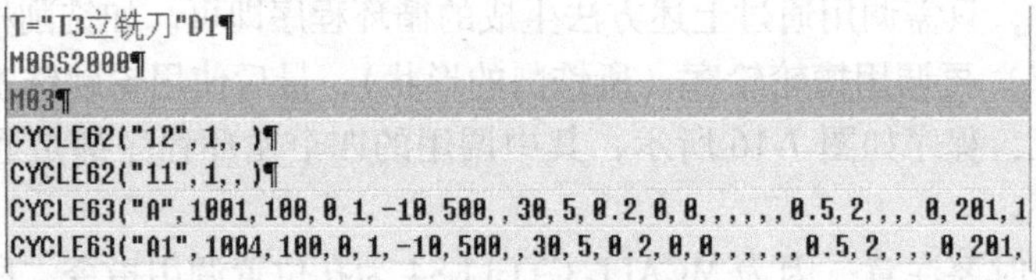

```
T="T3立铣刀"D1¶
M06S2000¶
M03¶
CYCLE62("12",1,,)¶
CYCLE62("11",1,,)¶
CYCLE63("A",1001,100,0,1,-10,500,,30,5,0.2,0,0,,,,,0.5,2,,,,0,201,1
CYCLE63("A1",1004,100,0,1,-10,500,,30,5,0.2,0,0,,,,,0.5,2,,,,0,201,
```

图 7-16　铣削槽轮轮廓程序

在模拟过程中，如果程序出错，机床界面也会出现报警，如图 7-18 所示，并且会提示出错的程序段的行数，方便及时纠错，操作者可以随时返回到程序的编辑模式，对程序进行修改，大大提高了编程的效率。

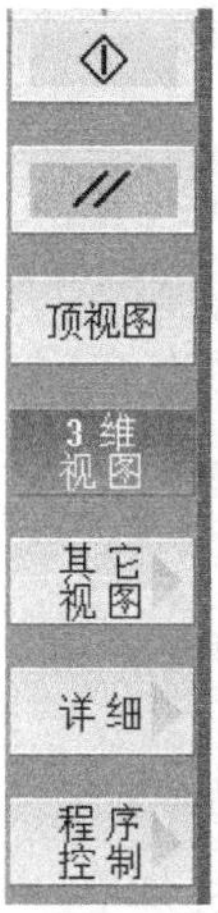

图 7-17　模拟监控软键

图 7-18　程序报警出错提示框

程序模拟加工过程中，对工件的模拟加工情况可以进行实时观察，及时准确地查找出错误，可以及时进行修改，图 7-19 所示为工件加工过程的仿真界面。

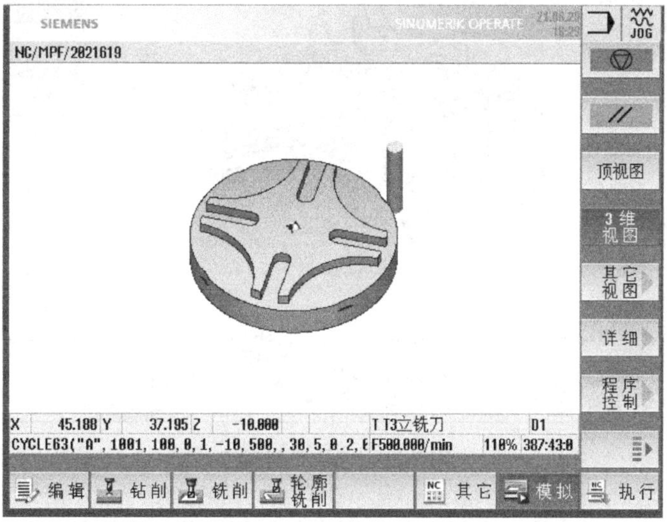

图 7-19　加工过程仿真界面

将加工完成后的工件与设计要求进行对照，确认是否缺少加工，以及加工出的工件是否满足要求，图 7-20 所示为加工完成后工件的仿真。

在加工结束后，可以通过图 7-17 里的按钮调整工件的位置，或者对工件进行剖切来观察工件加工后是否合格，如图 7-21 对工件进行局部剖切来显示加工情况。

7.2.3　生产过程的质量评价

在金属加工过程中，影响加工质量的因素很多，如机床的机械特性、刀具的质量及稳定性、数控系统的处理能力、夹具的状态以及加工程序等。

工件出现质量问题后，排查及优化往往需要投入大量人力物力及时间成本。因此，使用

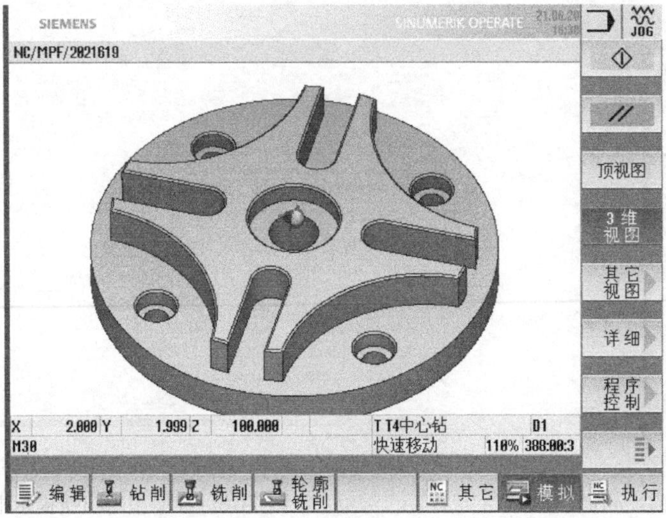

图 7-20　加工结果仿真界面

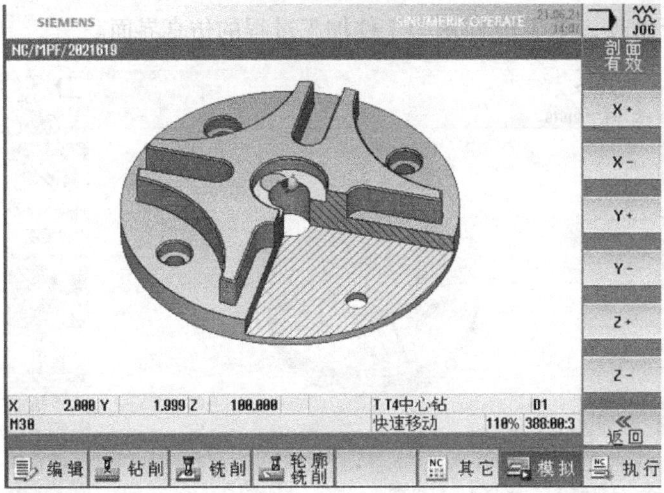

图 7-21　工件局部剖切

智能刀路与工件切削分析软件，在早期优化程序与切削工艺，深度挖掘加工潜能，充分提高工件加工质量，就显得尤为重要。例如，Analyze MyWorkpiece/Toolpath（以下简称 AMWT）软件可用来分析工件的加工模型、加工程序、理论位置和实际位置，覆盖数控机床加工过程的 4 个主要环节：

（1）CAD 输出加工模型分析　工件加工前，通过 AMWT 软件 3D 可视化功能，快速分析模型质量，为 CAM 模型后处理提供可靠的依据。

（2）CAM 输出加工程序分析　基于 CAM 生成的加工程序，AMWT 可以 3D 显示工件加工的刀具轨迹，分析加工程序的点位分布情况等，检查工件轮廓精度、表面质量及切削速度的变化，分析工件加工程序存在的问题。

如通过 AMWT 解决下述与程序相关的问题：

1）点位分布密度不均匀。

2）点与点之间距离不均匀。

3）加工速度不够平滑均匀。

（3）CNC 插补理论位置分析　数控机床在加工过程中，CNC 通过插补运算将加工程序转换为位置控制信号。对于不同的 CNC 参数设置，理论位置也会产生变化。AMWT 通过 3D 可视化机床的理论位置快速分析加工问题的原因。

（4）伺服传动后实际位置跟踪分析　在实际机床进行加工时，通过跟踪机床的实际数据，如位置、速度、加速度等信息，AMWT 软件可实现 3D 可视化分析跟踪，快速准确定位工件加工质量问题。如可以通过 AMWT 快速发现机械传动引起的弧面周期纹路。

AMWT 软件可以快速找出刀具轨迹缺陷，通过虚实比较，快速准确地定位工件加工质量问题，可提高工件的加工精度和表面质量，缩短加工前后验证分析所耗费的时间和精力，提升数控机床的生产率，减少工件耗材的浪费，节约生产成本。

7.3　生产执行数字化

在生产执行阶段，工件从虚拟仿真进入实际生产的生产车间，生产管理非常复杂，涉及资源管理、生产安排等。车间生产执行的数字化，可以有效提升车间管理效能透明度，例如加工所需刀具数据的输入与管理，依托机床性能分析技术实时采集机床状态，显示和分析机床的整体设备效率（Overall Equipment Efficiency，OEE），并将这些数据上传到制造执行系统（Manufacturing Execution System，MES）安排生产，充分释放产能等。

7.3.1　车间资源及其数字化管理软件

生产过程是将制造资源转变为产品或零件的过程，它通过设备及辅助设施、制造技术和操作者的共同作用，从而转变或改变原材料（或坯料）的形态、结构、性质、外观等来实现生产功能。一种产品或一个零件的生产通常要通过生产过程中的一系列工序才能完成，各种工序对应着特定的加工工艺方法。车间制造过程如图 7-22 所示。

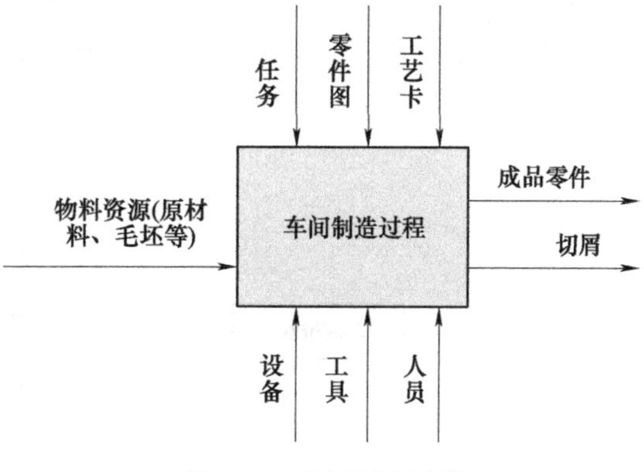

图 7-22　车间制造过程

生产过程的主要环节都和资源有关，影响着资源的消耗或使用。例如，加工任务直接决定生产产品的种类和数量，而产品的种类、数量又直接影响着资源的种类、数量和使用率。又如，生产同样的产品，有不同的工艺方案和不同的工艺路线，加工过程中会使用不同的机床、工具等，从而效率也会不一样。因此，资源和生产之间有着密切的联系，它们的关系图如图 7-23 所示。

车间资源分为狭义上的车间资源（即物能资源）和广义上的车间资源两种。其中广义车间资源涉及的面很广，不仅包括物能资源，还包括资金、技术、信息、人力等。对车间生产过程有着直接关系的资源是物能资源（其中主要的又是物料、设备、工具和能源）以及生产所必需的工艺等信息资源和人力资源，如图 7-24 所示。

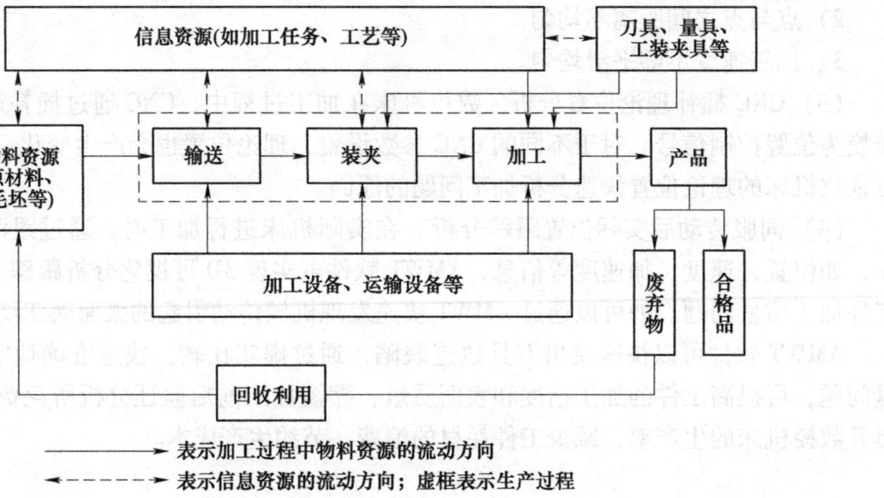

图 7-23　资源和生产的关系

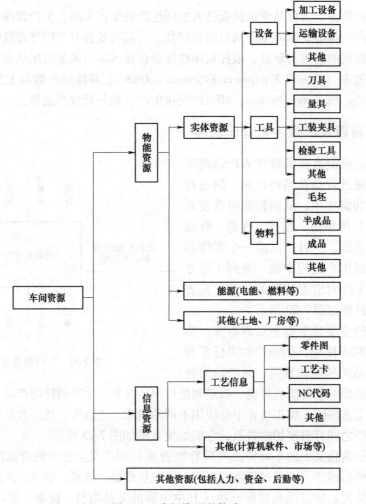

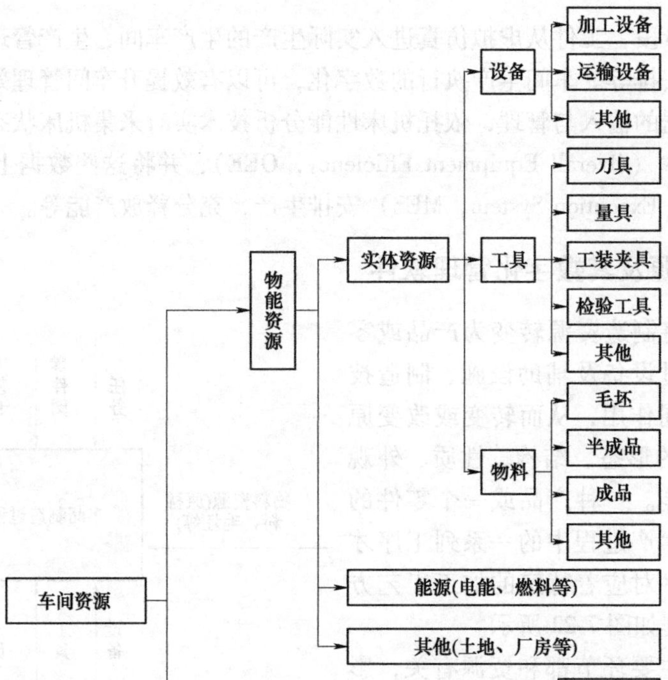

图 7-24　车间资源的构成

物能资源包括实体资源、能源资源和其他（包括土地、厂房等）资源，其中实体资源是指能够完成车间生产的物质手段或工具，包括设备、工具、物料等。

车间设备是指在车间中直接参加生产过程或直接为生产服务的机器设备，主要包括加工设备、运输设备等，它是实现车间生产的物质基础之一。

车间工具是指车间内在生产加工过程中所用到的器具，主要包括刀具、量具、工装夹具和检测工具等，和设备一样，它也是车间生产的物质基础之一。

信息资源主要是指支持生产顺利进行的各类信息，包括工艺信息（图样、工序卡、NC 代码）和其他（加工任务，计算机软件等）资源。

车间资源中的其他资源有人力资源、资金资源和后勤等，其中人力资源是指车间生产活动的管理者和操作者，是操纵并协调指挥实体资源及信息资源的主体，使其他资源发挥其应有的作用。

技术和管理是制造系统的两个轮子，在当前智能化的制造系统中，管理是其中的重要组成部分。车间的生产任务一般不止一个，而且每天可能都有新的任务分配。那么针对多个任务要设置优先级，不同任务要分派不同的设备、工具，工艺设计不同，所使用的设备、工具也有所不同。因此车间资源的管理包括任务的管理、设备的管理、工具的管理、工艺信息的管理等。管理是否恰当直接关系到车间生产的产品质量、产量、交货期、成本、效益、合格率等。

建立数字化车间资源管理平台，对制造业生产车间的各种资源进行统一的数字化管理，可以为设备、工具快速准备及工艺决策提供实时更新的数据支持，并与企业实施的 PLM（Product Lifecycle Management）及 ERP（Enterprise Resources Planning）等管理系统、CAD（Computer Aided Design）/CAM（Computer Aided Manufacturing）/CAPP（Computer Aided Process Planning）等制造系统进行无缝集成以及数据共享，能进一步完善企业的信息化建设。

资源管理的数字化必须对车间资源的相关数据进行收集并进行联网。西门子为车间资源管理信息化提供了一个平台：SINUMERIK Integrate（SI）数字化平台。此平台为单台机床和联网设备提供用于数据分析及管理的有效模块。采用 SI，可以方便地将机床连接到生产环境中的上层 IT 系统（PLM 和 MES 系统）中。该软件可以直接在 CNC 上运行，采集 CNC 和 PLC 中的全部数据，并将这些数据提供给其他系统使用。安装 SI 的机器连接到服务器后，中央服务器可以方便地为集成的客户端加载新功能，SI 连接如图 7-25 所示，这带来了生产率的进一步提升。

SINUMERIK Integrate 可以提高最终用户的生产率和机床服务商的服务效率，通过生产优化，可以在提高效率的同时减少生产中的错误，例如因刀具缺失、数控程序不正确、物料和刀具库能耗过高等所导致的错误。

SINUMERIK Integrate 包含若干功能子模块：NC 程序管理（Manage MyPrograms，MMP）、机床刀具管理（Manage MyTools，MMT）、机床远程访问（Access MyMachine，AMM）、机床生产性能评估（Analyze MyPerformance，AMP）、机床状态监控（Analyze My-Condition，AMC）等。

MMP 模块可以用来对整个网络中的数控加工程序进行高效组织和管理。

MMT 模块提供了用来管理刀具的、无缝集成的解决方案。

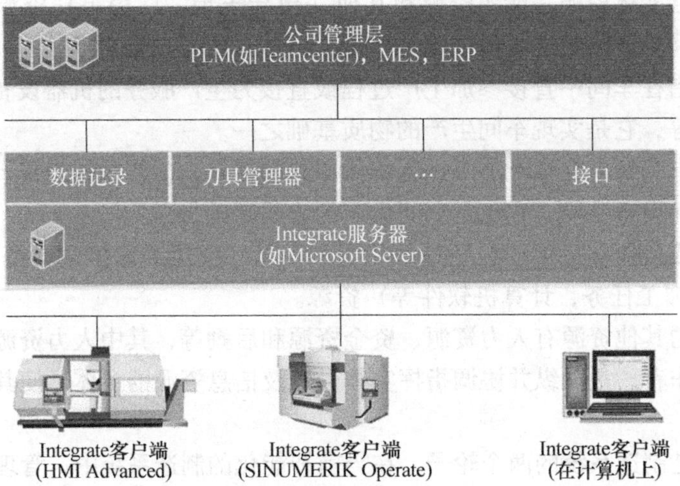

图 7-25　SI 平台连接图

AMM 模块提供了友好、安全、可靠的机床远程访问功能。

AMP 模块可以对生产数据进行记录和分析，这样可以提高数据的透明度，方便用户更加容易地挖掘优化潜力，提高设备的利用率。

AMC 模块提供了一种渐进式技术，可按触发条件或时间计划监控机床状态，上传相应的机床信号及测试结果，机床故障时尽快通知相关人员，可以基于状态进行机床维护。

AccessMyBackup（AMB 用于连接数据归档系统的接口）可以安全、可靠地归档整个工厂的 CNC 数据。

SINUMERIK Integrate 中各模块的集成如图 7-26 所示。

7.3.2　机床管理与 AMP 系统

完善的管理制度及科学的生产模式是提高生产率的有效手段。加工车间在安排生产时，由于不了解各种数控机床的性能，可能会忽视均衡生产，导致部分设备超负荷运转，部分设备得不到有效运用，造成资源浪费，或者使超负荷运转的设备出现故障等，不利于生产率的提高。

要想使用和管理好机床，首先要从以下几个问题入手了解机床：在生产加工过程中，机床处于什么状态？机床的利用率是多少？机床有没有故障？什么原因造成停机？机床当前加工的是什么零件？

基于这些问题的答案，安排生产时，就可以在机床性能及精度条件相似的情况下，均衡分配工作量，避免设备超负荷运转，避免机床出现小故障时不及时维修，以致故障越来越严重，造成安全事故。

另外，除了满足生产加工最基本的应用，还要挖掘数控机床的潜力，提高机床运转率和加工效率，从而提高生产率。

要回答以上这些问题以及挖掘机床潜力，需要知道机床设备的实时状态和设备效率等各种信息，然后对这些信息进行分析和管理。AMP 即是分析机床生产数据的软件模块，其功能主要包括：机床状态信息的获取、机床状态评估、OEE 数据采集、机床之间可用性对比。

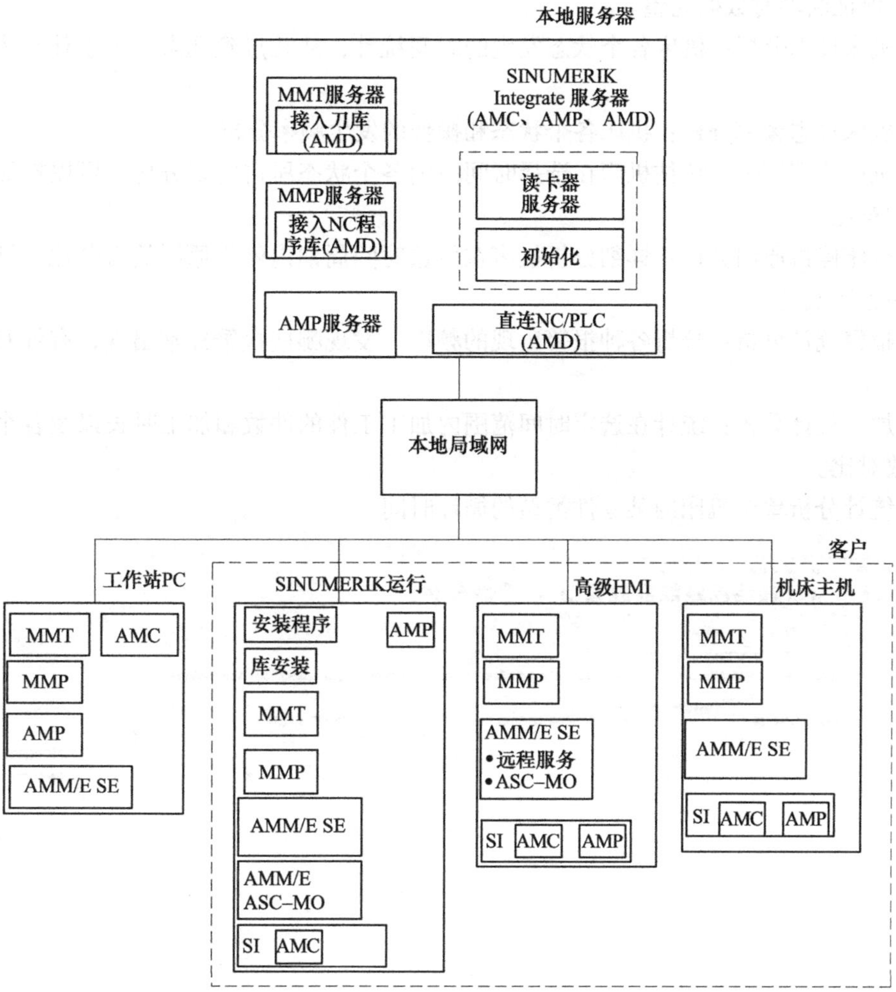

图 7-26　模块集成图

1. 机器状态信息的获取

1）即插即用获取已存在的默认 CNC 数据（如 CNC 的方式组，进给倍率，故障信息……）。

2）机床厂家可自行配置额外的 CNC 数据，来提升分析质量（如压缩空气的状态，机床刀具状态，工件更换系统……）。

3）通过给不同工件分配状态信息来提升分析质量（如工件计数器，循环时间）。

4）自动存储状态数据。

5）机床本地的数据备份，可防止由于网络故障导致的传输中断。

6）在服务器上进行数据的中央存储。

7）以 EXCEL 表格形式导出操作日志、机床状态日志、报警日志、零件类型列表、统计数据等。

2. 评估机床状态

1）车间机床状态图（图 7-27）：可以列出所选时间段内机床的全部状态，并能实现断网缓存，保证断网时数据完整。

2）机床日志分析：机床各个状态发生的时间统计，从几点到几点发生了什么事，持续多久。

3）机床日志频率分析：机床各个状态和操作的发生频率分析。

4）机床状态评估：评估机床在选择时间段内各个状态所占的百分比，可以按照每天或每周进行对比。

5）机床停机原因分析：详细分析机床在所选时间周期内停机原因的百分比，针对这些停机原因进行改进。

6）报警统计分析：分析各种报警出现的频率，发现哪些报警经常出现，有针对性地给出对策。

7）加工统计分析：统计在选定时间范围内加工工件的件数和加工时长以及各个加工工件的件数对比。

8）统计分析单个机床内某零件类型的循环时间。

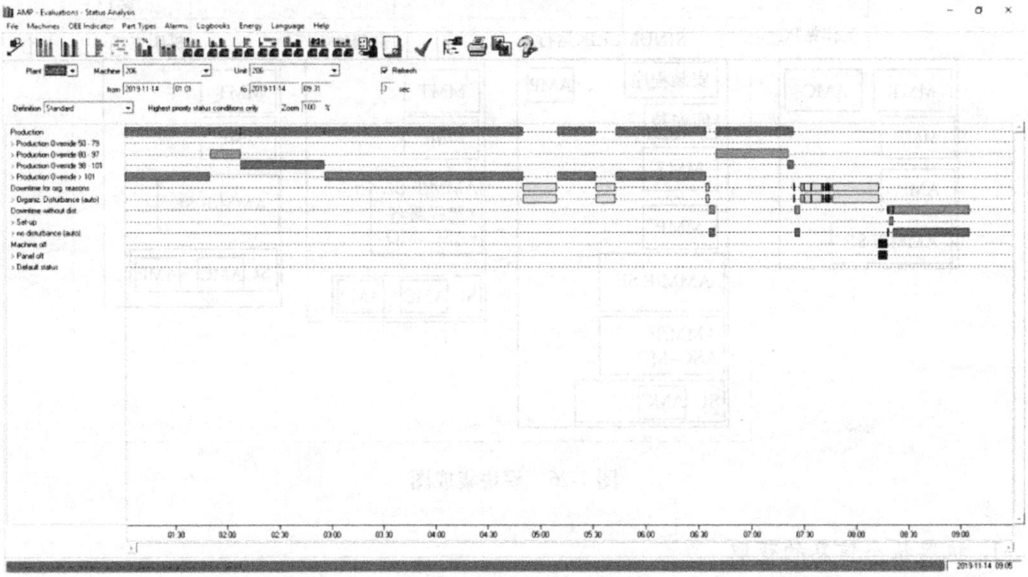

图 7-27　机床状态图

3. 采集 OEE 数据的功能

OEE（Overall Equipment Efficiency）就是整体评价设备效率的一个数据，即设备综合效率，由三个关键要素组成：可用率、性能指数、质量指数。

$$\text{OEE} = \text{可用率} \times \text{性能指数} \times \text{质量指数} \tag{7-1}$$

$$\text{可用率} = \text{操作时间} / \text{计划工作时间} \tag{7-2}$$

计划工作时间是根据计划安排的工作时间，比如一天排了一个班次 8h。操作时间就是排班内排除停工后的时间，停工时间包括设备故障、原材料短缺等；可用率用来评价停工带来的损失。

$$\text{性能指数} = \text{理想周期时间} / \text{实际周期时间} \tag{7-3}$$

性能指数用来评价生产速度上的损失，例如设备磨损、操作失误等。

$$质量指数 = 良品数 / 总产量数 \tag{7-4}$$

质量指数用来评价质量的损失，用来反映没有满足质量要求的产品比率。

西门子 AMP 通过安装在设备上的 AMP 客户端连续不断地获取设备的信息和状态，然后利用式（7-1）~式（7-4）计算数控设备的综合效率（OEE），如图 7-28 所示。

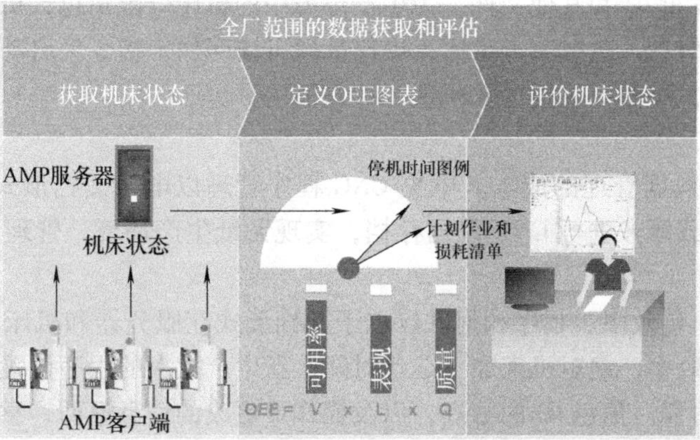

图 7-28　AMP 的 OEE 计算功能示意图

OEE 已成为衡量企业生产率的重要标准，OEE 的计算虽然简单，但是在实际的应用中，当与设备、产品、班次、员工等生产要素联系在一起时，便变得十分复杂，而长期借助并使用 OEE 工具，企业可以轻松地找到影响生产率的一些瓶颈，进行改进和跟踪，最终达到提高生产率的目的，同时也可以让公司避免不必要的资源耗费。

4. 机床之间可用性对比

机床之间可用性对比就是选择特定的多个机床，对比其在选择的时间范围内的可用性。

AMP 软件通过机床设备数据采集和分析，挖掘设备潜力，是机械加工生产数字化改造的重要和基础的工作。数字可视化系统着重分析在生产过程中精益化管理的需求，并结合可视化管理的方法，寻求以直观、醒目的电子可视化形式将生产运作管理信息“推送”给一线操作人员和车间管理人员，充分发挥信息流对生产管理的作用，从而实现整个生产过程的组织协同，提高机床的使用率。

7.3.3　NC 程序管理

采用机床加工工件离不开相应的准备工作。一个车间有多个加工任务，那么就要安排生产计划，管理多个零件加工程序，为了提高生产率和保证加工工艺，必须有某个解决方案，快捷实现对加工程序的管理，并解决以下问题：

1）现在要生产的订单的加工程序在哪里？

2）什么时候、为什么、谁修改了加工程序？

3）在加工程序中修改了什么，最新的版本是什么？

4）如何快速可靠地调整到下一个订单的数控程序？

ManageMyPrograms（MMP）模块可以对整个工厂（网络）的数控加工程序数据进行管理。还可以将数据传输到 Teamcenter 中进行无缝集成，从而实现高效的网络组织架构、CNC 程序的管理及传输。其组织架构如第 2 章图 2-26 所示。

1. MMP 的功能

1）轻松进行中央 CNC 程序的电子化管理、存档以及导入和导出，更快地设置新生产批次，整个生产区域中的机床都能随时使用最新的 CNC 程序。

2）程序和其他产品信息（例如图样）以附件方式从生产计划部简单地发送给机床。

3）可以管理发布 ID 和其他文件，为生产环境中的机床分配角色，机床操作员只能查看与生产本身有关的信息，通过单击鼠标，操作员即可访问加工指令，启动机械加工过程、编辑程序和添加备注，所做更改也可发回生产计划部门。

2. MMP 的优点

1）降低 CNC 数据管理的成本。中央 CNC 程序管理以电子文档形式管理程序和附件，无须使用外部数据载体来进行 CNC 数据存档，实现无纸生产环境，管理成本更低，而且电子存档经济可靠。

2）提高程序下传效率。程序和附件以电子文档形式在服务器和机床之间传输，快速可靠，提高程序下传效率，缩短机床加工准备时间；新生产批次的程序设置也更省时。

3）过程安全可靠。角色 ID 的管理，以及操作员更改的信息返回，意味着操作员和生产计划部门之间的交互具备更高程度的可靠性，从而确保程序正确性和加工任务正确执行。

4）用户友好。程序管理轻松集成不同类型及世代的数控系统，可在配备不同数控系统的车间中实现 CNC 程序数据的集中管理和分配。整个生产区域中的机床都能随时使用最新的 CNC 程序。这尤其关系到具有高度灵活性和机动性以及 CNC 数据频繁变化的生产区域，例如加工中心、特种机床以及灵活生产线。

7.3.4 切削刀具管理

在生产执行过程中，除了 NC 程序、夹具、量具和毛坯等资源外，还必须有合适的刀具。随着制造业的转型升级，机床的单机自动化正在被多台机床组成的制造单元或生产线所代替，这就要求以集中、透明的方式对刀具进行管理。

刀具管理包括采购、储存、组装、调试、重磨、重涂等环节。通过科学的刀具管理，可降低刀具的库存及资金占用，减少备刀差错，从而显著降低刀具的间接费用，对降低生产成本有着很大潜力。

在刀具管理基本功能的基础上，现代刀具治理还可以优化加工过程、提高加工效率。在设计编制加工工艺时，可根据被加工工件材料、所使用的机床等加工条件，选择更合适的刀具和更佳的切削参数，达到提高切削效率、保证加工质量的效果。此外，及时、正确的供刀还可以减少数控机床停机待刀的时间，提高昂贵的数控机床的利用率，为企业带来直接的经济效益。

1. 先进刀具管理要求

切削刀具的管理是一项重要且复杂的工作，每台机床上的刀具、刀具库房、对刀站的刀具及技术数据均需要详细信息和统一管理，具体要求如下：

（1）刀具物流管理　在产品制造阶段，需要对刀具进行正确的使用和物流管理，跟踪刀具的物流过程，提供刀具的正确位置，管理刀具的库存及使用状况，设置刀具的最低库存量，分析刀具的费用和刀具利用率及寿命。

1）由刀具供应商提供刀具自动仓储柜。机床操作者可以通过识别卡实现刀具的领用、归还，刀具室工作人员定时的补充刀具，可提高刀具使用率、降低刀具库存和刀具人工管理成本。

2）机床操作者直接领用。刀具室人员通过查询刀具位置，使用扫码枪对刀具条形码扫描，显示相关信息，输入领用数量。刀具室根据条码管理设立台账，定期生成月度报表，分析领用者刀具使用率，设置刀具库存，减少资金占压。

（2）刀具准备　根据加工工艺和程序产生的刀具清单和调刀图，进行刀具准备。

1）下发刀具清单和刀具数据。

2）刀具室人员根据刀具清单，准备相关刀具。

3）刀具室人员根据刀具数据和刀具调试图，对刀具进行预调。

4）将调整后刀具在对刀仪上扫描。生成二维码，二维码内容包括刀具加工数值信息。

5）操作人员领用刀具。

6）操作人员安装刀具，用专用扫码枪扫描刀具二维码，机床自动读入刀具信息。

以上刀具管理前期的准备工作可以减少操作人员的工作量。使用扫码管理增加刀具数据准确性，减少操作员的加工前准备工作，降低工件加工成本。

（3）刀具的保养和维护　制定刀具维护保养制度，定期对结构复杂的刀具进行拆检、清洗、润滑、更换有问题的刀具等工作，进行预防性维护保养。

（4）刀具库存透明　在以上传统的刀具管理流程的基础上，为了解决如何通过工具库存的透明性来支持生产订单的及时执行，要解决以下几个问题：

1）在工具清单中有多少工具，它们在哪里？

2）如何确保机器上的工具有正确的偏移值？

3）如何支持操作员进行安装？

4）当加工需要时，如何确保所有必要的工具是可用的？

针对以上问题，越来越多的工厂进行了网络化刀具管理，从测量、刀柜到机床，管理整个刀具流程。通过制定前瞻性的刀具计划，减少因刀具遗漏而造成的机床停工时间，刀具相关的循环时间和非生产时间得到优化。要实现覆盖整个生产过程的刀具管理，需要满足以下要求：

1）库存及成本透明清晰。

2）可全面预览所用刀具并实现单台机床、输送线或整个车间的整套刀具数据循环。

3）刀具管理全部功能既可用于单台机床，也适用于机床联网运行。

4）要求有导入/导出文件的接口。

5）模块可灵活地分布在网络中，并可从任意位置加以访问。这样，在任意位置都能获取最新的信息。

ManageMyTools（MMT 刀具管理）提供集中式刀具数据管理功能，可以访问服务器和数控系统，使刀具库存透明。利用 MMT，操作员可以将相关数据发送给不同机床，并可以和 Teamcenter 无缝集成，结构如第 2 章图 2-27 所示。

2. MMT 软件功能

MMT 是刀具管理模块，是对于机床侧的标准刀库管理的扩展与综合，可以用于全厂范围的刀具管理，软件主要包含以下功能：

1）刀具在线概览。在 MMT 服务器端直接获得现场每一台设备的刀具概览，从中发现刀具的异常信息或者刀具寿命等重要信息。

2）刀具需求分析。刀具管理者可以根据刀具计划，以及当前机床上及刀具库中的刀具，计算实际需要组装、测量的刀具，节约刀具准备时间。

3）对刀仪标准接口。直接连接对刀仪，获取刀沿的测量数据，并传送到机床上，节约操作工输入刀具偏移量的时间，避免错误。

4）刀具统计。把刀具的使用情况详细地记录下来，可以导出文档供刀具管理人员做进一步的详细分析。

5）与高层系统接口。可以连接高层管理软件，对刀具、刀具测量设备、刀具存储室等进行统一管理。

6）远程刀具管理功能。在 MMT 服务器端，对特殊的个别刀具进行远程禁用、激活、延长寿命、修改刀具数据等操作。

7）安全引导刀具装载。为整个网络提供刀具实际数据，引导式装/卸刀操作，刀沿控制站可接收刀具操作数据。

3. MMT 的主要优点

1）透明。中央服务器始终与机床保持同步，从而获得完整的刀具概览信息和刀具剩余寿命的最新信息；采用至 Teamcenter 的附加连接，可以对整个生产环境中的刀具和刀具主数据进行管理和组织；对刀具的详细库存及成本进行预览。

2）快速、高效。对需要完成的生产任务进行计划时，可以快速、高效地确定生产作业所需要的刀具，并有充足的时间检测和更换已经磨损的刀具数据。

3）可靠。操作员可以在机床上以手动或自动方式直接对具体加工任务所需要的刀具进行规划；MMT 有助于资源优化和机床设置速度的提高；MMT 以用户和需求为导向，可以优化刀具使用；MMT 根据刀库以及存储区刀具比对生成列表，为刀具装/卸载并设置生成列表，不易出错。

4. MMT 刀具管理步骤

MMT 现有功能集合在一台服务器上，采用基于客户端界面的网络化运行。当生产订单下发到工厂后，刀具管理任务就开始了，整个刀具管理步骤如图 7-29 所示。

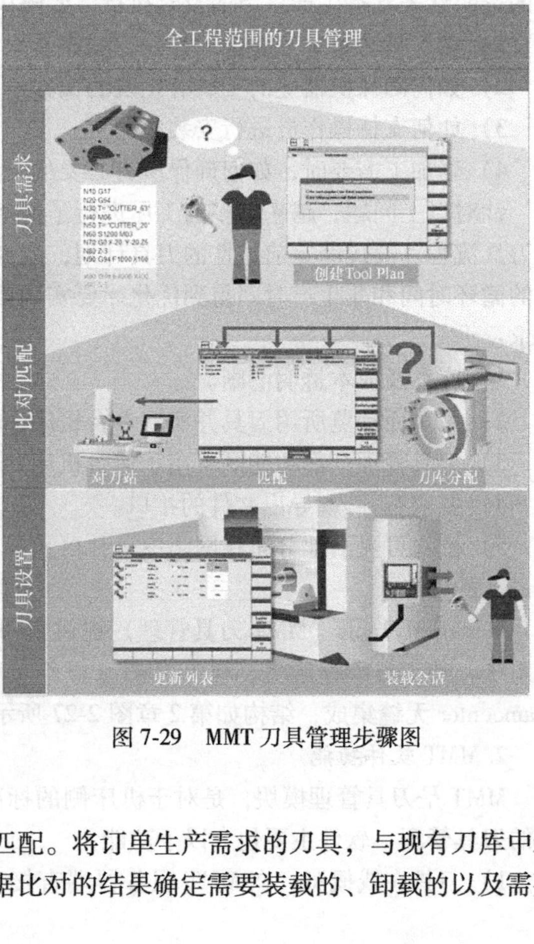

图 7-29　MMT 刀具管理步骤图

第一步：通过 Tool Plan 确定刀具需求。明确特定订单生产过程产生的刀具需求，机床操作者可以手动创建或者根据生产工艺人员的刀具计划从 Teamcenter 获得。

第二步：通过 Manage MyTools 进行刀具匹配。将订单生产需求的刀具，与现有刀库中装载的刀具进行比对，以确定刀具需求，即根据比对的结果确定需要装载的、卸载的以及需要测量的刀具，生成刀具需求列表，传输给对刀站。

第三步：通过 Manage MyTools 装载刀具。根据第二步刀具需求列表以及对刀站返回的刀具信息，生成刀具更换以及设置列表，在机床上显示与操作者相关的刀具信息，为机床装载、卸载以及设置刀具，生成相应的对话框。

7.3.5 产品生产和技术文档数字化

验证过的程序、生产资源就绪后，操作人员按照来自于生产工程阶段的作业指导书进行工件准备、试切，可以通过数字双胞胎技术实现实时监控、仿真、推送。之后进入质量检测阶段，质量检测的数据可用于产品设计、生产规划和生产工程阶段必要的改进。试切样品的测量满足要求后再批量开始实体加工。

基于数字双胞胎技术，产品完成后，还可以生成工作记录、工艺设计书、切削方案、测量方案、生产资源规划书、工艺设计评估报告、加工程序、生产作业指导书、生产过程的经济性评价报告、机床状态报告、NC 程序清单、切削刀具清单、产品完工文件等一系列文档。所有这些文档都可以通过集成式 CNC 客户端以及先进的接口连接至服务器，在服务器上备份这些数据，后续再通过服务器上的 Teamcenter 统一管理，确保数据一致性。

7.4 数控机床服务数字化

在整个价值链中，服务具有不可或缺的重要地位。在组建配置管理中使产品数字孪生体与产品实物保持一致；在服务过程中，可用于联合服务人员与设计人员，提供主动专业的服务；在产品性能收集中，用于收集产品性能数据，实现主动、及时乃至提前的维护服务。

当前，机床制造业从产品设计、生产制造、一直到售后服务等环节，存在着很多信息孤岛。但随着开放式工业云技术的不断发展迭代和深入应用，为机床制造业各个环节的互联互通、破除信息孤岛带来了无限可能性。通过开放的连接标准，企业可以将机床制造业复杂生产场景中的数据传送到工业云平台，再结合云平台上各种类型的 APP 应用程序，从云端对精准获取的生产数据进行大数据分析处理，进而帮助企业更好地把握生产过程的各个环节，有效提高机床利用率并减少故障时间，大幅提高生产率，改善产品质量，降低产品成本和资源消耗，形成企业数据数字化闭环管理，最终实现将企业从传统工业提升到智能化的新阶段，大大提高市场竞争力。

7.4.1 数控机床的预防性维护

如何减少机床停机时间，提高设备使用效率，设备的维护是重要的服务内容之一。数控机床的正确使用和预防性维护非常重要，有效恰当的预防性维护可以显著地延长数控机床的使用寿命，稳定机床精度，减少故障停机率。

传统的纠正性维修是在机床发生故障时进行维修，将数控机床的工作状态恢复到正常。预防性维护是在数控机床运行过程中对数控机床进行维护，对数控机床的各个系统进行检测和预防性维修，避免产生故障，使整个数控机床系统在规定的条件下完成规定的操作。预防性维护包括预防性检查和预防性维修。

数控机床的预防性维护贯穿设备整个使用寿命周期，不同设备不同时期有不同的特征，需要采取不同的保养策略和有针对性的维修措施。制度化、有效和有针对性的设备预防性维护可以充分发挥设备的性能，延长设备使用寿命。

设备使用寿命周期分为新设备磨合期（设备前期）、正常使用期、状态维修期。不同阶段预防性维护的重点不同，不同生产厂家、品牌、进口或国产的数控机床其性能、品质、功能尽管有所差异，但其预防性维护的策略和方法基本相似，只是在执行预防性维护的某些项目的频次上和根据不同机床特点开展有针对性的项目修理上有所区别。

1. 设备前期的预防性维护——数据采集、必要准备

设备前期要进行图样、说明书、机床精度检测报告、调试验收报告等原始资料归档，并详细检查、记录、保存机床的原始典型状态数据。采集数据主要记录指定操作模式下空载和一定工况条件下的自诊断数据。

设备前期，数控机床异常状态表现在报警、加工精度异常两个方面。报警的原因有操作错误报警和故障报警，通过报警号范围可以方便地排除操作错误类报警，而故障报警有基础数据对比可以加快判别故障点和严重程度，机械故障还是电气故障。对于加工精度问题有基础数据对比可以加快判别是机床精度问题还是工艺链问题，如编程路线、速度、进给量等加工工艺参数还是刀具、工装夹具、材料、热处理等原因。

2. 设备正常使用期的预防性维护——计划执行、制度坚持

设备投入正常使用后预防性维护的工作重点是保养和安全。前提是前期预防性维护工作必须做到位，才能充分发挥数控机床加工质量和效率的综合优势。

有效和长期的保养工作可以显著地延长数控机床使用寿命，保持精度稳定。保养有日、周期、大小、级别之分，但要求都一样，必须做到清洁、润滑、调整、安全。日保养主要是内外清洁，同时要检查油位、油质，加油，检查安全装置，简单的调节。周期保养需拆卸有关的防护罩彻底清洁和润滑轴承、滚珠丝杠、直线导轨、拖板等，清洁整理电器箱，检查疏通各润滑点，清洗滤网，对于润滑脂润滑点需用油脂枪压注。开展有针对性的预防性维修，检查紧固，换液压油，油气压力校准等。检测安全联锁装置是否齐全、互锁。

数控机床的安全性所涉及的机床设计制造质量，各种安全保护互锁装置是否设计周全，这在设备出厂时已经定型。使用与维护，这是数控机床安全使用中必须注意的重点。使用与维护的安全包括数据安全和运行安全，具体如下：

1）数据安全。除了做好设备前期的各种数据备份，必须定期更换机床关机后数据记忆后备支持电池。

2）设定安全。现代数控的本质就是计算机数字控制，因此必须规定参数修改权限。

3）编程安全。在程序开头需编入限制主轴最高速度、限制端面切削恒线速度、自动返回参考原点、坐标系建立、限制进给轴运动行程的存储型行程限位、换刀防干涉检查等指令。

3. 设备状态维修期的预防性维护——状态监测、分次维修

定期检查数控机床诊断画面下伺服驱动电流及负载百分比，分析记录变化趋势，综合判断适时维修，更换或保养轴承、丝杠或导轨，调整拖板镶条松紧等，可以有效地减少伺服报警和损坏。

定期监测机床精度，检查丝杠间隙，确认轴承完好的前提下，在常用工作区，通过手摇脉冲发生器检查各轴定位精度和反向间隙，判断丝杠的磨损间隙，综合平衡修正丝杠背隙参

数。对于精度要求高的机床应适时更换滚珠丝杠，并用激光测距仪进行分段测量补偿。

数控设备技术直接制约着国家的产业发展，数控设备在解决高端制造问题上的可靠性要求将越来越高，如何解决数控设备在工业生产中的可靠性问题将成为今后研究的重点。分析机床历史数据的可靠性，研究基于机床性能退化的维修决策问题，优化机床系统的维修决策是发展趋势。

7.4.2 云平台和机床状态监控

随着机床制造业全球化进程的不断加速，当机床制造厂商将更多的机床销往全球各地，机床最终客户建设更多的全球化制造工厂之后，分布在全球各地的机床设备状态不透明，产能低下，机床维修服务成本高昂等问题成了企业亟待解决的问题。

通过开放式工业云平台中的机床云管理解决方案，企业可随时随地远程监控和管理分布在全球范围内的自有机床，轻松获取和分析机床设备和生产状态数据，有效提升机床生产关键数据的透明度，进行预防性维护，提高机床的可用性，减少机床停机，保障产能最大化，并可对设备进行远程诊断维修，降低维修服务成本，提高维修服务响应速度和客户满意度，多方位助力企业全球化，获得更多的市场业务机会和可能性。

1. MMM（Manage My Machines）的功能

基于开放物联网 IoT 操作系统的西门子工业云 MindSphere 的机床管理软件 MMM，可以随时随地采集设备状态和用户定制的设备数据，通过在多个视图中合并机床数据，生成设备看板和设备状态，用户可以更有效地管理跨多个位置的机床，机床状态和警报监视概述使使用者能够快速采取纠正措施，减少停机时间，观察发生的警报并概述这些机床的状态，协助用户科学地规划设备使用和维护，这样极大地提高了设备的透明度，为优化生产、提高产能、预防性维护提供可靠的依据。

对于各种规模的工厂，预防性维护有助于避免非计划性机床故障。预防性维护需要采集分析机床复杂数据，全面监控 CNC 机床的状态并最终实现生产率的提升。机床状态分析软件 AMC（Analyze MyCondition）是 Integrate 平台的一个功能模块，可以协助用户掌握透明的机床状态，定期进行设备的性能测试，提供维护建议，进行有效的预防性设备维护。

2. AMC 的功能

1）状态监控功能。帮助用户全天 24h 监控机床，记录关键指标；可通过数控系统自身的传感器采集信号（NC/PLC），并对 NC/PLC 变量进行持续的监控；可以定义所需要的变量、触发条件或时间计划来监控机床状态，上传相应的机床信号及测试结果，遇机床故障时可以启动用户专用工作流。

例如，在某个被监控变量达到了报警阈值时发出相应的警示信息。通过至服务器的连接，可以检查报警原因；基于详尽的机床历史信息，可以远程完成详尽的分析；可向技术文档中添加特定的归档指示，以保存时间信息并充分利用以前的经验。

2）制定维护计划。分析机床状态，针对机床状态进行详细描述，并将状态与维护行为关联；设置好维护计划的开展时间、预警时间以及维护作业内容；设定好相应的 PLC 报警通知；以预先存储于服务器上的相关状态触发机床的维护动作，激活维护计划行为。

3）维护状态管理。维护计划或预警时间到达后，在机床侧显示通知和维护作业内容；生产人员有计划地停止生产；维护人员开展维护作业；维护状态反馈给 AMC 服务器，记录维护结果，本次维护作业完成；在 Integrate 服务器上对维护状态进行中央管理。

3. AMC 的优点

1）允许对在大范围分布的机床运行进行集中管理与执行基于机床实际状态的维护，构成了高效的、可被自动化地远程维护功能的基础。

2）精准的状态监控，可灵活设计基于事件触发的或者基于时间触发的测试和诊断，使基于机床状态的维护通知与提示成为可能，实现了自动化的维修和维护工作流程。

3）利用 IT 平台，通过集中分析机床状况，有计划地维护和服务，缩短停工时间，实现高效维修和预防性维护，实现更高生产率。

4）基于因特网的、性能可靠的加密通信、集中地保存测试结果，使得数据更安全；故障分析覆盖上下游设备，整个生产过程一目了然。

5）通过数据跟踪机床状态，发现潜在问题，使预防性维护成为可能。

综上所述，AMC 可以在早期显示可能出现某个问题的机床值，并让人们可在问题实际出现前实施有效的干预。由于 Integrate 服务器可以通过 SINEMA Remote Connect（简称 SINE-MARC）连接到云端，因此，AMC 奠定了机床制造商的可预防性机床维护的基础。本地 Integrate 服务器作为一个平台，使得机床用户可以进一步提高其生产能力。

7.4.3 云平台和机床数字化服务

随着制造业由粗放型向精益型转变，客户需求导向开始贯穿整个生产流程，实体价值和服务价值同等重要。生产者不再仅满足于销售机床本身，而是更注重于机床的全生命周期服务，如数据分析、生产培训、订单管理、机床维护升级等。同时，消费者也不仅仅满足于购买机床产品，而是更关注于机床及其独有的加工技术与服务为其带来的直接效益。而云服务技术就是负责机床智能控制系统的业务环节，是机床智能控制系统的对外网络窗口。云服务通过接入工厂、企业等服务网络，可以极大地拓展机床智能控制系统的业务服务范围。

（1）云端智能设计服务　工艺技术一直是生产加工行业的关注热点，每年生产企业都需要招收大量人员以满足加工设计需求，但这些工艺技术却很少以价值的形式流通，最终形成技术孤岛。将工艺设计作为一种云服务资源进行推广，可以加速工艺技术的流通和完善。利用云端平台提供低成本、高质量的智能设计服务，具有较高的可行性和较好的发展潜力。

（2）云端智能控制与运算服务　机床厂商和客户期望机床的控制系统具有良好的知识计算能力和远程控制能力，易于维护，具有良好的兼容性以及可扩展性。当前的数控系统由于硬件的限制难以达到上述要求，但云端智能控制与运算服务可以很好地解决这些问题。

（3）远程访问与维护　机床制造商的修理业务始于机床交付，要求以可能最好的方式、最快的速度对机床故障和报警做出响应。机床会自己基于远程诊断功能和预防性维护功能完成相关通信，机床制造商不再依赖用户告知他们机床发生了哪些重要事件，这将进一步减少故障排除时间，并能防止如非计划停机和重要损失等情况的出现。

上述要求均依赖于实时数据采集以及远程监控、诊断等。因此，在条件允许的前提下，将数控设备与云平台相连，实时采集分析和显示相关数据，使用户能清晰地了解当前以及历史工况；对于远程访问。

AMM 专门设计用于访问机床控制系统，并可以从远程诊断、远程监控一直扩展成远程操作。单个访问功能包括远程桌面、文件传输和会话记录等子功能。此外，采用会议功能，还允许多个参与者参与某个远程维护会话。AMM 中的远程 Step 7 功能允许多个维修技术员直接访问 PLC；允许从外部完成问题诊断和问题解决等任务。

对于关键性问题，维修部门必须频繁使用大量的故障诊断和故障排除功能。操作员要求获得专家（如内部专家或机床制造商）的支持时，AMM 用户可以在自己的用户界面上简单地启用“允许访问”。与机床进行连接的全部因特网连接都进行了加密处理，远程访问会话期间，所有的操作员活动都被记录。因此 AMM 严格遵循与工业机床远程访问有关的所有安全指南；配合使用 AMC，也可以用于实现预防性维护。

SI 平台上，AMM 与 AMC 配合，既可以实现 CNC 用户界面无任何限制的远程操作，又能够进行远程维护，实现了维修服务工作的高效以及成本的降低，并促进维护保障团队实现维护维修过程的数字化转型，更加有效地规划、执行、跟踪和管理维护活动，实现产品服务过程的规范化和服务知识的积累，并向产品设计提出优化建议。增强企业产品维护维修的数据管理能力，提高综合保障质量，确保产品的可用性和可靠性。

总之，数字孪生在数控机床应用环节的落地，可以实现透明、科学的产品全生命周期管理，从工件需求构思开始，到产品设计、规划、仿真、生产、成品，再到后续的产品改进和服务，数字孪生技术发挥了重要作用。软件虚拟世界的 3D 设计工件和物理现实世界的实际工件是一对数字化双胞胎；与此类同，软件虚拟世界的虚拟机床和物理现实世界的实际机床是一对设备数字化双胞胎。全程数据基于统一的数据共享及管理平台进行管理，确保数据一致。数字孪生技术的应用，可以为用户灵活地定制产品提供支撑，提高生产率和产品质量，缩短产品上市时间。

项目 6 基于数字孪生的数字化装配工艺规划与仿真

项目简介

数字孪生驱动的数字化生产基于构建的数字孪生模型，通过虚拟环境与物理世界的虚实映射，实时反馈生产过程中产品、环境、资源、工具等的状态变化。目前，已经在装配过程仿真、健康状态监控、实时加工补偿等领域得到了应用。

本项目旨在通过上述一个或若干个典型应用案例，达到以下目标：

1）使学生对数字孪生在装配工艺规划和仿真领域的应用有直观的认识和了解。

2）基于特定的案例，熟悉数字孪生在装配工艺规划和仿真领域常用的开发环境、工具软件的使用。

3）通过案例的运行，了解数字化装配工艺规划和仿真的开发应用流程和一般方法。

4）体会数字孪生在提高效率、可靠性等方面给制造业带来的变化。

5）培养学生自主学习、沟通表达、工程素质、创新思维等非技术能力。

下面以基于 Tecnomatix 软件的数字化装配工艺规划和过程仿真作为项目案例，给出相关内容。如前所述，在教学过程中，可以根据实验室条件及教学资源的实际情况，选择可以达到上述目标的其他应用案例。

项目的内容和要求

1. 项目名称

基于 Tecnomatix 的数字化装配工艺规划和过程仿真。

2. 项目内容和要求

使用 Tecnomatix 软件，如图 7-30 所示，完成发动机的装配工艺规划和仿真过程，并对装配过程进行验证、调试，对装配仿真中出现的问题，如碰撞干涉、装配路径、装配顺序等进行调整优化，对装配仿真的结果进行评价和验收。主要内容和要求如下：

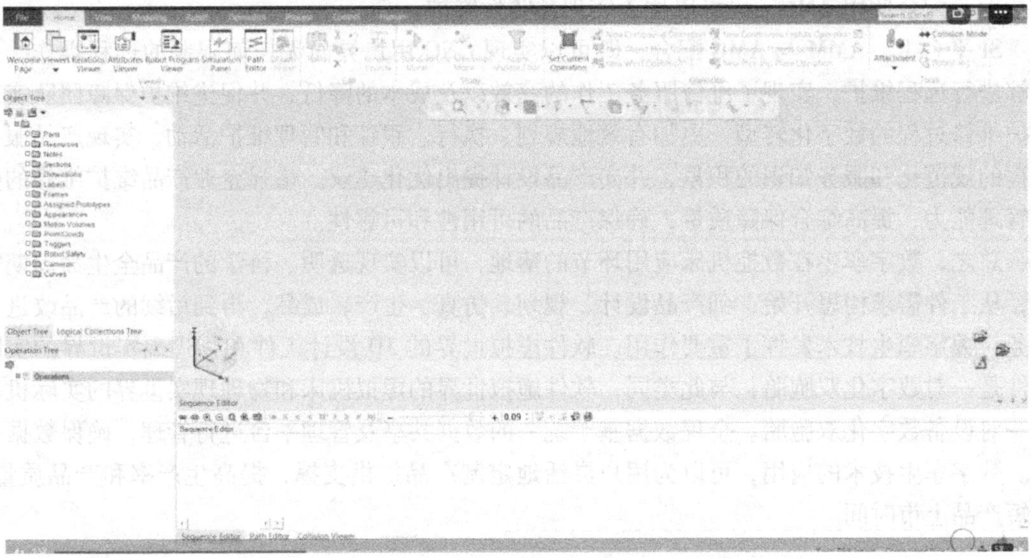

图 7-30　Tecnomatix 软件数字化装配仿真平台

1）完成 Tecnomatix 软件安装，熟悉软件的使用。

2）分析如图 7-31 所示的发动机装配 3D 模型，在 PD 软件中创建零件、操作、资源、制造特征等工艺规划相关文件夹，导入客户化文件，产品模型、工具模型等，并将导入的文件放入零件或资源文件夹下。

3）确定装配工艺方案，如操作、工具的选择分配、装配路径、制造特征等文件夹的建设，可根据横道图以及计划评审（Pert）图对工艺顺序以及制造特征等进行修正。

4）装配工艺规划文件完成后，在 PD 中以标准模式打开 PS 进行装配过程仿真。

5）在 PS 中完成装配车间、装配工具、人体模型等人机环境的加载，装配操作的设定。

6）在虚拟车间中执行装配工艺，观察装配仿真过程中出现的问题，如零件碰撞、干涉、不到位等，并及时调整和优化。

7）装配结果与图样进行比较，验证装配中各项因素及指标的正确性。

8）将验证过的装配工艺过程发布为视频文件或网页文件，指导完成真实发动机的装配，并对虚拟和实际两种结果进行比较。

9）撰写项目报告。

项目的组织和实施

1. 项目实施前

项目使用的软件可以根据实验室软件资源情况进行选择。在项目开始前，由学生自主学习掌握工具软件。本项目重点在于了解数字孪生在装配工艺规划和仿真过程中的应用，具体装配体的难度和复杂程度，可以根据学生的基础知识水平等进行调整。

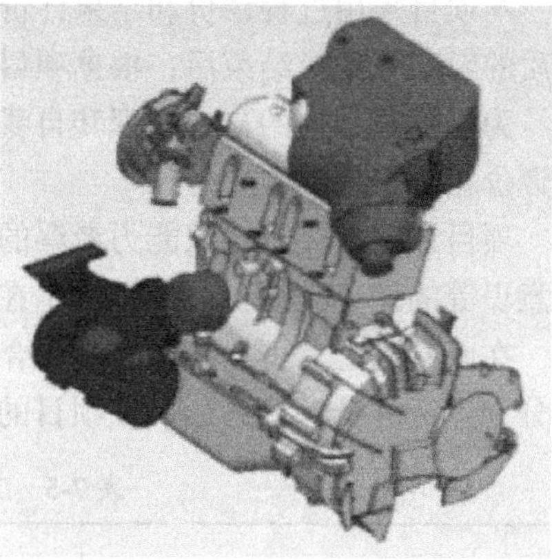

图 7-31 发动机装配模型

2. 项目实施中

项目实施过程中，根据学生情况及完成项目的时间要求，所使用的发动机装配及车间布局、工具等 3D 模型，需教师或学生提前在 CAD 软件中自行设计，人体模型可在 Tecnomatix 软件中设计生成。项目内容可以分组实施，也可以独立完成。完成项目的过程中，注重自主学习、沟通交流和问题研讨。

3. 项目完成后

该项目完成后，可以将验证过的装配工艺过程记录存储到视频文件或网页文件中，完成真实装配体的装配，并对虚拟和实际两种结果进行比较。撰写项目报告，记录项目的过程和结果，对数字孪生在项目中的初步应用进行概括和总结，并对数字孪生在数字化装配工艺规划和仿真领域进一步的应用提出自己的看法。

项目的验收和评价

1. 项目验收

项目完成后，主要从以下几个方面对项目进行验收：

（1）基于 Tecnomatix 的装配工艺规划和过程仿真前的准备工作　主要包括产品模型、车间模型、工具模型、人体模型的准备，是否满足项目要求。

（2）装配工艺规划　主要考察 Pert 图、Gantt 图的生成以及制造特征文件的生成。

（3）装配仿真过程　主要考察装配仿真的工艺是否合理，是否存在干涉、碰撞等错误。

（4）基于 Tecnomatix 的装配结果　重点考察装配结果与图样要求是否一致。

（5）项目总结汇报　学生对项目进行简要的总结汇报，通过汇报考察总结能力、表现能力，考察主动思考和创新思维意识。

（6）项目报告　撰写项目报告，阐述项目在准备及实施过程中的主要技术难点和存在的问题，思考并总结数字孪生在数字化装配工艺规划和仿真领域的应用，结合项目实践并进一步阅读文献资料，针对数字孪生在装配工艺规划和仿真领域的进一步应用，提出自己的思路和看法。

2. 项目评价

对学生在整个项目过程中表现出的工作态度、学习能力和结果进行客观评定，目的在于引导学生进行项目学习，实现表 7-5 中列出的本项目的 5 个预定目标。同时，通过项目评价，帮助学生客观认识自己在学习过程中取得的成果及存在的不足，引导并激发学生进一步的学习兴趣和动力。

本项目采用过程评价和结果评价相结合的方式，注重学生在项目实施过程中各项能力和素质的考察，项目结束后，根据项目验收要求，进行结果评价。

为了提高学生的自主管理和自我认识，评价主体多元化，采用学生自评、学生互评与教师评价相结合的方式。

项目评价在注重知识能力考察的同时，重视工程素质，如成本意识、效率意识、安全环保意识等的培养与评价。鼓励学生在项目学习过程中的创新意识。

在此基础上，可以参照表 7-5 给出的工作内容和学习目标的对应关系，对每一项工作内容分别进行评价，最终形成该项目的评价结果。

表 7-5 工作内容和学习目标的对应关系

序号	工作内容	学习目标				
		对数字孪生在装配工艺规划和仿真领域的应用有直观的认识和了解	熟悉数字孪生在装配工艺规划和仿真领域常用的开发环境、工具软件	了解数字孪生开发应用的流程和一般方法	体会数字孪生在提高装配效率、可靠性等方面带来的变化	培养自主学习、沟通表达、工程素质、创新思维等非技术能力
1	软件安装，熟悉软件的使用	M	H	M	L	M
2	分析装配图，确定工艺方案	L	L	L	L	M
3	装配车间、工具、人的 3D 模型	M	H	M	M	H
4	装配工艺规划方案生成	H	H	M	H	H
5	装配车间、工具、人体模型等人机环境的加载及装配操作设定	M	H	M	M	M
6	在虚拟环境中完成装配仿真，观察各零部件运动状态变化，检查是否有碰撞、干涉、不到位	H	H	M	H	H
7	装配仿真结果与图样进行比较，验证各项因素及指标的正确性	M	L	L	H	L
8	将验证过的装配工艺过程发布为视频文件或网页文件，用以指导真实发动机装配	H	M	M	H	H
9	项目汇报 撰写项目报告	L	L	M	M	H

本章习题

1. 机械加工的每个工序可细分为哪些内容？并做简要解释。
2. 机械加工工艺规划包含哪些内容？
3. 简述 Process Designer 的 4 个基本工艺要素。
4. Process Designer 制定工艺过程的流程是什么？
5. 一般情况下，切削策略包含的内容有哪些？
6. 简述机械加工过程中在线测量的特点。
7. 机械加工数字化质量检测控制方案体现在哪几个环节？
8. Process Simulate 工艺仿真中有哪些检查手段？
9. 机械制造车间资源包含哪几部分内容？
10. SINUMERIK Integrate 平台包含哪些子模块？
11. 机械加工刀具管理的具体内容和步骤是什么？
12. 简述机械加工设备预防性维护的概念及其优点。

附录　阿奇舒勒冲突矩阵

39 个通用工程参数及其含义

需要改善的参数		需要削弱的参数：运动物体的重量	静止物体的重量	运动物体的长度	静止物体的长度	运动物体的面积	静止物体的面积	运动物体的体积	静止物体的体积	速度	力	应力或压力	形状	结构的稳定性
		1	2	3	4	5	6	7	8	9	10	11	12	13
运动物体的重量	1	+	-	15,8,29,34	-	29,17,38,34	-	29,2,40,28	-	2,8,15,38	8,10,18,37	10,36,37,40	10,14,35,40	1,35,19,39
静止物体的重量	2	-	+	-	10,1,29,35	-	35,30,13,2	-	5,35,14,2	-	8,10,19,35	13,29,10,18	13,10,29,14	26,39,1,40
运动物体的长度	3	8,15,29,34	-	+	-	15,17,4	-	7,17,4,35	-	13,4,8	17,10,4	1,8,35	1,8,10,29	1,8,15,34
静止物体的长度	4		35,28,40,29	-	+	-	17,7,10,40	-	35,8,2,14	-	28,10	1,14,35	13,14,15,7	39,37,35
运动物体的面积	5	2,17,29,4	-	14,15,18,4	-	+	-	7,14,17,4		29,30,4,34	19,30,35,2	10,15,36,28	5,34,29,4	11,2,13,39
静止物体的面积	6	-	30,2,14,18	-	26,7,9,39	-	+	-		-	1,18,35,36	10,15,36,37		2,38
运动物体的体积	7	2,26,29,40	-	1,7,4,35	-	1,7,4,17	-	+	-	29,4,38,34	15,35,36,37	6,35,36,37	1,15,29,4	28,10,1,39
静止物体的体积	8	-	35,10,19,14	19,14	35,8,2,14	-		-	+	-	2,18,37	24,35	7,2,35	34,28,35,40
速度	9	2,28,13,38	-	13,14,8	-	29,30,34	-	7,29,34	-	+	13,28,15,19	6,18,38,40	35,15,18,34	28,33,1,18
力	10	8,1,37,18	18,13,1,28	17,19,9,36	28,10	19,10,15	1,18,36,37	15,9,12,37	2,36,18,37	13,28,15,12	+	18,21,11	10,35,40,34	35,10,21
应力或压力	11	10,36,37,40	13,29,10,18	35,10,36	35,1,14,16	10,15,36,28	10,15,36,37	6,35,10	35,24	6,35,36	36,35,21	+	35,4,15,10	35,33,2,40
形状	12	8,10,29,40	15,10,26,3	29,34,5,4	13,14,10,7	5,34,4,10		14,4,15,22	7,2,35	35,15,34,18	35,10,37,40	34,15,10,14	+	33,1,18,4
结构的稳定性	13	21,35,2,39	26,39,1,40	13,15,1,28	37	2,11,13	39	28,10,19,39	34,28,35,40	33,15,28,18	10,35,21,16	2,35,40	22,1,18,4	+
强度	14	1,8,40,15	40,26,27,1	1,15,8,35	15,14,28,26	3,34,40,29	9,40,28	10,15,14,7	9,14,17,15	8,13,26,14	10,18,3,14	10,3,18,40	10,30,35,40	13,17,35
运动物体作用时间	15	19,5,34,31	-	2,19,9	-	3,17,19	-	10,2,19,30	-	3,35,5	19,2,16	19,3,27	14,26,28,25	13,3,35
静止物体作用时间	16	-	6,27,19,16	-	1,40,35	-		-	35,34,38	-				39,3,35,23

（续）

需要改善的参数		需要削弱的参数												
		运动物体的重量	静止物体的重量	运动物体的长度	静止物体的长度	运动物体的面积	静止物体的面积	运动物体的体积	静止物体的体积	速度	力	应力或压力	形状	结构的稳定性
		1	2	3	4	5	6	7	8	9	10	11	12	13
温度	17	36,22,6,38	22,35,32	15,19,9	15,19,9	3,35,39,18	35,38	34,39,40,18	35,6,4	2,28,36,30	35,10,3,21	35,39,19,2	14,22,19,32	1,35,32
光照度	18	19,1,32	2,35,32	19,32,16		19,32,26		2,13,10		10,13,19	26,19,6		32,30	32,3,27
运动物体的能量	19	12,18,28,31	-	12,28	-	15,19,25	-	35,13,18	-	8,35,35	16,26,21,2	23,14,25	12,2,29	19,13,17,24
静止物体的能量	20	-	19,9,6,27	-		-		-		-	36,37			27,4,29,18
功率	21	8,36,38,31	19,26,17,27	1,10,35,37		19,38	17,32,13,38	35,6,38	30,6,25	15,35,2	26,2,36,35	22,10,35	29,14,2,40	35,32,15,31
能量损失	22	15,6,19,28	19,6,18,9	7,2,6,13	6,38,7	15,26,17,30	17,7,30,18	7,18,23	7	16,35,38	36,38			14,2,39,6
物质损失	23	35,6,23,40	35,6,22,32	14,29,10,39	10,28,24	35,2,10,31	10,18,39,31	1,29,30,36	3,39,18,31	10,13,28,38	14,15,18,40	3,36,37,10	29,35,3,5	2,14,30,40
信息损失	24	10,24,35	10,35,5	1,26	26	30,26	30,16		2,22	26,32				
时间损失	25	10,20,37,35	10,20,26,5	15,2,29	30,24,14,5	26,4,5,16	10,35,17,4	2,5,34,10	35,16,32,18		10,37,36,5	37,36,4	4,10,34,17	35,3,22,5
物质或事物的数量	26	35,6,18,31	27,26,18,35	29,14,35,18		15,14,29	2,18,40,4	15,20,29		35,29,34,28	35,14,3	10,36,14,3	35,14	15,2,17,40
可靠性	27	3,8,10,40	3,10,8,28	15,9,14,4	15,29,28,11	17,10,14,16	32,35,40,4	3,10,14,24	2,35,24	21,35,11,28	8,28,10,3	10,24,35,19	35,1,16,11	
测试精度	28	32,35,26,28	28,35,25,26	28,26,5,16	32,28,3,16	26,28,32,3	26,28,32,3	32,13,6		28,13,32,24	32,2	6,28,32	6,28,32	32,35,13
制造精度	29	28,32,13,18	28,35,27,9	10,28,29,37	2,32,10	28,33,29,32	2,29,18,36	32,23,2	25,10,35	10,28,32	28,19,34,36	3,35	32,30,40	30,18
物体外部有害因素作用的敏感性	30	22,21,27,39	2,22,13,24	17,1,39,4	1,18	22,1,33,28	27,2,39,35	22,23,37,35	34,39,19,27	21,22,35,28	13,35,39,18	22,2,37	22,1,3,35	35,24,30,18
物体产生的有害因素	31	19,22,15,39	35,22,1,39	17,15,16,22		17,2,18,39	22,1,40	17,2,40	30,18,35,4	35,28,3,23	35,28,1,40	2,33,27,18	35,1	35,40,27,39
可制造性	32	28,29,15,16	1,27,36,13	1,29,13,17	15,17,27	13,1,26,12	16,40	13,29,1,40	35	35,13,8,1	35,12	35,19,1,37	1,28,13,27	11,13,1
可操作性	33	25,2,13,15	6,13,1,25	1,17,13,12		1,17,13,16	18,16,15,39	1,16,35,15	4,18,39,31	18,13,34	28,1335	2,32,12	15,34,29,28	32,35,30
可维修性	34	2,2735,11	2,27,35,11	1,28,10,25	3,18,31	15,13,32	16,25	25,2,35,11	1	34,9	1,11,10	13	1,13,2,4	2,35
适应性及多用性	35	1,6,15,8	19,15,29,16	35,1,29,2	1,35,16	35,30,29,7	15,16	15,35,29		35,10,14	15,17,20	35,16	15,37,1,8	35,30,14
装置的复杂性	36	26,30,34,36	2,26,35,39	1,19,26,24	26	14,1,13,16	6,36	34,26,6	1,16	34,10,28	26,16	19,1,35	29,13,28,15	2,22,17,19
监控与测试的困难程度	37	27,26,28,13	6,13,28,1	16,17,26,24	26	2,13,18,17	2,39,30,16	29,1,4,16	2,18,26,31	3,4,16,35	30,28,40,19	35,36,37,32	27,13,1,39	11,22,39,30
自动化程度	38	28,26,18,35	28,26,35,10	14,13,17,28	23	17,14,13		35,13,16		28,10	2,35	13,35	15,32,1,13	18,1
生产率	39	35,26,24,37	28,27,15,3	18,4,28,38	30,7,14,26	10,26,34,31	10,35,17,7	2,6,34,10	35,37,10,2		28,15,10,36	10,37,14	14,10,34,40	35,3,22,39

（续）

需要改善的参数		需要削弱的参数												
		强度	运动物体作用时间	静止物体作用时间	温度	光照度	运动物体的能量	静止物体的能量	功率	能量损失	物质损失	信息损失	时间损失	物质或事物的数量
		14	15	16	17	18	19	20	21	22	23	24	25	26
运动物体的重量	1	28,27,18,40	5,34,31,35	–	6,29,4,38	19,1,32	35,12,34,31	–	12,36,18,31	6,2,34,19	5,35,3,31	10,24,35	10,35,20,28	3,26,18,31
静止物体的重量	2	28,2,10,27	–	2,27,19,6	28,19,32,22	19,32,35	–	18,19,28,1	15,19,18,22	18,19,28,15	5,8,13,30	10,15,35	10,20,35,26	19,6,18,26
运动物体的长度	3	8,35,29,34	19	–	10,15,19	32	8,35,24	–	1,35	7,2,35,39	4,29,23,10	1,24	15,2,29	29,35
静止物体的长度	4	15,14,28,26	–	1,10,35	3,35,38,18	3,25	–		12,8	6,28	10,28,24,35	24,26,	30,29,14	
运动物体的面积	5	3,15,40,14	6,3	–	2,15,16	15,32,19,13	19,32	–	19,10,32,18	15,17,30,26	10,35,2,39	30,26	26,4	29,30,6,13
静止物体的面积	6	40	–	2,10,19,30	35,39,38		–		17,32	17,7,30	10,14,18,39	30,16	10,35,4,18	2,18,40,4
运动物体的体积	7	9,14,15,7	6,35,4	–	34,39,10,18	2,13,10	35	–	35,6,13,18	7,15,13,16	36,39,34,10	2,22	2,6,34,10	29,30,7
静止物体的体积	8	9,14,17,15	–	35,34,38	35,6,4		–		30,6		10,39,35,34		35,16,32,18	35,3
速度	9	8,3,26,14	3,19,35,5	–	28,30,36,2	10,13,19	8,15,35,38	–	19,35,38,2	14,20,19,35	10,13,28,38	13,26		10,19,29,38
力	10	35,10,14,27	19,2		35,10,21	–	19,17,10	1,16,36,37	19,35,18,37	14,15	8,35,40,5		10,37,36	14,29,18,36
应力或压力	11	9,18,3,40	19,3,27		35,39,19,2	–	14,24,10,37		10,35,14	2,36,25	10,36,3,37		37,36,4	10,14,36
形状	12	30,14,10,40	14,26,9,25		22,14,19,32	13,15,32	2,6,34,14		4,6,2	14	35,29,3,5		14,10,34,17	36,22
结构的稳定性	13	17,9,15	13,27,10,35	39,3,35,23	35,1,32	32,3,27,16	13,19	27,4,29,18	32,35,27,31	14,2,39,6	2,14,30,40		35,27	15,32,35
强度	14	+	27,3,26		30,10,40	35,19	19,35,10	35	10,26,35,28	35	35,28,31,40		29,3,28,10	29,10,27
运动物体作用时间	15	27,3,10	+	–	19,35,39	2,19,4,35	28,6,35,18		19,10,35,38		28,27,3,18	10	20,10,28,18	3,35,10,40
静止物体作用时间	16		–	+	19,18,36,40		–		16		27,16,18,38	10	28,20,10,16	3,35,31
温度	17	10,30,22,40	19,13,39	19,18,36,40	+	32,30,21,16	19,15,3,17		2,14,17,25	21,17,35,38	21,36,29,31		35,28,21,18	3,17,30,39

（续）

需要改善的参数		需要削弱的参数												
		强度	运动物体作用时间	静止物体作用时间	温度	光照度	运动物体的能量	静止物体的能量	功率	能量损失	物质损失	信息损失	时间损失	物质或事物的数量
		14	15	16	17	18	19	20	21	22	23	24	25	26
光照度	18	35,19	2,19,6		32,35,19	+	32,1,19	32,35,1,15	32	13,16,1,6	13,1	1,6	19,1,26,17	1,19
运动物体的能量	19	5,19,9,35	28,35,6,18	–	19,24,3,14	2,15,19	+	–	6,19,37,18	12,22,15,24	35,24,18,5		35,38,19,18	34,23,16,18
静止物体的能量	20	35				19,2,35,32	–	+			28,27,18,31			3,35,31
功率	21	26,10,28	19,35,10,38	16	2,14,17,25	16,6,19	16,6,19,37		+	10,35,38	28,27,18,38	10,19	35,20,10,6	4,34,19
能量损失	22	26			19,38,7	1,13,32,15			3,38	+	35,27,2,37	19,10	10,18,32,7	7,18,25
物质损失	23	35,28,31,40	28,27,3,18	27,16,18,38	21,36,39,31	1,6,13	35,18,24,5	28,27,12,31	28,27,18,38	35,27,2,31	+		15,18,35,10	6,3,10,24
信息损失	24		10	10		19			10,19	19,10		+	24,26,28,32	24,28,35
时间损失	25	29,3,28,18	20,10,28,18	28,20,10,16	35,29,21,18	1,19,26,17	35,38,19,18	1	35,20,10,6	10,5,18,32	35,18,10,39	24,26,28,32	+	35,38,18,16
物质或事物的数量	26	14,35,34,10	3,35,10,40	3,35,31	3,17,39		34,29,16,18	3,35,31	35	7,18,25	6,3,10,24	24,28,35	35,38,18,16	+
可靠性	27	11,28	2,35,3,25	34,27,6,40	3,35,10	11,32,13	21,11,27,19	36,23	21,11,26,31	10,11,35	10,35,29,39	10,28	10,30,4	21,28,40,3
测试精度	28	28,6,32	28,6,32	10,26,24	6,19,28,24	6,1,32	3,6,32		3,6,32	26,32,27	10,16,31,28		24,34,28,32	2,6,32
制造精度	29	3,27	3,27,40		19,26	3,32	32,2		32,2	13,32,2	35,31,10,24		32,26,28,18	32,30
物体外部有害因素作用的敏感性	30	18,35,37,1	22,15,33,28	17,1,40,33	22,33,35,2	1,19,32,13	1,24,6,27	10,2,22,37	19,22,31,2	21,22,35,2	33,22,19,40	22,10,2	35,18,34	35,33,29,31
物体产生的有害因素	31	15,35,22,2	15,22,33,31	21,39,16,22	22,35,2,24	19,24,39,32	2,35,6	19,22,18	2,35,18	21,35,2,22	10,1,34	10,21,29	1,22	3,24,39,1
可制造性	32	1,3,10,32	27,1,4	35,16	27,26,18	28,24,27,1	28,26,27,1	1,4	27,1,12,24	19,35	15,34,33	32,24,18,16	35,28,34,4	35,23,1,24
可操作性	33	32,40,3,28	29,3,8,25	1,16,25	26,27,13	13,17,1,24	1,13,24		35,34,2,10	2,19,13	28,32,2,24	4,10,27,22	4,28,10,34	12,35
可维修性	34	11,1,2,9	11,29,28,27	1	4,10	15,1,13	15,1,28,16		15,10,32,2	15,1,32,19	2,35,34,27		32,1,10,25	2,28,10,25
适应性及多用性	35	35,3,32,6	13,1,35	2,16	27,2,3,35	6,22,26,1	19,35,29,13		19,1,29	18,15,1	15,10,2,13		35,28	3,35,15
装置的复杂性	36	2,13,28	10,4,28,15		2,17,13	24,17,13	27,2,29,28		20,19,30,34	10,35,13,2	35,10,28,29		6,29	13,3,27,10
监控与测试的困难程度	37	27,3,15,28	19,29,39,25	25,34,6,35	3,27,35,16	2,24,26	35,38	19,35,16	18,1,16,10	35,3,15,19	1,18,10,24	35,33,27,22	18,28,32,9	3,27,29,18
自动化程度	38	25,13	6,9		26,2,19	8,32,19	2,32,13		28,2,27	23,28	35,10,18,5	35,33	24,28,35,30	35,13
生产率	39	29,28,10,18	35,10,2,18	20,10,16,38	35,21,28,10	26,17,19,1	35,10,38,19	1	35,20,10	28,10,29,35	28,10,35,23	13,15,23		35,38

（续）

需要改善的参数		需要削弱的参数												
		可靠性	测试精度	制造精度	物体外部有害因素作用的敏感性	物体产生的有害因素	可制造性	可操作性	可维修性	适应性及多用性	装置的复杂性	监控与测试的困难程度	自动化程度	生产率
		27	28	29	30	31	32	33	34	35	36	37	38	39
运动物体的重量	1	1,3,11,27	28,27,35,26	28,35,26,18	22,21,18,27	22,35,31,39	27,28,1,36	35,3,2,24	2,27,28,11	29,5,15,8	26,30,36,34	28,29,26,32	26,3518,19	35,3,24,37
静止物体的重量	2	10,28,8,3	18,26,28	10,1,35,17	2,19,22,37	35,22,1,39	28,1,9	6,13,1,32	2,27,28,11	19,15,29	1,10,26,39	25,28,17,15	2,26,35	1,28,15,35
运动物体的长度	3	10,14,29,40	28,32,4	10,28,29,37	1,15,17,24	17,15	1,29,17	15,29,35,4	1,28,10	14,15,1,16	1,19,26,24	35,1,26,24	17,24,26,16	14,4,28,29
静止物体的长度	4	15,29,28	32,28,3	2,32,10	1,18		15,17,27	2,25	3	1,35	1,26	26		30,14,7,26
运动物体的面积	5	29,9	26,28,32,3	2,32	22,33,28,1	17,2,18,39	13,1,26,24	15,17,13,16	15,13,10,1	15,30	14,1,13	2,36,26,18	14,30,28,23	10,26,34,2
静止物体的面积	6	32,35,40,4	26,28,32,3	2,29,18,36	27,2,39,35	22,1,40	40,16	16,4	16	15,16	1,18,36	2,35,30,18	23	10,15,17,7
运动物体的体积	7	14,1,40,11	25,26,28	25,28,2,16	22,21,27,35	17,2,40,1	29,1,40	15,13,30,12	10	15,29	26,1	29,26,4	35,34,16,24	10,6,2,34
静止物体的体积	8	2,35,16		35,10,25	34,39,19,27	30,18,35,4	35		1		1,31	2,17,26		35,37,10,2
速度	9	11,35,27,28	28,32,1,24	10,28,32,25	1,28,35,23	2,24,35,21	35,13,8,1	32,28,13,12	34,2,28,27	15,10,26	10,28,4,34	3,34,27,16	10,18	
力	10	3,35,13,21	35,10,23,24	28,29,37,36	1,35,40,18	13,3,36,24	15,37,18,1	1,28,3,25	15,1,11	15,17,18,20	26,35,10,18	36,37,10,19	2,35	3,28,35,37
应力或压力	11	10,13,19,35	6,28,25	3,35	22,2,37	2,33,27,18	1,35,16	11	2	35	19,1,35	2,36,37	35,24	10,14,35,37
形状	12	10,40,16	28,32,1	32,30,40	22,1,2,35	35,1	1,32,17,28	32,15,26	2,13,1	1,15,29	16,29,1,28	15,13,39	15,1,32	17,26,34,10
结构的稳定性	13		13	18	35,24,30,18	35,40,27,39	35,19	32,35,30	2,35,10,16	35,30,34,2	2,35,22,26	35,22,39,23	1,8,35	23,35,40,3
强度	14	11,3	3,27,16	3,27	18,35,37,1	15,35,22,2	11,3,10,32	32,40,25,2	27,11,3	15,3,32	2,13,25,28	27,3,15,40	15	29,35,10,14
运动物体作用时间	15	11,2,13	3	3,27,16,40	22,15,33,28	21,39,16,22	27,1,4	12,27	29,10,27	1,35,13	10,4,29,15	19,29,39,35	6,10	35,17,14,19
静止物体作用时间	16	34,27,6,40	10,26,24		17,1,40,33	22	35,10	1	1	2		25,34,6,35	1	20,10,16,38
温度	17	19,35,3,10	32,19,24	24	22,33,35,2	22,35,2,24	26,27	26,27	4,10,16	2,18,27	2,17,16	3,27,35,31	26,2,19,16	15,28,35

（续）

需要改善的参数		需要削弱的参数												
		可靠性	测试精度	制造精度	物体外部有害因素作用的敏感性	物体产生的有害因素	可制造性	可操作性	可维修性	适应性及多用性	装置的复杂性	监控与测试的困难程度	自动化程度	生产率
		27	28	29	30	31	32	33	34	35	36	37	38	39
光照度	18		11,15,32	3,32	15,19	35,19,32,39	19,35,28,26	28,26,19	15,17,13,16	15,1,19	6,32,13	32,15	2,26,10	2,25,16
运动物体的能量	19	19,21,11,27	3,1,32		1,35,6,27	2,35,6	28,26,30	19,35	1,15,17,28	15,17,13,16	2,29,27,28	35,38	32,2	12,28,35
静止物体的能量	20	10,36,23			10,2,22,37	19,22,18	1,4					19,35,16,25		1,6
功率	21	19,24,26,31	32,15,2	32,2	19,22,31,2	2,35,18	26,10,34	26,35,10	35,2,10,34	19,17,34	20,19,30,34	19,35,16	28,2,17	28,35,34
能量损失	22	11,10,35	32		21,22,35,2	21,35,2,22		35,32,1	2,19		7,23	35,3,15,23	2	28,10,29,35
物质损失	23	10,29,39,35	16,34,31,28	35,10,24,31	33,22,30,40	10,1,34,29	15,34,33	32,28,2,24	2,35,34,27	15,10,2	35,10,28,24	35,18,10,13	35,10,18	28,35,10,23
信息损失	24	10,28,23			22,10,1	10,21,22	32	27,22				35,33	35	13,23,15
时间损失	25	10,30,4	24,34,28,32	24,26,28,18	35,18,34	35,22,18,39	35,28,34,4	4,28,10,34	32,1,10	35,28	6,29	18,28,32,10	24,28,35,30	
物质或事物的数量	26	18,3,28,40	13,2,28	33,30	35,33,29,31	3,35,40,39	29,1,35,27	35,29,25,10	2,32,10,25	15,3,29	3,13,27,10	3,27,29,18	8,35	13,29,3,27
可靠性	27	+	32,3,11,23	11,32,1	27,35,2,40	35,2,40,26		27,17,40	1,11	13,35,8,24	13,35,1	27,40,28	11,13,27	1,35,29,38
测试精度	28	5,11,1,23	+		28,24,22,26	3,33,39,10	6,35,25,18	1,13,17,34	1,32,13,11	13,35,2	27,35,10,34	26,24,32,28	28,2,10,34	10,34,28,32
制造精度	29	11,32,1		+	26,28,10,36	4,17,34,26		1,32,35,23	25,10		26,2,18		26,28,18,23	10,18,32,39
物体外部有害因素作用的敏感性	30	27,24,2,40	28,33,23,26	26,28,10,18	+		24,35,2	2,25,28,39	35,10,2	35,11,22,31	22,19,29,40	22,19,29,40	33,3,34	22,35,13,24
物体产生的有害因素	31	24,2,40,39	3,33,26	4,17,34,26		+					19,1,31	2,21,27,1	2	22,35,18,39
可制造性	32		1,35,12,18		24,2		+	2,5,13,16	35,1,11,9	2,13,15	27,26,1	6,28,11,1	8,28,1	35,1,10,28
可操作性	33	17,27,8,40	25,13,2,34	1,32,35,23	2,25,28,39		2,5,12	+	12,26,1,32	15,34,1,16	32,26,12,17		1,34,12,3	15,1,28
可维修性	34	11,10,1,16	10,2,13	25,10	35,10,2,16		1,35,11,10	1,12,26,15	+	7,1,4,16	35,1,13,11		34,35,7,13	1,32,10
适应性及多用性	35	35,13,8,24	35,5,1,10		35,11,32,31		1,13,31	15,34,1,16	1,16,7,4	+	15,29,37,28	1	27,34,35	35,28,6,37
装置的复杂性	36	13,35,1	2,26,10,34	26,24,32	22,19,29,40	19,1	27,26,1,13	27,9,26,24	1,13	29,15,28,37	+	15,10,37,28	15,1,24	12,17,28
监控与测试的困难程度	37	27,40,28,8	26,24,32,28		22,19,29,28	2,21	5,28,11,29	2,5	12,26	1,15	15,10,37,28	+	34,21	35,18
自动化程度	38	11,27,32	28,26,10,34	28,26,18,23	2,33	2	1,26,13	1,12,34,3	1,35,13	27,4,1,35	15,24,10	34,27,25	+	5,12,35,26
生产率	39	1,35,10,38	1,10,34,28	18,10,32,1	22,35,13,24	35,22,18,39	35,28,2,24	1,28,7,10	1,32,10,25	1,35,28,37	12,17,28,24	35,18,27,2	5,12,35,26	+

参 考 文 献

[1] 杨叔子，丁汉，李斌．高端制造装备关键技术的科学问题［J］．机械制造与自动化，2011，40（1）：1-5.

[2] 刘强．数控机床发展历程及未来趋势［J］．中国机械工程，2021，32（7）：757-770.

[3] 苏春．数字化设计与制造［M］．3 版．北京：机械工业出版社，2019.

[4] PLASCIK R，VICKERS J，LOWRY D，et al. Technology area 12：materials，structures，mechanical systems，and manufacturing road map［M］. Washington DC：NASA Office of Chief Technologist，2010.

[5] TAO F，ZHANG M，NEE A Y C. Digital twin driven smart manufacturing［M］. San Diego：Academic Press，2019.

[6] 梁乃明，方志刚，李荣跃，等．数字孪生实战：基于模型的数字化企业（MBE）［M］．北京：机械工业出版社，2019.

[7] PARROTT A，WARSHAW L. Industry 4.0 and the digital twin：manufacturing meets its match［M］. Dallas：Deloitte University Press，2017.

[8] 黄培，许之颖，张荷芳．智能制造实践［M］．北京：清华大学出版社，2021.

[9] 陶飞，刘蔚然，刘检华，等．数字孪生及其应用探索［J］．计算机集成制造系统．2018，24（1）：1-18.

[10] 胡虎，赵敏，宁振波，等．三体智能革命［M］．北京：机械工业出版社，2016.

[11] GRIEVES M. Digital twin：manufacturing excellence through virtual factory replication［R］. Florida：Florida Institute of Technology，2014.

[12] 赵敏，宁振波．铸魂：软件定义制造［M］．北京：机械工业出版社，2020.

[13] 中国信息物理系统发展论坛．信息物理系统白皮书（2017）［R］．北京：中国信息物理系统发展论坛，2017.

[14] 朱铎先，赵敏．机·智：从数字化车间走向智能制造［M］．北京：机械工业出版社，2018.

[15] ZVEI. The reference architectural model industry 4.0（RAMI 4.0）［R］. Frankfurt：ZVEI，2015.

[16] 工业互联网产业联盟．工业互联网平台白皮书（2017）［R］．北京：工业互联网业联盟，2017.

[17] “新一代人工智能引领下的智能制造研究”课题组．中国智能制造发展战略研究［J］．中国工程科学，2018，20（4）：1-8.

[18] 基夫，罗施瓦，施瓦茨．数控技术及应用指南 2015/2016［M］．林松，樊留群，邢元，等译．北京：机械工业出版社，2017.

[19] 森德勒工业 4.0［M］．吴欢欢，译．北京：机械工业出版社，2014.

[20] TAO F，LIU A，H U T L，et al. Digital twin driven smart Design［M］. San Diego：Academic Press，2019.

[21] 王启义．金属切削机床概论与设计［M］．北京：冶金工业出版社，1994.

[22] 张曙，张柄生．机床的总体设计和结构配置：上［J］．机械设计与制造工程，2016，45（3）：1-10.

[23] 邵云飞，王思梦，詹坤．TRIZ 理论集成与应用研究综述［J］．电子科技大学学报（社会科学版），2019，21（4）：30-39.

[24] 黄兆飞，谢三山，王凯，等．基于 TRIZ 的往复式线切割机床贮丝筒创新设计［J］．机床与液压，2018，46（7）：97-101.

[25] 夏文涵，王凯，李彦，等．基于 TRIZ 的管道机器人自适应检测模块创新设计［J］．机械工程学报，2016，52（5）：58-67.

[26] 李平平，任工昌，陈红柳，等．基于 TRIZ 的注塑机注射机构及成型工艺创新设计 [J]. 机床与液压，2014，42 (9)：81-83.
[27] 王欢，孙涛，吴周鑫，等．TRIZ 理论在粮食收集机设计中的应用 [J]. 机械设计与制造，2021，(1)：6-9；15.
[28] TAO F, LIU A, HU T L, et al. Digital Twin Driven Smart Design [M]. San Diego: Academic Press of Elsevier, 2020.
[29] HUANG C C, LIANG W Y, YI S R. Cloud-based design for disassembly to create environmentally friendly products [J]. Intell. Manuf., 2017, 28 (5): 1203-1218.
[30] GUO J, ZHAO N, SUN L, et al. Modular based flexible digital twin for factory design [J]. Ambient Intell. Humanized Comput., 2019, 10 (3): 1189-1200.
[31] 陈蔚芳，王宏涛．机床数控技术及应用 [M]. 北京：科学出版社，2008.
[32] 汤漾平．机械制造装备技术 [M]. 武汉：华中科技大学出版社，2015.
[33] 汪木兰．数控原理与系统 [M]. 北京：机械工业出版社，2017.
[34] 李斌，李曦．数控技术 [M]. 武汉：华中科技大学出版社，2010.
[35] 王钢．数控机床调试、使用与维护 [M]. 北京：化学工业出版社，2006.
[36] 王振臣，齐占庆．机床电气控制技术 [M]. 5 版．北京：机械工业出版社，2013.
[37] 刘树青，吴金娇．数控机床电气设计与调试 [M]. 北京：机械工业出版社，2019.
[38] 熊雪平，戴春祥，史桂蓉．NX 机电一体化概念设计系统的研究与应用 [J]. 计量与测试技术，2016，43 (12)：9-11.
[39] 高晗．基于 Tecnomatix 的装配工艺仿真优化与系统开发 [D]. 北京：北京理工大学，2018.
[40] 马有良，任同．数控机床加工工艺与编程 [M]. 成都：西南交通大学出版社，2018.
[41] 王清明，卢泽生，董申．机械加工在线测量技术综述 [J]. 计量技术，1999 (4)：3-6.
[42] 刘飞，张晓冬，杨丹．制造系统工程 [M]. 北京：国防工业出版社，2002.